"十二五"国家重点图书出版规划项目

U1020991

MECHANICAL ENVIRONMENT RESISTANCE DESIGN THEORY OF AEROSPACE ELECTROMAGNETIC RELAY AND ITS APPLICATION

航天继电器耐力学环境设计理论与应用

任万滨 翟国富 著

哈尔滨工业大学出版社
HARBIN INSTITUTE OF TECHNOLOGY PRESS

内容提要

本书共分7章：第1章为绪论，介绍航天型号对继电器耐力学环境指标的要求等；第2章介绍典型弹性体的振动理论、计算方法和有关图表；第3～4章分别介绍继电器接触系统和衔铁系统的振动力学建模理论，以及在正弦振动、冲击、恒加速度、随机振动条件下的响应特性分析方法；第5章介绍继电器的非线性振动理论；第6章介绍继电器力学环境条件下的仿真技术；第7章介绍继电器力学环境试验技术。

本书可供高等学校电气工程、自动化等专业的研究生学习参考，也可供从事电子设备、机电组件、电器元件结构设计、环境试验与可靠性分析等有关科研人员和技术人员作为参考书。

图书在版编目(CIP)数据

航天继电器耐力学环境设计理论与应用/任万滨，翟国富著. —哈尔滨：哈尔滨工业大学出版社，2015.1

ISBN 978-7-5603-4951-0

Ⅰ.①航… Ⅱ.①任…②翟… Ⅲ.①航空继电器－研究 Ⅳ.①V442

中国版本图书馆CIP数据核字(2014)第228618号

策划编辑 王桂芝
责任编辑 李长波
出版发行 哈尔滨工业大学出版社
社　　址 哈尔滨市南岗区复华四道街10号 邮编 150006
传　　真 0451-86414749
网　　址 http://hitpress.hit.edu.cn
印　　刷 哈尔滨市工大节能印刷厂
开　　本 787mm×1092mm 1/16 印张 15.5 字数 345千字
版　　次 2015年1月第1版 2015年1月第1次印刷
书　　号 ISBN 978-7-5603-4951-0
定　　价 49.80元

前　言

航天继电器是航天型号、航空型号和武器装备系统中广泛应用的不可或缺的关键元器件。随着我国航天、航空领域空间技术的迅猛发展，对所选用的航天继电器的寿命、可靠性、一致性以及环境适应性等均提出了严格的要求。其中的航天继电器耐力学环境可靠性，即特指其在规定的力学环境（振动、冲击、恒加速度）下可靠工作的能力。目前，我国航天继电器产品的耐力学环境指标与国外同类产品还存在一定差距，相关的专门设计技术及理论基础还不完善。本书的出版旨在能够使设计者更好地掌握航天继电器的耐力学环境设计技术，更加高效地解决现有继电器产品的相关技术难题，从而实现我国航天继电器耐力学环境能力的提升。本书是在国家自然科学基金项目（编号：50777010，51007010）、国家863项目（编号：2009AA04Z110）、民用航天项目、国防基础科研项目等共同资助下，协同我国航天继电器专业生产制造企业——桂林航天电子有限公司（国营165厂）合作所取得的研究成果。

以往航天继电器的耐力学环境设计工作只停留在局部零件层面上，对于激振量在继电器中的传递放大过程及零部件间的相互影响只有大概的定性估计。本书通过建立继电器中包括簧片组、衔铁、轭铁、推动器于一体的柔性多体系统动力学数学模型，依次完成其固有模态分析、正弦强迫振动分析、冲击振动分析及随机振动分析过程，以理论分析与实验相结合的方法确定其位移响应及影响因素，从而给出继电器发生失效的合理判据与所对应的激励条件。研究中所涉及的包括刚体、柔性体耦合的动力学建模和分析以及单边约束条件下双梁结构的动力学分析内容均属非线性力学的学科前沿问题，上述问题的解决对于其他结构动力学问题也具有参考价值。本书的研究思路是包括电磁继电器在内的开关电器设计领域的进一步开拓和创新，此研究的深入开展也势必吸引和启发更多的学者自主开发新结构的电磁继电器，而不仅仅是停留在对国外跟踪性重复研究上，因此具有重要的学术意义。

全书内容共分7章。第1章为绪论，介绍航天型号对继电器耐力学环境指标的要求，力学环境下继电器的失效机理，以及耐力学环境设计技术的发展现状；第2章作为基础知识，介绍典型弹性体的振动理论、计算方法和有关图表；第3～4章分别介绍继电器接触系统和衔铁系统的振动力学建模理论方法，并介绍了在正弦振动、冲击、恒加速度、随机振动条件下的响应特性分析方法；第5章介绍继电器的非线性振动理论；第6章介绍继电器力学环境条件下的有限元仿真技术；第7章介绍继电器力学环境试验技术。

本书由哈尔滨工业大学任万滨、翟国富共同撰写，参加撰写的还有梁慧敏、叶雪荣、杨文英、周学、徐乐等。书中的部分内容出自已毕业的博士研究生陈英华和硕士毕业生康云志的学位论文，在此表示感谢。

由于作者水平有限，书中难免存在疏漏和不足之处，恳请广大读者批评指正。

作　者

2014 年 10 月

于哈尔滨工业大学

目　　录

第1章 概 论

1.1 航天型号对继电器耐力学环境指标的要求

电磁继电器是一种自动运动电器。由于具有控制电流通过线圈产生电磁吸力,驱动磁路的可动部分实现机械触点开闭的特点,因此被广泛地应用于生产过程自动化、电力系统保护以及各类自动、远动、遥控、遥测和通信等自动化装置中。航天用继电器是防护形式最佳的一种电磁继电器,由于其能耐受恶劣环境条件和严酷力学条件,因而应用范围最广,需求量最大。其中航天用继电器由于其转换深度高、多路同步切换、输入输出比大、抗干扰能力强等一系列固体器件不能替代的优点,因此长期以来一直是用于导弹、运载火箭、人造卫星、宇宙飞船、航天飞机及其配套地面测控设备中包括电源分系统、供配电分系统、各控制分系统中不可缺少的关键元器件。其技术水平代表了继电器的最高水平。

密封结构的航天继电器不同于一般封闭式电磁继电器,该类继电器的力学环境指标是指其能可靠工作的力学环境条件(主要包括正弦振动、随机振动、冲击、离心及恒加速度等),是有可靠性指标的电磁继电器的重要性能参数之一。目前我国航天继电器的耐力学环境指标普遍停留在Ⅲ,Ⅳ类力学环境,少部分能够满足Ⅴ类力学环境的要求(详细指标参见表1.1)。这不仅影响了航天继电器的可靠性,同时也使其在特殊场合的应用受到极大限制。随着武器型号的不断改型,使用环境已突破传统大气层,航行速度达到十多马赫,从而对航天继电器耐力学环境指标提出了更高的要求。过去国内设计者通过追踪仿效与经验设计等手段使其可以达到可靠应用的水平,但随着系统对元器件可靠性指标要求的不断提高,航天继电器耐力学环境能力不足的问题则逐渐彰显。

表1.1 继电器使用环境条件等级(摘自《电子设备用密封电磁继电器系列型谱》)

<table>
<tr><th>序号</th><th colspan="2">等级 / 项目</th><th>Ⅰ</th><th>Ⅱ</th><th>Ⅲ</th><th>Ⅳ</th><th>Ⅴ</th></tr>
<tr><td rowspan="2">1</td><td rowspan="2">正弦振动</td><td>Hz</td><td>10～500</td><td colspan="3">10～2 000</td><td>10～3 000</td></tr>
<tr><td>m/s^2</td><td>100</td><td colspan="2">150</td><td>200</td><td>300</td></tr>
<tr><td>2</td><td>冲击</td><td>m/s^2</td><td>300</td><td>500</td><td colspan="2">750</td><td>1 000</td></tr>
<tr><td>3</td><td>恒加速度</td><td>m/s^2</td><td>200</td><td>500</td><td colspan="2">750</td><td>1 000</td></tr>
</table>

我国国防武器装备系统以及航天系统的需求加剧极大地促进了继电器技术的发展。随着神舟系列飞船等航天型号的成功发射,三十多年来我国的空间技术取得了长足的进步,这期间航天继电器自行研制出近百个品种,不仅满足了已有各类航天型号的需要,而

且已经具备针对各类型号的特殊需要进行单独设计的能力。同时也应该看到，一方面在研装备和现役装备对继电器的需求量几十倍乃至上百倍激增；另一方面美国等西方国家进一步加大了对我国高端控制继电器、新型特种继电器的封锁、禁运力度。由此可见，航天继电器面临的发展形势将日趋严峻。

在未来的几十年中，我国的空间技术发展将更加迅猛，现已陆续启动北斗二代导航系统、嫦娥探月工程和载人飞船二期工程。总装备部与国防科工局均已为航天继电器行业制定了“数字化、集成化、高可靠、宇航级”的十二字发展方向。为提高我国军用机电组件的可靠性，继续并更好地完成我国宇航型号配套工程保驾护航的任务，做到宇航型号任务的“万无一失”，针对目前我国航天继电器质量存在的技术难题，对关键性问题进行立项攻关已是当务之急。同时通过研究高可靠的宇航级航天继电器产品，可以带动民用继电器技术的发展，提高我国继电器的整体可靠性水平，为整个国民经济的发展贡献一份力量。

航天继电器“高可靠、宇航级”目标的实现，与提高产品耐环境能力是密切相关的。按照 GJB/Z.299B—98 对环境的分类方法，可涵盖陆、海、空、天共 17 类环境。在航天工程中环境大体上可分为三类，即自然环境、诱发环境及核环境，又可分为受控环境、正常环境和严酷环境。对于在汽车、坦克、飞机、导弹和人造卫星等上使用的继电器要经受强烈的振动、冲击和离心加速度。例如，由于飞机发动机等振动源和气动力而产生的振动，其频率一般为 10～400 Hz，振动加速度为 $4g$～$6g$（g 为重力加速度）。在宇宙飞船和火箭等飞行器中，振动频率会更高，可达 2 000～3 000 Hz，加速度会更大，可达 $30g$。飞机在着陆、制动、射击和突然变速等情况下都会对继电器产生冲击作用，冲击的次数一般为 40～100 次/分，冲击加速度为 $4g$～$50g$，在火箭等飞行器中加速度可达 $100g$～$300g$。飞机在做机动飞行和特技飞行时，所产生的离心加速度可达 $15g$，其他类型的飞行器离心加速度还要高。恒加速度一般分为 $10g$，$25\ g$，$50\ g$，$100g$ 几级。

其中，随机振动是系统受到时间、空间不确定或者随机变化激励下的运动形式。早期的机械随机振动研究主要是针对喷气飞机与火箭进行的，其振源主要来自推进器噪声、大气湍流、附面层压力波动等。航天和国防科技发展至今，系统和设备在应用环境中所受到的随机振动的等级也不断地提高，形式也愈加复杂，MIL－STD－810F 对航天和国防应用中的随机振动采样数据进行了归纳，其频域的特征及强度见表 1.2。

表 1.2　一般应用环境中随机振动特征

应用场合	最大功率谱密度/($g^2 \cdot Hz^{-1}$)	频率范围/Hz	加速度均方根/g
战斗车辆	0.550 8	5～500	3.85
喷气飞机	0.03	20～2 000	5.01
直升机	0.02	20～2 000	4.52
船舰	0.001	1～100	0.1

我国航天继电器标准中《有可靠性指标的电磁继电器总规范》(GJB 65B—99)和《有可靠性指标的功率型电磁继电器总规范》(GJB 2888—97)已规定正弦振动试验过程中闭

合触点的断开时间不得大于10 μs,断开触点的闭合时间或桥接不得大于1 μs。这样,旨在提高产品可靠性指标的可靠性设计如仅着眼于功能设计阶段是远远不够的,必须在确定产品方案的过程中就考虑到环境条件,按照环境条件进行必要的防护措施设计,才能使产品的固有可靠性得到提高,从而使整个航空、航天系统的可靠性得到提高。

耐力学环境防护设计是可靠性设计的基本组成部分,是提高航天继电器质量的重要手段。耐力学环境防护设计过去一直没有得到广泛的重视,只是通过出厂前一般的环境试验进行检验,原因在于用户对产品耐力学环境能力的要求不高,因此产品的可靠性设计中就相应的缺少了环境防护设计的环节。随着武器型号的不断改型,使用环境已突破传统大气层,航行速度达到十多马赫,从而对航天继电器力学环境抗振动指标提出了更高的要求。将环境防护设计真正列入产品的可靠性设计流程中,从根本上提高航天继电器的耐力学环境防护能力已是当务之急。

我军武器装备成系列、成建制,形成作战能力和保障能力的积极准备促进了开关电器的发展。同时,开关电器的不断发展又不断促进国防武器装备系统的构成体制、技术性能、可靠性与维修性的发展。世界上技术发达国家很早就重视国防系统、航天系统与开关电器元件这种相互关系,投入大量资金、人力物力,进行研究并付诸于工程。而我国国防武器装备系统研制单位普遍不了解世界和我国的开关电器元件发展新动向,开关电器元件研制单位和厂家也不太了解国防武器装备系统对开关电器元件的需求。这就需要在其间架设一座桥梁,需要大力开展"元器件工程"的研究与开发,以提高国防武器装备系统与开关元器件的技术性能和应用可靠性。

1.2 力学环境下航天继电器的失效机理

力学因素也称机械因素,主要包括振动、冲击、摇摆、恒加速度、爆炸、地震、噪声振动等各种机械力的作用。国内所生产的继电器与国外同类产品相比在抗振性能上存在一定差距,其指标不高且性能不稳定,导致批生产例行试验中振动淘汰率过高,严重地影响了产品的出厂合格率。因此,提高继电器的抗振性能已被列为航天继电器产品设计人员的重点攻关项目。

航天继电器经受的振动大多都不是简单的正弦振动,但业已表明,采用高频正弦振动同样能有效地确定对结构和性能有影响的模态,并为抗振性设计提供方向。高频正弦振动试验是人为制造产生的诱发环境中最典型的一类,用来模拟考核继电器在旋转、脉动、振荡等环境中的适应能力。

影响继电器振动特性的因素较多,所以设计、制造满足用户要求的质量稳定的继电器并非是轻而易举的事情,必须认真分析激振源位移传递途径,从每一个零件、组件入手建立数学模型,分析找到影响其振动特性的主要因素,进一步优化参数、改进结构,从而实现防护措施设计,使继电器产品的固有抗振能力得到提高。

航天继电器作为机械力、磁动力、电动力为一体的力平衡或非力平衡精密机械结构,一般由电磁系统、接触系统及附属部件等构成,零部件多达三十几个。继电器中发生机械运动部分的簧片组(柔性体)与衔铁、轭铁、推动器(刚性体)一并构成了典型的刚柔耦合系统,使用继电器的设备在工作过程中产生的振动会使接触系统、电磁系统及其他结构件产生非线性响应,接触系统闭合触点间接触部位产生摩擦和发生相对位移。当触点间响应超过触点预变形时,则发生闭合触点对瞬间分离现象(抖断),如果动触簧的位移响应超过其与静触簧预变形,则发生断开触点对瞬间闭合现象(抖闭)。谐振条件下的损坏最为严重,短时间内继电器将会发生结构破坏。

国内外学者对继电器在振动和冲击环境下的失效机理进行了研究和分析,文献[9—16]根据实际工况下的继电器失效模式进行了试验和理论分析,指出力学环境下继电器失效的最主要形式为常开触点组受到外界激励干扰闭合或者常闭触点组受到干扰断开。

以图1.1所示的航天继电器为例,在释放状态下,衔铁受到永磁或者返簧提供的保持力紧密贴近在轭铁①处,左边常闭触点组的静合簧片和动簧片通过装配时产生的簧片变形力维持接触。由于受到继电器时间参数、寿命和驱动功率等指标制约,释放状态下维持接触系统接触状态的触点间初始压力与维持衔铁系统位置的保持力较小,很容易在外界的激励下发生簧片抖动断开或者衔铁误触动簧片造成继电器误动作。而在吸合状态下衔铁和接触系统的状态都由线圈产生的电磁吸力提供,远大于释放状态下的保持力,在外界激励下发生误动作的概率也较小。因此对继电器的耐振动设计一般以释放状态下的接触系统和衔铁系统为主。另外,支架在振动过程中也可能发生共振,使衔铁系统发生共振误触动接触系统,但该情况出现的概率较低。

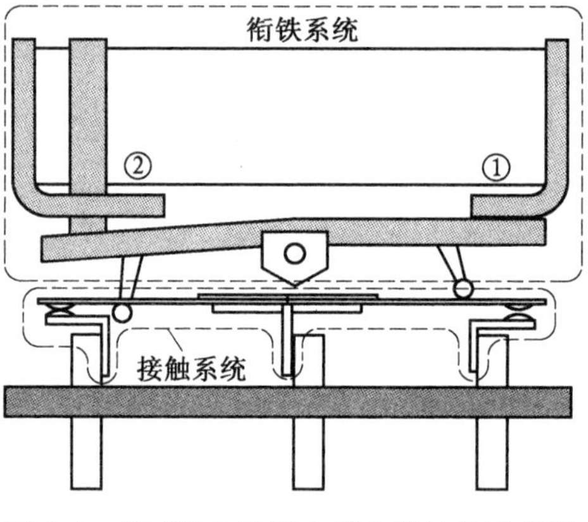

图1.1 某型号航天继电器内部结构示意图

另外,触点的振动也会引起触点的磨损及影响继电器的寿命,甚至会造成触点的熔焊,严重影响触点工作的可靠性和寿命。因此,电接触振动是各类电接触失效的重要根源。如能最大限度地减小电接触振动,必将大大提高电接触器件的可靠性和寿命。

簧片系统与衔铁系统具有可分合的接触特征,这也是致使继电器产品在超环境应力使用中出现触点组抖断抖闭、衔铁组件抖动、整机框架谐振等失效模式的原因所在。航天继电器耐力学环境性能的提高与其接触系统、电磁系统及整机结构的结构动力学特性都是密不可分的,因此通过建立其柔性多体结构非线性控制方程,理论分析其在力学环境条件下关键位置的动态响应及影响因素,对优化航天继电器乃至电子元器件的力学环境指标具有重要的实用价值，同时所开展的含非线性接触特征的柔性多体结构动力学研究也将具有重要的理论价值。

1.3 航天继电器耐力学环境设计技术的现状及发展

高耐力学环境指标是国外航天继电器产品的主要特点，以美国专业航天继电器制造商德立台公司(Teledyne)为例，其继电器均已满足Ⅴ类环境条件要求，特别是专用于高抗振动条件的产品可满足振动频率为3 000 Hz、振动加速度为380g的要求，专用于高抗冲击条件的产品可满足振动加速度为4 000g，0.5 ms半正弦波的要求。国内外单独针对密封继电器结构动力学的相关研究报道很少。继电器耐力学环境设计属于交叉学科问题，涉及结构振动特性分析技术、结构冲击特性分析技术、结构优化设计技术。

1.3.1 结构振动特性分析技术

目前，解决结构振动工程问题的方法已日趋成熟，包括经典解析法和现代数值解法在内的各种方法如传递矩阵法、集中质量法、广义坐标法、里兹法、假设模态法、模态综合法等都已经得到了广泛的应用，取得了很好的研究成果。虽然经典解析法对于形状及边界条件都比较简单的弹性体才能得到振动的精确解，但是这些精确解有助于理解复杂情况下弹性体的振动特性。对于复杂的线性振动系统，要精确地列写其运动微分方程并求解其振动特性往往十分繁复，甚至是不可能的。因此，对于复杂的线性振动问题，必须采用一些行之有效的常用近似方法来建立其数学模型并分析、计算其振动特性。

特别是电子计算机的飞速发展以及大型、综合结构分析程序的不断出现，已使有限元法成为结构分析的有力工具。有限元法是分析复杂结构动力问题最有效的方法。从杆、梁结构、框架结构、板壳结构到一般的三维弹性连续体结构，均可应用有限元法进行静、动力分析。

通常对于大型结构主要应考虑对整体影响较大的因素，而微小结构在其中的影响很小，计算时往往被忽略掉。例如在火箭大部段的动力学计算时，对配挂的仪器(如继电器、传感器、火工品等)一般作为集中质量点，只需保证整体模型的质量、质心参数正确即可，而在单独进行微小结构的有限元计算分析时，则必须对该结构中非常微小的各部件进行精确模拟。由于有限元计算本身不考虑结构的几何尺寸、质量等单位，在单独进行微小结构建模时，可采用小量级的公称单位(如毫米、克等)，不会造成计算舍入误差。而对于要同时考虑大型整体结构和附着其上的微小结构的情况，一般不提倡直接对大模型的局部构造得过细。这种情况下通常的处理方法是先单独进行大型整体结构的计算，获得微小结构局部位置的计算结果以后，把它作为微小结构模型的外部载荷环境，再单独进行微小结构的理论计算。文献[19]进行某卫星天线的灵敏度分析计算时，首先进行了全箭整体的有限元分析，对卫星的局部特性予以忽略，在此基础上将卫星平台的计算结果再输出作为天线模型的激励载荷进行二次分析。

微小结构的计算可采用理论解析解或自编计算程序、通用计算软件等不同解法。其优点在于可根据理论分析构造适应特定结构本构关系的形函数、离散方程等，计算有针对性且效率高。缺点是对不同结构的通用性差，因此在工程上有较多的局限性。采用通用有限元软件进行相应的力学分析，包括应力分析、振动模态分析和载荷响应分析等，尤其是先进国家的航天领域，无论对大型复杂结构还是对微小结构进行优化分析的技术都已经成熟，例如某计算机配件厂对磁盘驱动器的壳体进行力学计算，用以避开共振频率并提高结构刚度等。

1.3.2 结构冲击特性分析技术

冲击或撞击是一种常见的力学现象，是物体运动状态发生急剧变化的力学过程，而引起冲击的载荷称为冲击载荷。冲击载荷在机械结构中是普遍存在的，它不仅在大量高速设备或机构中存在，而且在一些速度并不很高的设备中也普遍存在，例如快速启动设备、快速制动设备或高加速度的机构。军事和航天装备中，基于性能要求，冲击载荷作用的电子系统或高加速度电子系统更是广泛存在，而这类电子系统中开关器件的可靠性对武器装备的性能发挥与安全保障又极其关键，MIL－STD－810F在航天和国防应用中归纳的冲击特征见表1.3，冲击载荷的普遍性与重要性使继电器冲击响应分析的研究极具价值。

表1.3 应用环境中的冲击特征

应用场合	冲击峰值/g	冲击响应持续时间/ms
战斗车辆	20	15～23
飞行器	40	15～23
路面车辆（发生碰撞时）	40	15～23
飞行器（发生碰撞时）	75	8～13

航天继电器的冲击过程非常复杂，很难进行精确的解析分析，当前继电器冲击特性设计仍以实验与经验为指导，相关理论研究较少。文献[26]通过对继电器典型的平衡旋转式结构和耐环境性能指标的分析，结合试验数据和经验公式，设计了一种耐高冲击条件的小型密封直流电磁继电器，有一定的工程参考价值，但缺少深层的分析与理论依据，不具有普遍性。试验与数值仿真是当前对结构在冲击下动态特性进行工程分析的主要手段。以有限元法和有限差分法为主的数值分析方法，具有低成本、操作便捷和计算功能强大等特点，是进行工程结构冲击响应分析的首选。近年来，有限元软件如MSC. Patran/Nastran，MSC. DYTRAN，ADINA，LS－DYNA3D，ABAQUS和COMSOL Multiphysics等，在结构力学、冲击动力学、流体力学和爆炸力学等冲击响应研究领域中得到大量应用。文献[27]建立舰用框架断路器冲击系统的数学模型，对冲击载荷作用下框架断路器进行了有限元建模和动力学仿真，分析了施加不同方向冲击载荷和施加不同大小冲击载荷时框架断路器机构的位移、加速度、应力历程、能量变化等动态响应特性，为开关电器的设计与研究开辟了新思路和方法。舰船受水下爆炸影响是冲击响应研究的热点问题，文献[28]应用LS－DYNA3D有限元程序，对舰船在水下爆炸载荷作用下的动态响应进行了

研究，给出了流体网格尺寸、流体边界形状、自由表面尺度等一些重要参数对计算结果的影响。文献[29－31]运用多材料 Eulerian 方法和耦合的 Lagrangian－Eulerian 有限元法对舰船结构的动响应和破坏程度进行了研究，采用正交异性壳单元模拟加筋板结构，分析了船体在受水下爆炸冲击时的破坏数据。对于其他机械结构在冲击载荷下的可靠性研究方面，文献[32－34]从仿真和试验两方面对冲击载荷作用下的机床和连接件等机械结构的可靠性的研究，提出了检验冲击可靠性的合理判据。以上研究皆采用了有限元软件分析机械结构在冲击下的位移、速度和能量等响应量的时间历程，其分析对象与航天继电器存在一定的相似性，其分析方法和结论有一定的参考价值。

1.3.3 结构优化设计技术

结构优化设计就是将工程设计问题转化为最优化问题，利用数学规划方法、电子计算机的高速运算能力和逻辑判断能力，从可行的设计方案中按照预定的目标自动寻找最优的设计方案。结构形式包括尺寸、形状和拓扑等信息，对于试图产生超出设计者经验的有效新型结构来说，优化是一种很有价值的工具。优化的目标通常是求解某方面特征达到最值(例如质量最小、刚度最大或体积最小等)的结构，同时必须满足一定的约束条件，以获得最佳的静力或动力等形态特征。显然，结构优化设计的结果可以有效地缩短产品的设计周期，降低材料消耗，减轻结构自重并最大限度地提高产品的性能和质量。

结构优化设计方法从麦克斯韦(Maxwell)理论和 Michell 桁架出现至今已有一百年，现在优化问题的求解方法大致可以分为三类：最优准则法、仿生学算法和数学规划法。

结构优化的准则法有满应力准则法、能量准则法和演化结构优化算法等，是一种根据工程经验、力学概念以及数学规划的最优性条件，通过预先建立某种准则，通过相应的迭代方法，获得满足这一准则的设计方案(解)的方法。在早期的结构优化中，大多按工程经验与直觉来提出准则，如等强度设计准则、同步失效准则和满应力准则等。在准则法中，目标函数并不突出，只是强调寻求一个满足某种准则的设计即为最优设计，对大量设计变量和少量约束的问题具有较高的优化效率，特别适合工程应用。但对于多约束问题，由于要依次引入相应约束的拉格朗日(Lagrange)乘子，每个 Lagrange 乘子要采用不同的准则，此时优化求解效率将大大降低，有时不能收敛到局部最优解，或者不收敛，这些都阻碍了其更广泛的应用。

仿生学算法主要有遗传算法、模拟退火算法、蚁群优化算法和粒子群优化算法等，一般不需要复杂的数学计算。仿生学算法得到的解不能保证是问题的全局最优解，但一般能逼近全局最优解。以上仿生优化方法不需要计算导数信息，所以优化求解的效率很低，另外基于启发式和仿生学原理的优化算法一般应用于无约束或者简单边界约束的优化命题，而对于存在较多复杂等式约束和不等式约束的优化命题十分困难。

数学规划法是将优化问题抽象成数学规划形式来求解的方法，结构优化设计通常可表述为

$$\begin{aligned}&\min f(\boldsymbol{X})\\&\text{s.t. } g_i(\boldsymbol{X})\leqslant 0 \quad (j=1,2,\cdots,m)\\&h_k(\boldsymbol{X})=0 \quad (k=m+1,m+2,\cdots,p)\end{aligned} \tag{1.1}$$

式中 $\boldsymbol{X}=(x_1,x_2,\cdots,x_n)^{\mathrm{T}}$—— 设计变量；

$f(\boldsymbol{X})$—— 目标函数；

$g_i(\boldsymbol{X})$—— 不等式约束；

$h_k(\boldsymbol{X})$—— 等式约束。

当前用于式(1.1)的最优问题的算法主要有序列线性规划法(SLP)、序列二次规划法(SQP)、序列凸规划法(SCP)和序列增广拉格朗日法(SAL)。其中SQP是目前应用最为广泛、最为有效的非线性优化算法，其强大的非线性处理性能和良好的稳定性在处理中小规模优化命题中得到广泛认可。该算法本质上是一种迭代算法，其基本思想是在给定的近似点处通过二次近似逐渐得到一个更好的迭代点，这需要通过求解一个二次规划(Quadratic Programming，QP)子问题得到。在当前迭代点处算法通过求解一系列的二次规划子问题，使得迭代点逐步接近原优化命题的最优点，算法最终收敛到最优解。序列二次规划算法与序列线性规划算法的主要区别在于，该方法对原问题的近似表达式中包含有二阶导数信息，所以对于原问题的近似更加精确，并可望得到快速收敛性能，如超线性收敛性能。随着计算机技术的高速发展，SQP已被ANSYS，iSIGHT和I－deas等多个商业软件所集成，并与有限元方法相结合应用于发动机叶片、承重支架和大型水坝结构等多种优化任务，但SQP在与有限元结合应用上仍存在以下缺点：

(1)当几何形状改变时，重新定义有限元网格较为困难。

(2)形状优化设计的敏度信息仅与边界有关，而用有限元法需将内部节点的信息外推至边界节点。

目前先进的优化设计方法并没有在我国的电器行业普及，多数产品的设计和改造仍然是以数据表格、设计人员经验以及一些经验公式为基础，对产品进行类似“修改参数—试验—修改参数”的尝试法进行优化。这样的研发模式不但要求经验丰富的设计人员，而且不利于缩减成本和缩短产品的研发周期。该问题已经得到广泛的重视，文献[52－58]通过理论推导、有限元仿真和试验等方式对断路器、接触器和继电器的电磁系统及动态性能进行研究，给出了部分材料、尺寸及结构变量对产品性能的影响规律，并基于此进行优化。这种方法对于简单优化对象有较好的效果，但是通过有限次的分析计算并不能获得产品参数最优的尺寸组合。文献[59－60]对开关电器的执行机构建立等效力学模型，采用蚁群和遗传算法对运动方程进行优化得到最优结构参数，但由于采用了简化的模型，其优化结果精度较低。另外，仿生物算法虽简单，但计算时间过长，不适用于大运算量的目标函数求解。

第 2 章　振动力学理论基础

耐力学环境设计理论是在经典振动力学理论的基础上展开的。振动系统按其力学模型特点可分为集中参数(离散)系统和分布参数(连续)系统。为使读者能够更好地掌握后续章节内容,本章以"振动力学理论基础"为标题,着重讨论集中参数系统与分布参数系统的振动特性。单自由度振动系统是集中参数系统中最简单的一种,尽管各种电子设备结构都很复杂,但在讨论特定情况下的振动特性时,常可将复杂结构简化为单自由度系统的问题进行研究,因而研究单自由度振动特性显得十分必要,同时它又是研究多自由度振动系统的基础。

2.1　力学模型与基本元件

2.1.1　离散型振动系统的力学模型

任何一个离散型振动系统一般由三种基本元件组成,即质量、弹簧和阻尼。最简单的离散系统如图 2.1 所示。离散系统的自由度数是有限的,其运动状态由二阶常微分方程表达,方程的个数应与系统的自由度数相等。

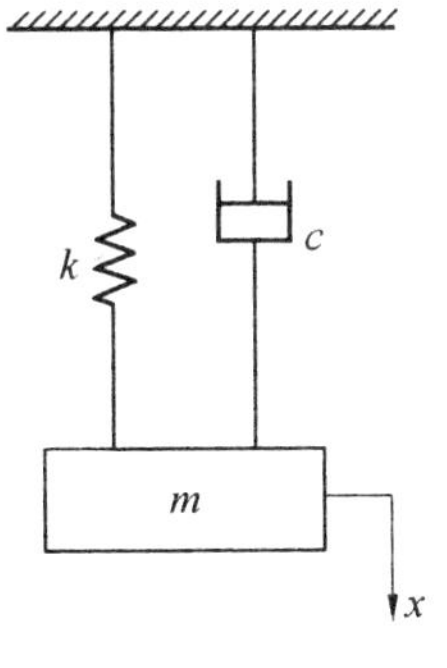

图 2.1　单自由度振动系统

当配有继电器的电子设备安装在线性隔振器上时,如图 2.2 所示,若仅讨论设备垂向振动特性时,便可以将它简化为图 2.3 所示的力学模型。设备的总质量 m 和隔振器弹簧刚度 k、阻尼 c 便分别构成图 2.3 所示的由一个质量 m、一个线性阻尼元件 c 和一个线性弹簧 k 组成的单自由度系统。

如需进一步讨论设备中各个插箱和机架或其中的继电器等各自的振动特性,便成为图 2.4 所示的离散多自由度系统。由于该系统具有五个质量,并需要五个独立坐标才能确定它们的振动状态,故它们是五自由度线性振动系统。

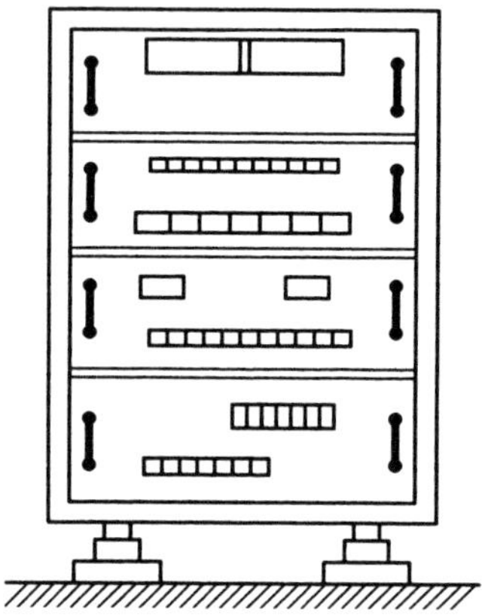

图 2.2 安装在线性隔振器上的电子设备

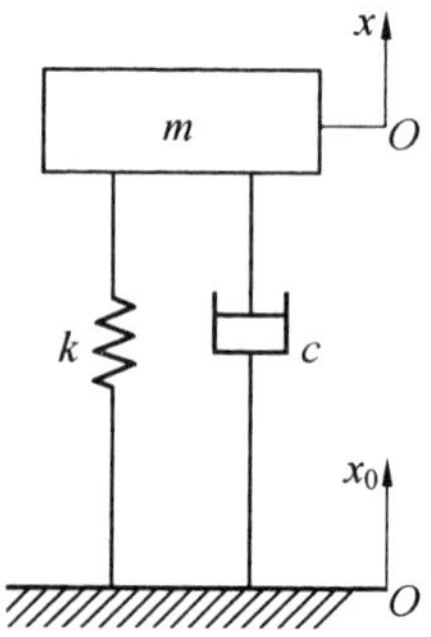

图 2.3 电子设备的力学模型

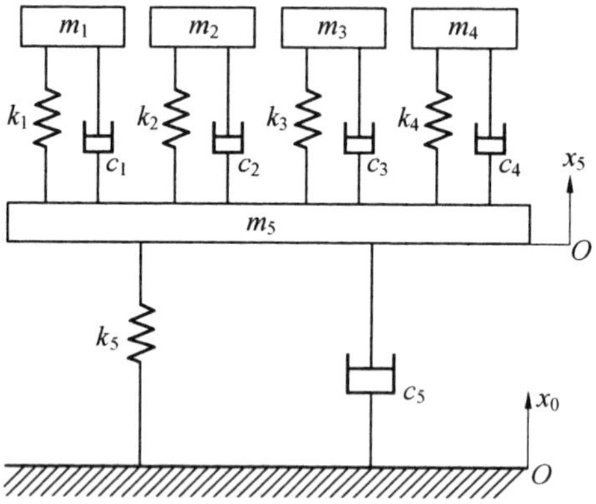

图 2.4 离散多自由度系统

2.1.2 离散系统的基本元件

(1) 质量(包括转动惯量)。质量模型(图 2.5) 是一个刚体,只有惯性,它的加速度正比于作用在质量块上的合力,即

$$F = m\ddot{x} \tag{2.1}$$

(2) 弹簧。弹簧模型(图 2.6) 只具有弹性,其本身质量可略去不计。弹簧所受的力与

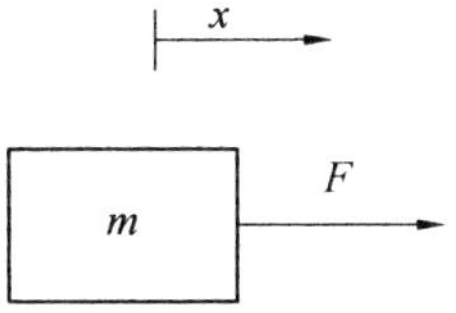

图 2.5　质量

它的变形有关，弹簧力与变形的比率称为弹簧常数或刚度。若弹簧常数或刚度随变形增大而提高，则称该弹簧为硬特性弹簧。若弹簧常数或刚度随变形增大而降低，则称该弹簧为软特性弹簧。在小变形的情况下，弹簧力与弹簧变形的一次方成正比，称为线性弹簧，即

$$F = k(x_2 - x_1) \tag{2.2}$$

式中　$x_2 > x_1$；

k—— 弹簧常数或刚度。

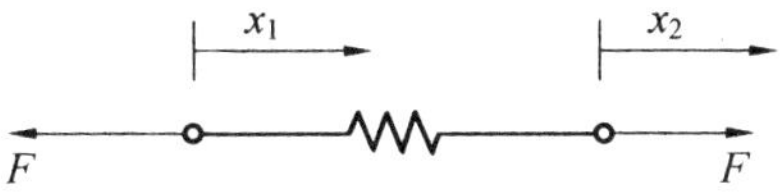

图 2.6　线性弹簧

在线性振动系统中，弹性元件的恢复力与位移的一次方成正比，其比例系数即产生单位位移所需的力，称为刚度。对扭振系统，产生单位角位移所需的扭矩，称为扭转刚度。

刚度的倒数，即单位力所引起的位移，称为柔度。

刚度是影响机械系统振动特性的主要因素之一。简单弹性元件的刚度和扭转刚度分别见表 2.1 和表 2.2。复杂元件或整个系统的刚度，需用实验方法测得。

表 2.1　弹性元件的刚度

<table>
<tr><th>简　图</th><th>说明</th><th>刚度(k)/(N · cm^{-1})</th></tr>
<tr><td>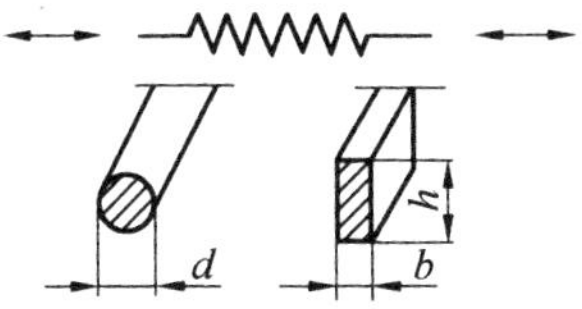</td><td>圆柱形拉伸
或压缩弹簧</td><td>圆形截面　$k = \dfrac{Gd^4}{8ND^3}$
矩形截面　$k = \dfrac{4Ghb^3\eta}{\pi ND^3}$
<table><tr><td>h/b</td><td>1</td><td>1.5</td><td>2</td><td>3</td></tr><tr><td>η</td><td>0.1</td><td>0.19</td><td>0.22</td><td>0.26</td></tr><tr><td></td><td>41</td><td>6</td><td>9</td><td>3</td></tr></table>N— 弹簧有效圈数</td></tr>
</table>

续表 2.1

简　　图	说明	刚度(k)/($N\cdot cm^{-1}$)
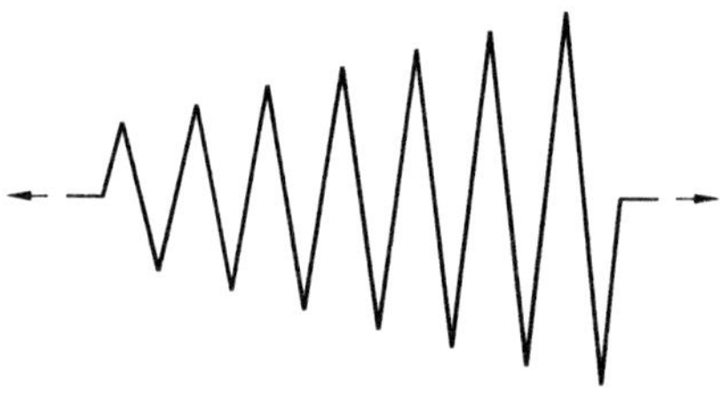 D_1— 大端中径(cm) D_2— 小端中径(cm)	圆锥形拉伸或压缩弹簧	圆形截面 $k=\dfrac{Gd^4}{2N(D_1^2+D_2^2)(D_1+D_2)}$ 矩形截面 $k=\dfrac{16Ghb^3\eta}{\pi N(D_1^2+D_2^2)(D_1+D_2)}$ 式中$\eta=\dfrac{0.276\,(h/b)^2}{1+(h/b)^2}$ N— 弹簧有效圈数
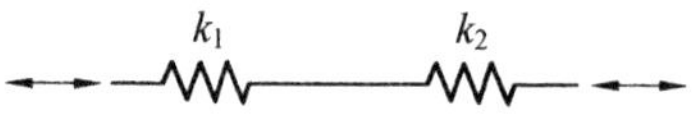	串联弹簧	$\dfrac{1}{k}=\dfrac{1}{k_1}+\dfrac{1}{k_2}+\cdots+\dfrac{1}{k_n}=\sum\limits_{i=1}^{n}\dfrac{1}{k_i}$ n— 弹簧串联的个数
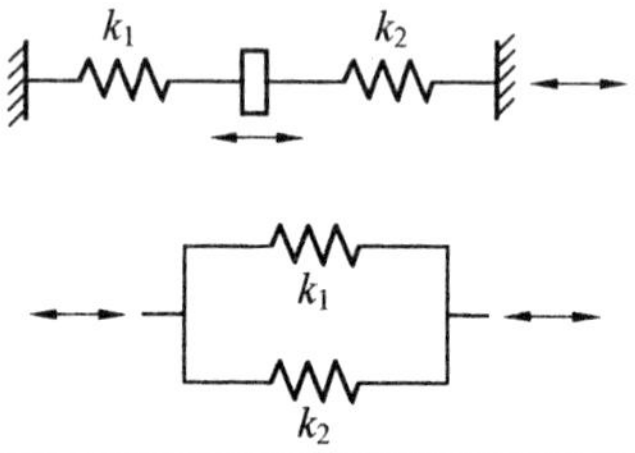	并联弹簧	$k=k_1+k_2+\cdots+k_n=\sum\limits_{i=1}^{n}k_i$ n— 弹簧并联的个数
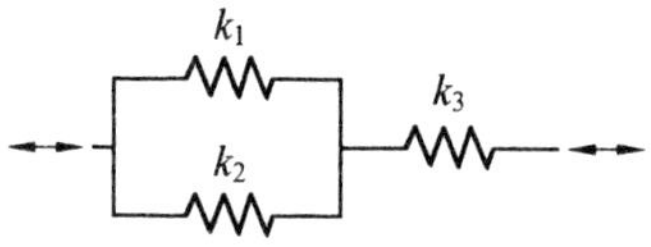	混联弹簧	$k=\dfrac{(k_1+k_2)k_3}{k_1+k_2+k_3}$
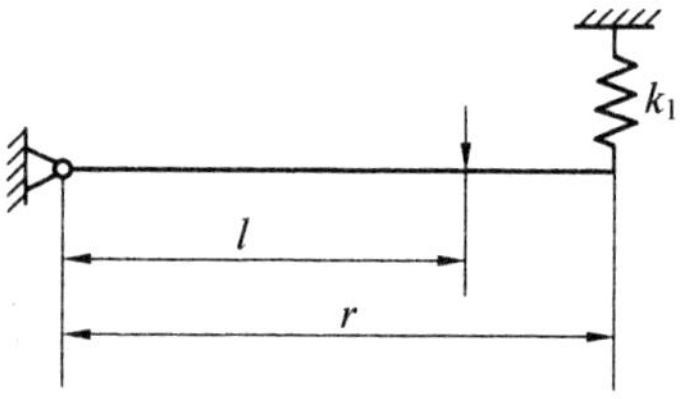	杠杆弹簧	$k=k_1\dfrac{r^2}{l^2}$
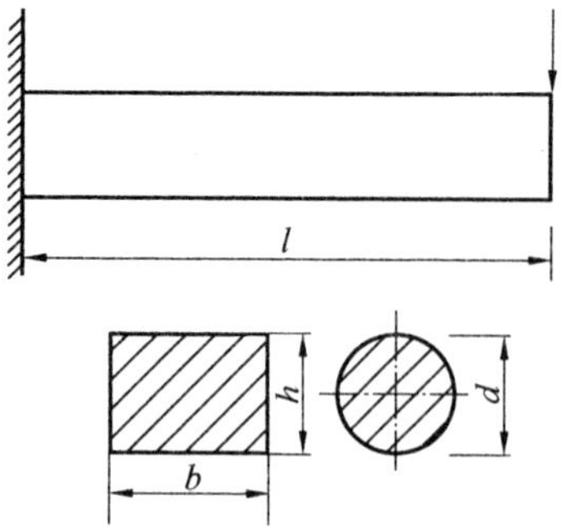	等截面悬臂梁	$k=\dfrac{3EI}{l^3}$ 圆形截面　$k=\dfrac{3\pi d^4E}{64l^3}$ 矩形截面　$k=\dfrac{bh^3E}{4l^3}$

续表 2.1

简　　图	说明	刚度$(k)/(\mathrm{N\cdot cm^{-1}})$
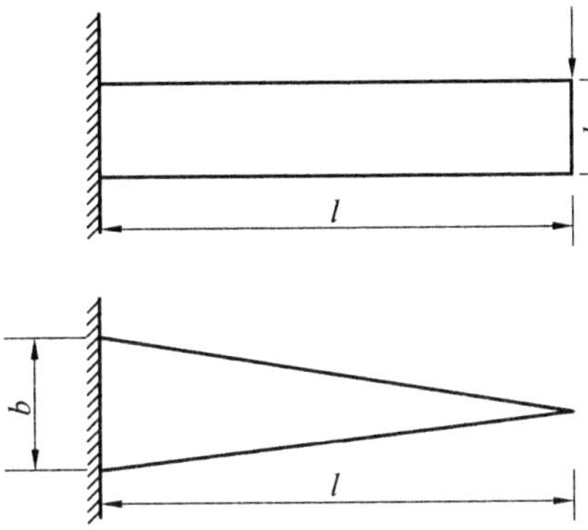	等厚三角形悬臂梁	$k=\dfrac{bh^3E}{6l^3}$
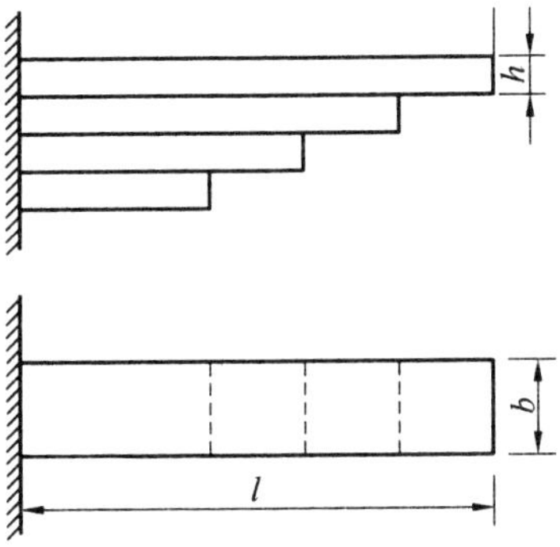	悬臂板簧(各板排列成等强度梁)	$k=\dfrac{nbh^3E}{6l^3}$ n— 钢板数
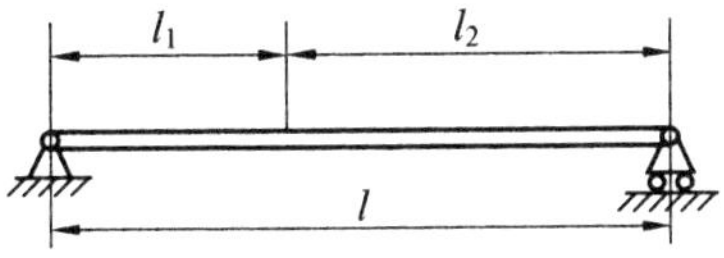	简支梁	$k=\dfrac{3EIl}{l_1^2l_2^2}$ 当 $l_1=l_2$ 时 $k=\dfrac{48EI}{l^3}$
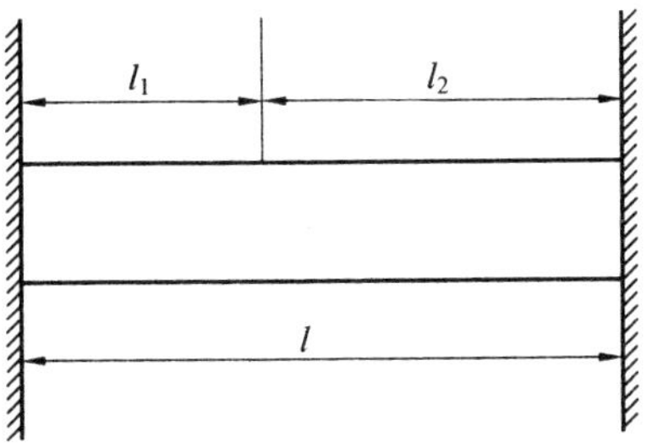	两端固定的梁	$k=\dfrac{3EIl^3}{l_1^3l_2^3}$ 当 $l_1=l_2$时 $k=\dfrac{192EI}{l^3}$

续表 2.1

简　　图	说明	刚度(k)/(N·cm⁻¹)
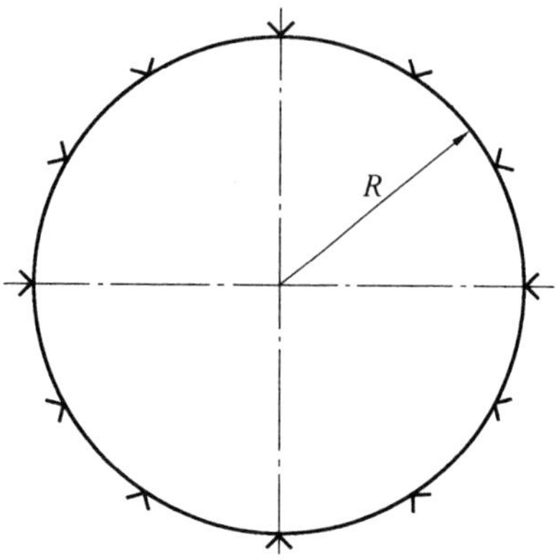	两边简支，中心受载的梁	$k=\frac{4\pi E t^3}{3R^2(1-\mu)(3+\mu)}$ 式中　t— 圆板厚； μ— 泊松比； R— 圆板半径
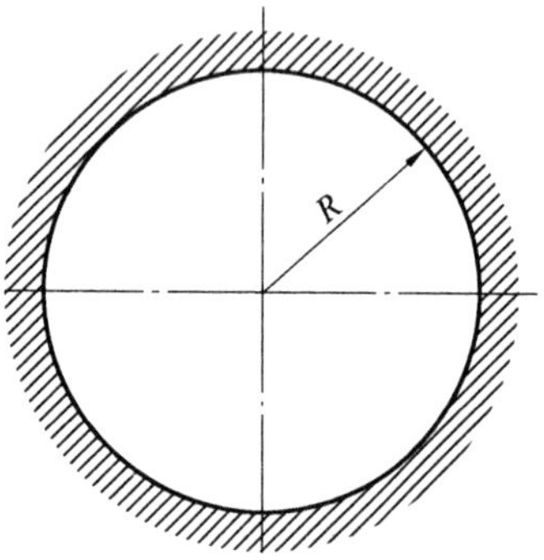	周边固定，中心受载的圆板	$k=\frac{4\pi E t^3}{3R^2(1-\mu^2)}$ 式中　t— 圆板厚； μ— 泊松比； R— 圆板半径
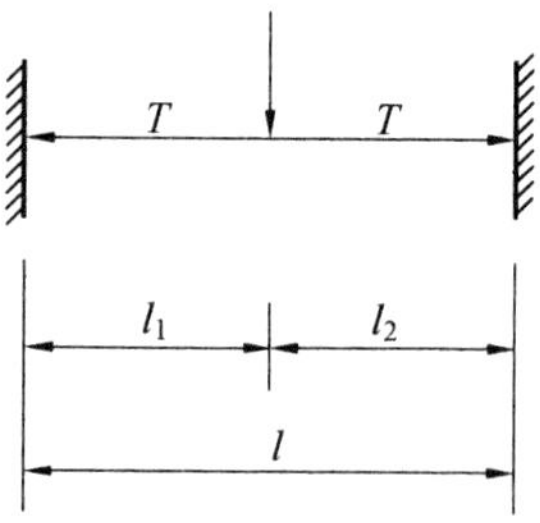	弦	$k=\frac{Tl}{l_1 l_2}$ T— 弦的张力

表中　E— 弹性模量，Pa；G— 切变模量，Pa；I— 截面惯性矩，cm^4

表 2.2　弹簧元件的扭转刚度

<table>
<tr><th>简　　图</th><th>说　　明</th><th>扭曲刚度(k_θ)/(N · cm · rad^{-1})</th></tr>
<tr><td>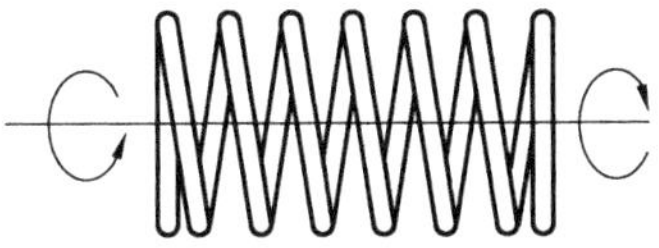</td><td>圆柱形扭转弹簧</td><td>$k_\theta=\dfrac{Ed^4}{32ND}$
N— 弹簧有效圈数</td></tr>
<tr><td>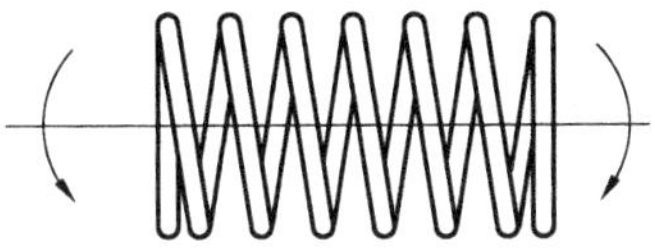</td><td>圆柱形弯曲弹簧</td><td>$k_\theta=\dfrac{Ed^4}{32ND}\,\dfrac{1}{(1+E/2G)}$
N— 弹簧有效圈数</td></tr>
<tr><td>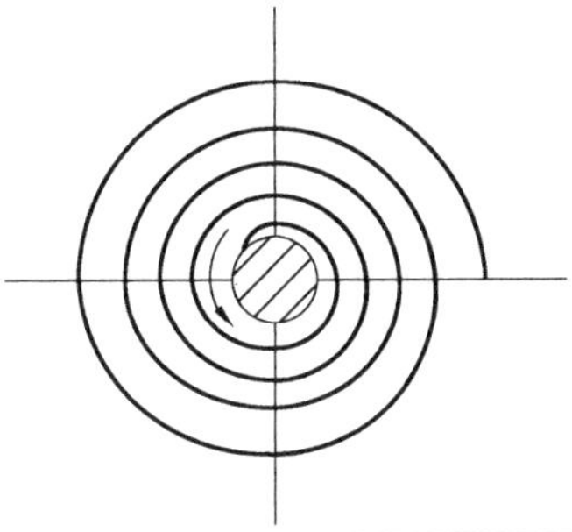</td><td>卷簧</td><td>$k_\theta=\dfrac{EI}{l}$
l—— 钢条总长</td></tr>
<tr><td rowspan="2">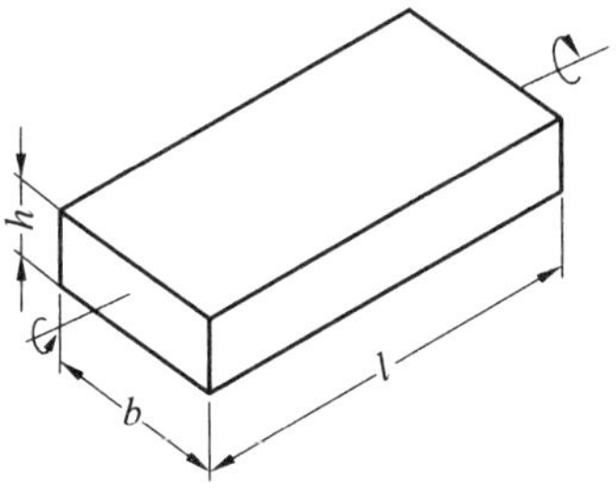</td><td>两端受扭的矩形条
($b/h=1.75\sim20$)</td><td>$k_\theta=\dfrac{aGbh^3}{l}$
式中　$a=\dfrac{1}{3}-\dfrac{0.209h}{b}$</td></tr>
<tr><td>两端受扭的平板
($b/h>20$)</td><td>$k_\theta=\dfrac{Gbh^3}{3l}$</td></tr>
<tr><td>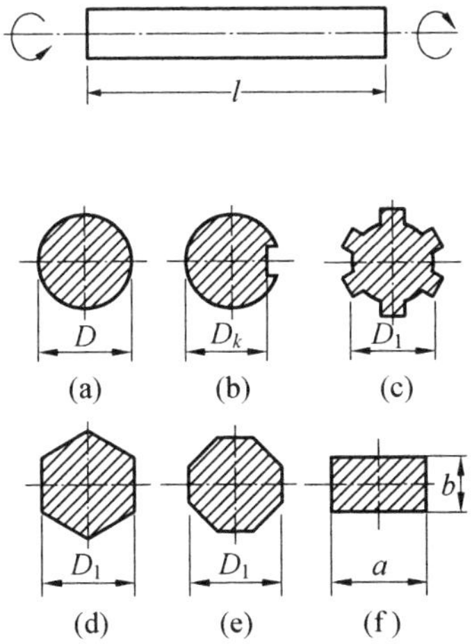</td><td>实心轴</td><td>(a)$k_\theta=\dfrac{Ed^4}{32ND}$　(b)$k_\theta=\dfrac{G\pi D_k^4}{32l}$
(c)$k_\theta=\dfrac{G\pi D_1^4}{32l}$　(d)$k_\theta=\dfrac{G\pi D_1^4}{32l}$
(e)$k_\theta=1.1\dfrac{G\pi D_1^4}{32l}$　(f)$k_\theta=a\dfrac{G\pi b^4}{32l}$
式中<table><tr><td>a/b</td><td>1.0</td><td>1.5</td><td>2.0</td><td>3.0</td><td>4.0</td></tr><tr><td>a</td><td>1.43</td><td>2.94</td><td>4.57</td><td>7.90</td><td>11.23</td></tr></table></td></tr>
</table>

续表 2.2

简　　图	说　　明	扭曲刚度(k_θ)/(N・cm・rad^{-1})
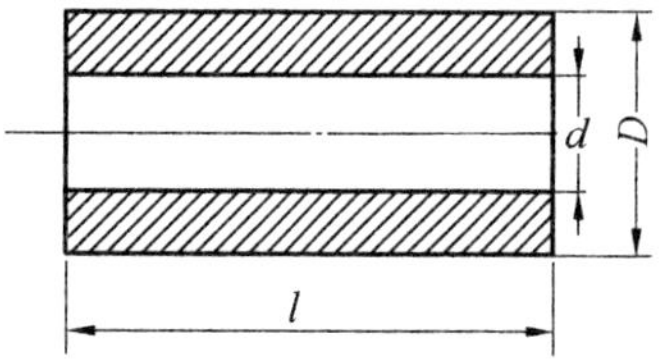	空心轴	$k_\theta = \dfrac{G\pi(D^4 - d^4)}{32l}$
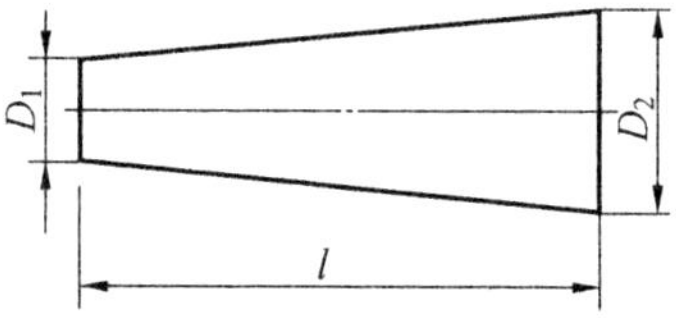	锥形轴	$k_\theta = \dfrac{3G\pi D_1^3 D_2^3 (D_2 - D_1)}{32l(D_2^3 - D_1^3)}$
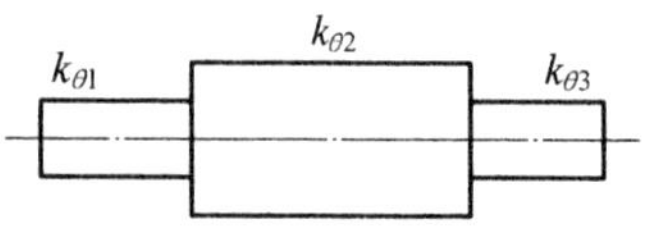	阶梯轴	$\dfrac{1}{k_\theta} = \dfrac{1}{k_{\theta 1}} + \dfrac{1}{k_{\theta 2}} + \dfrac{1}{k_{\theta 3}} + \cdots$
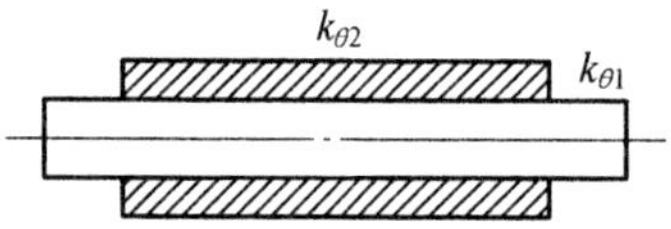	紧配合的轴	$k_\theta = k_{\theta 1} + k_{\theta 2}$
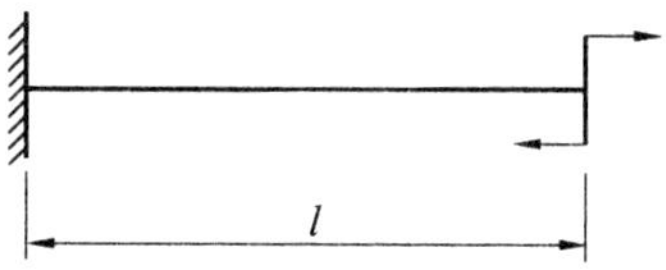	力偶作用于 悬臂梁的端部	$k_\theta = \dfrac{EI}{l}$
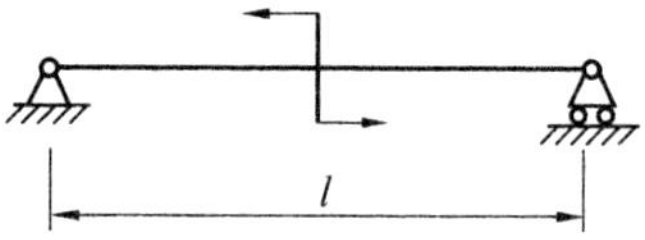	力偶作用于 简支梁的中点	$k_\theta = \dfrac{12EI}{l}$
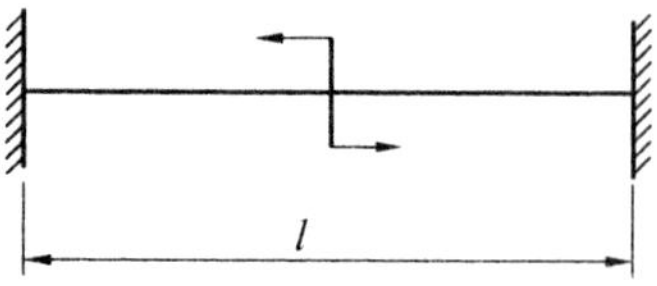	力偶作用于两端 固定梁的中点	$k_\theta = \dfrac{16EI}{l}$

表中　E— 弹性模量，Pa；G— 切变模量，Pa；I— 截面惯性矩，cm^4

(3) 阻尼器。阻尼器是一个耗能元件，在运动时产生阻力。在线性阻尼的条件下，产生的阻力正比于两端点的相对速度(图 2.7)，即

$$F = c(\dot{x}_2 - \dot{x}_1) \tag{2.3}$$

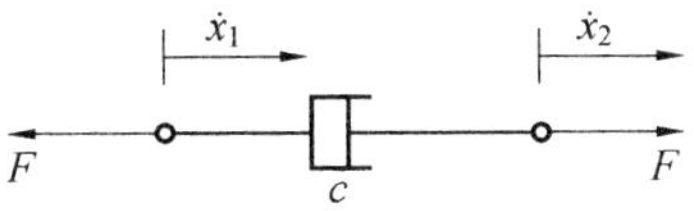

图 2.7　阻尼器

阻尼消耗系统振动能量，是影响系统特性的主要因素之一。阻尼的种类很多，如黏性阻尼、结构阻尼、库仑摩擦阻尼等。

(4) 黏性阻尼系数。在线性阻尼系统中，振动体受到的阻尼力与振动速度的一次方成正比，其比例系数称为黏性阻力系数 c。对扭振系统，振动体受到的阻尼力矩与振动角速度的一次方成正比，其比例系数称为黏性扭转阻尼系数 c_θ。

(5) 等效黏性阻尼系数。对某些非线性阻尼，常采用等效黏性阻尼系数来代替。原则是：在一个振动周期中，等效黏性阻尼所消耗的能量与它所代替的阻尼所消耗的能量应相等。等效黏性阻尼系数c_e 按下式计算，即

$$c_e = \frac{\Delta E_e}{\pi \omega A^2} \tag{2.4}$$

式中　ΔE_e—— 非线性阻尼在一个振动周期内所做的功；

ω—— 简谐振动的频率；

A—— 简谐振动的振幅。

简谐振动时，常见的非线性阻尼的等效黏性阻尼系数见表 2.3。

表 2.3　等效黏性阻尼系数

阻尼种类	阻尼力	等效黏性阻尼系数(c_e)
库仑摩擦阻尼	$\pm F$	$c_e = \dfrac{4F}{\pi \omega A}$
流体摩擦阻尼	$c_2 \dot{x}^2$	$c_e = \dfrac{8 c_2 \omega A}{3\pi}$
结构阻尼	$c_2 \dot{x}$	$c_e = \dfrac{\alpha}{\pi \omega}$
与速度 $\dot{x}$ 的 n 次方成正比的阻尼	$c_2 \dot{x}^n$	$c_e = \dfrac{2\Gamma\left(\frac{n+2}{2}\right)}{\sqrt{\pi}\,\Gamma\left(\frac{n+3}{2}\right)} c_n \omega^{n-1} A^{n-1}$
一般非线性阻尼	$f(x, \dot{x})$	$c_e = \dfrac{1}{\pi \omega A} \int_0^{2\pi} f(A\sin\varphi, \omega A\cos\varphi)\cos\varphi \mathrm{d}\varphi$

表中　x— 振动体的位移；$\dot{x}$— 振动体的速度；A— 振幅；ω— 角频率；α— 常数

2.1.3 机械阻抗与导纳的概念

1. 机械阻抗与导纳

通常定义在简谐激励下机械系统响应与激励的复振幅(复矢量)之比为导纳Y。与此相反,若是机械系统的激励与响应的复振幅(复矢量)之比,则为机械阻抗Z(以下简称阻抗)。

线性定常系统在简谐激励作用下,其稳态响应也必定是简谐的,响应与激励的频率相同,而它们的幅值、相位则既可以相同,也可以不相同。假设激励力$f(t)$是简谐的,则简谐响应$x(t)$可表示为

$$f(t)=F\mathrm{e}^{\mathrm{j}\omega t},\quad x(t)=X\mathrm{e}^{\mathrm{j}\omega t}$$

式中 F,X—— 分别为激励力与响应的复幅值。按照导纳与阻抗的定义,则有

$$Y=\frac{x(t)}{f(t)}=\frac{X\mathrm{e}^{\mathrm{j}\omega t}}{F\mathrm{e}^{\mathrm{j}\omega t}}=\frac{X}{F} \tag{2.5}$$

$$Z=\frac{f(t)}{x(t)}=\frac{F\mathrm{e}^{\mathrm{j}\omega t}}{X\mathrm{e}^{\mathrm{j}\omega t}}=\frac{F}{X} \tag{2.6}$$

显然,导纳与阻抗互为倒数,即

$$Y=\frac{1}{Z},\quad Z=\frac{1}{Y}$$

由于响应可以是位移、速度或加速度,因此导纳与阻抗都可按三种响应形式出现,三种导纳和阻抗的中英文名称及表达式见表 2.4。

表 2.4 三种导纳与阻抗的表达式

	位移(Displacement)	速度(Velocity)	加速度(Acceleration)
术语	位移导纳 Y_D (Dynamic Compliance)	速度导纳 Y_V (Mobility)	加速度导纳 Y_A (Accelerance)
符号	X/F	V/F	A/F
单位	m/N	m /(N · s)	m/(N · s^2)
术语	位移阻抗 Z_D (Dynamic Stiffness)	速度阻抗 Z_V (Impedance)	加速度阻抗 Z_A (Effective Mass)
符号	F/X	F/V	F/A
单位	N/m	(N · s)/m	(N · s^2)/m

由于响应可以是位移、速度或加速度,因而三种导纳和阻抗之间存在着以下关系,对简谐激励,响应则为

$$x(t)=X\mathrm{e}^{\mathrm{j}\omega t}$$
$$v(t)=\dot{x}(t)=\mathrm{j}\omega X\mathrm{e}^{\mathrm{j}\omega t}=V\mathrm{e}^{\mathrm{j}\omega t}$$
$$a(t)=\ddot{x}(t)=-\omega^2X\mathrm{e}^{\mathrm{j}\omega t}=A\mathrm{e}^{\mathrm{j}\omega t}$$

因此,位移导纳、速度导纳及加速导纳之间的关系为

$$Y_V = \frac{V}{F} = \frac{j\omega t}{F} = j\omega Y_D$$

$$Y_A = \frac{A}{F} = \frac{-\omega^2 X}{F} = -\omega^2 Y_D$$

或

$$Y_A = j\omega Y_V = -\omega^2 Y_D \tag{2.7}$$

而位移阻抗、速度阻抗及加速阻抗之间的关系为

$$Z_D = j\omega Z_V - \omega^2 Z_A \tag{2.8}$$

由式(2.7)及式(2.8)可知，三种不同响应形式的导纳或阻抗之间除了存在幅值的差别外，还存在着相位差，相位差为90°。速度导纳 Y_V 与位移导纳 Y_D 的相位差为 Y_V 超前90°；加速度导纳 Y_A 与速度导纳 Y_V 的相位差为 Y_A 超前90°；加速度导纳 Y_A 与位移导纳 Y_D 的相位差则为180°。

2. 驱动点导纳与传递导纳

对一般结构的激励点与测量点可以是同一点，也可以是不同的一点。对激励点与测量点是同一点时所获得的导纳称为驱动点导纳。设作用于 i 点的激励力为 F_i，在 i 点测量所得的响应为 X_i，则驱动点导纳 Y_{ii} 为

$$Y_{ii} = X_i / F_i \tag{2.9}$$

当激励点与响应测量点不是同一点时，即作用于 i 点的激励力为 F_i，在 j 点测量所得的响应为 X_j，则定义传递导纳 Y_{ij} 为

$$Y_{ij} = X_j / F_i \tag{2.10}$$

对阻抗同样也有驱动点阻抗 Z_{ji} 及传递阻抗 Z_{ij}，即

$$Z_{ji} = F_j / X_i \tag{2.11}$$

$$Z_{ij} = F_i / X_j \tag{2.12}$$

如果激励力与测量点不在同一方向上，例如在相互垂直的方向上，则此时的导纳称为交叉导纳，而在同一方向上测得的导纳称为直接导纳。如果在 x 方向激励，在 x 方向上测量，则记直接导纳为 Y_{xx}；如果在 x 方向激励，而在 y 方向测量，则记交叉导纳为 Y_{xy}。同样阻抗也可以有直接阻抗与交叉阻抗之分。

导纳也是输出量(响应)与输入量(激励)的复幅值之比，即

导纳 = 输出量复幅值 / 输入量复幅值

以上所讲的输入量与输出量是力与响应。而此处所指的输入量可以是位移、速度、加速度或角位移、角速度、角加速度，也可以是力或力矩等情况。

3. 导纳、频响函数与传递函数

当系统的激励(输入)是时间 t 的非周期函数时，研究系统的激励(输入)与响应(输出)之间的关系，常采用拉普拉斯变换或傅里叶变换，此时所得的导纳或阻抗通常称为广义导纳或广义阻抗。

由式(2.5)及式(2.6)可知，导纳是响应与激励的复幅值之比，而阻抗则是激励与响

应的复幅值之比，即

$$Y=\frac{x(t)}{f(t)},\quad S=\frac{f(t)}{x(t)}$$

当系统在任意激励力 $f(t)$ 作用下，并产生振动响应 $x(t)$ 时，假设 $t<0$ 时，系统的激励为零，系统的响应也为零，则系统的广义导纳可表达为

$$H(s)=\frac{L[x(t)]}{L[f(t)]}=\frac{X(s)}{F(s)} \tag{2.13}$$

式中 $X(s),F(s)$—— 分别为 $x(t)$ 和 $f(t)$ 的拉普拉斯变换，即

$$\left.\begin{aligned}X(s)=L[x(t)]=\int_0^{\infty}x(t)\mathrm{e}^{-st}\,\mathrm{d}t\\F(s)=L[f(t)]=\int_0^{\infty}f(t)\mathrm{e}^{-st}\,\mathrm{d}t\end{aligned}\right\} \tag{2.14}$$

式中 s 在一般情况下为复数，即

$$s=\sigma+\mathrm{j}\omega \tag{2.15}$$

σ 与 ω 均为实数。广义阻抗可表示为

$$Z(x)=\frac{F(s)}{X(s)} \tag{2.16}$$

由上可知，振动系统的广义导纳是初始条件为零时，系统输出与输入的拉普拉斯变换之比，通常称为系统的传递函数 $H(s)$。系统的广义阻抗则是初始条件为零时，系统输入与输出的拉普拉斯变换之比。

当 $s=\mathrm{j}\omega$，即 $\sigma=0$ 时，拉普拉斯变换则转变为傅里叶变换，式(2.14) 可写为

$$\left.\begin{aligned}X(\mathrm{j}\omega)=F[x(t)]=\int_0^{\infty}x(t)\mathrm{e}^{-\mathrm{j}\omega t}\,\mathrm{d}t\\F(\mathrm{j}\omega)=F[f(t)]=\int_0^{\infty}f(t)\mathrm{e}^{-\mathrm{j}\omega t}\,\mathrm{d}t\end{aligned}\right\} \tag{2.17}$$

在这种情况下，广义导纳与广义阻抗表示为

$$H(\mathrm{j}\omega)=\frac{F[x(t)]}{F[f(t)]}=\frac{X(\mathrm{j}\omega)}{F(\mathrm{j}\omega)} \tag{2.18}$$

$$Z(\mathrm{j}\omega)=\frac{F[f(t)]}{F[x(t)]}=\frac{F(\mathrm{j}\omega)}{X(\mathrm{j}\omega)} \tag{2.19}$$

由上式可知，系统的输出与输入的傅里叶变换之比通常称为频响函数 $H(\mathrm{j}\omega)$（或写为 $H(\omega)$），它是传递函数的一种特殊形式。

2.2 单自由度系统

最简单的振动系统如图 2.8 所示，它由质量 m 和通过固定支座相连的弹簧 k 组成。质量仅沿着轴 x 平行移动，所以它相对于任一初始位置的位移，完全可以用一个量 x 描述。因此，这个系统称为单自由度系统。如果使质量 m 在偏离平衡位置之后，让它在没有外力的作用下进行振动，我们称它为自由振动。如果有外力连续作用于质量或者支座

不断发生运动，则所发生的振动称为受迫振动。

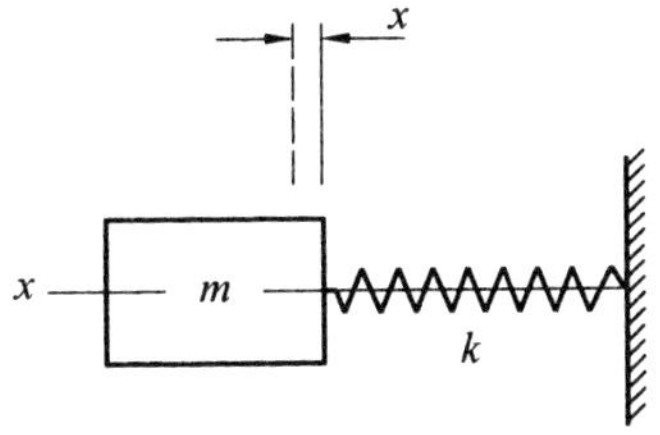

图 2.8　单自由度无阻尼振动系统

2.2.1　无阻尼自由振动

先考虑图 2.8 所示的无阻尼系统的自由振动，并可写出其运动微分方程为

$$m\ddot{x}+kx=0 \tag{2.20}$$

其中　$x=0$ 对应于质量的平衡位置。

式(2.20) 的解为

$$x=A\sin\sqrt{\frac{k}{m}}t+B\cos\sqrt{\frac{k}{m}}t \tag{2.21}$$

式中　$\sqrt{k/m}$—— 固有角频率，定义为

$$\omega_n=\sqrt{\frac{k}{m}}\quad \text{rad/s} \tag{2.22}$$

质量重复不断地做正弦运动，完成一个循环(周) 所需的时间称为周期，即

$$T=\frac{2\pi}{\omega_n} \tag{2.23}$$

周期的倒数是固有频率，即

$$f_n=\frac{1}{T}=\frac{\omega_n}{2\pi}=\frac{1}{2\pi}\sqrt{\frac{k}{m}}=\frac{1}{2\pi}\sqrt{\frac{kg}{W}} \tag{2.24}$$

其中　$W=mg$，即构成图 2.8 所示系统中质量的重量；固有频率的单位是周 / 秒或赫兹(Hz)。

(1) 初始条件。式(2.21) 中的 B 是在 $t=0$ 时的 x 值，而 A 等于在 $t=0$ 时的 x/ω_n 值。这样，在已知 $t=0$ 时的位移与速度，就完全决定了此后的振动。

(2) 相角。应用频率关系式(2.22)，振动系统的位移可写为

$$x=A\sin\omega_n t+B\cos\omega_n t=C\sin(\omega_n t+\varphi) \tag{2.25}$$

式中　$C=(A^2+B^2)^{1/2}$；

φ—— 相角，$\varphi=\arctan(B/A)$。

(3) 静挠度。简单的弹簧 — 质量系统的静挠度就是弹簧 k 在质量 m 的重力作用下的挠度，$\delta_{st}=mg/k$。将其代入式(2.24)，有

$$f_n=\frac{1}{2\pi}\sqrt{\frac{g}{\delta_{st}}} \tag{2.26}$$

这个关系只适用于系统是线性而且是弹性的情形。

利用图 2.9 所示的单自由度系统 δ_{st} 与 f_n 的关系，例如已知静挠度 $\delta_{st}=4$ mm，由图可查得系统固有频率 $f_n=8$ Hz。

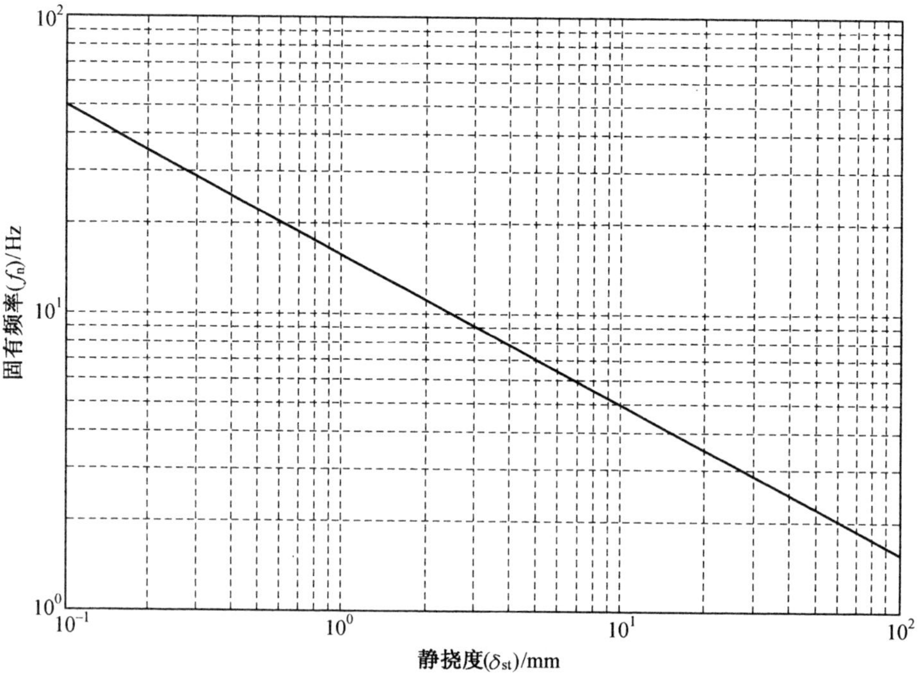

图 2.9　单自由度系统 δ_{st} 与 f_n 的关系曲线

2.2.2　有阻尼自由振动

1. 黏性阻尼自由振动

图 2.10 所示为有黏性阻尼单自由度系统。与无阻尼系统的式(2.20)相对应，其运动微分方程式为

$$m\ddot{x}+c\dot{x}+kx=0 \tag{2.27}$$

这个方程解的形式，随阻尼系数等于、大于或小于临界阻尼系数 c_c 而不同，

$$c_c=2\sqrt{km}=2m\omega_n \tag{2.28}$$

比值 $\zeta=c/c_c$ 称为临界阻尼比或简称阻尼比。

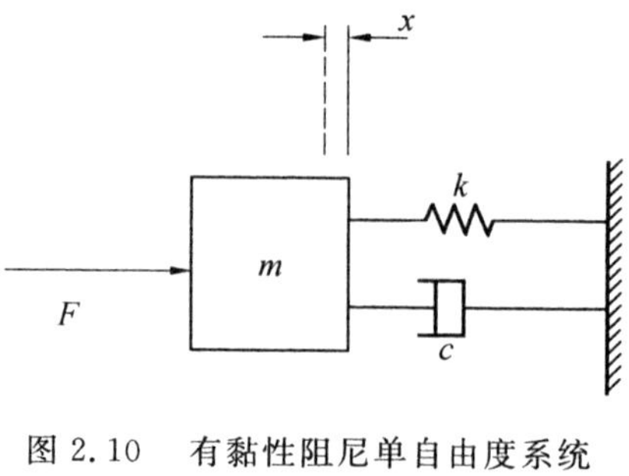

图 2.10　有黏性阻尼单自由度系统

(1) 欠阻尼。设系统中的阻尼低于临界值，$\zeta < 1$，则式(2.27) 的解为

$$x = \mathrm{e}^{-ct/2m}(A\sin \omega_{\mathrm{d}} t + B\cos \omega_{\mathrm{d}} t) = C\mathrm{e}^{-ct/2m}\sin(\omega_{\mathrm{d}} t + \varphi) \tag{2.29}$$

其中 C 和 φ 已在式(2.25) 后面做了定义。有阻尼固有频率 ω_{d} 与式(2.22) 所代表的无阻尼固有频率 ω_{n} 之间的关系为

$$\omega_{\mathrm{d}} = \omega_{\mathrm{n}}(1-\zeta^2)^{1/2} \quad \mathrm{rad/s} \tag{2.30}$$

这个关系如图 2.11 所示。

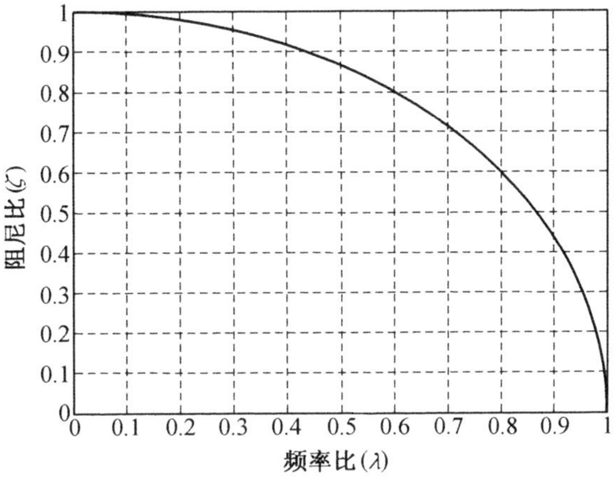

图 2.11　有阻尼固有频率作为无阻尼固有频率与阻尼比的函数

(2) 临界阻尼。当 $c = c_{\mathrm{c}}$ 时，系统不会发生振动，式(2.27) 的解为

$$x = (A + Bt)\mathrm{e}^{-ct/2m} \tag{2.31}$$

(3) 过阻尼。当 $\zeta > 1$ 时，式(2.27) 的解为

$$x = \mathrm{e}^{-ct/2m}(A\mathrm{e}^{\omega_{\mathrm{n}}\sqrt{\zeta^2-1}t} + B\mathrm{e}^{-\omega_{\mathrm{n}}\sqrt{\zeta^2-1}t}) \tag{2.32}$$

这也不是振荡性的运动，系统在平衡位置后，将逐渐回到平衡位置。

(4) 对数减缩。在 $\zeta < 1$ 的系统中，阻尼的大小可以用自由振动记录上相邻的峰值来决定，以临界阻尼表达式(2.28) 代入阻尼系统自由振动的表达式(2.29)，可得

$$x = C\mathrm{e}^{-\zeta\omega_{\mathrm{n}}t}(\sin \omega_{\mathrm{n}} t + \varphi) \tag{2.33}$$

考虑相隔 n 个周期的任意两个极大值(即当 $\dfrac{\mathrm{d}x}{\mathrm{d}t} = 0$ 时的 x 值)，如图 2.12 所示，这两个极大值之比为

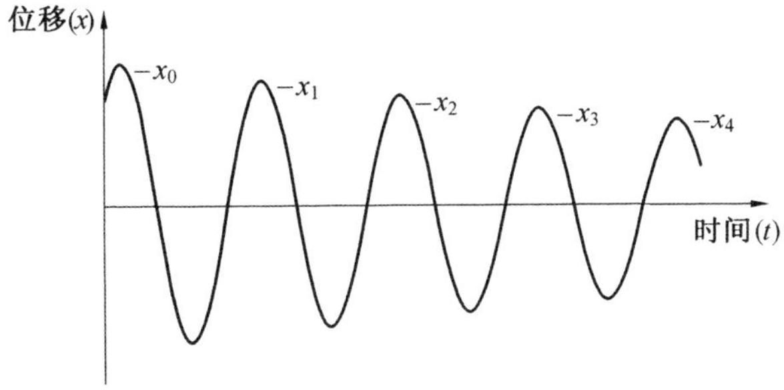

图 2.12　有阻尼振动系统自由振动位移图

$$\frac{x_n}{x_0}=\mathrm{e}^{-2\pi n\zeta/(1-\zeta^2)^{1/2}} \tag{2.34}$$

对应于不同的n值，在ζ值从0.001到0.10的范围内，振幅比x_n/x_0的值如图2.13所示。

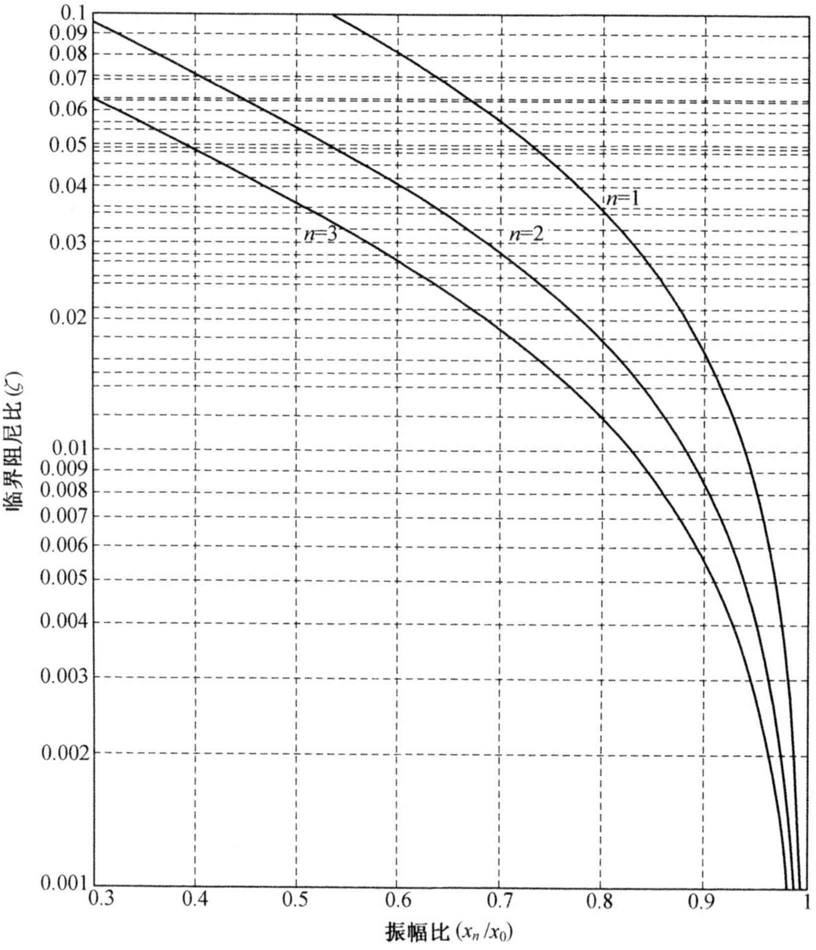

图 2.13 阻尼对振幅比的影响

为评价阻尼对振幅衰减快慢的影响，引入减幅系数η，它是相邻两个振幅的比值，即

$$\eta=\frac{x_1}{x_2}=\mathrm{e}^{2\pi\zeta/\sqrt{1-\zeta^2}} \tag{2.35}$$

在实际使用中，往往用对数衰减率

$$\delta=\ln\frac{x_1}{x_2}=\frac{2\pi\zeta}{\sqrt{1-\zeta^2}} \tag{2.36}$$

当ζ较小($\zeta<0.1$)时，上式可近似为

$$\delta\approx 2\pi\zeta \tag{2.37}$$

单自由度系统进行自由振动时，系统的运动随系统中的阻尼的性质和大小有所变化，且还与系统的初始条件有关。

当系统的初始条件为 $t=0$ 时，初位移 $x=x_0$，初速度 $\dot{x}=\dot{x}_0$，不同系统的运动方程及运动状态见表 2.5。

表 2.5　单自由度系统自由振动的运动规律

序号	振动系统及其运动方程	运动方程的通解	运动状态
1	无阻尼弹簧质量系统 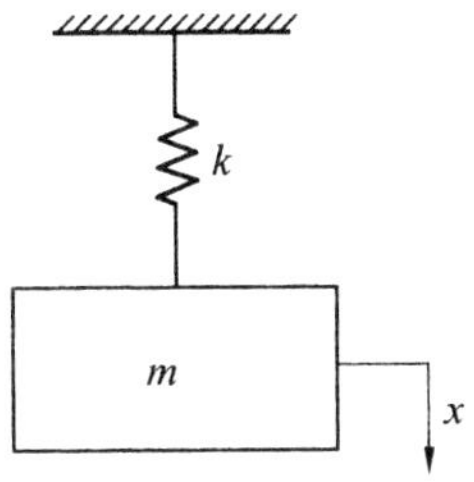 运动方程 $m\ddot{x}+kx=0$	$x=A\sin(\omega_n t+\varphi)$ 式中 $A=\sqrt{x_0^2+\left(\frac{\dot{x}_0}{\omega_n}\right)^2}$ $\omega_n=\sqrt{\frac{k}{m}}$ $\varphi=\arctan\frac{x_0\omega_n}{\dot{x}_0}$	
2	无阻尼扭转振动系统 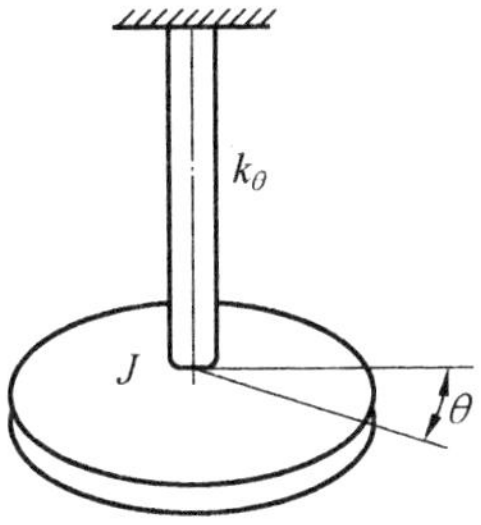 运动方程 $J\ddot{\theta}+k_\theta\theta=0$	$\theta=\Theta\sin(\omega_n t)$ 式中 $\Theta=\sqrt{\theta_0^2+\frac{\dot{\theta}_0}{\omega_n}^2}$ $\omega_n=\sqrt{\frac{k_\theta}{J}}$ $\varphi=\arctan\frac{\theta_0\omega_n}{\dot{\theta}_0}$	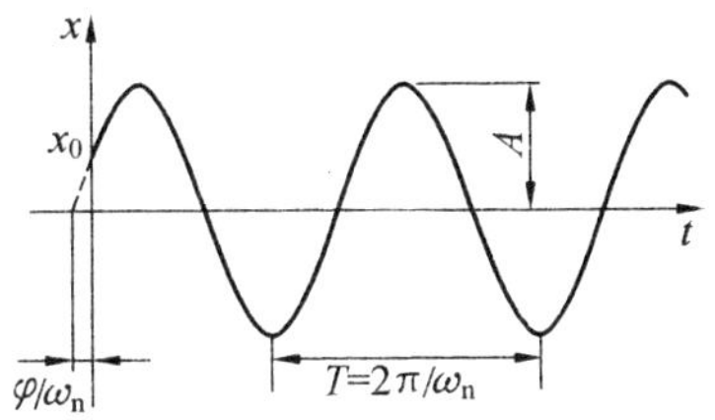 系统做等幅振动，振动持续不断
3	物理摆 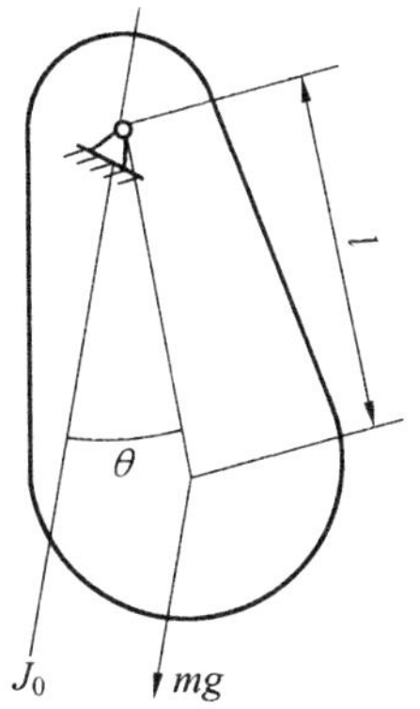 运动方程 $J_0\ddot{\theta}+mgl\sin\theta=0$ 在微振动时 $J_0\ddot{\theta}+mgl\theta=0$	$\theta=\Theta\sin(\omega_n t+\varphi)$ 式中 $\Theta=\sqrt{\theta_0^2+\left(\frac{\dot{\theta}_0}{\omega_n}\right)^2}$ $\omega_n=\sqrt{\frac{mgl}{J_0}}$ $\varphi=\arctan\frac{\theta_0\omega_n}{\dot{\theta}_0}$	

续表 2.5

序号	振动系统及其运动方程	运动方程的通解	运动状态
4	具有黏性阻尼的 弹簧质量系统 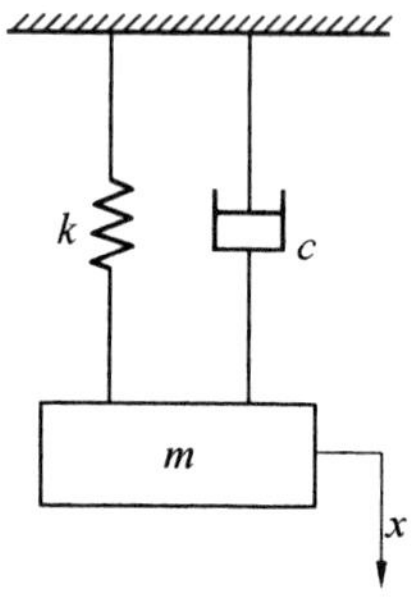 运动方程 $m\ddot{x}+c\dot{x}+kx=0$	(1) 欠阻尼 $(\zeta<1, c<c_c, a<\omega_n)$ $x=Ae^{-at}\sin(\omega_d t+\varphi)$ 式中 $A=\sqrt{x_0^2+\left(\dfrac{\dot{x}_0+ax_0}{\omega_d}\right)^2}$ $\omega_d=\omega_n\sqrt{1-\zeta^2}=\sqrt{\omega_n^2-a^2}$ $\varphi=\arctan\dfrac{x_0\omega_d}{\dot{x}_0+ax_0}$ $a=\dfrac{c}{2m}=\zeta\omega_n$ $\zeta=\dfrac{c}{c_c}=\dfrac{c}{2m\omega_n}=\dfrac{c}{2\sqrt{mk}}=\dfrac{c\omega_n}{2k}$ $\zeta\approx\dfrac{1}{2\pi n}\ln\dfrac{A_1}{A_{n+1}}$	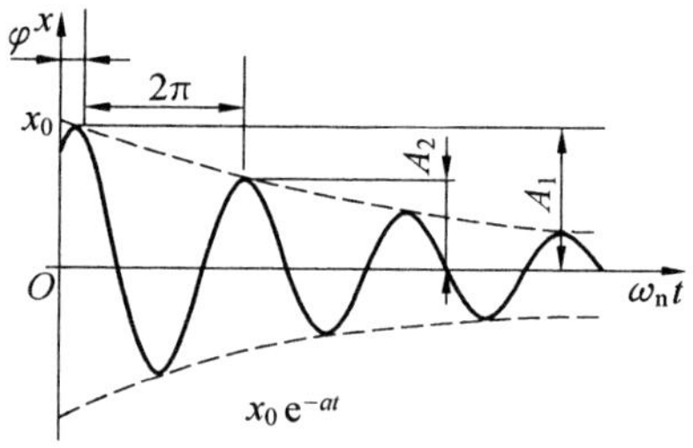 系统做减幅振动，振幅随时间减小
		(2) 临界阻尼 $(\zeta=1, c=c_c, a=\omega_n)$ $x=(A+Bt)e^{-\omega_n t}$ 式中 $A=x_0$ $B=\dot{x}+\omega_n x_0$	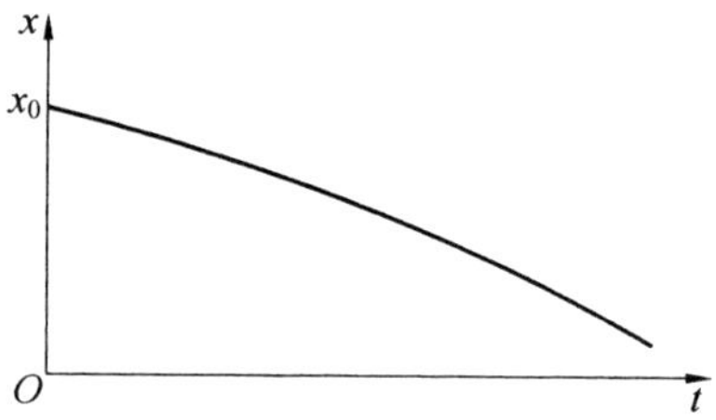 系统做逐渐返回其平衡位置的非周期性运动，是从振动过渡到不振动的临界
		(3) 过阻尼 $(\zeta>1, c>c_c, a>\omega_n)$ $x=Ae^{(-a+\sqrt{a^2-\omega_n^2})t}+$ $Be^{(-a-\sqrt{a^2-\omega_n^2})t}$ 式中 $A=\dfrac{\dot{x}-(a+\sqrt{a^2-\omega_n^2})x_0}{a\sqrt{a^2-\omega_n^2}}$ $B=\dfrac{-\dot{x}-(a-\sqrt{a^2-\omega_n^2})x_0}{a\sqrt{a^2-\omega_n^2}}$	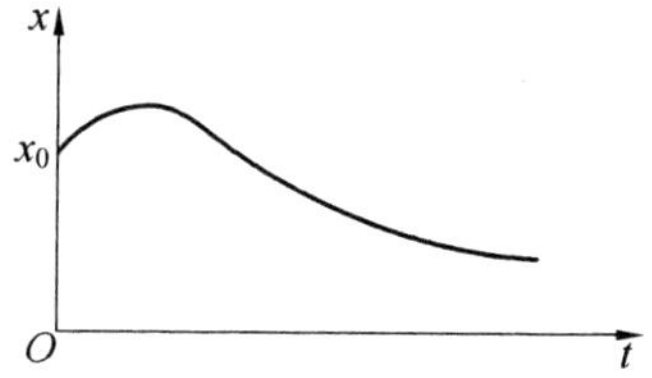 系统不振动，只做缓慢地返回其平衡位置的蠕动

续表 2.5

序号	振动系统及其运动方程	运动方程的通解	运动状态
5	具有干摩擦作用的弹簧质量系统 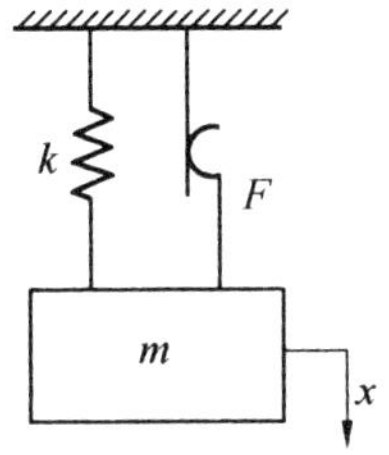	$x=\frac{F}{k}+x_0\cos\omega_n t$ $\omega_n t=0\sim\pi$ $x=\frac{F}{k}+\left(x_0-\frac{2F}{k}\right)\cos(\omega_n t-x)$ $\omega_n t=\pi\sim2\pi$	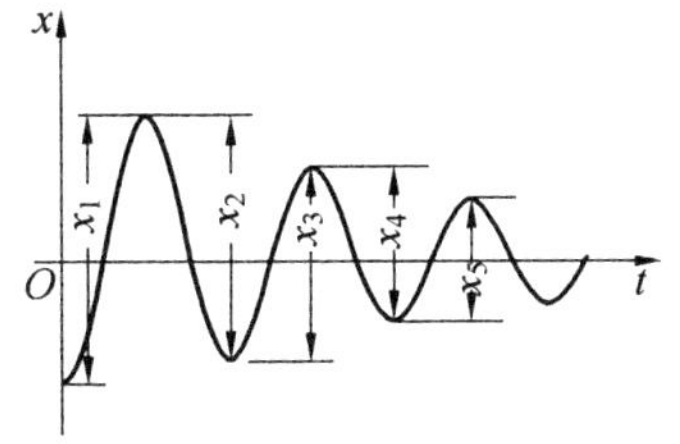 系统做减幅振动，每半个周期振幅减小 $2F/k$
6	具有黏性阻尼和干摩擦作用的弹簧质量系统 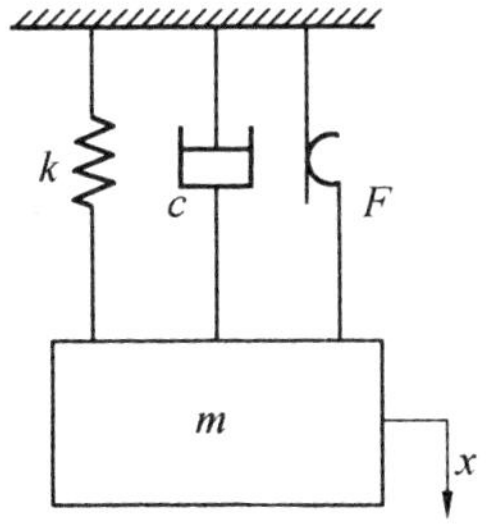	$x=-\frac{F}{k}-A_1e^{-at}\cos\omega_d t$ $\omega_d t=0\sim\pi$ $x=\frac{F}{k}+A_2[e^{-at}\cos\omega_d t]$ $\omega_d t=\pi\sim2\pi$ $x=\frac{F}{k}+A_3[e^{-at}\cos\omega_d t]$ $\omega_d t=2\pi\sim3\pi$ 式中 $A_i=A_{i-1}e^{-\pi a/\omega_d}-2\frac{F}{k}$ 或表示为右图的形式 $x_1=A_1(1+e^{-\pi a/\omega_d})$ $x_2=A_2(1+e^{-\pi a/\omega_d})$ $\vdots$ $x_i=A_i(1+e^{-\pi a/\omega_d})$	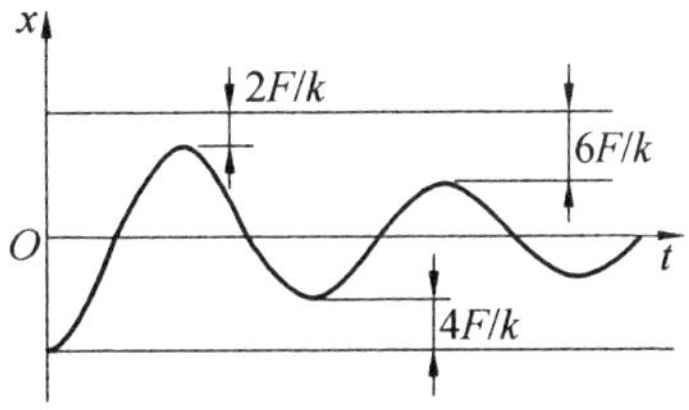 系统做减幅振动，振幅按左式的关系衰减

表中　m— 振动体的质量；J— 振动体的转动惯量；k— 弹簧的刚度；k_θ— 弹簧的扭转刚度；c— 阻尼系数；c_c— 临界阻尼系数；ζ— 阻尼比；a— 衰减系数；F— 摩擦力；g— 重力加速度；ω_n— 无阻尼固有角频率；ω_d— 有阻尼固有角频率；A— 振幅；φ— 相位角；x_0— 直线振动的初位移；θ_0— 角振动的初位移；$\dot{x}_0$— 直线振动的初速度；$\dot{\theta}_0$— 角振动的初速度；Θ— 角振动振幅

2. 干摩擦阻尼系统自由振动

干摩擦阻尼系统的振动力学模型如图 2.14 所示。

由于干摩擦阻尼力正比于正压力和摩擦系数，而与物体运动速度无关，因此严格讲它属于非线性系统。

由于干摩擦阻尼力始终与振动速度方向相反，故其运动微分方程为

$$m\ddot{x}+\frac{\dot{x}}{|\dot{x}|}F_\mu+kx=0 \tag{2.38}$$

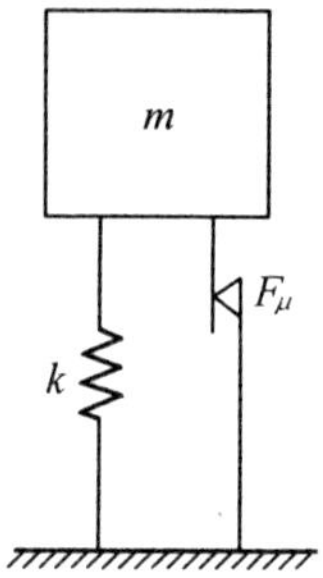

图 2.14 干摩擦阻尼系统的振动力学模型

式中 $\dot{x}/|\dot{x}|$——符号函数，在 $\dot{x}>0$ 时，$\dot{x}/|\dot{x}|=+1$，在 $\dot{x}<0$ 时，$\dot{x}/|\dot{x}|=-1$。按照 $\dot{x}$ 的正负值，将时间分成相等的间隔，然后对每一个 $+F_\mu$ 和 $-F_\mu$ 分别求解，这并不影响一般性(图 2.15)。

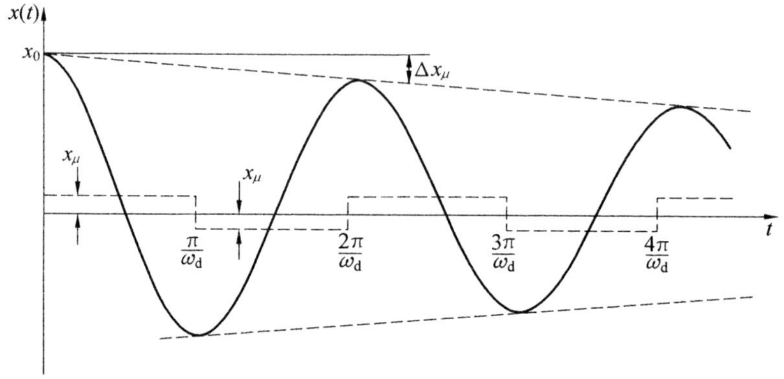

图 2.15 干摩擦阻尼系统的自由振动曲线

设 $t=0$ 时，$x_0=A_0$，$\dot{x}_0=0$，并使弹簧恢复力 kA_0 超过干摩擦力 F_μ。由于 $0<t<T_d/2$，$x<0$，故式(2.38)为

$$m\ddot{x}-F_\mu+kx=0 \tag{2.39}$$

令当量位移 $x_\mu=F_\mu/k$，则上式可改为

$$\ddot{x}+\omega_n^2x=\omega_n^2x_\mu \tag{2.40}$$

在 $T_d/2<t<T_d$ 时，F_μ 为正，$A_1=A_0-2x_\mu$，故其解为

$$x=(A_1-X_\mu)\cos\omega_n t-x_\mu \tag{2.41}$$

继续求解可得通解为

$$x=\left[A_0-(A_1-x_\mu)\cos\omega_n\left(t+\frac{n\pi}{\omega_n}\right)-(-1)^n x_\mu\right] \tag{2.42}$$

式中 n——半周期数，且 $n=0,1,2,\cdots$。

从上可知，干摩擦阻尼力造成的振幅衰减与时间呈线性关系，而不像黏性阻尼那样是对数衰减。当某一半周期终了时，弹簧恢复力不足以克服 F_μ 时，振动便停止，此时振幅 A_n 小于 $2x_\mu$，即有

$$A_0-(2n-1)x_\mu<2x_\mu \tag{2.43}$$

由上式可得,干摩擦阻尼自由振动停振的半周期数 n 满足

$$n > \frac{A_0}{2x_\mu} - \frac{1}{2} \tag{2.44}$$

计算时 n 取整数。

例 2.1　设质量为 $m=10$ kg,弹簧常数为 $k=4.9\times10^3$ N/m,干摩擦力为 $F_\mu=49$ N 的干摩擦阻尼振动系统。如果 $A_0=10$ cm,试求停止振动的半周期数。

解

$$x_\mu = \frac{F_\mu}{k} = \frac{49}{4.9\times10^3}\ \text{m} = 10^{-2}\ \text{m}$$

$$n > \frac{A_0}{2x_\mu} - \frac{1}{2} = \frac{10\times10^{-2}}{2\times10^{-2}} - \frac{1}{2} = 4.5$$

取 $n=5$。由此可认为系统在第五个半周期停止振动。

2.2.3　固有频率

当系统做自由振动时,不论初始条件如何变化,系统均将以其固有频率进行振动。固有频率只与系统本身的质量(或转动惯量)、刚度和阻尼有关,并可按以下方法进行计算。

1. 用能量法求固有频率

根据能量守恒定律,当无阻尼系统做自由振动时,在整个振动过程中任一瞬时的机械能保持不变,因此,可按下式推算出系统的固有频率:

$$T_{\max} = U_{\max} \tag{2.45}$$

式中　$T_{\max}$—— 系统最大动能;

$U_{\max}$—— 系统最大势能。

例 2.2　用能量法求无阻尼单自由度弹簧质量系统的固有频率。

解

$$T_{\max} = \frac{1}{2}m\dot{x}^2_{\max} = \frac{1}{2}mA^2\omega_n^2$$

$$U_{\max} = \frac{1}{2}kx^2_{\max} = \frac{1}{2}kA^2$$

代入式(2.45)得系统的固有角频率为

$$\omega_n = \sqrt{\frac{k}{m}}$$

2. 用瑞利法求固有频率

用瑞利法求固有频率必须先假设系统的振动形态,然后再用能量法计算系统的固有频率。若假设振动形态与实际的振动形态越相似,则求解的固有频率误差越小。对于需要考虑弹簧的分布质量的系统,常使用瑞利法计算其固有频率。

例 2.3　图 2.16(a) 为一无阻尼单自由度弹簧质量系统。求考虑弹簧质量 m_s 时系统的固有频率。

解　假设系统振动时,弹簧各点的位移和系统受静力作用时弹簧各点的静变形相似,如图 2.16(b) 所示。由图得

$$x_c = \frac{cx}{l}, \quad \dot{x}_c = \frac{\dot{x}c}{l}$$

弹簧的动能为

$$T_s = \int_0^l \frac{1}{2}\frac{m_s}{l}(\dot{x}_c)^2 \mathrm{d}c = \int_0^l \frac{m_s}{2l}\left(\frac{c\dot{x}}{l}\right)^2 \mathrm{d}c = \frac{m_s}{6}\dot{x}^2$$

系统最大动能为

$$T_{\max} = \frac{1}{2}m\dot{x}_{\max}^2 + \frac{m_s}{6}\dot{x}_{\max}^2 = \frac{1}{2}\left(m + \frac{m_s}{3}\right)A^2\omega_n^2$$

系统最大势能为

$$U_{\max} = \frac{1}{2}kx_{\max}^2 = \frac{1}{2}kA^2$$

将 $T_{\max}$,$U_{\max}$ 代入式(2.45),得系统的固有角频率为

$$\omega_n = \sqrt{\frac{k}{m + m_s/3}}$$

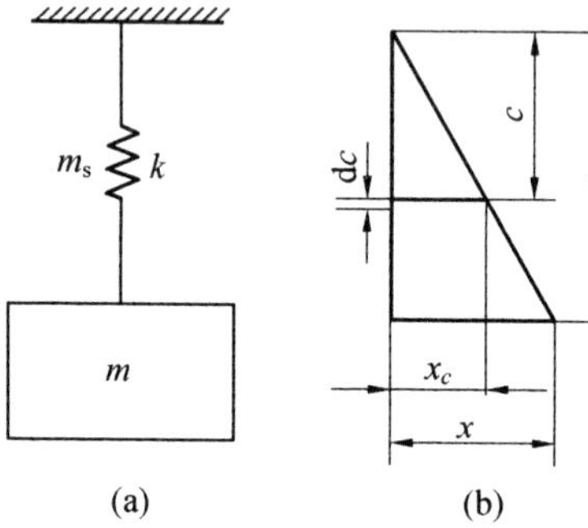

图 2.16　瑞利法求固有频率

例 2.4　图 2.17 为中间有集中质量 m 的等截面简支梁,求考虑梁自身质量 m_s 时系统的固有频率。

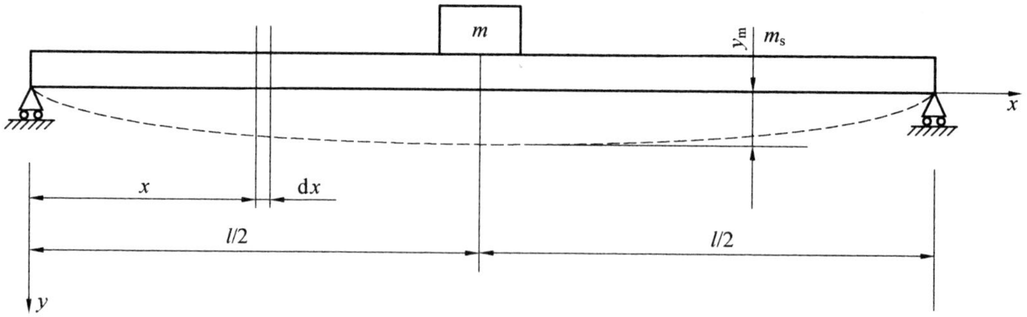

图 2.17　中间有集中质量的简支梁

解　假设梁在振动过程中,梁的动挠度曲线和中间有集中载荷 mg 的简支梁的静挠度曲线具有相同的形状,如图中虚线所示。由材料力学知,此曲线的方程为

$$y = y_m \frac{3l^2x - 4x^3}{l^3}$$

梁本身的最大动能为

$$T'_{\max} = \frac{l}{2}\int_0^{1/2}\frac{m_s}{2l}\left(y_m\frac{3l^2x-4x^3}{l^3}\right)^2\mathrm{d}x = \frac{1}{2}y_m^2\frac{17}{35}m_s$$

系统的最大动能为

$$T_{\max} = \frac{1}{2}my_m^2 + T'_{\max} = \frac{1}{2}\left(m+\frac{17}{35}m_s\right)y_m^2 = \frac{1}{2}\left(m+\frac{17}{35}m_s\right)A^2\omega_n^2$$

系统最大势能为

$$U_{\max} = \frac{1}{2}ky_m^2 = \frac{1}{2}kA^2$$

将 $T_{\max}$ 和 $U_{\max}$ 代入式(2.45)得系统的固有角频率为

$$\omega_n = \sqrt{\frac{k}{m+\frac{17}{35}m_s}}$$

3. 无阻尼单自由度系统固有频率的计算公式

常见无阻尼单自由度系统固有频率的计算见表 2.6。在阻尼较小的情况下，有阻尼和无阻尼系统的固有频率数值比较接近。因此，对于有阻尼系统的固有频率也可用表2.6中的公式进行近似估算。

表 2.6　无阻尼单自由度系统固有频率

序号	系统简图	说　　明	固有角频率(ω_n)/(rad・s^{-1})
1	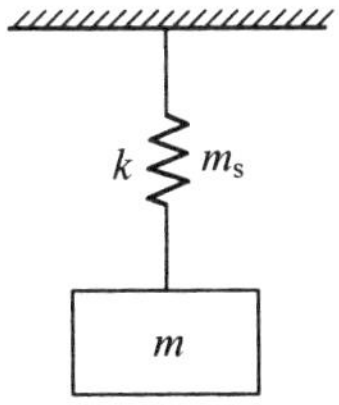	一个质量、一个弹簧的系统	$\omega_n = \sqrt{\frac{k}{m}}$ 若考虑弹簧的质量 m_s $\omega_n = \sqrt{\frac{3k}{3m+m_s}}$
2	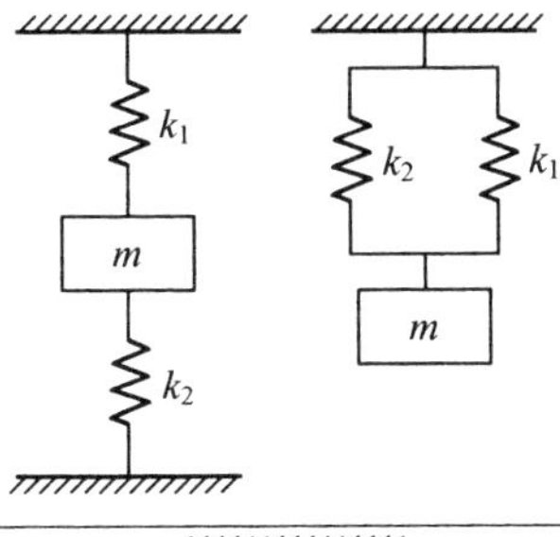	一个质量、两个弹簧并联的系统	$\omega_n = \sqrt{\frac{k_1+k_2}{m}}$
		一个质量、n 个弹簧并联的系统	$\omega_n = \sqrt{\frac{k_1+k_2+\cdots+k_n}{m}}$
3	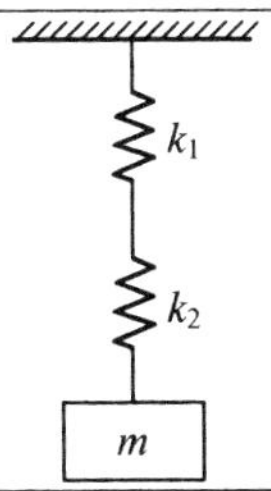	一个质量、两个弹簧串联的系统	$\omega_n = \sqrt{\frac{k_1k_2}{m(k_1+k_2)}}$
		一个质量、n 个弹簧串联的系统	$\omega_n = \sqrt{\frac{1}{m\left(\sum_{i=1}^{n}\frac{1}{k_i}\right)}}$

续表 2.6

序号	系统简图	说　　明	固有角频率(ω_n)/(rad·s^{-1})
4	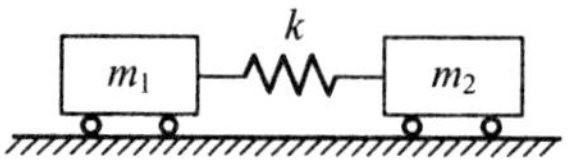	两个质量、一个弹簧的系统	$\omega_n=\sqrt{\frac{k(m_1+m_2)}{m_1m_2}}$
5	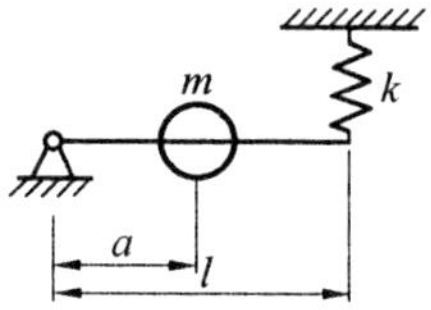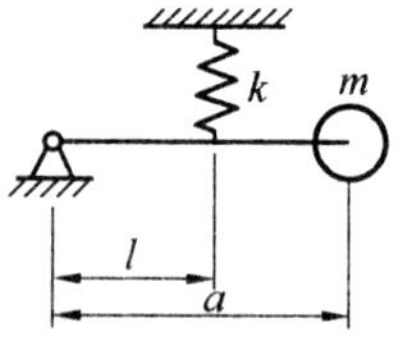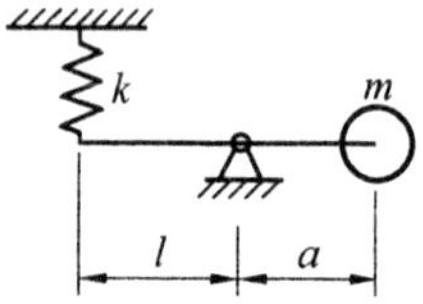	绕一点旋转的弹簧质量系统	$\omega_n=\sqrt{\frac{kl^2}{ma^2}}$ 若考虑梁的质量 m_s $\omega_n=\sqrt{\frac{3kl^2}{3ma^2+m_sl^2}}$ 当具有 m 个质量时，以 $m_1a_1^2+m_2a_2^2+\cdots+m_na_n^2$ 代替上式中的 ma^2 当具有 n 个弹簧时，以 $k_1l_1^2+k_2l_2^2+\cdots+k_nl_n^2$ 代替上式中的 kl^2
6	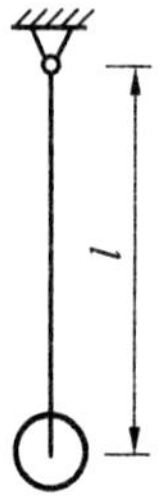	单摆	$\omega_n=\sqrt{\frac{g}{l}}$
7	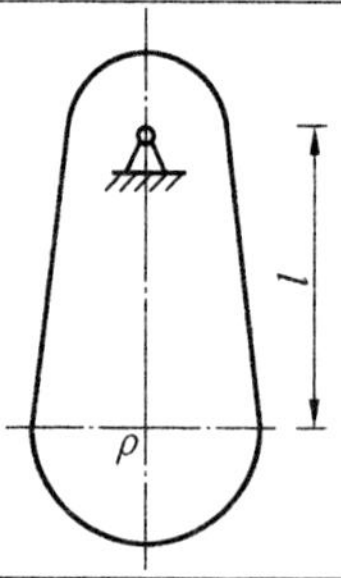	物理摆	$\omega_n=\sqrt{\frac{gl}{\rho^2+l^2}}$ l—摆的质心到转轴中心的距离 ρ—物理摆对其质心的回转半径

续表 2.6

序号	系统简图	说　明	固有角频率(ω_n)/($rad \cdot s^{-1}$)
8	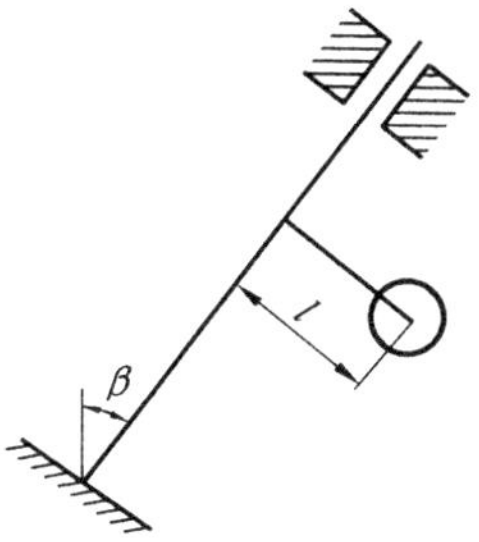	倾斜摆	$\omega_n=\sqrt{\frac{g\sin\beta}{l}}$ 或 $\omega_n=\sqrt{\frac{mgl\sin\beta}{J}}$ J— 绕支点的惯性矩
9	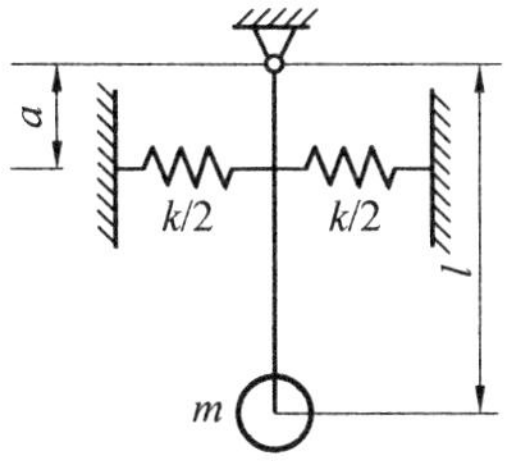	双簧摆	$\omega_n=\sqrt{\frac{ka^2}{ml^2}+\frac{g}{l}}$
10	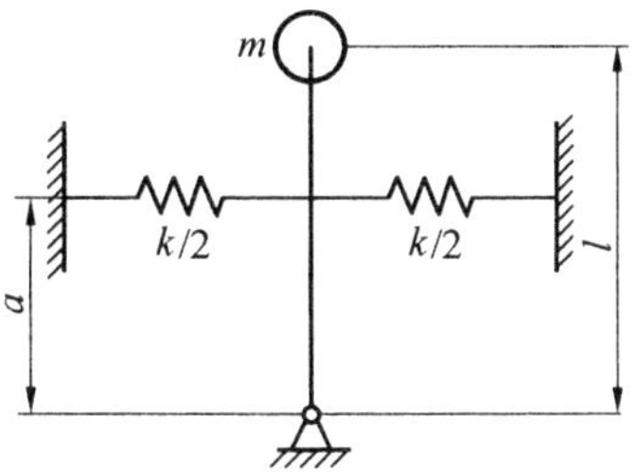	倒立双弹簧摆	$\omega_n=\sqrt{\frac{ka^2}{ml^2}-\frac{g}{l}}$
11	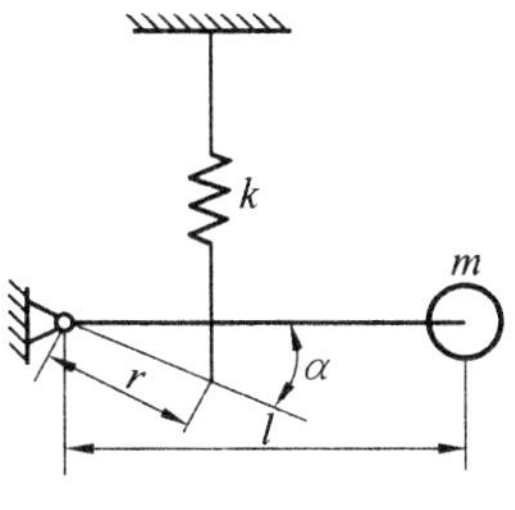	杠杆摆	$\omega_n=\sqrt{\frac{kr^2\cos^2\alpha-k\delta_{st}r\sin\alpha}{ml^2}}$ δ_{st}— 弹簧的静位移,cm
12	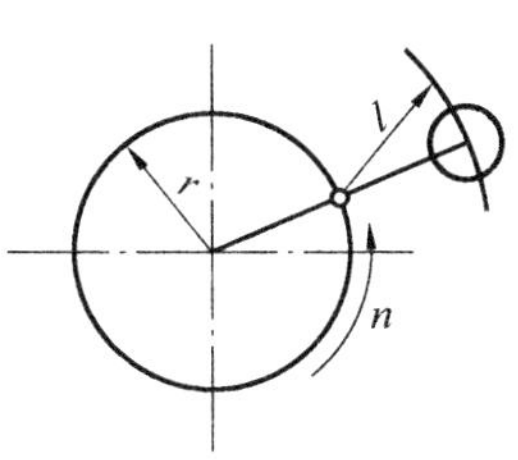	离心摆(转轴中心线垂直于振动体的运动平面)	$\omega_n=\frac{\pi n}{30}\sqrt{\frac{r}{l}}$ n— 转轴每分钟的转速,r/min

续表 2.6

序号	系统简图	说　　明	固有角频率(ω_n)/($rad \cdot s^{-1}$)
13	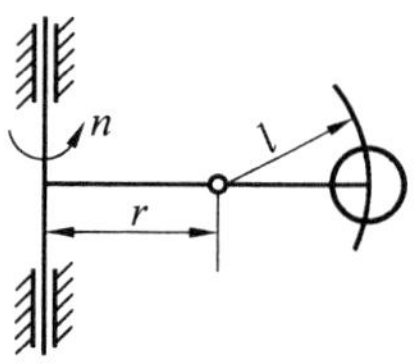	离心摆(转轴中心在振动体的运动平面中)	$\omega_n = \frac{\pi n}{30}\sqrt{\frac{l+r}{l}}$ n— 转轴每分钟的转速，r/min
14	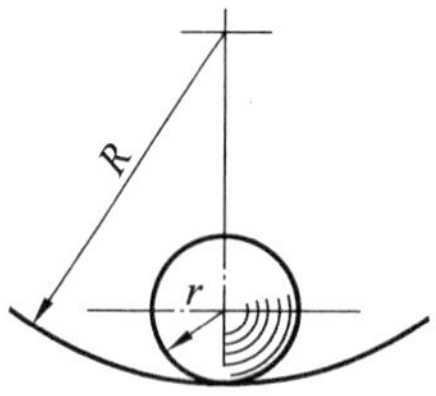	球在弧面上摆动	$\omega_n = \sqrt{\frac{5g}{7(R+r)}}$
15	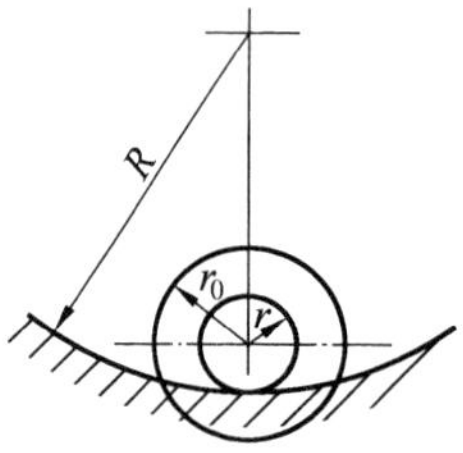	圆盘及其轴在弧面上摆动	$\omega_n = \sqrt{\frac{g}{(R-r)(1+r_0^2/r^2)}}$
16	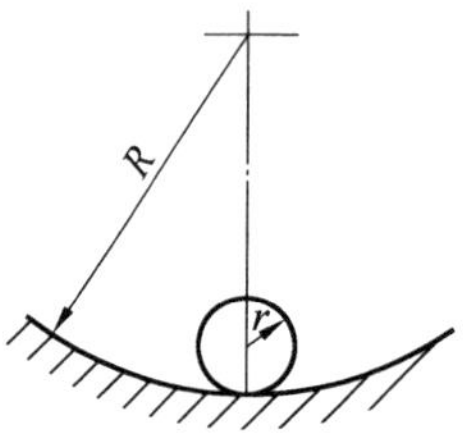	圆柱体在弧面上摆动	$\omega_n = \sqrt{\frac{2g}{3(R-r)}}$
17	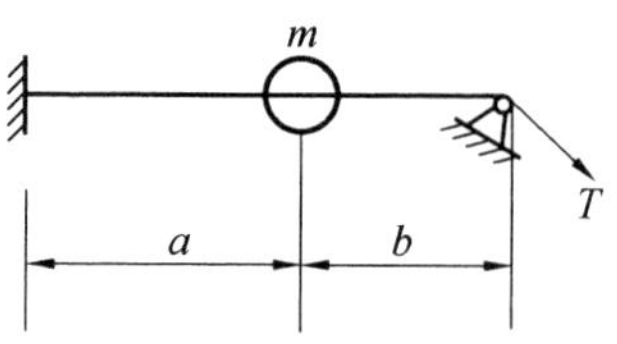	质量位于受张力的弦上	$\omega_n = \sqrt{\frac{T(a+b)}{mab}}$ 若考虑弦的质量 m_s $\omega_n = \sqrt{\frac{3T(a+b)}{(3m+m_s)ab}}$

续表 2.6

序号	系统简图	说　　明	固有角频率(ω_n)/(rad · s^{-1})
18	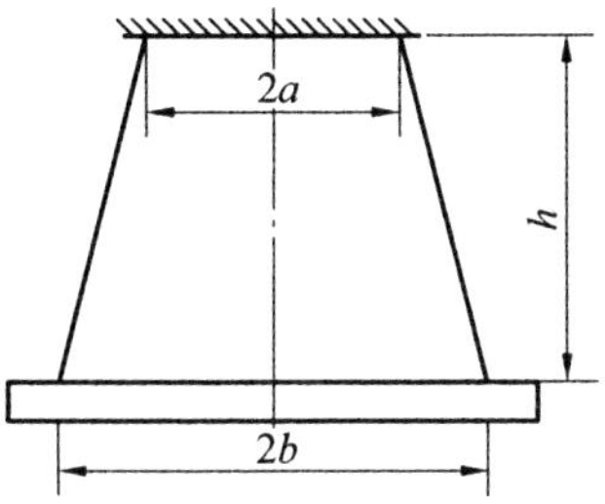	一水平杆被两根对称的弦吊着的系统	$\omega_n = \sqrt{\dfrac{gab}{r_0^2 h}}$ r_0—— 杆的回转半径
19	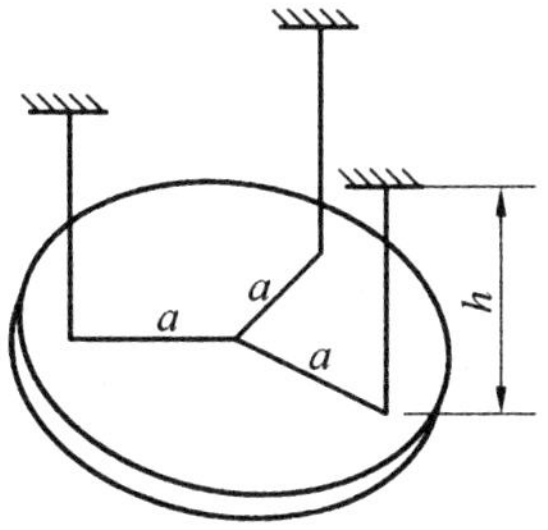	一水平板被三根等长的平行弦吊着的系统	$\omega_n = \sqrt{\dfrac{ga^2}{r_0^2 h}}$ r_0— 板的回转半径
20	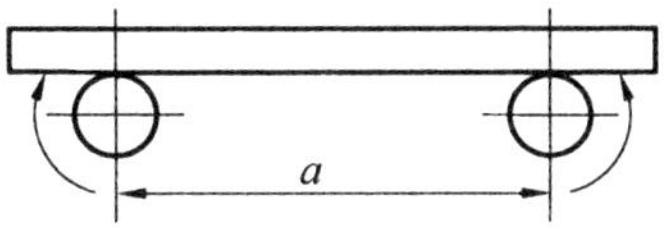	一平板在旋转的滚筒上	$\omega_n = \sqrt{\dfrac{2\mu g}{a}}$ μ— 板与筒之间的摩擦系数
21	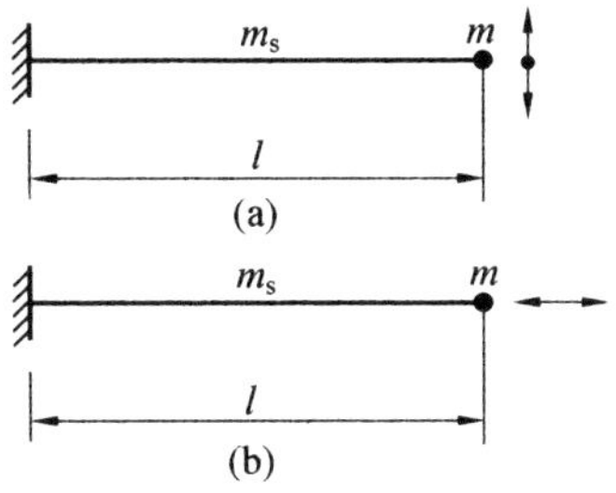	杆端有集中质量的系统	横向振动 $\omega_n = \sqrt{\dfrac{3EI}{(m+0.24m_s)l^3}}$ 纵向振动 $\omega_n = \dfrac{\beta}{l}\sqrt{\dfrac{E}{\rho}}$ 式中,β 由下式求出 $\beta\tan\beta = \dfrac{m_s}{m}$
22	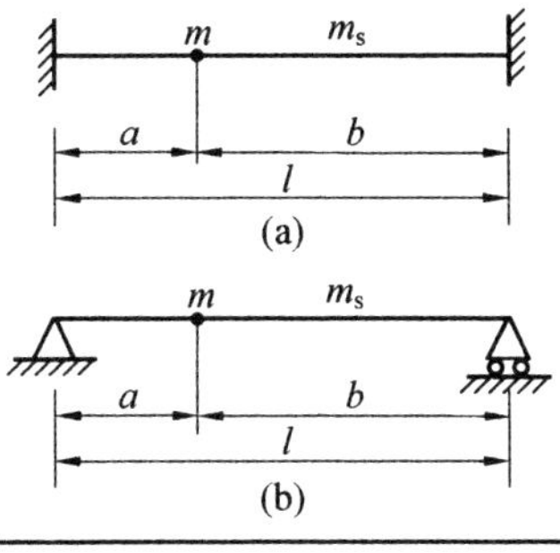	横梁上有集中质量的系统	质量位于两端固定的梁上 $\omega_n = \sqrt{\dfrac{3EIl^3}{(m+0.375m_s)a^3b^3}}$ 质量位于两端简支的梁上 $\omega_n = \sqrt{\dfrac{3EIl}{(m+0.49m_s)a^2b^2}}$

续表 2.6

序号	系统简图	说　　明	固有角频率(ω_n)/(rad·s^{-1})
23	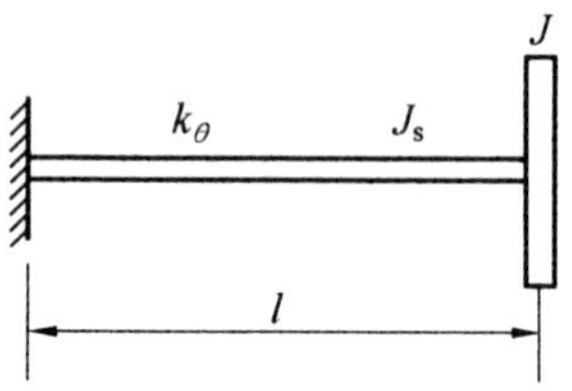	一端固定、一端有圆盘的扭转振动的轴系	$\omega_n=\sqrt{\dfrac{k_\theta}{J}}$ 若考虑轴的转动惯性 J_s $\omega_n=\sqrt{\dfrac{3k_\theta}{3J+J_s}}$
24	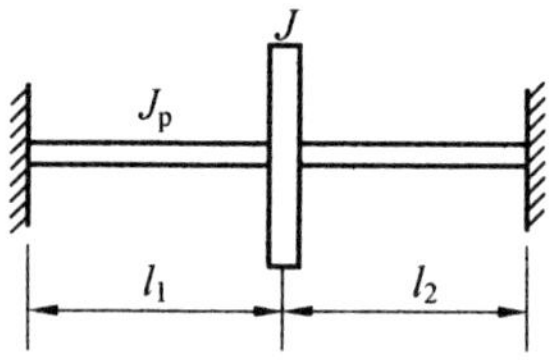	两端固定、中间有圆盘的扭转振动的轴系	$\omega_n=\sqrt{\dfrac{GJ_p(l_1+l_2)}{Jl_1l_2}}$
25	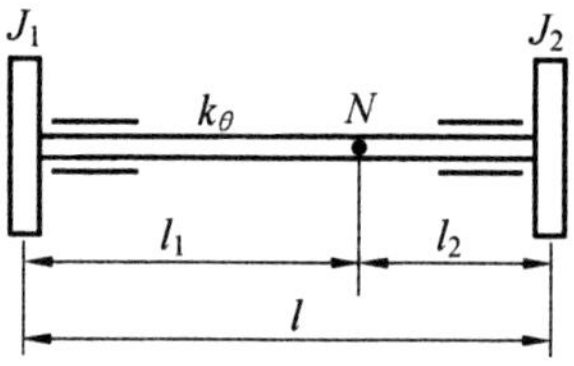	两端有圆盘的扭振轴系	$\omega_n=\sqrt{\dfrac{k_\theta(J_1+J_2)}{J_1J_2}}$ 节点 N 的位置 $l_1=\dfrac{J_2}{J_1+J_2}l$; $l_2=\dfrac{J_1}{J_1+J_2}l$
26	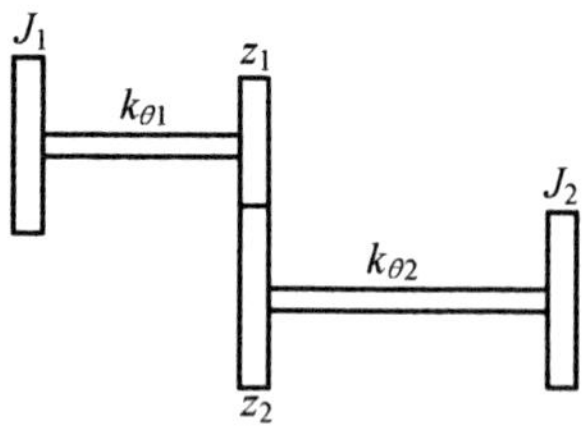	两端有圆盘、轴与轴之间有齿轮连接的系统	$\omega_n=\sqrt{\dfrac{k_\theta}{J}}$ 式中　$k_\theta=\dfrac{k_{\theta1}k_{\theta2}}{k_{\theta1}+\mathrm{i}k_{\theta2}}$ $J=\dfrac{J_1J_2}{J_1+\mathrm{i}^2J_2}$

表中　m— 振动体的质量，kg；k— 弹簧的刚度；k_θ— 扭转刚度，N·cm/rad；J— 振动体的转动惯量，kg·cm^2；r_0— 振动体的半径，cm；ρ— 密度，kg/cm^3；E— 弹性模量，Pa；I— 断面惯性矩，cm^4；I_p— 极惯性矩，cm^4；g— 重力加速度，cm/s^2；T— 弦的张力，N；G— 切变模量，Pa

2.2.4　受迫振动

系统做自由振动时，没有外界能量输入，由于系统存在阻尼，使能量不断耗散，自由振动会逐渐衰减直到消失，受迫振动则是研究系统受到持续作用的激励（力或位移）的作用所产生的运动。这时外界不断有能量输入，补偿阻尼所消耗的能量，使系统产生持续的振动。假设激励的大小随时间做正弦变化，即称简谐激励。激励可以是作用于系统质量块上的力，也可以是系统支座的运动。

1. 响应

在简谐激励作用下，单自由度系统的响应包括由初始条件决定的自由振动，它随时间逐渐减小并消失，以及由激励函数引起的受迫振动。由于简谐激励引起的受迫振动也是简谐运动，因而系统的响应也必定是简谐的。系统的位移响应 $x(t)$、速度响应 $\dot{x}(t)$ 及加速度响应 $\ddot{x}(t)$ 之间满足

$$\ddot{x}(t)=\omega\dot{x}(t)=\omega^2x(t) \tag{2.46}$$

式中　ω——激励角频率。

单自由度系统对简谐激励的响应的计算见表 2.7。

表 2.7　单自由度系统对简谐激励的响应

序号	系统简图	激励与阻尼	运动的微分方程及其解
1	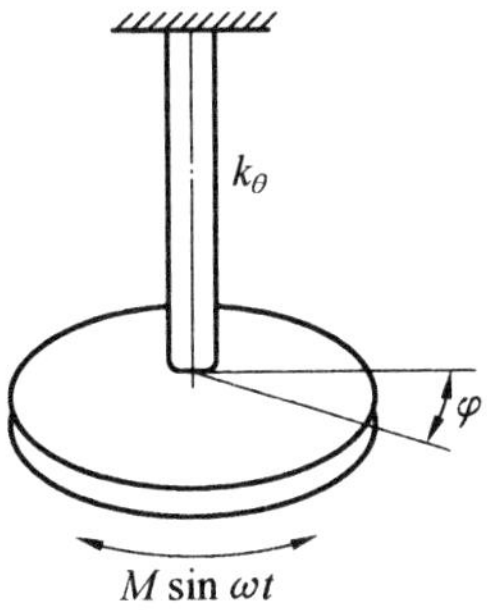	激励力矩为 $M\sin\omega t$ 无阻尼	$J\ddot{\varphi}+k_\theta\varphi=M\sin\omega t$ 解 $\varphi=\Theta\sin\omega t$ 式中 $\Theta=\dfrac{M}{k_\theta(1-\lambda^2)}$
2	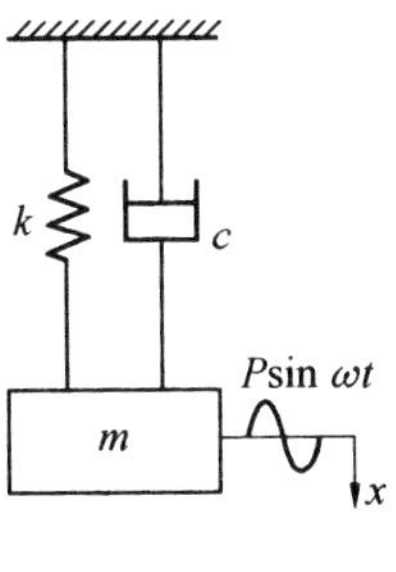	激励外力为 $P\sin\omega t$ 黏性阻尼	$m\ddot{x}+c\dot{x}+kx=P\sin\omega t$ 解 $x=A\sin(\omega t-\varphi)$ 式中 $A=\dfrac{P}{k\sqrt{(1-\lambda^2)^2+(2\zeta\lambda)^2}}$ $\varphi=\arctan\dfrac{2\zeta\lambda}{1-\lambda^2}$

续表 2.7

序号	系统简图	激励与阻尼	运动的微分方程及其解
3	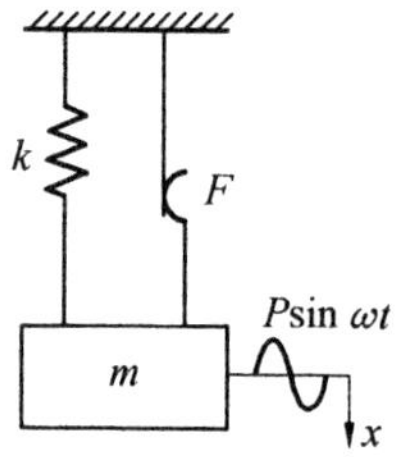	激励外力为 $P\sin\omega t$ 干摩擦阻尼	$m\ddot{x}\pm\frac{4F}{\pi\omega A}\dot{x}+kx=P\sin\omega t$ 解 $x=A\sin(\omega t-\varphi)$ 式中 $A=\pm\frac{P}{k(1-\lambda^2)}\sqrt{1-\left(\frac{4F}{\pi P}\right)^2}$ $\varphi=\arctan\frac{4F}{\pi Ak(1-\lambda^2)}$
4	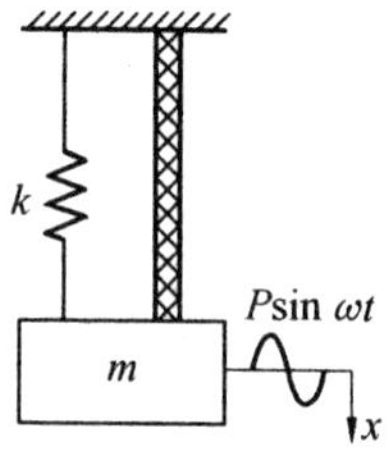	激励外力为 $P\sin\omega t$ 结构阻尼	$m\ddot{x}\pm\frac{a}{\pi\omega}\dot{x}+kx=P\sin\omega t$ 解 $x=A\sin(\omega t-\varphi)$ 式中 $A=\frac{P}{k\sqrt{(1-\lambda^2)^2+\left(\frac{a}{\pi k}\right)^2}}$ $\varphi=\arctan\frac{a}{\pi k(1-\lambda^2)}$
5	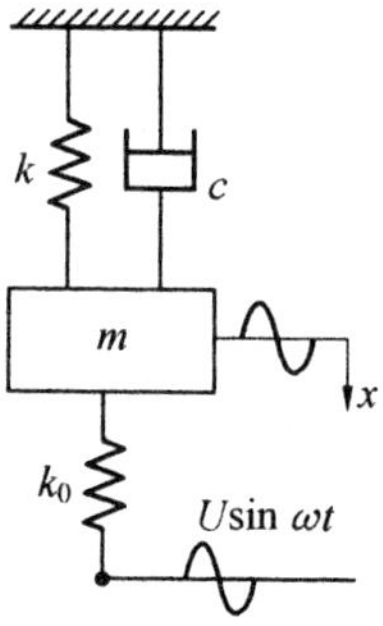	位移激振为 $U\sin\omega t$ 黏性阻尼	$m\ddot{x}+c\dot{x}+(k+k_0)x=k_0U\sin\omega t$ 解 $x=A\sin(\omega t-\varphi)$ 式中 $A=\frac{k_0U}{(k+k_0)\sqrt{(1-\lambda^2)^2+(2\zeta\lambda)^2}}$ $\varphi=\arctan\frac{2\zeta\lambda}{1-\lambda^2}$
6	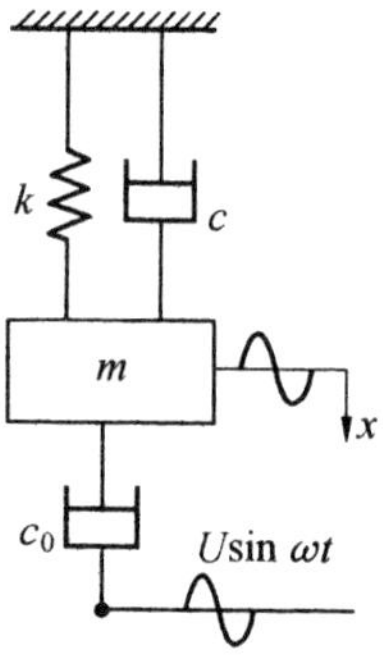	位移激振为 $U\sin\omega t$ 黏性阻尼	$m\ddot{x}+(c+c_0)\dot{x}+kx=c_0U\sin\omega t$ 解 $x=A\sin(\omega t-\varphi)$ 式中 $A=\frac{2c_0U\zeta\lambda}{(c+c_0)\sqrt{(1-\lambda^2)^2+(2\zeta\lambda)^2}}$ $\varphi=\arctan\frac{2\zeta\lambda}{1-\lambda^2}$ $\zeta=\frac{c+c_0}{c_0}$

续表 2.7

序号	系统简图	激励与阻尼	运动的微分方程及其解
7	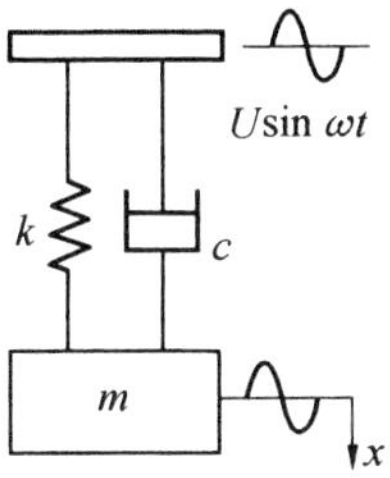	位移激振为 $U\sin\omega t$ 黏性阻尼	(1).绝对位移 $x(t)$ $m\ddot{x}+c\dot{x}+kx=U\sqrt{k^2+c^2\omega^2}\sin\omega t$ 解 $x=A\sin(\omega t+\theta-\varphi)$,式中 $A=\dfrac{U\sqrt{1+(2\zeta\lambda)^2}}{\sqrt{(1-\lambda^2)^2+(2\zeta\lambda)^2}}$ $\varphi=\arctan\dfrac{2\zeta\lambda^3}{(1-\lambda^2)^2+(2\zeta\lambda)^2}$ $\theta=\arctan(2\zeta\lambda)$ (2) 相对位移 $Z(t)=x(t)-U(t)$ 解 $Z=A\sin(\omega t-\varphi)$,式中 $A=\dfrac{U\lambda^2}{\sqrt{(1-\lambda^2)^2+(2\zeta\lambda)^2}}$ $\varphi=\arctan\dfrac{2\zeta\lambda}{1-\lambda^2}$
8	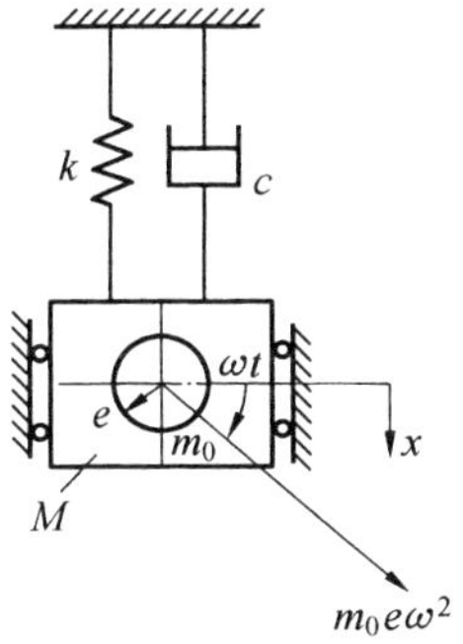	不平衡质量 m_0 产生的激振力为 $m_0e\omega^2\sin\omega t$ 黏性阻力	$(m+m_0)\ddot{x}+c\dot{x}+kx=m_0e\omega^2\sin\omega t$ 解 $x=A\sin(\omega t-\varphi)$ 式中 $A=\dfrac{m_0e\lambda^2}{(m+m_0)\sqrt{(1-\lambda^2)^2+(2\zeta\lambda)^2}}$ $\varphi=\arctan\dfrac{2\zeta\lambda}{1-\lambda^2}$
9	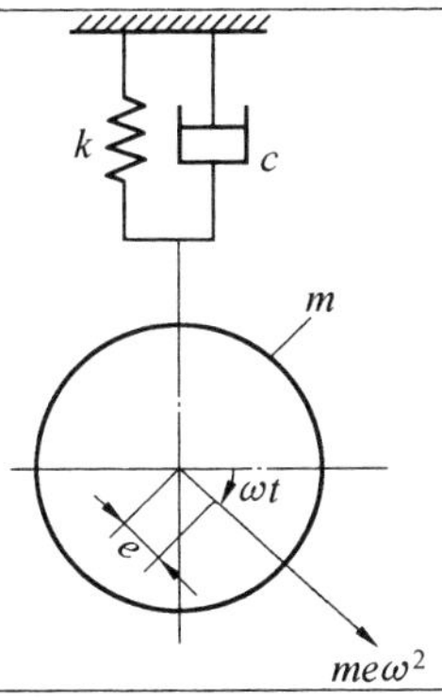	振动体偏心引起的激振力为 $me\omega^2\sin\omega t$ 黏性阻力	$m\ddot{x}+c\dot{x}+kx=me\omega^2\sin\omega t$ 解 $x=A\sin(\omega t-\varphi)$ 式中 $A=\dfrac{e\lambda^2}{\sqrt{(1-\lambda^2)^2+(2\zeta\lambda)^2}}$ $\varphi=\arctan\dfrac{2\zeta\lambda}{1-\lambda^2}$

式中　$\lambda=\dfrac{\omega}{\omega_n}$— 频率比;$\omega$— 激振频率;$\omega_n$— 无阻尼固有频率　序号 1 $\omega_n=\sqrt{\dfrac{k_0}{J}}$;序号 2,3,4,6,7,9 $\omega_n=\sqrt{\dfrac{k}{m}}$;序号 5 $\omega_n=\sqrt{\dfrac{k+k_0}{m}}$;序号 8 $\omega_n=\sqrt{\dfrac{k}{m+m_0}}$;$\zeta=\dfrac{c}{c_c}$— 阻尼比;$c$— 黏性阻尼系数;$c_c=2\sqrt{mk}$— 临界阻尼系数;$A$— 振幅;$\varphi$— 相位角;$a=\dfrac{W}{A^2}$;$W$— 结构阻尼每振动周期消耗的能量

2. 幅频特性

在简谐激励的受迫振动中，振幅随频率比 $\lambda=\omega/\omega_n$ 的变化规律，称为系统幅频特性。

(1) 受激励力作用。对黏性阻尼受迫振动系统(见表 2.7 序号 2)，当质量块在简谐激励力 $p(t)$ 作用下，系统的振幅 A 与在静力 P 作用下所产生的静变形 A_{st} 之比，称为振幅放大率 β，即

$$\beta=\frac{A}{A_{st}} \tag{2.47}$$

由于 $A_{st}=P/k$，故式(2.47)可改为

$$\beta=\frac{A}{A_{st}}=\frac{1}{\sqrt{(1-\lambda^2)^2+(2\zeta\lambda)^2}} \tag{2.48}$$

由式(2.48)可知，振幅放大率 β 是频率比 λ 及阻尼比 ζ 的函数，其关系如图 2.18 所示。由图可见，当 $\omega\ll\omega_n$，即 $\lambda\ll 1$ 时，$\beta\approx 1$，振幅 A 接近于静变形 A_{st}。振幅 A 的大小与系统刚度有关。刚度越大，振幅越小。当 $\omega\approx\omega_n$，即 $\lambda\approx 1$ 时，$\beta=\frac{1}{2\zeta}$，并达到最大值，振幅比静变形大为增加，系统产生共振，此时振幅的大小与系统的阻尼比 ζ 有关，阻尼越大，振幅越小。当 $\omega\gg\omega_n$，即 $\lambda\gg 1$ 时，$\beta\approx 0$，振幅小于静变形，此时振幅的大小与系统的质量有关，质量越大，振幅越小。

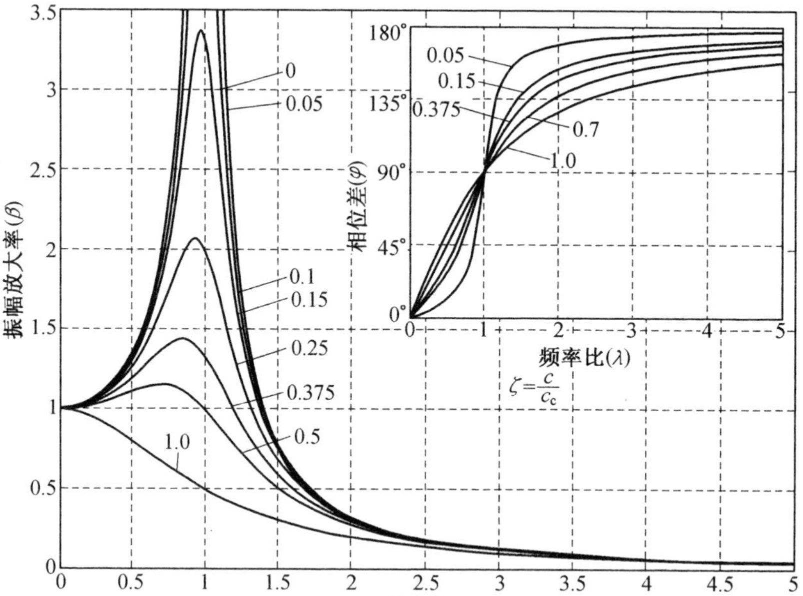

图 2.18　振幅放大率与频率比的关系

在控制振动时，应根据上述 $\omega\ll\omega_n$，$\omega\approx\omega_n$，$\omega\gg\omega_n$ 三个频域的主要决定因素，采取相应的措施降低振幅放大率。此外，在实际设计时，为防止共振，应将激振频率 ω 相对于固有频率 ω_n 拉开 20% 左右，作为设计的一般规则。

(2) 系统支座运动。当电子设备在运载工具上工作时，可将运载工具自身的振动视

为对电子设备的基础激励(见表 2.7 序号 7)。当质量块的振幅为 A,支座振幅为 a 时,振动传递率为

$$\eta=\frac{A}{a}=\sqrt{\frac{1+(2\zeta\lambda)^2}{(1-\lambda^2)^2+(2\zeta\lambda)^2}} \tag{2.49}$$

由式(2.49)作出的振动传递率 η 与频率比 λ 的关系曲线如图 2.19 所示。η 是表示系统隔振性能的一个指标。

从图 2.19 可知,当 $\omega \ll \omega_n$,即 $\lambda \ll 1$ 时,$\eta \approx 1$,表示没有隔振作用。当 $\omega \approx \omega_n$,即 $\lambda \approx a$ 时,$\eta > 1$,不仅没有隔振作用,反而使振动加大。当 $\omega \gg \omega_n$,即 $\lambda \gg 1$ 时,$\eta < 1$,起隔振作用。

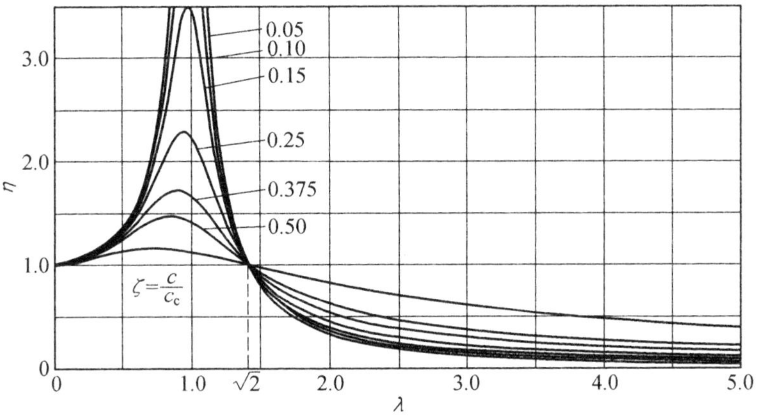

图 2.19　振动传递率与频率比的关系

由图 2.19 还不难看出,当 $\lambda=\sqrt{2}$ 时,不论阻尼大小如何,η 总是等于 1,即 $\eta=1$。而 $\lambda>\sqrt{2}$,就可以通过弹簧支承进行隔振。例如,当 $\zeta=0\sim0.1$,$\lambda>3.6$ 时,η 可达到 0.1,隔振效果达到 90%。

(3) 质量偏心。在旋转机械中质量不平衡产生的离心惯性力也是激励源之一(见表 2.7 序号 8)。由质量不平衡产生的激励为 $m_0e\omega^2\sin\omega t$,它的幅值与频率的平方成正比,此时振幅放大率 β 为系统的振幅 A 与不平衡量引起的偏心 $m_0e/(m+m_0)$ 之比,即

$$\beta=\frac{A}{m_0e/(m+m_0)}=\frac{\lambda^2}{\sqrt{(1-\lambda^2)^2+(2\zeta\lambda)^2}} \tag{2.50}$$

振动放大率 β 是频率比 λ 及阻尼比 ζ 的函数,其图形如图 2.20 所示。

由图上可见,当 $\omega \ll \omega_n$,即 $\lambda \ll 1$ 时,$\beta \approx 0$,表明振动振幅很小。当 $\omega \approx \omega_n$,即 $\lambda \approx 1$ 时,$\beta \approx 1/(2\zeta)$,振幅达到最大值,系统发生共振(振幅最大时,$\omega=\omega_0\sqrt{1+2\zeta^2}$)。当 $\omega \gg \omega_n$,即 $\lambda \gg 1$ 时,$\beta \approx 1$,振幅趋近于常数 $m_0e/(m+m_0)$,而与激励频率、阻尼基本无关。

3. 相频特性

在简谐激励的受迫振动中,激励力与响应之间的相位差随频率变化的规律,称为系统的相频特性,对表 2.7 所列的大多数情况,相位角为

$$\varphi = \arctan\frac{2\zeta\lambda}{1-\lambda^2} \tag{2.51}$$

由上式可见，相位角 φ 也是频率比 λ 和阻尼比 ζ 的函数。其图见图 2.18 及图 2.20 的右上角。

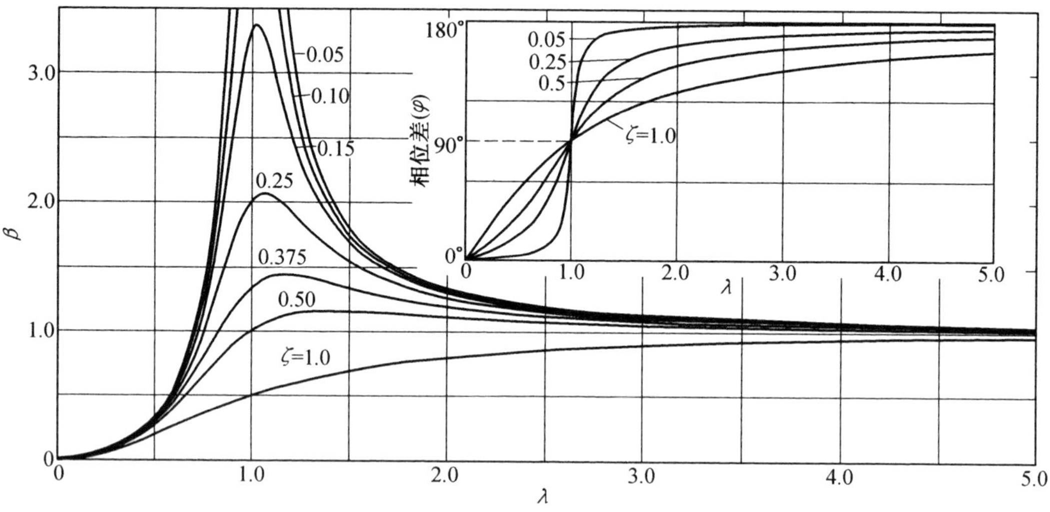

图 2.20　振动放大率与频率比的关系

从图 2.20 看到，共振（$\lambda=1$）时，无论系统的阻尼大小如何，受迫振动的位移总是比激励滞后 90°，即 $\varphi=90°$，对无阻尼（$\zeta=0$）的系统，当 $\omega<\omega_n$，即 $\lambda<1$ 时，振动的位移与激励力同相位，即 $\varphi=0°$。当 $\omega>\omega_n$，即 $\lambda>1$ 时，振动的位移与激励力相位相反，即 $\varphi=180°$。在共振点前后相位发生突然变化。对有阻尼系统，振动位移与激励力之间的相位差随频率比的增加而逐渐增加，不发生突然变化，但在共振点前后变化较大。系统阻尼越小，共振点附近相位差的变化越大。

4. 幅相特性

幅相特性同时描述系统的振幅和相位与频率比的变化规律。在复平面上，以频率比 λ 和阻尼比 ζ 为辅助参数，作振幅放大率 β 和相位角 φ 的极坐标图。对于具有

$$\left.\begin{aligned}\beta &= \frac{1}{\sqrt{(1-\lambda^2)^2+(2\zeta\lambda)^2}}\\ \varphi &= \arctan\frac{2\zeta\lambda}{1-\lambda^2}\end{aligned}\right\} \tag{2.52}$$

的系统，以 β 为射线长度，φ 为射线与正实轴的夹角，得图 2.21。从图 2.21 看出：当 λ 从零到无限大时，β 从 1 打到 0，φ 从 0° 到 −180°。故曲线的极坐标从(1,0°)开始，到(0,−180°)结束，在共振区附近曲线的形状近似为圆。曲线上的每一点给出了系统在某一激励频率下响应的全部信息，同时表示了系统的幅频和相频特性。

5. 共振频率与半功率点

在系统做稳态受迫振动时，位移、速度及加速度响应峰值的频率稍有不同，因而对简

单系统就可以出现位移共振频率、速度共振频率及加速度共振频率。这三个共振频率及有阻尼系统固有频率与无阻尼系统固有频率 ω_n 之间有如下关系：

位移共振频率：　$\omega_n(1-2\zeta^2)^{1/2}$

速度共振频率：　ω_n

加速度共振频率：　$\omega_n/(1-2\zeta^2)^{1/2}$

有阻尼系统固有频率：　$\omega_n(1-\zeta^2)^{1/2}$

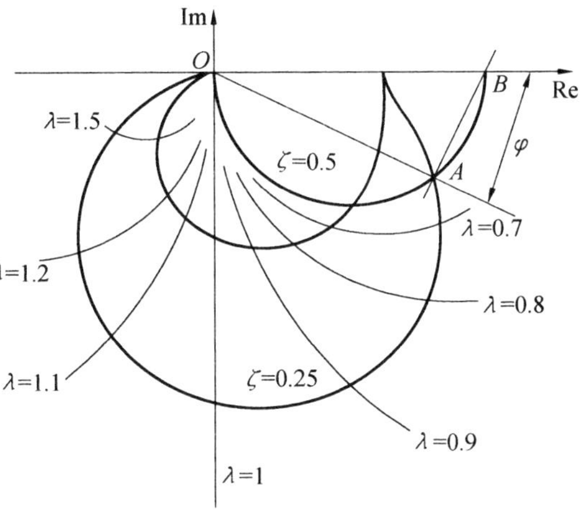

图 2.21　幅相特性曲线

对于实际系统，由于系统总存在阻尼，因而三种共振频率之间的微小差异可以略去不计。

共振时的振幅放大率也称为品质因子 Q，由前可知

$$Q=\frac{1}{2\zeta} \tag{2.53}$$

如图 2.22 所示。

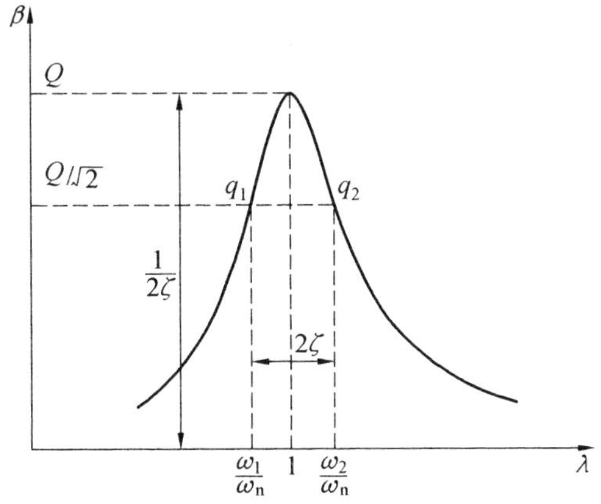

图 2.22　半功率点及半功率带宽

在 $\lambda=1$ 附近的共振区域内，近似地认为幅频特性曲线对 $\lambda=1$ 对称，在曲线两侧各取

$\beta = Q/\sqrt{2}$ 的两点 q_1 和 q_2，称这两点为半功率。q_1 和 q_2 点所对应的频率 ω_1 和 ω_2 称为半功率点频率。而 ω_2 和 ω_1 的频率差 $\Delta\omega$ 称为半功率带宽，即

$$\Delta\omega = \omega_2 - \omega_1 \tag{2.54}$$

阻尼比 $\zeta < 0.1$ 时，可近似地有

$$\frac{\Delta\omega}{\omega_n} = \frac{1}{Q} = 2\zeta \tag{2.55}$$

在实验中测得系统的固有频率及半功率带宽后，可利用式(2.55)估算阻尼比 ζ。

2.3 多自由度系统

多自由度系统是指自由度数多于一个，但又不属于连续弹性体的振动系统。实际机械或结构的振动问题，大多数都可简化为具有多个自由度的动力学模型。因此，多自由度系统振动问题的理论和方法，在动力分析中占有重要的地位。

多自由度系统的振动微分方程，一般是一组相互耦合的常微分方程。在系统微幅振动的情况下，这组微分方程都是线性常系数的。为便于表达，以后将振动方程都写成矩阵的形式。对于这组相互耦合的二阶常微分方程，可以采用直接求其分析解或数值解的方法进行研究。如果系统的自由度数较多，特别是当系统具有阻尼并受到复杂激励的作用时，按一般求解微分方程组的方法求解是相当困难的，工程实际中，目前广泛采用便于分析的模态分析法或振型叠加法。

2.3.1 方程的建立

当确定了实际结构的动力学模型和质量、刚度、阻尼等参数之后，可以应用许多方法建立系统的运动微分方程，例如直接法、影响系数法、拉格朗日法等。

1. 直接法

直接应用动力学的基本定律或定理（牛顿第二定律或达朗伯原理）建立运动方程的方法称为直接法。对于一些简单的问题，采用这种方法比较直观简便。

如图2.23所示的三自由度弹簧质量系统，选取三个位移 x_1，x_2 和 x_3 作为确定系统运动的三个独立坐标，在质量 m_1，m_2，m_3 上分别作用激励力 $p_1(t)$，$p_2(t)$，$p_3(t)$。取各质量块为分离体，如图2.23(b)所示。分别对三个质量应用达朗伯原理或牛顿第二定律，建立系统的运动方程

$$\left.\begin{aligned} &m_1\ddot{x}_1 + (c_1 + c_2)\dot{x}_1 - c_2\dot{x}_2 + (k_1 + k_2)x_1 - k_2x_2 = p_1(t_1) \\ &m_2\ddot{x}_1 - c_2\dot{x}_1 + (c_2 + c_3)\dot{x}_2 - c_3\dot{x}_3 - k_2x_1 + (k_2 + k_3)x_2 - k_3x_3 = p_2(t) \\ &m_3\ddot{x}_3 - c_3\dot{x}_2 + c_3\dot{x}_3 - k_3x_2 + k_3x_3 = p_3(t) \end{aligned}\right\} \tag{2.56}$$

将式(2.56)改写为矩阵形式，即

$$\begin{bmatrix} m_1 & 0 & 0 \\ 0 & m_2 & 0 \\ 0 & 0 & m_3 \end{bmatrix} \begin{bmatrix} \ddot{x}_1 \\ \ddot{x}_2 \\ \ddot{x}_3 \end{bmatrix} + \begin{bmatrix} c_1 + c_2 & -c_2 & 0 \\ -c_2 & c_2 + c_3 & -c_3 \\ 0 & -c_3 & c_3 \end{bmatrix} \begin{bmatrix} \dot{x}_1 \\ \dot{x}_2 \\ \dot{x}_3 \end{bmatrix} +$$

$$\begin{bmatrix} k_1+k_2 & -k_2 & 0 \\ -k_2 & k_2+k_3 & -k_3 \\ 0 & -k_3 & k_3 \end{bmatrix}\begin{bmatrix} x_1 \\ x_2 \\ x_3 \end{bmatrix}=\begin{bmatrix} p_1(t) \\ p_2(t) \\ p_3(t) \end{bmatrix} \tag{2.57}$$

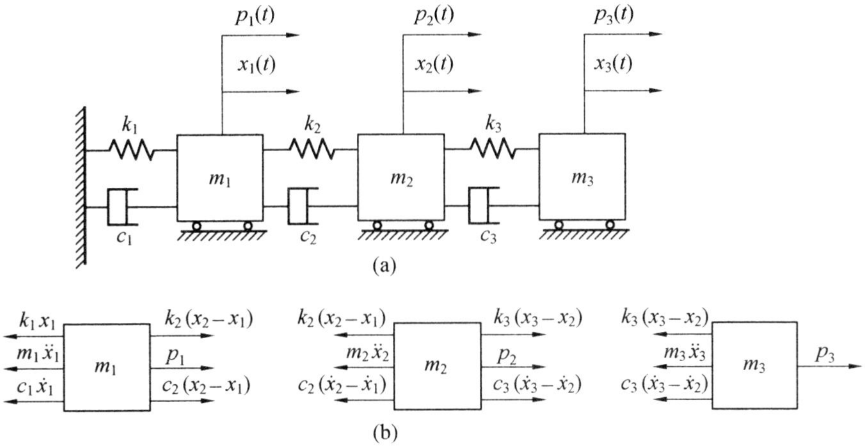

图 2.23　三自由度系统

简记为

$$[m][\ddot{x}]+[c][\dot{x}]+[k][x]=[p(t)] \tag{2.58}$$

式中　$[x]$，$[\dot{x}]$，$[\ddot{x}]$——分别为系统运动的位移、速度、加速度列阵；

$[p(t)]$——激励力列阵，即

$$[x]=\begin{bmatrix} x_1 \\ x_2 \\ x_3 \end{bmatrix} \qquad [\dot{x}]=\begin{bmatrix} \dot{x}_1 \\ \dot{x}_2 \\ \dot{x}_3 \end{bmatrix}$$

$$[\ddot{x}]=\begin{bmatrix} \ddot{x}_1 \\ \ddot{x}_2 \\ \ddot{x}_3 \end{bmatrix} \qquad [p(t)]=\begin{bmatrix} p_1(t) \\ p_2(t) \\ p_3(t) \end{bmatrix}$$

$[m]$，$[k]$，$[c]$——分别为系统的质量(或惯性)矩阵、刚度矩阵、黏性阻尼矩阵，即

$$[m]=\begin{bmatrix} m_{11} & m_{12} & m_{13} \\ m_{21} & m_{22} & m_{23} \\ m_{31} & m_{32} & m_{33} \end{bmatrix}=\begin{bmatrix} m_1 & 0 & 0 \\ 0 & m_2 & 0 \\ 0 & 0 & m_3 \end{bmatrix}$$

$$[k]=\begin{bmatrix} k_{11} & k_{12} & k_{13} \\ k_{21} & k_{22} & k_{23} \\ k_{31} & k_{32} & k_{33} \end{bmatrix}=\begin{bmatrix} k_1+k_2 & -k_2 & 0 \\ -k_2 & k_2+k_3 & -k_3 \\ 0 & -k_3 & k_3 \end{bmatrix}$$

$$[c]=\begin{bmatrix} c_{11} & c_{12} & c_{13} \\ c_{21} & c_{22} & c_{23} \\ c_{31} & c_{32} & c_{33} \end{bmatrix}=\begin{bmatrix} c_1+c_2 & -c_2 & 0 \\ -c_2 & c_2+c_3 & -c_3 \\ 0 & -c_3 & c_3 \end{bmatrix}$$

对 n 自由度系统，运动方程中的各列阵 $[x]$，$[\dot{x}]$，$[\ddot{x}]$，$[p(t)]$ 为 $n\times 1$ 维，各系数矩

阵 $[m]$,$[k]$,$[c]$为$n\times n$阶方阵。故式(2.58)为n自由度振动系统矩阵微分方程的一般形式。

2. 影响系数法

在选定了运动坐标之后,只要能确定系统的质量矩阵、刚度矩阵和阻尼矩阵,也就可以写出系统的运动方程。

现以刚度矩阵为例,说明用影响系数法求各系数矩阵的步骤。

刚度矩阵$[k]$反映了系统的刚度(或柔度)特性。矩阵中的某个元系k_{ij}代表了第i坐标和第j坐标之间刚性的相互影响,称为刚度影响系数。k_{ij}定义为:使系统的第j坐标产生单位位移,而其他坐标的位移为零时,第$i(i=1,2,\cdots,n)$坐标上需多加的作用力大小。或者说,k_{ij}在数值上等于使系统产生$x_j=1,x_r=0(r=1,2,\cdots,n$,但$r\neq j)$的位移情况,在第$i$坐标上所需加的作用力大小。选择某个$j$值时,可求得$n$个影响$k_{1j},k_{2j},\cdots,k_{nj}$,令$j=1,2,\cdots,n$,就可以求出全部$n\times n$个影响系数。

以图2.23所示的系统为例。假定$x_1=1,x_2=x_3=0$,也就是使m_1产生单位位移,而m_2和m_3保持不动,则在m_1上需要加大小等于$(k_1+k_2)\times 1$的力,以克服弹簧k_1和k_2的弹性阻力,使m_1产生$x_1=1$的位移。在m_2上需要加大小为$(-k_2)\times 1$的力,以保持m_2不动。m_3与m_1没有直接关联,要使$x_3=0$,不需要在m_3上加力,故可得:$k_{11}=k_1+k_2,k_{21}=-k_2,k_{21}=0$。同样,假定$x_2=1,x_1=x_3=0$及$x_3=1,x_1=x_2=0$,可求得另外的六个影响系数为$k_{12}=-k_2,k_{22}=k_2+k_3,k_{32}=-k_3;k_{13}=k_{23}=-k_3,k_{33}=k_3$。将全部影响系数写成矩阵形式,就可得到系统的刚度矩阵为

$$[k]=\begin{bmatrix}k_{11} & k_{12} & k_{13}\\ k_{21} & k_{22} & k_{23}\\ k_{31} & k_{32} & k_{33}\end{bmatrix}=\begin{bmatrix}k_1+k_2 & -k_2 & 0\\ -k_2 & k_2+k_3 & -k_3\\ 0 & -k_3 & k_3\end{bmatrix}$$

这个结果与式(2.58)中的$[k]$完全相同。

同样,质量矩阵和阻尼矩阵分别反映了系统的惯性和阻尼特性,由惯性影响系数m_{ij}和阻尼影响系数c_{ij}组成,这些影响系数的含义与刚度影响系数类似,因此只要将位移改为加速度或速度,就可以仿照刚度影响系数的定义和求法,求出这些影响系数,从而得到质量(惯性)矩阵$[m]$和阻尼矩阵$[c]$。

对易于应用材料力学的方法和公式,简便地求出其变形的系统,常用柔度影响系数代替刚度影响系数来建立其运动方程。柔度影响系数α_{ij}定义为:仅在系统的第j坐标上作用单位力时,第$i(i=1,2,\cdots,n)$坐标所产生的位移大小。

以图2.23所示的系统为例。假定$p_1(t)=1,p_2(t)=p_3(t)=0$,也就是在m_1上作用单位力,而在m_2和m_3上未作用力,则在m_1上产生的位移大小等于$\zeta_1=1/k,m_2$和m_3产生的位移大小也等于ζ_1,故可知:$a_{11}=a_{21}=a_{31}=\zeta_1$。同样,假定$p_2(t)=1,p_1(t)=p_3(t)=0$及$p_3(t)=1,p_2(t)=p_1(t)=0$,则得另外六个柔度影响系数为

$$a_{12}=1/k_1=\delta_1,\quad a_{22}=1/k_1+1/k_2=\delta_1+\delta_2,\quad a_{32}=\delta_1+\delta_2;$$
$$a_{13}=\delta_1,\quad a_{22}=\delta_1+\delta_2,\quad a_{33}=1/k_1+1/k_2+1/k_3=\delta_1+\delta_2+\delta_3$$

将全部影响系数写成矩阵形式，就得到系统的柔度矩阵，即

$$[\delta]=\begin{bmatrix} a_{11} & a_{12} & a_{13} \\ a_{21} & a_{22} & a_{23} \\ a_{31} & a_{32} & a_{33} \end{bmatrix}=\begin{bmatrix} \delta_1 & \delta_1 & \delta_1 \\ \delta_1 & \delta_1+\delta_2 & \delta_1+\delta_2 \\ \delta_1 & \delta_1+\delta_2 & \delta_1+\delta_2+\delta_3 \end{bmatrix}=$$

$$\begin{bmatrix} \dfrac{1}{k_1} & \dfrac{1}{k_1} & \dfrac{1}{k_1} \\ \dfrac{1}{k_1} & \dfrac{1}{k_1}+\dfrac{1}{k_2} & \dfrac{1}{k_1}+\dfrac{1}{k_2} \\ \dfrac{1}{k_1} & \dfrac{1}{k_1}+\dfrac{1}{k_2} & \dfrac{1}{k_1}+\dfrac{1}{k_2}+\dfrac{1}{k_3} \end{bmatrix}=[k]^{-1}$$

众所周知，对于同一个系统，选取相同的运动坐标，则系统的刚度矩阵 $[k]$ 和柔度矩阵 $[\delta]$ 互为逆矩阵，即

$$[\delta]=[k]^{-1} \quad \text{或} \quad [k]=[\delta]^{-1}$$

对式(2.58)的两端前乘 $[\delta]$，可得

$$[\delta][m][\ddot{x}]+[\delta][c][\dot{x}]+[x]=[\delta][p(t)] \tag{2.59}$$

式(2.59)是用柔度表示的多自由度系统的运动方程，常称为位移方程。

根据互易原理，各影响系数间的关系为

$$m_{ij}=m_{ji};\quad c_{ij}=c_{ji};\quad k_{ij}=k_{ji};\quad \delta_{ij}=\delta_{ji}$$
$$(i=1,2,\cdots,n;j=1,2,\cdots,n)$$

因此，系统的质量矩阵 $[m]$、刚度矩阵 $[k]$、柔度矩阵 $[\delta]$ 都是对称矩阵，若阻尼矩阵 $[c]$ 也是对称矩阵，这种对称性可表示为

$$[m]=[m]^{\mathrm{T}},\quad [c]=[c]^{\mathrm{T}}$$
$$[k]=[k]^{\mathrm{T}},\quad [\delta]=[\delta]^{\mathrm{T}}$$

3. 拉格朗日法

建立多自由度系统的运动方程，除了上面介绍的直接法和影响系数法外，对于复杂结构常应用拉格朗日法。它是从能量的观点统一建立起来的系统的动能 T、势能 U 和功 W 之间的标量关系。

若取 n 自由度系统的 n 个互为独立的变量 $q_1,q_2,\cdots,q_n$ 为广义坐标，则拉格朗日方程为

$$\frac{\mathrm{d}}{\mathrm{d}t}\left(\frac{\partial T}{\partial \dot{q}_i}\right)-\frac{\partial T}{\partial q_i}-Q_i=0 \quad (i=1,2,\cdots,n) \tag{2.60}$$

式中　T—— 系统的动能；

　　Q_i—— 对应广义坐标 q_i 的广义力。

根据 Q_i 的不同情况，拉格朗日方程可表达为以下几种形式：

(1) 当系统为保守系统时，即系统作用的主动力仅为势力时，则广义力可表示为

$$Q_i=-\frac{\partial U}{\partial q_i}$$

式中 U—— 系统的势能。

将上式代入式(2.60),得保守系统的拉格朗日方程为

$$\frac{\mathrm{d}}{\mathrm{d}t}\left(\frac{\partial T}{\partial \dot{q}_i}\right)-\frac{\partial T}{\partial q_i}+\frac{\partial U}{\partial q_i}=0 \quad (i=1,2,\cdots,n) \tag{2.61}$$

(2) 当系统除了有势力的作用外,还存在有其他非势力的作用,把这部分力的虚功记为

$$\delta W=\sum_{i=1}^{\cdot} Q_i \delta q_i \tag{2.62}$$

式中 Q_i—— 对应于势力以外的其他非势力的广义力。

于是非保守系统的拉格朗日方程为

$$\frac{\mathrm{d}}{\mathrm{d}t}\left(\frac{\partial T}{\partial \dot{q}_i}\right)-\frac{\partial T}{\partial q_i}+\frac{\partial U}{\partial q_i}=Q_i \quad (i=1,2,\cdots,n) \tag{2.63}$$

(3) 若把因能量消散函数 D 而引起的阻尼力 $\partial D/\partial \dot{q}_i$ 从其他非势力的广义力中独立出来,并使 Q 仅代表外部作用的广义激励力(力或力矩),则可将非保守系统的拉格朗日方程改写为

$$\frac{\mathrm{d}}{\mathrm{d}t}\left(\frac{\partial T}{\partial \dot{q}_i}\right)-\frac{\partial T}{\partial q_i}+\frac{\partial U}{\partial q_i}+\frac{\partial D}{\partial \dot{q}_i}=Q_i \quad (i=1,2,\cdots,n) \tag{2.64}$$

式(2.64)即为用能量(动能 T、势能 U 及能量消散函数 D)及其他外部广义激励力表达的完全的拉格朗日方程。式(2.64)仍是由惯性力(力矩)、弹性恢复力(力矩)、阻尼力(力矩)和激励力(力矩)四项组成。由于式中每一项都具有力(力矩)原量纲,故它是用能量形式表达的作用力方程。

例 2.5 用拉格朗日方程建立图 2.23 所示弹簧质量系统的运动方程。

解 设系统的广义坐标为 $x_1(t),x_2(t),x_3(t)$,则系统的动能 T 可表示为

$$T=\frac{1}{2}(m\dot{x}_1^2+m_2\dot{x}_2^2+m_3\dot{x}_3^2) \tag{a}$$

$$\left.\begin{aligned}
&\frac{\partial T}{\partial \dot{x}_1}=m_1\dot{x}_1, \quad \frac{\mathrm{d}}{\mathrm{d}t}\left(\frac{\partial T}{\partial \dot{x}_1}\right)=m_1\ddot{x}_1\\
&\frac{\partial T}{\partial \dot{x}_2}=m_2\dot{x}_2, \quad \frac{\mathrm{d}}{\mathrm{d}t}\left(\frac{\partial T}{\partial \dot{x}_2}\right)=m_2\ddot{x}_2\\
&\frac{\partial T}{\partial \dot{x}_3}=m_3\dot{x}_3, \quad \frac{\mathrm{d}}{\mathrm{d}t}\left(\frac{\partial T}{\partial \dot{x}_3}\right)=m_3\ddot{x}_3
\end{aligned}\right\} \tag{b}$$

系统的势能 U 可表示为

$$U=\frac{1}{2}[k_1x_1^2+k_2(x_2-x_1)^2+k_3(x_3-x_2)^2] \tag{c}$$

则

$$\left.\begin{aligned}
&\frac{\partial U}{\partial x_1}=k_1x_1-k_2(x_2-x_1)\\
&\frac{\partial U}{\partial x_2}=k_2(x_2-x_1)-k_3(x_3x_2)\\
&\frac{\partial U}{\partial x_3}=k_3(x_3-x_2)
\end{aligned}\right\} \tag{d}$$

系统的能量消散函数 D 可表示为

$$D=\frac{1}{2}[c_1\dot{x}_1^2+c_2(\dot{x}_2-\dot{x}_1)^2+c_3(\dot{x}_3\dot{x}_2)] \tag{e}$$

则

$$\left.\begin{aligned}\frac{\partial D}{\partial \dot{x}_1}&=c_1\dot{x}_1-k_2(\dot{x}_2-\dot{x}_1)\\ \frac{\partial D}{\partial \dot{x}_2}&=c_2(\dot{x}_2-\dot{x}_1)-c_3(\dot{x}_3\dot{x}_2)\\ \frac{\partial D}{\partial \dot{x}_3}&=c_3(\dot{x}_3-\dot{x}_2)\end{aligned}\right\} \tag{f}$$

当系统具有虚位移 $\delta x_1, \delta x_2, \delta x_3$ 时，外干扰力 $p_1(t), p_2(t), p_3(t)$ 所做的虚功之和为

$$\delta W=p_1\delta x_1+p_2\delta x_2+p_3\delta x_3 \tag{g}$$

由于这里的广义坐标为 x_1, x_2, x_3，故由式(2.62) 应有

$$\delta W=\sum_{i=1}^{3}Q_i\delta q_i=\sum_{i=1}^{3}Q_i\delta x_i=Q_1\delta x_1+Q_2\delta x_2+Q_3\delta x_3 \tag{h}$$

比较式(g) 与式(h)，可知

$$p_1=Q_1,\quad p_2=Q_2,\quad p_3=Q_3 \tag{i}$$

将式(b)、式(d)、式(f)、式(i) 代入拉格朗日方程(2.64)，整理后可得系统的运动微分方程为

$$\left.\begin{aligned}m_1\ddot{x}_1+(c_1+c_2)\dot{x}_1-c_2\dot{x}_2+(k_1+k_2)x_1-k_2x_2=p_1(t)\\ m_2\ddot{x}_2-c_2\dot{x}_1+(c_2+c_3)\dot{x}_2-c_3\dot{x}_3-k_2x_1+(k_2+k_3)x_2-k_3x_3=p_2(t)\\ m_3\ddot{x}_3-c_3\dot{x}_2+c_3\dot{x}_3-k_3x_2+k_3x_3=p_3(t)\end{aligned}\right\} \tag{j}$$

比较式(2.56) 与式(j) 得知，这里用拉格朗日方法得到的结果，与用直接法得到的结果完全相同。

2.3.2　固有频率与主振型

1. 固有频率

多自由度系统的固有频率和主振型可通过求解系统的无阻尼自由振动方程

$$[m][\ddot{x}]+[k][x]=[0] \tag{2.65}$$

得到。

设式(2.65) 的解为

$$[x]=[A]e^{j\omega_n t}$$

式中　$[A]$—— 系统自由振动时的振幅向量(列阵)。

将上式及其对时间的二阶导数代入式(2.65) 得

$$([k]-\omega_n^2[m])[A]=[0]$$

或

$$[k][A]=\omega_n^2[m][A] \tag{2.66}$$

求解方程(2.66)的问题，常称为特征值问题。要得到方程(2.66)的振动解(非零解)，必须使$[A]$的系数行列式等于零，即

$$\det(\omega_n^2)=\det([k]-\omega_n^2[m])=0 \tag{2.67}$$

式(2.67)称为特征方程或频率方程。将特征行列式$\det(\omega_n^2)$展开后，得到一个(ω_n^2)的n阶多项式。对于正定系统，求解该式后可得到(ω_n^2)的n个大于零的正实根$\omega_{n1}^2,\omega_{n2}^2,\cdots,\omega_{nn}^2$，称其为特征值，将特征值分别开方后求得的$n$个$\omega_{nr}(r=1,2,\cdots,n)$，称为系统的$n$个固有频率。在大多数情况下，这$n$个固有频率值互不相等，可将其由小到大，按次序排列为$0<\omega_{n1}<\omega_{n2}<\cdots<\omega_{nn}$，并分别称其为一阶固有频率、二阶固有频率……$n$阶固有频率。系统的固有频率，只与系统本身固有的物理性质(惯性、弹性)有关，而与其他条件无关。

当已知系统的柔度矩阵$[\delta]$，或只需计算系统的少数低阶固有频率和主振型时，特征值问题变为以柔度矩阵$[\delta]$表达的形式将更加方便。因为，$[\delta]=[k]^{-1}$，以$\frac{1}{\omega_n^2}[k]^{-1}$前乘以式(2.66)得

$$\left([\delta][m]-\frac{1}{\omega_n^2}[I]\right)[A]=[0] \tag{2.68}$$

其特征方程为

$$\det\left([\delta][m]-\frac{1}{\omega_n^2}[I]\right)=0 \tag{2.69}$$

展开式(2.69)后，可得到$\frac{1}{\omega_n^2}$的n次代数方程式，求解该式可得到$\frac{1}{\omega_n^2}$的n个根，取其倒数，即得ω_n^2的n个特征值，将其分别开方后，便可求得系统的n个固有频率$\omega_{nr}(r=1,2,\cdots,n)$。

综合上述两种情况，可将特征值问题的一般标准形式表示为

$$([D]-\lambda[I])[A]=0$$

或

$$[D][A]=\lambda[A] \tag{2.70}$$

式中　$[D]$——动力矩阵；

λ——特征值。

对于式(2.66)　　$[D]=[m]^{-1}[k]$，　$\lambda=\omega_n^2$

对于式(2.68)　　$[D]=[\delta][m]$，　$\lambda=\frac{1}{\omega_n^2}$

实矩阵$[D]$的特征值λ有下面两个重要性质：

(1) 矩阵$[D]$的n个特征值之和等于$[D]$的对角元素之和(称为$[D]$的迹，记为$\text{trace}[D]$)，即

$$\sum_{i=1}^{n}\lambda_i=\lambda_1+\lambda_2+\cdots+\lambda_n=D_{11}+D_{22}+\cdots+D_{nn}=\text{trace}[D] \tag{2.71}$$

(2) 矩阵$[D]$的n个特征值之积，等于$[D]$的行列式，即

$$\prod_{i=1}^{n}\lambda_i=\lambda_1\cdot\lambda_2\cdot\cdots\cdot\lambda_n=\det[D] \tag{2.72}$$

常见无阻尼多自由度系统的固有频率的计算见表 2.8。在一般情况下，有阻尼和无阻尼系统的固有频率，数值上比较接近，因此，对于有阻尼系统的固有频率，也可以用表 2.8 所列公式近似计算。

表 2.8　多自由度系统的固有频率

序号	系统简图	说　明	固有频率
1	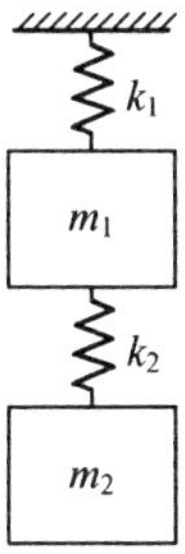	两个质量、两个弹簧的系统	$\omega_n^2=\frac{1}{2}\left[\omega_1^2+\omega_2^2\left(1+\frac{m_2}{m_1}\right)\right]\pm$ $\frac{1}{2}\sqrt{\left[\omega_1^2+\omega_2^2\left(1+\frac{m_2}{m_1}\right)\right]^2-4\omega_1^2\omega_2^2}$ 式中 $\omega_1^2=\frac{k_1}{m_1},\omega_2^2=\frac{k_2}{m_2}$
2	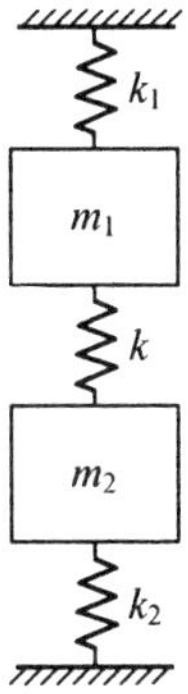	两个质量、三个弹簧的系统	$\omega_n^2=\frac{1}{2}(\omega_{11}^2+\omega_{22}^2)\pm$ $\frac{1}{2}\sqrt{(\omega_{11}^2-\omega_{22}^2)+4\omega_{12}^2}$ 式中，$\omega_{11}=\frac{k_1+k}{m_1},\omega_{22}=\frac{k_2+k}{m_2}$， $\omega_{12}=\frac{k}{\sqrt{m_1m_2}}$
3	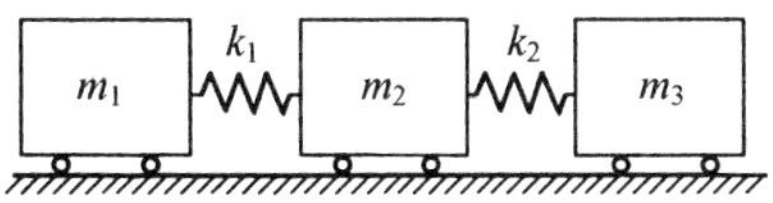	三个质量、两个弹簧的系统	$\omega_n^2=\frac{1}{2}(\omega_1^2+\omega_2^2+\omega_3^2)\pm\frac{1}{2}\cdot$ $\sqrt{(\omega_1^2+\omega_2^2+\omega_3^2)^2-4\omega_1^2\omega_3^2\frac{m_1+m_2+m_3}{m_2}}$ 式中，$\omega_1^2=\frac{k_1}{m_1},\omega_2^2=\frac{k_1+k_2}{m_2},\omega_3^2=\frac{k_2}{m_3}$

续表 2.8

序号	系统简图	说　　明	固有频率
4	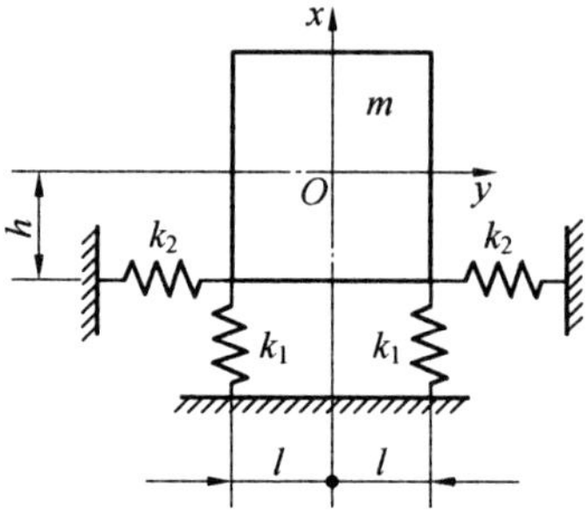	直线振动和摇摆振动的联合系统	$\omega_n^2 = \frac{1}{2}(\omega_y^2 + \omega_0^2) \pm$ $\frac{1}{2}\sqrt{(\omega_y^2 - \omega_0^2)^2 + 4\omega_y^2\varepsilon^2}$ 式中，$\omega_y^2 = \frac{2k_2}{m}$，$\omega_0^2 = \frac{2k_1 l^2 + 2k_2 h^2}{I}$， $\varepsilon = \frac{h}{\rho}$，$\rho = \sqrt{\frac{I}{m}}$
5	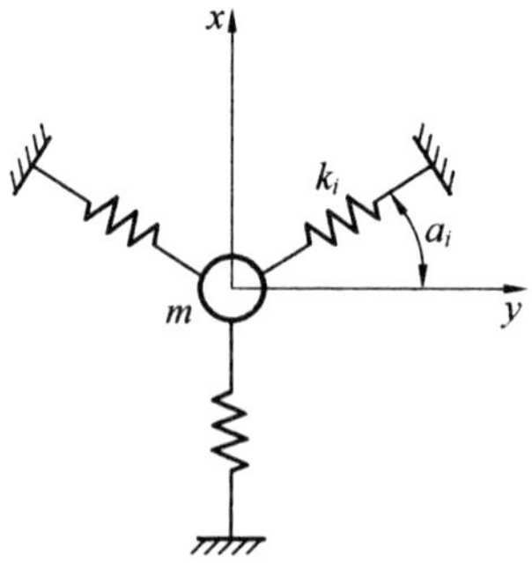	质量为三个弹簧所支持的系统（质量中心与各弹簧的中心线在同一平面内）	$\omega_n^2 = \frac{1}{2}(\omega_{xx}^2 + \omega_{yy}^2) \pm$ $\frac{1}{2}\sqrt{(\omega_{xx}^2 - \omega_{yy}^2)^2 + 4\omega_{xy}^4}$ 式中，$\omega_{xx}^2 = \frac{k_{xx}}{m}$，$\omega_{yy}^2 = \frac{k_{yy}}{m}$，$\omega_{xy}^2 = \frac{k_{xy}}{m}$， $k_{xx} = \sum_i k_i \cos^2 a_i$，$k_{yy} = \sum_i k_i \sin^2 a_i$， $k_{xy} = \sum_i k_i \sin a_i \cos a_i$
6	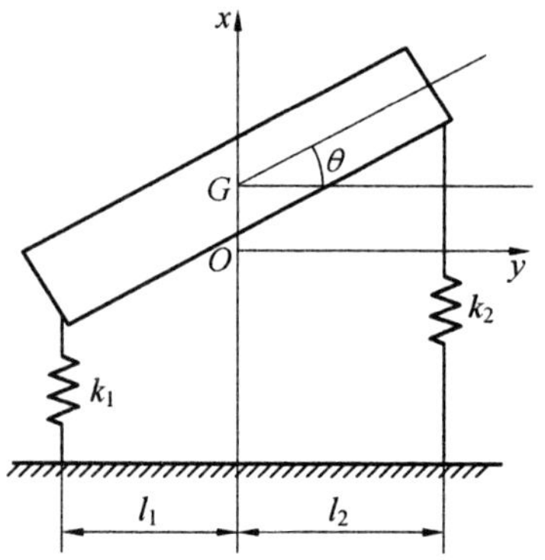	刚性梁为两个弹簧所支持的系统	$\omega_n^2 = \frac{1}{2}(a+c) \pm \sqrt{(a-c)^2 + 4\left(\frac{b}{\rho}\right)^2}$ 式中，$a = \frac{k_1 + k_2}{m}$，$b = \frac{k_2 l_2 - k_1 l_1}{m}$， $c = \frac{k_1 l_1^2 + k_2 l_2^2}{m\rho^2}$，$\rho = \sqrt{\frac{I}{m}}$
7	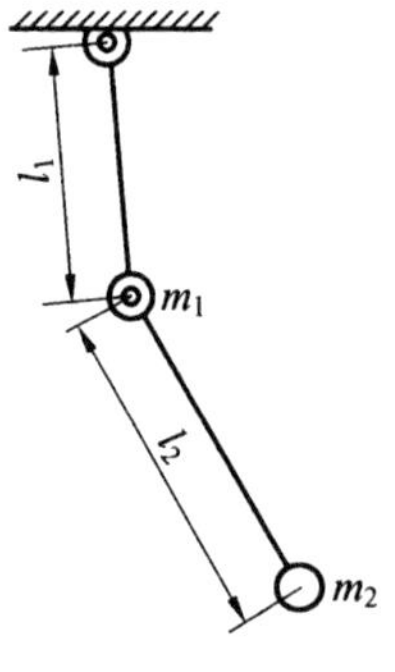	二重摆	$\omega_n^2 = \frac{m_1 + m_2}{2m_1} \times$ $\left[\omega_1^2 + \omega_2^2 \pm \sqrt{(\omega_1^2 - \omega_2^2)^2 + 4\omega_1^2\omega_2^2 \frac{m_2}{m_1 + m_2}}\right]$ 式中，$\omega_1^2 = \frac{g}{l_1}$，$\omega_2^2 = \frac{g}{l_2}$

续表 2.8

序号	系统简图	说　　明	固有频率
8	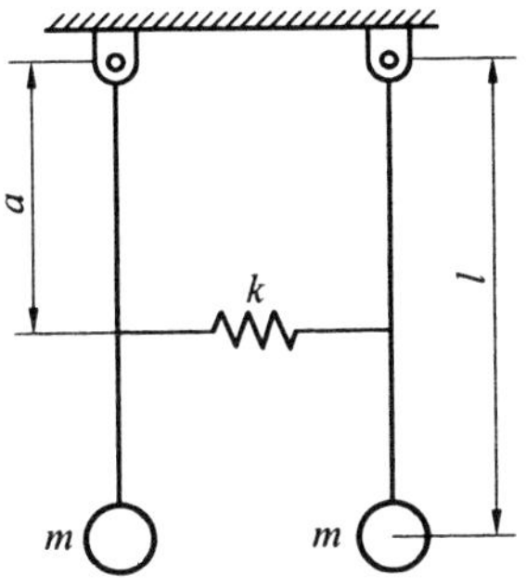	二联合单摆	$\omega_{n1}^2 = \frac{g}{l}, \omega_{n2}^2 = \frac{g}{l} + \frac{2ka^2}{ml^2}$
9	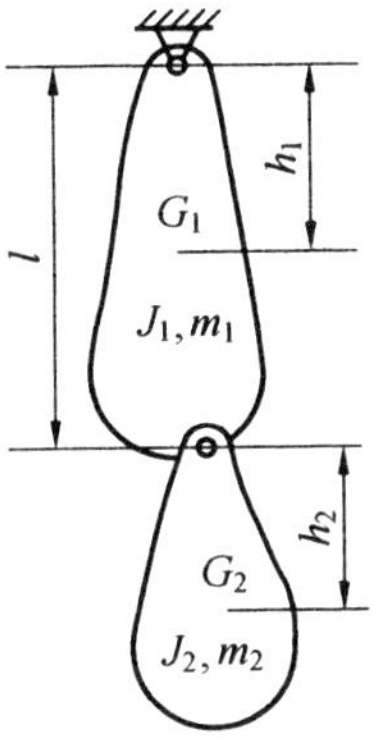	二重复摆	$\omega_n^2 = \frac{1}{2(1-\lambda^2)}(\omega_1^2+\omega_2^2) \pm$ $\sqrt{(\omega_1^2-\omega_2^2)+4\omega_1^2\omega_2^2\lambda^2}$ 式中，$\omega_1^2 = \frac{m_1 gh_1 + m_1 gl}{J_1 + m_2 l^2}, \omega_2^2 = \frac{m_2 gh_2}{J_2}$， $\lambda^2 = \frac{m_2^2 h_2^2 l^2}{(J_1 + m_2 l^2) J_2}$
10	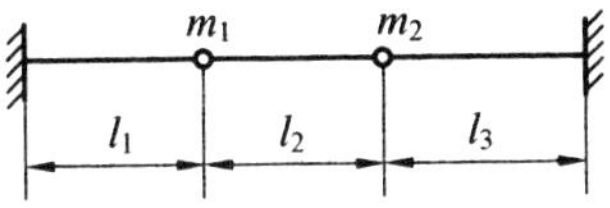	两质量位于受张力的弦上的横向振动系统	$\omega_n^2 = \frac{T}{2}\left[\frac{l_1+l_2}{m_1 l_1 l_2} + \frac{l_2+l_3}{m_2 l_2 l_3} \pm \sqrt{\left(\frac{l_1+l_2}{m_1 l_1 l_2} - \frac{l_2+l_3}{m_2 l_2 l_3}\right)^2 + \frac{4}{m_1 m_2 l_2^2}}\right]$
11	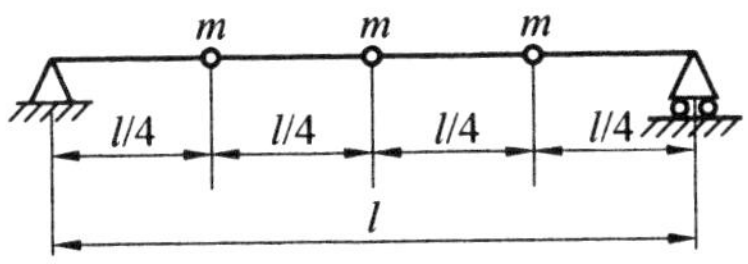	不计梁的自重，具有均布三质量的简支梁垂直弯曲振动系统	$\omega_{n1} = 0.712\,1\sqrt{\frac{48EI_a}{ml^3}}$ $\omega_{n2} = 2.828\,4\sqrt{\frac{48EI_a}{ml^3}}$ $\omega_{n3} = 5.996\,4\sqrt{\frac{48EI_a}{ml^3}}$

表中　m— 振动体的质量，kg；k— 弹簧的刚度，N/m；I— 振动体的转动惯量，kg · m^2；ρ— 振动体的回转半径，m；T— 弦受的张力，N；g— 重力加速度，9.8 m/s^2；c— 扭转刚度，N · m/rad；I_a— 截面惯性矩，m^4；E— 弹性模量，N/m^2

2. 主振型

将任何一个特征值 ω_{nr}^2 代回式(2.66)，都可求得一个相应的非零向量 $[A^{(r)}]$，即特征向量，它描绘了系统振动位移的一种状态，一个特征向量描绘了系统振动位移的一种形态，称为主振型(主模态)。主振型只与系统本身固有的物理参数有关，而与其他条件无关，故又称为固有振型。对 n 自由度系统有 n 个固有频率和 n 个相应的主振型；与 r 阶固有频率 ω_{nr} 相应的主振型 $[\phi^{(r)}]$，称为 r 阶主振型。这里应该注意，将特征值 ω_{nr}^2 代回式(2.66)后，得到未知量为 $A_i^{(r)}(r=1,2,\cdots,n)$ 的 n 个齐次代数方程，只能求得 n 个位置量 $A_i^{(r)}$ 之间的比值。如果 $A_i^{(r)}$ 是方程组的一个解，乘上任何一个数 α 后，$\alpha[A^{(r)}]$ 也是方程组的解，即特征向量与主振型的形态是确定的，但其振幅则是不定的；或者说，主振型只确定了系统按某阶固有频率自由振动时各坐标振动位移的比值，而振幅的数值则可以是任意的。某阶主振型各坐标幅值的绝对大小取决于系统的初始条件。

通常采用伴随矩阵法求主振型。令

$$[H]=[k]-\omega_n^2[m] \tag{a}$$

则式(2.66)可写成

$$[H][A]=[0] \tag{b}$$

根据逆矩阵的定义，$[H]$ 的逆矩阵为

$$[H]^{-1}=\mathrm{adj}[H]/[H] \tag{c}$$

式中 $\mathrm{adj}[H]$ —— $[H]$ 的伴随矩阵，定义为 $[H]$ 的余子式矩阵 $[H^c]$ 的转置，即 $\mathrm{adj}[H]=[H^c]^T$。

对式(c)的两端前乘 $|H|[H]$ 后，可将它改写为

$$[H]\,\mathrm{adj}[H]=|H|\,[H]\,[H]^{-1}=0 \tag{d}$$

比较式(d)和式(b)，可以看出，特征向量 $[A]$ 与伴随矩阵 $\mathrm{adj}[H]$ 中，任何不等于零的列成正比，因此可取这样的列或再乘上某个常数作为主振型。

例 2.6 如图 2.24(a) 所示的三自由度系统，已知 $m_1=m_2=m_3=m$，$k_1=k_4=2k$，$k_2=k_3=k$，计算系统的固有频率和主振型。

解 系统的质量矩阵和刚度矩阵为

$$[m]=\begin{bmatrix} m_1 & 0 & 0 \\ 0 & m_2 & 0 \\ 0 & 0 & m_3 \end{bmatrix}=m\begin{bmatrix} 1 & 0 & 0 \\ 0 & 1 & 0 \\ 0 & 0 & 1 \end{bmatrix} \tag{e}$$

$$[k]=\begin{bmatrix} k_1+k_2 & -k_2 & 0 \\ -k_2 & k_2+k_3 & -k_3 \\ 0 & -k_3 & k_3+k_4 \end{bmatrix}=k\begin{bmatrix} 3 & -1 & 0 \\ -1 & 2 & -1 \\ 0 & -1 & 3 \end{bmatrix} \tag{f}$$

按式(2.66)得到系统的振动方程为

$$\left(\begin{bmatrix} 3k & -k & 0 \\ -k & 2k & -k \\ 0 & -k & 3k \end{bmatrix}-\omega_n^2\begin{bmatrix} m & 0 & 0 \\ 0 & m & 0 \\ 0 & 0 & m \end{bmatrix}\right)[A]=[0]$$

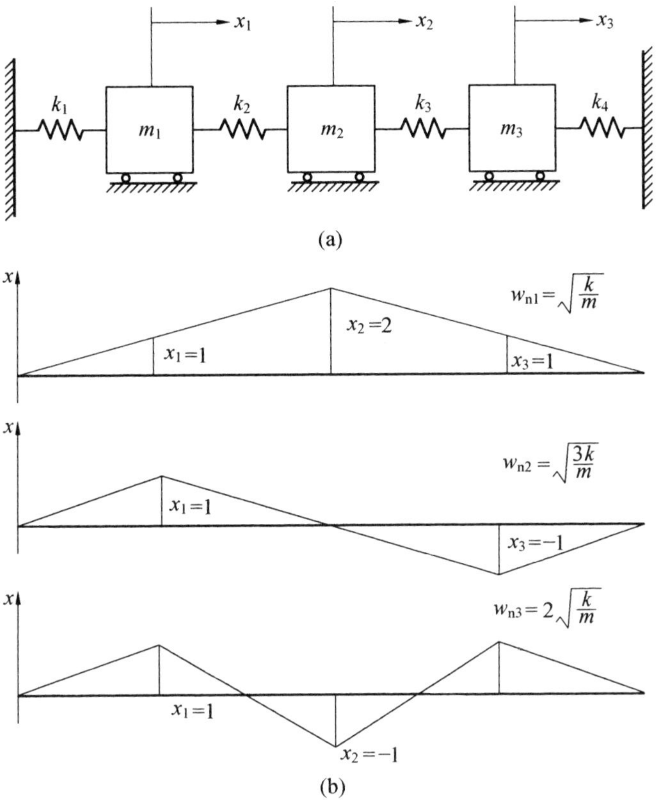

图 2.24　三自由度系统的主振型

或

$$\begin{bmatrix} (3h-\omega_n^2) & -h & 0 \\ -h & (2h-\omega_n^2) & -h \\ 0 & -h & (3h-\omega_n^2) \end{bmatrix} \begin{bmatrix} A \\ A_2 \\ A_3 \end{bmatrix} = \begin{bmatrix} 0 \\ 0 \\ 0 \end{bmatrix} \tag{g}$$

式中　$h=k/m$，令式(g) 的系数行列式等于零，展开后的特征方程为

$$(\omega_n^2)^4 - 8h\,(\omega_n^2)^2 + 19h^2(\omega_n^2) - 12h^3 = 0 \tag{h}$$

求解式(h) 得系统的固有频率为

$$\omega_{n1} = \sqrt{\frac{k}{m}},\quad \omega_{n2} = \sqrt{\frac{3k}{m}},\quad \omega_{n3} = 2\sqrt{\frac{k}{m}}$$

按伴随矩阵法计算得

$$\mathrm{adj}[H] = [H^c]^T =$$

$$\begin{bmatrix} (2h-\omega_n^2)(3h-\omega_n^2)-h^2 & h(3h-\omega_n^2) & h^2 \\ h(3h-\omega_n^2) & (3h-\omega_n^2)^2 & h(3h-\omega_n^2) \\ h^2 & h(3h-\omega_n^2) & (2h-\omega_n^2)(3h-\omega_n^2)-h^2 \end{bmatrix} \tag{i}$$

取第三列并除以 mh^2 作为主振型，分别以 $\omega_{n1}^2,\omega_{n2}^2,\omega_{n3}^2$ 代入式(i)，得

$$[\phi]_1=\begin{bmatrix}1\\2\\1\end{bmatrix},\quad [\phi]_2=\begin{bmatrix}1\\0\\-1\end{bmatrix},\quad [\phi]_3=\begin{bmatrix}1\\-1\\1\end{bmatrix}$$

主振型的示意图如图 2.24 所示。

2.3.3 主坐标和正则坐标

上面讨论了 n 自由度无阻尼系统的特征值和特征向量问题，并得到了 n 个固有频率和相应的 n 个主振型。

1. 振型正交性

这里讨论主振型之间对质量矩阵和刚度矩阵的正交性质。

设 $[\phi]_i$，$[\phi]_j$ 分别是对应于固有频率 ω_{ni} 和 ω_{nj} 的主振型，由式(2.67) 得

$$[k]\,[\phi]_i=\omega_{ni}^2\,[m]\,[\phi]_i \tag{2.73}$$

$$[k]\,[\phi]_j=\omega_{nj}^2\,[m]\,[\phi]_j \tag{2.74}$$

将式(2.73) 两边同时作转置运算，然后右乘 $[\phi]_j$，由于 $[k]$，$[m]$ 矩阵都是对称的，于是得

$$[\phi]_i^{\mathrm{T}}\,[k]\,[\phi]_j=\omega_{ni}^2\,[\phi]_i^{\mathrm{T}}\,[m]\,[\phi]_j \tag{2.75}$$

将式(2.74) 两边左乘 $[\phi]_i^{\mathrm{T}}$ 得

$$[\phi]_i^{\mathrm{T}}\,[k]\,[\phi]_j=\omega_{ni}^2\,[\varphi]_i^{\mathrm{T}}\,[m]\,[\phi]_j \tag{2.76}$$

将上述两式(2.75) 及(2.76) 相减，得

$$(\omega_{ni}^2-\omega_{nj}^2)\,[\phi]_i^{\mathrm{T}}\,[m]\,[\phi]_j=0 \tag{2.77}$$

如果 $i\neq j$，即 $\omega_{ni}\neq\omega_{nj}$，上述必有

$$[\phi]_i^{\mathrm{T}}\,[m]\,[\phi]_j=0\quad (i\neq j) \tag{2.78}$$

同理可得

$$[\phi]_i^{\mathrm{T}}\,[k]\,[\phi]_j=0\quad (i\neq j) \tag{2.79}$$

若 $i=j$，式(2.77) 必有

$$[\phi]_i^{\mathrm{T}}\,[m]\,[\phi]_i=M_i \tag{2.80}$$

同理

$$[\phi]_i^{\mathrm{T}}\,[m]\,[\phi]_i=K_i \tag{2.81}$$

这就是振型的正交型。而 M_i，K_i 分别称为第 i 阶主(模态) 刚度。

若以 $[\phi]$ 表示由振型列阵 $[\phi]_i$ 组成的振型矩阵，则振型的正交性可表达为

$$[\phi]^{\mathrm{T}}\,[m]\,[\phi]=[M_i] \tag{2.82}$$

$$[\phi]^{\mathrm{T}}\,[k]\,[\phi]=[K_i] \tag{2.83}$$

式中　$[M_i]$，$[K_i]$—— 对角阵，其对角元素 $m_{ii}=M_i$，$k_{ii}=K_i$，非对角线元素均为零。

2. 归一化振型矩阵

在模态坐标下的质量 M_i、刚度 K_i、阻尼 C_i 及固有振型 ϕ_i，均称为模态参数，并分别称

为模态质量 M_i、模态刚度 K_i、模态阻尼 C_i 及模态振型 ϕ_i。由于特征向量$[\phi]_i$ 可以相差一个任意常数，故 M_i，K_i，及 C_i 也可以相差一个比例常数。可采用归一化的方法，使模态质量归一化，即使模态质量等于 1，记使模态质量归一化的振型为$[\phi]_i$，并称为归一化振型，故

$$[\phi]_N^T[M][\phi]_N=[I] \tag{2.84}$$

$$[\phi]_N^T[K][\phi]_N=[\omega_{ni}^2] \tag{2.85}$$

式中　$[\omega_{ni}]$—— 对角阵，其对角元素由上至下依次为 $\omega_{n1}^2,\omega_{n2}^2,\cdots,\omega_{ni}^2$ 为方程组的第 i 阶特征值，从上可知，归一化振型$[\phi]_N$ 与固有振型$[\phi]$ 之间存在如下关系，即

$$[\phi_N]=\frac{1}{\sqrt{M_i}}[\phi] \tag{2.86}$$

或

$$[\phi]_N=[\phi][M_i]^{-\frac{1}{2}} \tag{2.87}$$

从上式可知 $\omega_{ni}=\sqrt{K_i/M_i}$，$\omega_{ni}$ 为模态固有频率。

3. 主坐标与正则坐标

对 n 自由度无阻尼线性振动系统，其运动微分方程为

$$([k]-\omega^2[m])[x]=0$$

式中　$[k]$，$[m]$—— 系统的刚度矩阵及质量矩阵；

$[x]$—— 位移列向量。

引入主坐标（模态坐标）$[q]$，使

$$[x]=[\phi][q] \tag{2.88}$$

式中　$[\phi]$—— 固有振型矩阵。

将上式代入运动方程，则得

$$([k]-\omega^2[m])[\phi][q]=0 \tag{2.89}$$

由于质量矩阵$[m]$及刚度矩阵$[k]$是正定的或半正定的对称矩阵，可以利用振型矩阵$[\phi]$的正交性使它们对角化，从而使运动微分方程解耦。

用振型矩阵的转置矩阵$[\phi]^T$ 左乘上式，运用振型正交性质，质量阵和刚度阵得以对角化，于是上式可写为

$$([K_1]-\omega^2[M_i])[q]=0 \tag{2.90}$$

式中　$[K_i]$，$[M_i]$—— 模态刚度矩阵及模态质量矩阵。

由上式可知经过主坐标的坐标变换后，上述方程组中的各个方程之间不再存在坐标耦合，每个方程都是独立的。

如果用归一化振型矩阵$[\phi]_N$ 作坐标变换，令

$$[x]=[\phi]_N[q]_N$$

式中　$[q]_N$—— 正则坐标。

于是正则坐标下的运动微分方程为

$$([k]-\omega^2[m])[\phi]_N[q]_N=0$$

用归一化振型矩阵的转置矩阵$[\phi]_N^{\mathrm{T}}$左乘上式，则得

$$([\omega_{ni}^2]-\omega^2)[q]_N=0 \tag{2.91}$$

由上可知，经过正则坐标变换，方程同样解耦了，得到形式最简单的运动方程，而且每个方程都是独立的。

2.3.4 计算固有频率和振型的近似方法

1. 能量法

能量法主要用于求多自由度振动系统固有频率的近似值。瑞利法用于求第一阶固有频率，瑞利－里茨法是其推广形式，可用于求最初几阶固有频率。

根据能量守恒定律，对于保守系统，系统的最大势能等于其最大动能。当系统只做第i阶主振动时

$$[x]=[\phi]_i\sin(\omega_{ni}t+\dot{\varphi}_i)$$

$$T_{\max}=\frac{1}{2}\omega_{ni}^2[\phi]_i^{\mathrm{T}}[m][\phi]_i,\quad U_{\max}=\frac{1}{2}\omega_{ni}^2[\phi]_i^{\mathrm{T}}[m][\phi]_i$$

$$\omega_{ni}^2=\frac{[\phi]_i^{\mathrm{T}}[k][\phi]_i}{[\phi]_i^{\mathrm{T}}[m][\phi]_i}=R_{\mathrm{I}}(\phi) \tag{2.92}$$

式中　$R_{\mathrm{I}}(\phi)$——第一瑞利商。

利用位移方程，则可得第二瑞利商为

$$R_{\mathrm{II}}(\phi)=\omega_{ni}^2=\frac{[\phi]_i^{\mathrm{T}}[m][\phi]_i}{[\phi]_i^{\mathrm{T}}[m][\phi]_i[m][\phi]_i} \tag{2.93}$$

由于对高阶振型很难做出合理的假设，因此瑞利商往往用来估算第一阶固有频率，而且一般选取系统的静变位作为假设振型。计算结果有

$$R_{\mathrm{I}}(\phi)\geqslant\omega_{n1}^2,\quad R_{\mathrm{II}}(\phi)\geqslant\omega_{n1}^2$$

且

$$R_{\mathrm{I}}(\phi)\geqslant R_{\mathrm{II}}(\phi)$$

瑞利商具有在系统的各个特征值附近为驻值的特性。利用这一性质，在建立驻值条件时将系统的自由度进行适当缩减，可用瑞利－里茨法求出最初几阶频率的近似解。其具体做法是将振型表示成为有限个假设模态的线性和，即

$$[\phi]=\sum_{i=1}^{s}a_i[\psi_i]=[\psi][a] \tag{2.94}$$

式中　$[\psi_i]$——假设模态；

$[a]$——待定系数。

将式(2.94)代入瑞利商，利用取级的条件来确定各个待定系数a，即

$$\frac{\partial R_1}{\partial a_j}=0\quad(j=1,2,\cdots,s)$$

从而得到关于[a]的方程

$$[k_R][a]-\omega_n^2[m_R][a]=0 \tag{2.95}$$

式中　$[k_R]=[\psi]^T[k][\psi]$；

$[m_R]=[\psi]^T[m][\psi]$。

求解式(2.95)，可得系统的前 s 个频率、系统的前 s 阶振型

$$[\phi]_i=[\psi][a]_i \quad (i=1,2,\cdots,s)$$

利用第二瑞利商时，可以得到

$$[m_R][a]-\omega_n^2[\delta^*][a]=0$$

式中　$[m_R]=[\psi]^T[m][\psi]$；

$[\delta^*]=[\psi]^T[m][\delta][m][\psi]$。

例 2.7　图 2.25 为由四个相等质量以及四个刚度为 k 的弹簧组成的串联系统。用能量法求前两阶固有频率及振型。

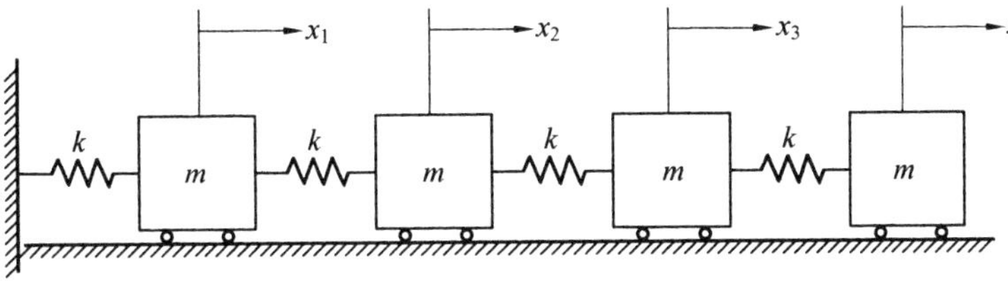

图 2.25　四自由度系统

解　系统的质量矩阵为

$$[m]=\begin{bmatrix} m & & & 0 \\ & m & & \\ & & m & \\ 0 & & & m \end{bmatrix}$$

刚度矩阵为

$$[k]=\begin{bmatrix} 2k & -k & 0 & 0 \\ -k & 2k & -k & 0 \\ 0 & -k & 2k & -k \\ 0 & 0 & -k & k \end{bmatrix}$$

假设模态

$$[\Psi]_1=\begin{bmatrix} 0.25 \\ 0.50 \\ 0.75 \\ 1.0 \end{bmatrix}, \quad [\Psi]_2=\begin{bmatrix} 0 \\ 0.2 \\ 0.6 \\ 1 \end{bmatrix}$$

求得

$$[m_R]=[\boldsymbol{\Psi}]^{\mathrm{T}}[m][\boldsymbol{\Psi}]=m\begin{bmatrix}1.875 & 1.55\\1.55 & 1.4\end{bmatrix}$$

$$[k_R]=[\boldsymbol{\Psi}]^{\mathrm{T}}[k][\boldsymbol{\Psi}]=k\begin{bmatrix}0.25 & 0.25\\0.25 & 0.36\end{bmatrix}$$

由特征方程

$$[k_R]-\omega_{\mathrm{b}}^2[m_R]=0$$

求得

$$\omega_{\mathrm{n1}}=0.335\ 16\sqrt{\frac{k}{m}},\quad [a^{(1)}]=\begin{bmatrix}-3.199\ 9\\1.000\ 0\end{bmatrix}$$

$$\omega_{\mathrm{n2}}=\sqrt{\frac{k}{m}},\quad [a^{(2)}]=\begin{bmatrix}0.800\ 0\\1.000\ 0\end{bmatrix}$$

于是一阶振型与二阶振型分别为

$$[\phi]_1=[\boldsymbol{\Psi}][a^{(1)}]=\begin{bmatrix}0.363\ 5\\0.636\ 1\\0.817\ 7\\1.000\ 0\end{bmatrix}$$

$$[\phi]_2=[\boldsymbol{\Psi}][a^{(2)}]=\begin{bmatrix}-1\\-1\\0\\1\end{bmatrix}$$

2. 矩阵迭代法

矩阵迭代法适用于只需求出最低几阶固有频率和振型的情形，位移方程

$$[x]=-[\delta][m][\ddot{x}]$$

设系统做简谐振动，则可得到$[x]=[\phi]\sin\omega_{\mathrm{n}}t$，代入上式并消去$\sin\omega_{\mathrm{n}}t$后为

$$\frac{1}{\omega_{\mathrm{n}}^2}[\phi]=[\delta][m][\phi]=[D][\phi] \tag{2.96}$$

式中　$[D]=[\delta][m]$—— 系统的动力矩阵。迭代法就是利用动力矩阵进行的。

先取某个经过归一化的假设振型$[\phi]$，左乘以动力矩阵$[D]$，得

$$[B]_1=[D][\phi]_0$$

将$[B]_1$归一化，并令

$$[\phi]_1=\frac{1}{B_{n_1}}[B]_1$$

再以$[\phi]_1$为假设振型进行迭代，得

$$[B]_2=[D][\phi]_1$$

归一化后，得

$$[\phi]_2=\frac{1}{B_{n_2}}[B]_2$$

按上述过程进行迭代，直到$[\phi]_k=[\phi]_{k-1}$时为止，此时

$[\phi]_k=[\phi]_1$—— 第一阶振型；

$B_{nk}=\frac{1}{\omega_{n1}^2}$，$\omega_{n1}^2=\frac{1}{B_{nk}}$，$B_{nk}$ 为第一阶特征值，ω_{n1} 为第一阶固有频率。

矩阵迭代法还能依次求得较低的各阶固有频率及振型，此时必须在假设振型中清除低阶振型。例如求第二阶振型和频率时，须在求出$[\phi]_1$之后利用正交关系在假设振型中清除一阶振型。其清除矩阵为

$$\left[1-\frac{[\phi]_1[\phi]_1^T[m]}{m_1}\right] \tag{2.97}$$

如果要求第 r 阶频率和振型，则必须在假设振型中清除前 $r-1$ 阶振型，此时清除矩阵为

$$\left[1-\sum_{j=1}^{r-1}\frac{[\phi]_j[\phi]_j^T[m]}{m_j\omega_{nj}^2}\right] \tag{2.98}$$

实际计算时可将清除矩阵代入动力矩阵$[D]$中，此时新的动力矩阵为

$$[D]^*=[D]-\sum_{j=1}^{r-1}\frac{[\phi]_j[\phi]_j^T[m]}{m_j\omega_{nj}^2} \tag{2.99}$$

例 2.8　用矩阵迭代法求图 2.26 所示系统的前二阶固有频率及振型。已知 $k_1=3k$，$k_2=2k$，$k_3=k$，$m_1=2m$，$m_2=1.5m$，$m_3=m$。

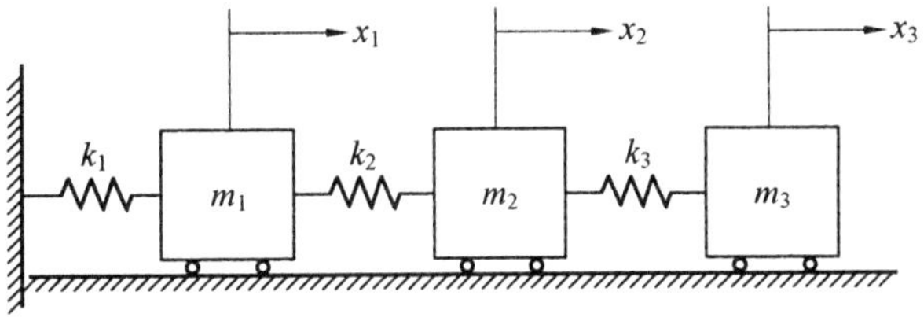

图 2.26　三自由度系统

解　系统的质量矩阵为

$$[m]=\begin{bmatrix}2m & & \\ & 1.5m & \\ & & m\end{bmatrix}=m\begin{bmatrix}2 & & \\ & 1.5 & \\ & & 1\end{bmatrix}$$

柔度矩阵为

$$[\delta]=\frac{1}{6k}\begin{bmatrix}2 & 2 & 2\\ 2 & 5 & 5\\ 2 & 5 & 11\end{bmatrix}$$

动力矩阵为

$$[D]=[\delta][m]=\frac{m}{6k}\begin{bmatrix}4 & 3 & 2\\ 4 & 7.5 & 5\\ 4 & 7.5 & 11\end{bmatrix}$$

选择假设振型

$$[\phi]_0=\begin{bmatrix}1\\1\\1\end{bmatrix}$$

进行迭代，迭代到 11 次时，得$[\phi]_{11}=[\phi]_{10}$，即

$$[B]_{11}=\frac{17.071\ 4m}{6k}\begin{bmatrix}0.301\ 9\\0.648\ 5\\1.000\ 0\end{bmatrix}$$

于是可得第一阶振型为

$$[\phi]_1=\begin{bmatrix}0.301\ 9\\0.648\ 5\\1.000\ 0\end{bmatrix}$$

第一阶频率为

$$\omega_{n1}^2=\frac{1}{B_{n1}}=\frac{6k}{17.071\ 4m}=0.351\ 5\frac{k}{m}$$

$$\omega_{n1}=0.592\ 9\sqrt{\frac{k}{m}}$$

求出第一阶振型及频率后，现在可求第二阶振型及频率。算出第一阶模态质量为

$$M_1=1.818\ 1m$$

$$[D]^*=[D]-\frac{1}{M_1\omega_{n1}^2}[\phi]_1[\phi]_1^T[m]=\frac{m}{k}\begin{bmatrix}0.308\ 708 & 0.039\ 206 & -0.140\ 343\\ 0.522\ 75 & 0.259\ 968 & -0.184\ 378\\ -0.288\ 068\ 6 & -0.276\ 566 & 0.264\ 088\end{bmatrix}$$

仍取

$$[\phi]_0=\begin{bmatrix}1\\1\\1\end{bmatrix}$$

迭代至 19 次时，$[\phi]_{19}=[\phi]_{18}$，则

$$[B]_{19}=0.622\ 433\frac{m}{k}\begin{bmatrix}-0.678\ 977\\-0.606\ 599\\1.000\ 000\end{bmatrix}$$

于是求得

$$[\phi]_2=\begin{bmatrix}-0.678\ 977\\-0.606\ 599\\1.000\ 000\end{bmatrix}$$

$$\omega_{n2}^2 = \frac{k}{0.622\ 422m} = 1.606\ 599\frac{k}{m}$$

$$\omega_{n2} = 1.267\ 5\sqrt{\frac{k}{m}}$$

3. 邓柯莱法

邓柯莱法又称迹法，邓柯莱公式为

$$\frac{1}{\omega_{n1}^2} = \frac{1}{\omega_{01}^2} + \frac{1}{\omega_{02}^2} + \cdots + \frac{1}{\omega_{0n}^2}$$

式中　$\frac{1}{\omega_{01}^2} = \delta_{11}m_1$；

$\frac{1}{\omega_{02}^2} = \delta_{22}m_2$；

$\frac{1}{\omega_{0n}^2} = \delta_{nn}m_{n1}$，即 $\frac{1}{\omega_{0i}^2} = \delta_{ii}m_i$，$\delta_{ii}$ 为系统的原点柔度。

当系统只存在一个质量 m_i 时，系统变为单自由度系统，则 $\delta_{ii} = \frac{1}{k_i}$。$\omega_{0i}^2 = \frac{k_i}{m_i}$ 为系统内只有 m_i 存在时的固有频率，该式给出了系统基本固有频率的下限估计。

2.3.5　系统的响应

1. 无阻尼系统受迫振动响应

n 自由度无阻尼系统受迫振动的运动微分方程为

$$[m][\ddot{x}] + [k][x] = [p(t)] \tag{2.100}$$

式中　$[p(t)]$—— 激励力列向量，并设 $[p(t)]$ 是简谐激励，即 $[p(t)] = [P]e^{j\omega t}$，引入主坐标 q，并作坐标变换得

$$[\phi]^T[m][\phi][\ddot{q}] + [\phi]^T[k][\phi][q] = [\phi]^T[p(t)]$$

上式可写为

$$[M_r][\ddot{q}] + [K_r][q] = [Q] \tag{2.101}$$

式中　$[Q]$—— 广义激励力，$[Q] = [\varphi]^T[p(t)]$。

经过正交运算后，上式为 n 个独立的二阶常微分方程，并可单独求解。由于激励力是简谐的，响应也必定是简谐的。设

$$q = Qe^{j\omega t}, \quad x = Xe^{j\omega t}$$

则系统受迫振动微分方程为

$$M_r\ddot{q}_r + K_r q_r = Q_r \quad (r = 1, 2, \cdots, n) \tag{2.102}$$

解上述方程可得

$$q_r(t) = \frac{Q_r}{M_r(\omega_{nr}^2 - \omega^2)} = \frac{[\phi^{(r)}]^T[P]}{M_r(\omega_{nr}^2 - \omega^2)}e^{j\omega t} \quad (r = 1, 2, \cdots, n) \tag{2.103}$$

同样可求得系统在物理坐标下的响应为

$$[x]=[X]\mathrm{e}^{\mathrm{j}\omega t}=\sum_{r=1}^{n}q_r[\phi^{(r)}]=\sum_{r=1}^{n}\frac{[\phi^{(r)}]^{\mathrm{T}}[P][\phi^{(r)}]}{M_r(\omega_{\mathrm{n}r}^2-\omega^2)}\mathrm{e}^{\mathrm{j}\omega t}$$

则

$$[X]=\sum_{r=1}^{n}\frac{[\phi^{(r)}]^{\mathrm{T}}[P]}{M_r(\omega_{\mathrm{n}r}^2-\omega^2)}[\phi^{(r)}]=\sum_{r=1}^{n}\frac{[\phi^{(r)}]^{\mathrm{T}}[P]}{K_r\left[1-\left(\frac{\omega}{\omega_{\mathrm{n}r}}\right)^2\right]}[\phi^{(r)}] \tag{2.104}$$

设系统仅在第 j 坐标点受到力 $[P]=[0\ \cdots\ P_j\ \cdots\ 0]^{\mathrm{T}}$ 的作用，由上式得系统的位移响应幅值为

$$[X]=\sum_{r=1}^{n}\frac{\phi_j^{(r)}P_j[\phi^{(r)}]}{K_r\left[1-\left(\frac{\omega}{\omega_{\mathrm{n}r}}\right)^2\right]}=\sum_{r=1}^{n}\frac{\phi_j^{(r)}P_j[\phi^{(r)}]}{M_r(\omega_{\mathrm{n}r}^2-\omega^2)} \tag{2.105}$$

其中，第 l 个坐标点的位移响应幅值为

$$X_l=\sum_{r=1}^{n}\frac{\phi_j^{(r)}\phi_l^{(r)}P_j}{K_r\left[1-\left(\frac{\omega}{\omega_{\mathrm{n}r}}\right)^2\right]}=\sum_{r=1}^{n}\frac{\phi_j^{(r)}\phi_l^{(r)}P_j}{M_r(\omega_{\mathrm{n}r}^2-\omega^2)} \tag{2.106}$$

根据频响函数的定义可知，坐标 l 与 j 之间的频响函数为

$$H_{lj}(\mathrm{j}\omega)=\frac{X_l}{P_j}=\sum_{r=1}^{n}\frac{\phi_j^{(r)}\phi_l^{(r)}}{K_r\left[1-\left(\frac{\omega}{\omega_{\mathrm{n}r}}\right)^2\right]}=\sum_{r=1}^{n}\frac{\phi_j^{(r)}\phi_l^{(r)}}{M_r(\omega_{\mathrm{n}r}^2-\omega^2)} \tag{2.107}$$

坐标 j 的频响函数为

$$H_{jj}(\mathrm{j}\omega)=\frac{X_j}{P_j}=\sum_{r=1}^{n}\frac{(\phi_j^{(r)})^2}{K_r\left[1-\left(\frac{\omega}{\omega_{\mathrm{n}r}}\right)^2\right]}=\sum_{r=1}^{n}\frac{(\phi_j^{(r)})^2}{M_r(\omega_{\mathrm{n}r}^2-\omega^2)} \tag{2.108}$$

由式(2.105)得频响函数列阵为

$$[H(\mathrm{j}\omega)]=\frac{[X]}{P_j}=\sum_{r=1}^{n}\frac{\phi_j^{(r)}[\phi^{(r)}]}{K_r\left[1-\left(\frac{\omega}{\omega_{\mathrm{n}r}}\right)^2\right]}=\sum_{r=1}^{n}\frac{\phi_j^{(r)}[\phi^{(r)}]}{M_r(\omega_{\mathrm{n}r}^2-\omega^2)} \tag{2.109}$$

式(2.107)、(2.108)及式(2.109)即为频响函数的模态表达式，它在频域上描述了振动系统的动态特性。

2. 黏性阻尼系统受迫振动响应

(1) 有阻尼振动系统运动方程解耦的条件。对 n 自由度有阻尼线性振动系统，其受迫振动微分方程为

$$[m][\ddot{x}]+[c][\dot{x}]+[k][x]=[p(t)] \tag{2.110}$$

在上一节无阻尼系统中介绍了，由于引入主坐标，进行坐标变换，使方程解耦，方程组中的每个方程都可独立求解。对阻尼系统方程能否解耦，关键在于阻尼矩阵 $[c]$ 是否能对角化。

若阻尼是比例阻尼，即

$$[c_{\mathrm{p}}]=\alpha[m]+\beta[k] \tag{2.111}$$

式中 α,β—— 比例常数。

比例阻尼矩阵是由质量矩阵$[m]$和刚度矩阵$[k]$按正比例构成，而质量矩阵和刚度矩阵是正定或半正定矩阵，它们都能用固有振型$[\phi]$正交化，从而使比例阻尼矩阵对角化。

对结构阻尼

$$[c_s]=\mathrm{j}g[k] \tag{2.112}$$

式中 g—— 结构阻尼因子，是一个常数。

同样，结构阻尼矩阵也能用固有振型使其对角化。

对一般情况下的阻尼矩阵能否对角化？经证明可知，若阻尼矩阵$[c]$满足下列条件：

$$[c][m]^{-1}[k]=[k][m]^{-1}[c] \tag{2.113}$$

则阻尼矩阵可用振型矩阵$[\phi]$使其对角化，从而使方程解耦。在实际系统中多数是很难满足这个条件的。

当上式的条件不能满足时，模态阻尼矩阵$[C]=[\phi]^{\mathrm{T}}[c][\phi]$将是非对角阵。但是，对于小阻尼系统，$[C]$的所有非主对角元素比主对角元素小得多，简单地忽略非主对角线项，而将$[C]$近似地作为对角矩阵处理，不会引起很大误差。一般情况下，通过理论分析难以写出系统的阻尼矩阵，需要用试验方法确定时，可以直接测定模态阻尼。

(2) 系统的响应。若式(2.110)所示的n自由度有阻尼振动系统，阻尼矩阵$[c]$满足$[c][m]^{-1}[k]=[k][m]^{-1}[c]$解耦的条件。引入主坐标$q$，作坐标变换，得

$$\left.\begin{aligned}&M_r\ddot{q}_r+C_r\dot{q}_r+K_rq_r=Q_r \quad (r=1,2,\cdots,n)\\&M_r\ddot{q}_r+2\zeta_rM_r\omega_{\mathrm{n}r}\dot{q}+K_rq_r=Q_r \quad (r=1,2,\cdots,n)\end{aligned}\right\} \tag{2.114}$$

上式是以模态坐标$[q]$表达的模态方程，它是一组互不耦合的单自由度系统的方程，可以应用解有阻尼单自由度系统的方法分别求解，从而得到系统在模态坐标下的响应$[q]$；再返回物理坐标可求得系统在原物理坐标下的响应$[x]$。式中ζ_r称为第r阶模态的模态阻尼比，且为

$$\zeta_r=\frac{C_r}{2M_r\omega_{\mathrm{n}r}}=\frac{C_r}{2\sqrt{M_rK_r}}$$

由式(2.114)可求得方程的解为

$$q_r(t)=\frac{[\phi^{(r)}]^{\mathrm{T}}[P]\mathrm{e}^{i\omega t}}{M_r(\omega_{\mathrm{n}r}^2-\omega^2+\mathrm{j}2\zeta_r\omega_{\mathrm{n}r}\omega)} \quad (r=1,2,\cdots,n) \tag{2.115}$$

受迫振动的振幅列阵为

$$[X]=\sum_{r=1}^{n}\frac{[\phi^{(r)}]^{\mathrm{T}}[P][\phi^{(r)}]}{M_r(\omega_{\mathrm{n}r}^2-\omega^2+\mathrm{j}2\zeta_r\omega_{\mathrm{n}r}\omega)}=\sum_{r=1}^{n}\frac{[\phi^{(r)}]^{\mathrm{T}}[P][\phi^{(r)}]}{K_r\left[1-\left(\frac{\omega}{\omega_{\mathrm{n}r}}\right)^2+\mathrm{j}2\zeta_r\left(\frac{\omega}{\omega_{\mathrm{n}r}}\right)\right]_p} \tag{2.116}$$

上式即为系统响应幅值的模态表达式。

当系统仅在j坐标(点)受到简谐激振力的作用，即$[P]=[0 \cdots 0 \quad P_j \quad 0 \cdots 0]^{\mathrm{T}}$时，系统的位移响应幅值$[X]$及$l$坐标(点)的位移响应幅值$X_l$为

$$[X]=\sum_{r=1}^{n}\frac{\phi_j^{(r)}P_j[\phi^{(r)}]}{K_r\left[1-\left(\frac{\omega}{\omega_{nr}}\right)^2+j2\zeta_r\left(\frac{\omega}{\omega_{nr}}\right)\right]} \tag{2.117}$$

$$X_l=\sum_{r=1}^{n}\frac{\phi_j^{(r)}P_j\phi_l^{(r)}}{K_r\left[1-\left(\frac{\omega}{\omega_{nr}}\right)^2+j2\zeta_r\left(\frac{\omega}{\omega_{nr}}\right)\right]} \tag{2.118}$$

根据频响函数的定义可知，激振点 j 与坐标 l 及 j 之间的频响函数为

$$H_{lj}(j\omega)=\frac{X_l}{P_j}=\sum_{r=1}^{n}\frac{\phi_j^{(r)}\phi_l^{(r)}}{K_r\left[1-\left(\frac{\omega}{\omega_{nr}}\right)^2+j2\zeta_r\left(\frac{\omega}{\omega_{nr}}\right)\right]} \tag{2.119}$$

当激励点与测量点同为一点 j 时，则频响函数的表达式为

$$H_{jj}(j\omega)=\frac{X_j}{P_j}=\sum_{r=1}^{n}\frac{(\phi_j^{(r)})^2}{K_r\left[1-\left(\frac{\omega}{\omega_{nr}}\right)^2+j2\zeta_r\left(\frac{\omega}{\omega_{nr}}\right)\right]} \tag{2.120}$$

由式(2.117)得频响函数列阵为

$$[H(j\omega)]=\frac{[X]}{P_j}=\sum_{r=1}^{n}\frac{\phi_j^{(r)}[\phi^{(r)}]}{K_r\left[1-\left(\frac{\omega}{\omega_{nr}}\right)^2+j2\zeta_r\left(\frac{\omega}{\omega_{nr}}\right)\right]} \tag{2.121}$$

式(2.119)～(2.121)即为频响函数的模态表达式，它在频域上描述了系统的动态特性。

3. 一般黏性阻尼系统受迫振动响应

为研究一般黏性阻尼系统受迫振动响应，引入状态向量。

在状态空间内，式(2.110)可表示为如下状态方程，即

$$\begin{bmatrix}[c] & [m]\\ [m] & [0]\end{bmatrix}\begin{bmatrix}[\dot{x}]\\ [\ddot{x}]\end{bmatrix}+\begin{bmatrix}[k] & [0]\\ [0] & -[m]\end{bmatrix}\begin{bmatrix}[x]\\ [\dot{x}]\end{bmatrix}=\begin{bmatrix}[p(t)]\\ [0]\end{bmatrix}$$

简记为

$$[A][\dot{y}]+[B][y]=[f] \tag{2.122}$$

式中　$[y]$——状态向量，$[y]=\begin{bmatrix}[x]\\ [\dot{x}]\end{bmatrix}$；

$[A]=\begin{bmatrix}[c] & [m]\\ [m] & [0]\end{bmatrix}$；

$[B]=\begin{bmatrix}[k] & [0]\\ [0] & -[m]\end{bmatrix}$；

$[f]=\begin{bmatrix}[p(t)]\\ [0]\end{bmatrix}$。

系数方阵$[A]$和$[B]$由系统的参数组成，它们都是对称 $2n$ 阶方阵。

当系统受到简谐激励力$[p(t)]=[P]e^{j\omega t}$作用时，可得系统受迫振动的复模态方程为

$$\left.\begin{aligned} a_r\dot{q}_r + b_r q_r &= [\psi^{(r)}]^{\mathrm{T}}[p(t)] = [\psi^{(r)}]^{\mathrm{T}}[P]\mathrm{e}^{\mathrm{j}\omega t} \\ \bar{a}_r\dot{\bar{q}}_r + \bar{b}_r\bar{q}_r &= [\bar{\psi}^{(r)}]^{\mathrm{T}}[p(t)] = [\bar{\psi}^{(r)}]^{\mathrm{T}}[P]\mathrm{e}^{\mathrm{j}\omega t} \end{aligned}\right\} \quad (r=1,2,\cdots,n) \tag{2.123}$$

上式的解为

$$\left.\begin{aligned} q_r &= \frac{[\psi^{(r)}]^{\mathrm{T}}[P]\mathrm{e}^{\mathrm{j}\omega t}}{\mathrm{j}\omega a_r + b_r} \\ \bar{q}_r &= \frac{[\bar{\psi}^{(r)}]^{\mathrm{T}}[P]\mathrm{e}^{\mathrm{j}\omega t}}{\mathrm{j}\omega \bar{a}_r + \bar{b}_r} \end{aligned}\right\} \quad (r=1,2,\cdots,n) \tag{2.124}$$

式中　$q_r(t)$ —— 复模态坐标下的单自由度系统，$q_r(t)=\begin{bmatrix} q_r \\ \bar{q}_r \end{bmatrix}$。

对广义激励力$\begin{Bmatrix} [\psi^{(r)}]^{\mathrm{T}} \\ [\bar{\psi}^{(r)}]^{\mathrm{T}} \end{Bmatrix}[P]\mathrm{e}^{\mathrm{j}\omega t}$的响应，称为纯模态响应。

设系统在原物理坐标下的响应为

$$[x]=[X]\mathrm{e}^{\mathrm{j}\omega t}$$

则

$$[y]=[Y]\mathrm{e}^{\mathrm{j}\omega t}=\begin{Bmatrix} [X] \\ \mathrm{j}\omega[X] \end{Bmatrix}\mathrm{e}^{\mathrm{j}\omega t}$$

受迫振动的振幅列阵为

$$[X]=\sum_{r=1}^{n}\left(\frac{[\psi^{(r)}]^{\mathrm{T}}[P][\psi^{(r)}]}{\mathrm{j}\omega a_r + b_r}+\frac{[\bar{\psi}^{(r)}]^{\mathrm{T}}[P][\bar{\psi}^{(r)}]}{\mathrm{j}\omega \bar{a}_r + \bar{b}_r}\right) \tag{2.125}$$

此即为系统响应幅值的复模态表达式。

当系统仅在 j 坐标(点)受到简谐激振力的动作，则 l,j 坐标之间的频响函数 $H_{lj}(\mathrm{j}\omega)$ 为

$$H_{lj}(\mathrm{j}\omega)=\frac{X_l}{P_j}=\sum_{r=1}^{n}\left\{\frac{\psi_l^{(r)}\psi_j^{(r)}}{a_r(\mathrm{j}\omega-\lambda_r)}+\frac{\bar{\psi}_l^{(r)}\bar{\psi}_j^{(r)}}{\bar{a}_r(\mathrm{j}\omega-\bar{\lambda}_r)}\right\} \tag{2.126}$$

式中　$\psi_l^{(r)},\psi_j^{(r)}$ —— r 阶复模态$[\psi^{(r)}]$的第 l 和第 j 元素；

$\bar{\psi}_l^{(r)},\bar{\psi}_j^{(r)}$ —— $[\bar{\psi}^{(r)}]$的第 l 和第 j 元素，它们都是复数，而 $\psi_l^{(r)}$ 和$\bar{\psi}_l^{(r)}$ 共轭，$\psi_j^{(r)}$ 和 $\bar{\psi}_j^{(r)}$ 共轭。

对于非简谐周期性激振，和单位自由度系统一样，也是先将$[p(t)]$展开为傅里叶级数，分别按简谐激振计算各谐波的响应，然后叠加。

2.4　工程中的非线性振动

工程中有许多常见的非线性振动。例如，汽车的载重量经常在很大范围内变化，若采用线性的钢板弹簧，车身上下振动的频率将随载重量的变化而有很大的改变，这对弹簧的隔振性能将产生不利影响。解决的方法是采用具有非线性特性的钢板弹簧，使车身振动

的固有频率在载重量变化的范围内基本保持不变，从而保证弹簧的隔振效果。这种非线性弹簧常由主弹簧和副弹簧组成(图 2.27)，其特性曲线如图 2.27(c) 所示。显然，它的使用会给系统带来非线性因素。

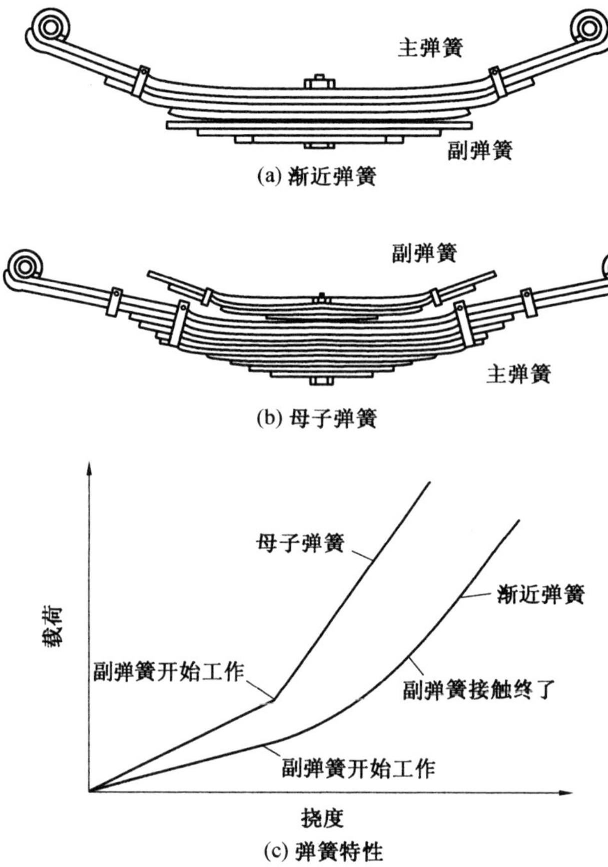

图 2.27　非线性钢板弹簧

大多数电子设备通常都是处于严酷程度较低的动态环境中，力与位移为线性或近似为线性关系。但在大振幅运动中，即使是最简单的线性弹簧 － 质量系统，也会因大位移的运动而产生几何非线性关系。另一方面，对处于各种运载工具中的设备来说，由于空间限制，在考虑可能出现的大位移振动或冲击作用时，其防振措施或隔振系统也必须设计成某种非线性关系，否则将引起相互之间的刚性碰撞而使设备失效或损坏。因此非线性振动问题对电子设备的结构设计尤为重要。

又如利用共振原理工作的机械 —— 共振筛、共振运输机等，这类机械具有一系列的优点，但其主振弹簧如采用线性弹簧，振幅不稳定，而采用非线性弹簧性元件，就可克服这个缺点，得到较稳定的振幅。

工程中常遇到的造成非线性振动的因素及与之相应的例子见表 2.9。

表 2.9　机械振动系统中的非线性因素

序号	非线性因素	非线性特性		举例(结构简图或简化模型)
		分类	特性曲线	
1	非线性恢复力	软特性	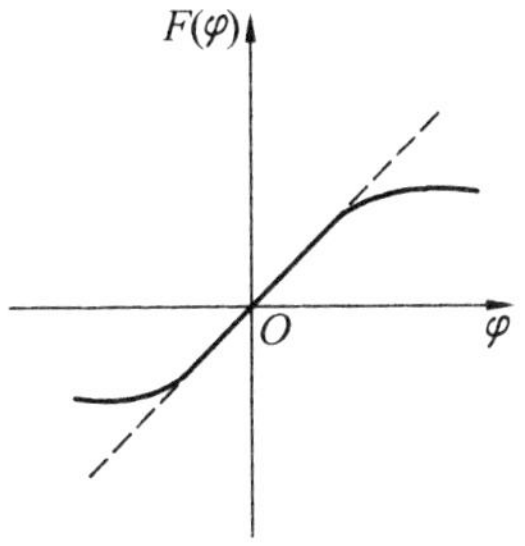	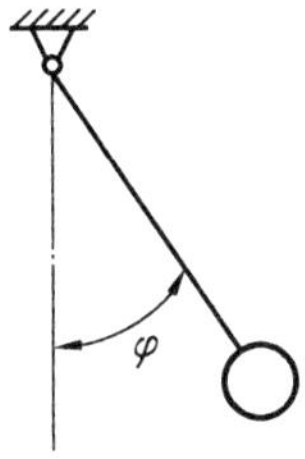
2			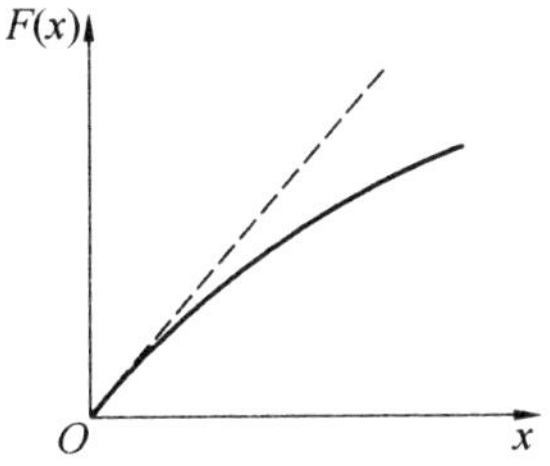	 受压橡胶块
3		硬特性	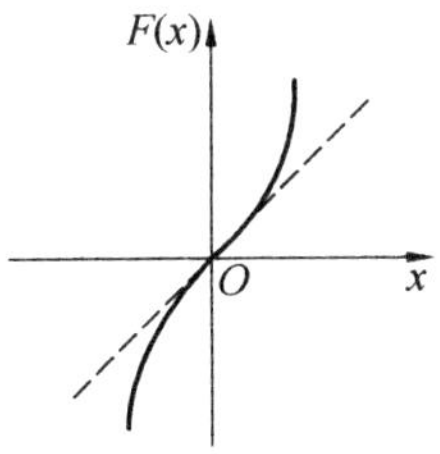	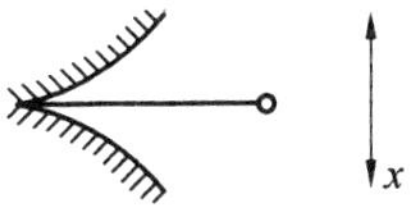 有限位器的减振器力学简图 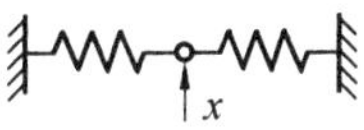 弹性悬挂装置
4			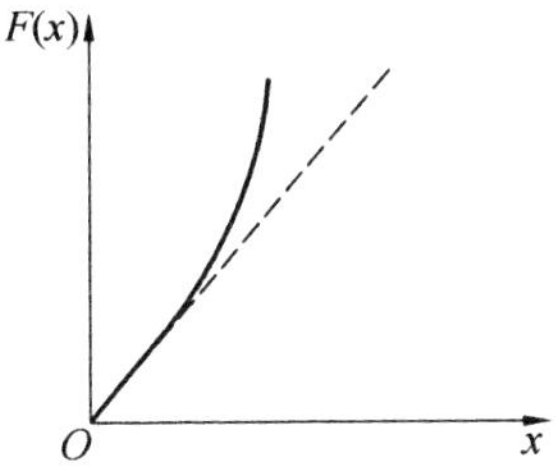	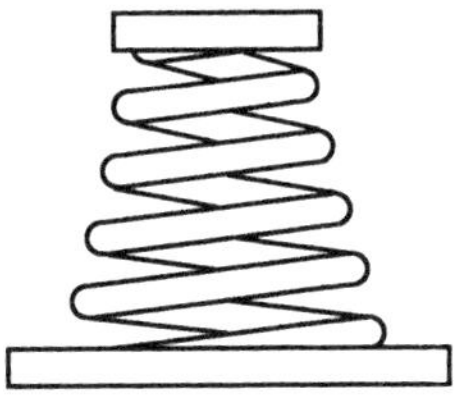 受压圆锥弹簧

续表 2.9

序号	非线性因素	非线性特性		举例(结构简图或简化模型)
		分类	特性曲线	
5	非线性恢复力	硬特性	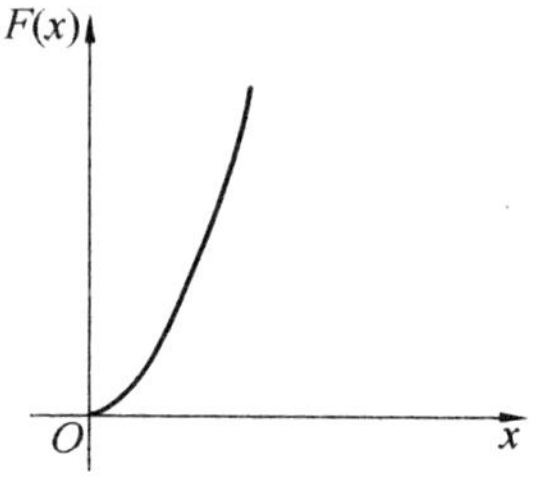	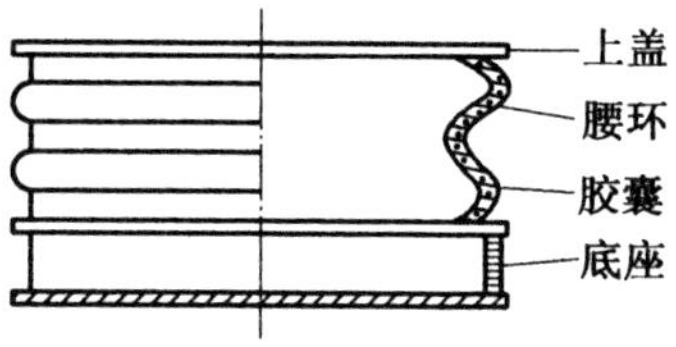空气弹簧
6		分段线性	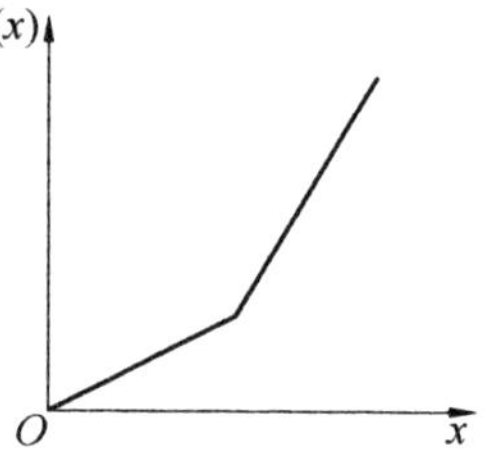	
7			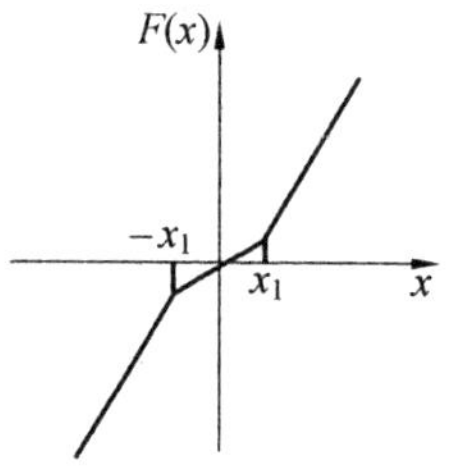	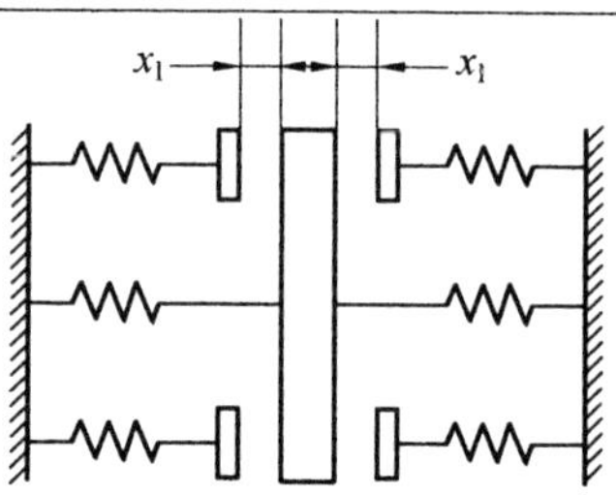非线性共振筛力学简图
8			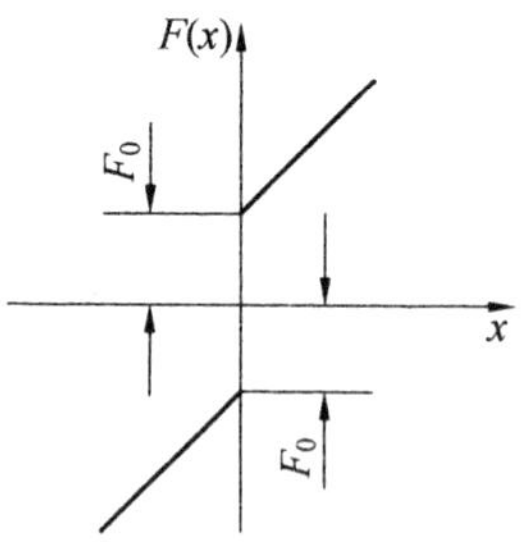	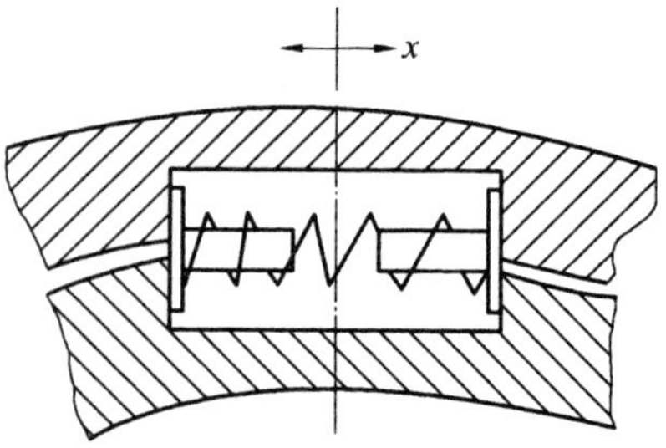有预应力和限位器的联轴节

续表 2.9

序号	非线性因素	分类	非线性特性 特性曲线	举例(结构简图或简化模型)
9	非线性恢复力	分段线性	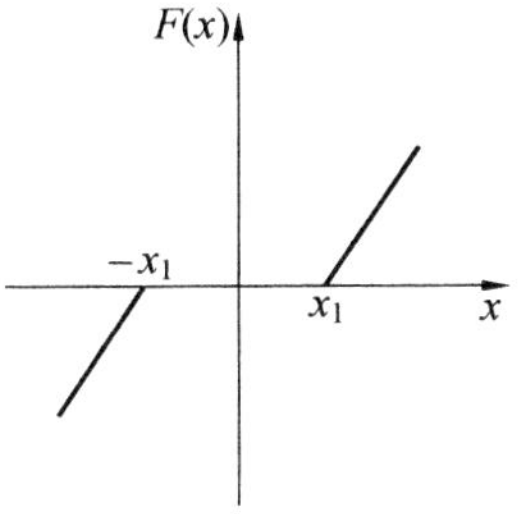	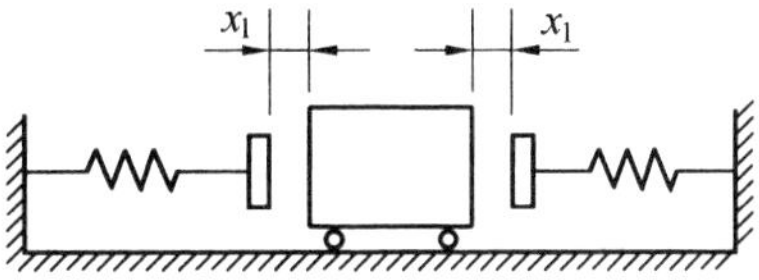
10			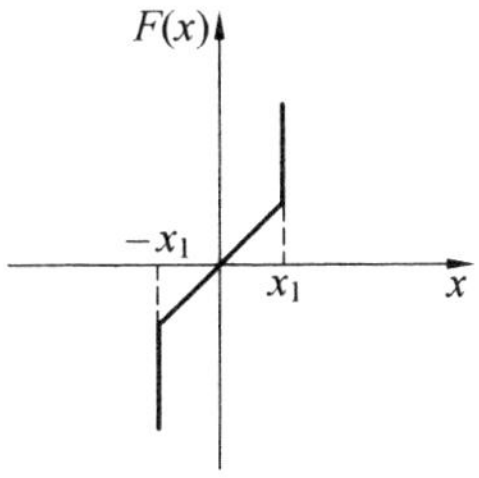	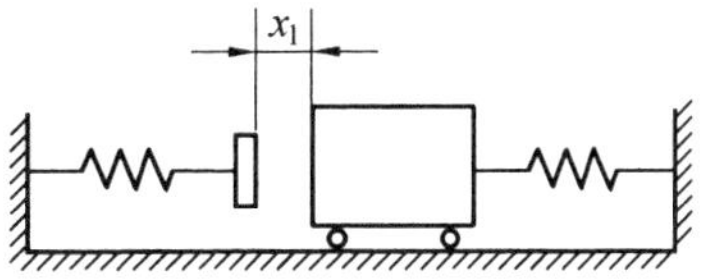
11			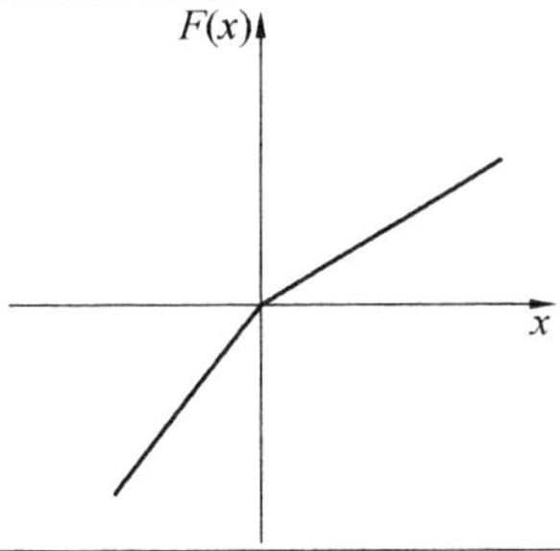	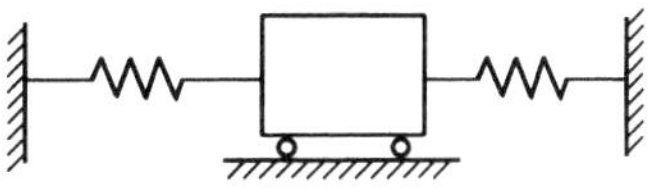
12			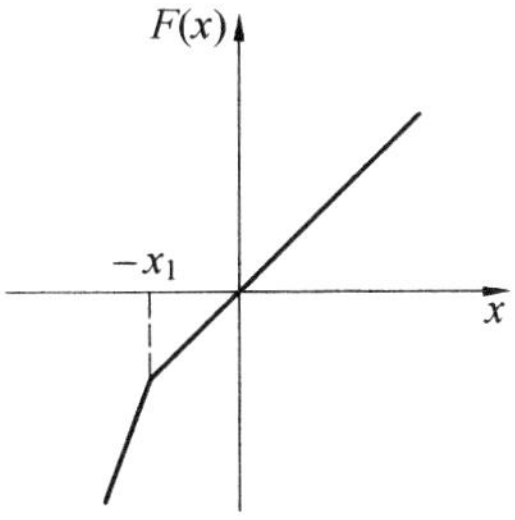	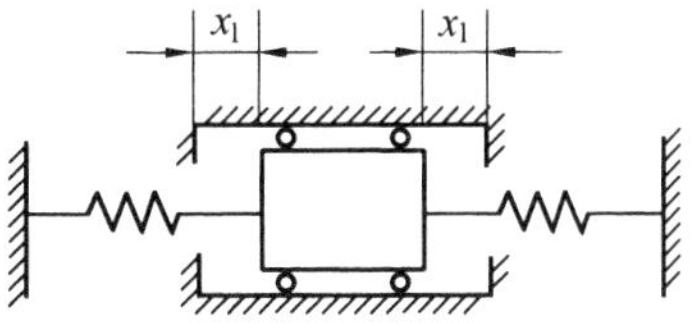
13			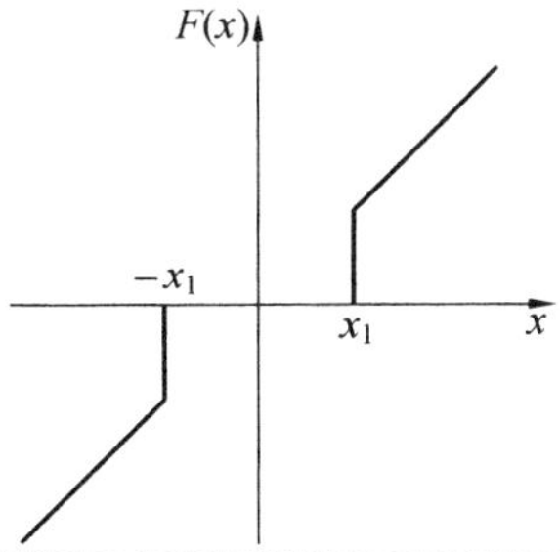	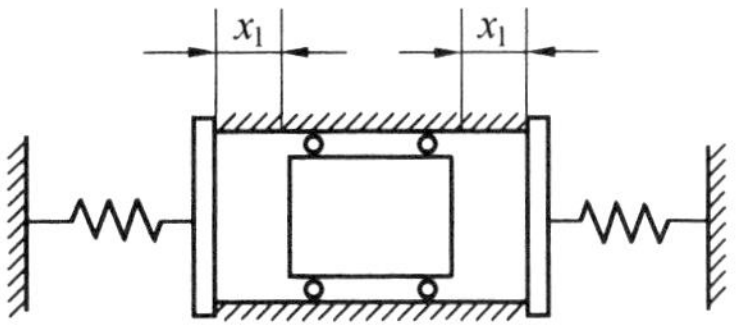

续表 2.9

序号	非线性因素	分类	非线性特性 特性曲线	举例(结构简图或简化模型)
14	非线性恢复力	干摩擦	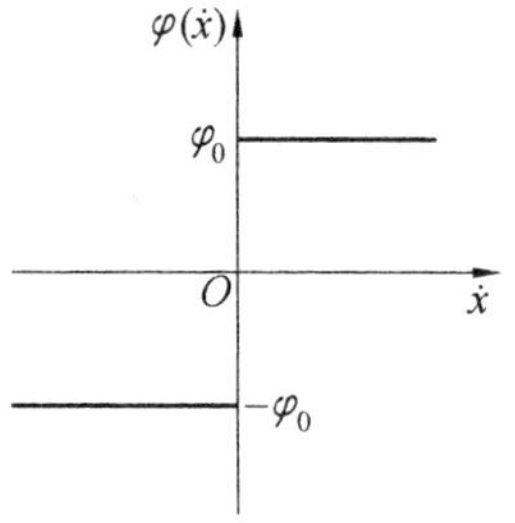	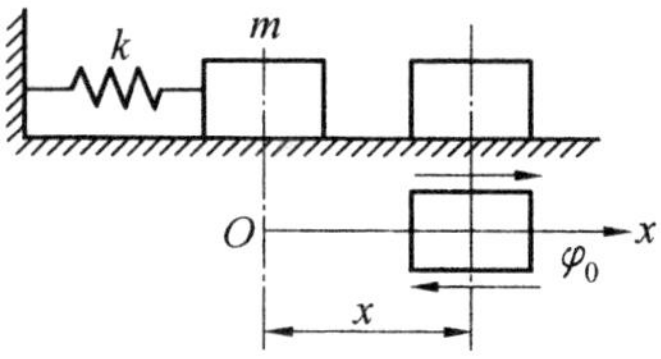
15			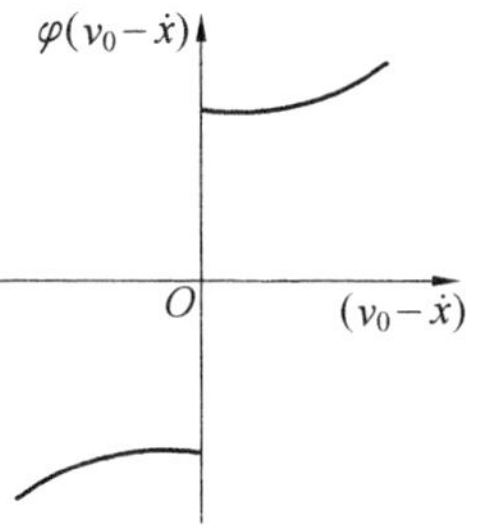	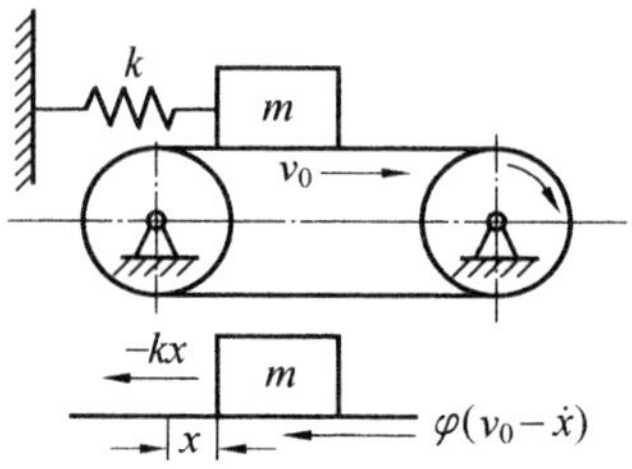
16		流体摩擦	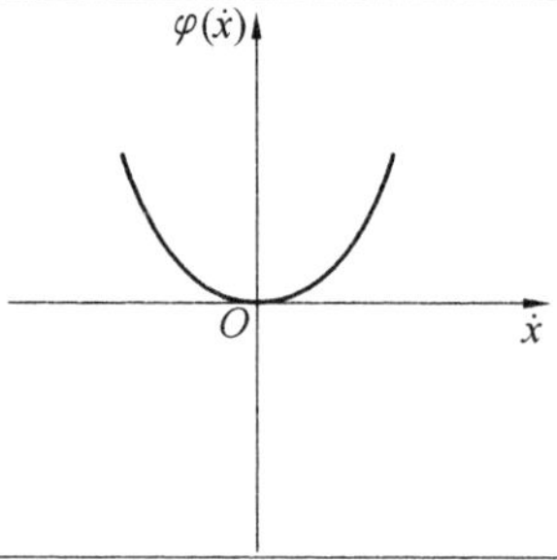	当物体运动速度较高时,空气、液体等对物体的阻力
17		材料内阻	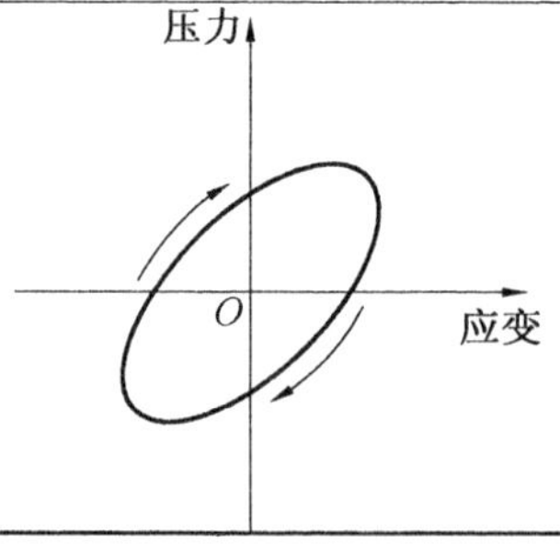	高内耗的黏滞弹性材料,每变形一周由于迟滞所耗能量为迟滞回线内的面积

2.5 非线性振动系统的分类

工程实际中的非线性振动系统,很难提出一个完备的分类。一般按系统中所含的非线性因素分为三类,即

(1) 由物理性质造成的非线性恢复。物理性质是指弹性元件本身的力学特性。当作用于弹性元件的力与它的位移之间不遵循线性关系时，必将给系统带来非线性因素，例如表 2.10 中的软特性项和硬特性项，如序号 1 ～ 5 等。

(2) 由于几何原因造成的非线性恢复力。虽然弹性元件本身的力学特性仍是线性的，但由于结构上的限制和大变形等几何原因，使作用在系统上的恢复力呈非线性。例如表 2.10 中的分段线性项，如序号 6 ～ 13 等。

(3) 由于摩擦或内阻的非线性造成非线性的阻尼力。例如表 2.10 中的序号 14 ～ 17 等。

在某一具体系统中，不一定同时具有这些非线性因素，再分析也不必都同时加以考虑。当考虑不同的非线性因素时，系统的物理性质及描述其运动规律的微分方程以及研究和求解方法也有所不同。据此对整个非线性系统又可以分为自治系统和非自治系统两大类。

对于简单自由度的自治系统，其运动微分方程可写作

$$\ddot{x} + f(x, \dot{x}) = 0 \tag{2.127}$$

相应地，非自治系统的微分方程可写作

$$\ddot{x} + f(x, \dot{x}, t) = 0 \tag{2.128}$$

由上可知，自治系统在其运动微分方程中，除对时间的导数外，不显含时间 t。这种系统的振动状态完全由其本身特性决定，不受外界的影响，例如无激励力的自由振动等。而非自治系统，是指在其运动微分方程中除对时间的导数项外，还显含时间 t 的系统。它的振动状态受外部作用的影响，例如受迫振动等。

不论是自治系统还是非自治系统，都可以分为有阻尼系统和无阻尼系统。这两种系统的差别，在于运动过程中知否有能量逸散。无阻尼系统的微分方程，在方程中不含 $\dot{x}$ 项。

引入 $\frac{\mathrm{d}x}{\mathrm{d}t} = y, \frac{\mathrm{d}^2 x}{\mathrm{d}t^2} = \frac{\mathrm{d}y}{\mathrm{d}t}$，若在有阻尼系统中略去对运动影响甚微的项，而用一个以 x 或 y 为变量的一阶微分方程来描述其运动（例如质量很小或弹性恢复力很小的情况），则称为能用单一阶微分方程表示的系统。

此外，有时根据系统非线性程度，可分为接近线性系统的“拟线性系统”和非线性较强的“强非线性系统”。根据系统自由度的多少，还可以分为单自由度系统和多自由度系统。

2.6 非线性振动的物理特性

2.6.1 非线性系统固有频率与振幅的关系

线性系统的固有频率与其振幅的大小无关，非线性系统则不然。对于硬特性系统（例如表 2.10 中的序号 3，4，5），其固有频率随振幅的增大而提高；对软特性系统（例如表2.10

中的序号 1,2),其固有频率则随振幅的增大而降低。图 2.28 用曲线表示了这一情况,图中 ω_n 代表固有频率,A 代表振幅。

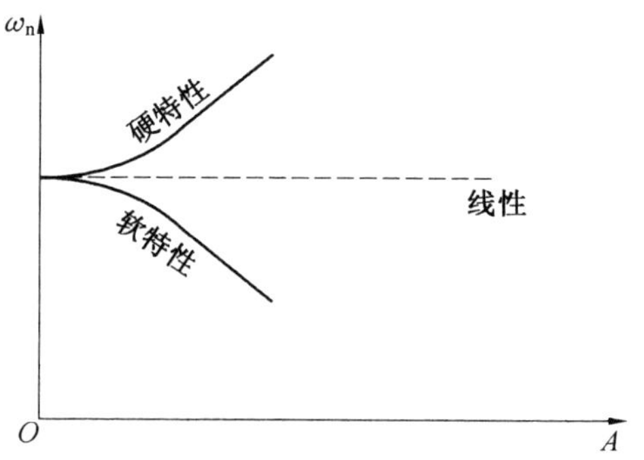

图 2.28　非线性系统中 ω_n 与 A 的关系

2.6.2　受迫振动的跳跃与滞后

具有非线性恢复力的系统当受到简谐激励力作用时,随着激励力频率 ω_i 的变化,系统的振幅 A 和相位 φ 会在 ω_i 达到某些特殊值时发生跳跃。并且,在 ω_i 增加过程中发生跳跃的点与随后在 ω_i 减小过程中发生跳跃的点并不相同,而是有滞后现象。

图 2.29 表示具有硬特性恢复力的非线性系统在简谐激励作用下的谐波响应曲线。

当激励力的幅值保持不变,而缓慢地改变激励力的频率 ω_i 时,受迫振动的振幅 A 的变化(图 2.29(a))为:自 O 点开始逐渐增大 ω_i,则振幅 A 沿 afb 逐渐增大。到达 b 点后,若频率 ω_i 继续增大,则振幅 A 由 b 点突然降到 c 点,发生一个跳跃。此后,若继续增大 ω_i,振幅 A 沿 cd 线逐渐减小。即在 ω_i 缓慢增大过程中,系统的振幅沿 $afbcd$ 变化。反之,若从高频开始逐渐减小激励频率,系统的受迫振动振幅沿 $dcefa$ 路径变化,由 e 点突然上升到 f 点,也有一个跳跃。

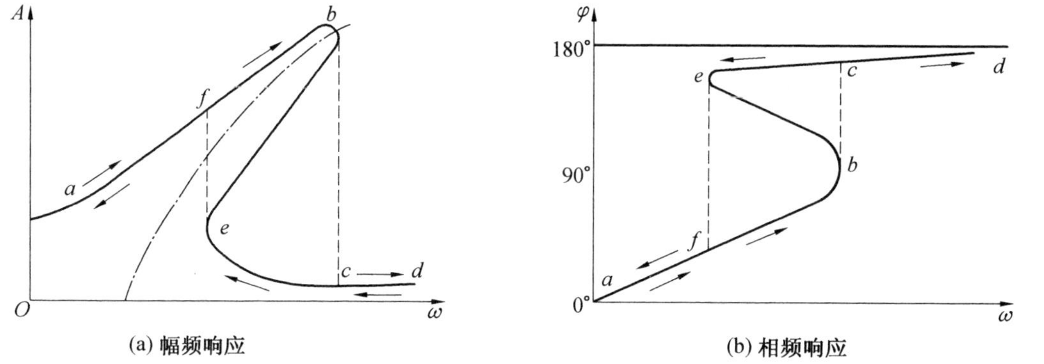

图 2.29　硬特性非线性系统的响应曲线

可以看出,在 ω_i 的增大过程中及减小过程中,发生振幅跳跃时的 ω_i 值并不相同,而且 ω_i 逆变时发生振幅跳跃的点总是落后于 ω_i 顺变时的振幅跳跃点。这种现象称为滞后现象(振动回滞)。

不仅是振幅,相位也有跳跃现象,其情况如图 2.29(b) 所示。

2.6.3　受迫振动的次谐波响应与超谐波响应

线性系统在简谐激振力作用下的受迫振动,是频率等于激励频率的简谐振动。在简谐激励力作用下的非线性系统,受迫振动比一定是简谐振动,其响应波形会发生畸变。原因在于非线性系统的响应波形中除含有频率相与激励频率相等的谐波外,还包括有频率

等于 ω_i/n 的次谐波响应及频率等于 $m\omega_i$ 的超谐波响应(m,n 为正整数)。要从物理上解释次谐波和超谐波存在的原因,则不是一件容易的事情。

次谐波振动与超谐波振动在性质上有以下两点不同:

(1) 超谐波响应在一般的非线性系统中都或多或少的存在,而次谐波响应则只在一定的条件下才能产生。

(2) 当系统中存在阻尼时,它只能影响超谐波的振幅值。对此谐波,只要阻尼大小超过某一定值,就完全可以阻止次谐波的出现。

由于存在次谐波振动与超谐波振动,非线性系统共振频率的数目将多于系统的自由度。当激励频率接近于系统固有频率的整数倍时(例如 3 倍),系统会产生接近固有频率(激励频率的 1/3)的大振幅振动,称之为次谐波共振,如图 2.30 所示。反之,当激振频率接近于系统固有频率的整数分之一时,系统也会产生接近于固有频率的大振幅振动,即超谐波共振。

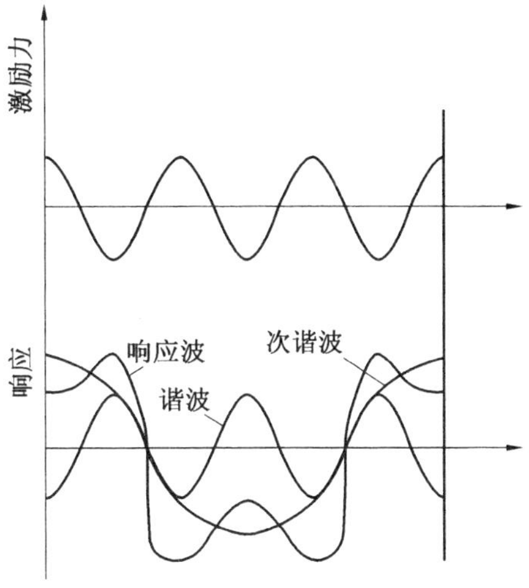

图 2.30　非线性系统的响应畸变

2.6.4　多个简谐激励力作用下的组合频率响应

非线性系统若受到两个激励 $P_1\sin\omega_{i1}t$ 和 $P_2\sin\omega_{i2}t$ 的作用,则系统不仅会出现频率为 ω_1,ω_2 及 $2\omega_{i1},2\omega_{i2},\cdots$ 的受迫振动,还会出现频率为激励频率之和及激励频率之差的受迫振动,即受迫振动的频率为$(\omega_{i1}\pm\omega_{i2})$,$(2\omega_{i1}\pm\omega_{i2})$,$(2\omega_{i2}\pm\omega_{i1})$,$\cdots$。各个组合频率的分量大小不等,在一定条件下某个组合频率的分量要比其他分量大得多。

2.6.5　叠加原理对非线性系统不适用

线性力学中普遍使用的叠加原理不适用于非线性系统,因为此原理的基础 —— 线性关系已不复存在,即非线性系统在多个激励力作用下的响应不是各个激励力单独作用下系统响应的简单叠加,实际上各激励力之间还存在着相互影响。

以恢复力 $F(x)=\alpha x+\beta x^3$ 的非线性系统为例,在激励力 $P_2\sin\omega_{i1}t$ 和 $P_2\sin\omega_{i2}t$ 的同时作用下,用 A_1 及 A_2 表示频率为 ω_{i1} 及 ω_{i2} 的受迫振动的振幅,当 $\omega_{i2}/\omega_{i1}=2$,$\alpha=0.4$,$\beta=1$,$P_1=P_2=0.2$ 时,此二振幅的变化情况如图 2.31 所示。图中虚线为单个激励力作用下的响应曲线,实线为两个激励力同时作用下的响应曲线。粗实线为稳定分支,细实线为不稳定分支。各分支代号前的下负号表示振幅的正负。频率逐渐增大时,振幅沿着 Ⅰ — Ⅱ 分支变化。当 ω_i 增大到零值后,跳跃到分支 Ⅳ。而当 ω_i 增大到另一更大值时,再次跳跃到分支 Ⅲ。由于 A_1 和 A_2 都受到两个集中力的影响,可见多个激励力作用下的响应不等于各个力单独作用下系统响应的简单叠加。

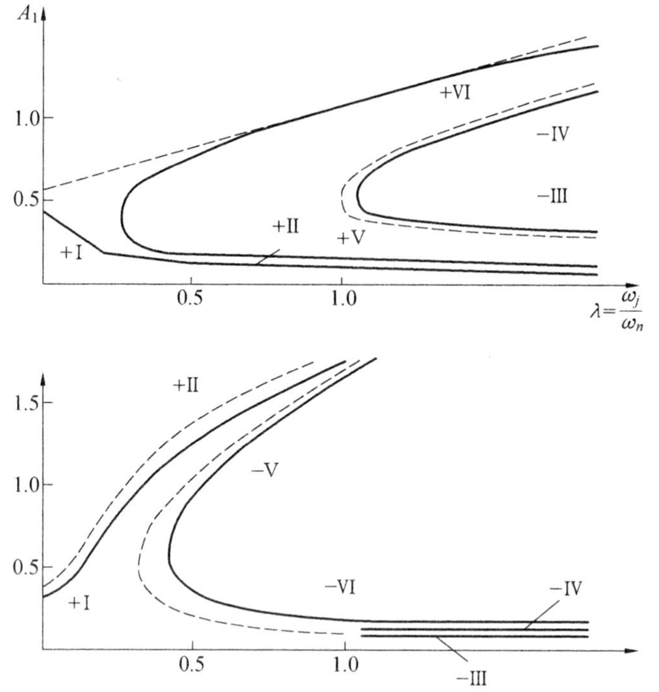

图 2.31 两个激励力作用的响应曲线

2.6.6 频率俘获现象

在线性系统中如果同时存在频率为 ω_0 和 ω 的两个简谐振动，则当 ω_0 和 ω 比较接近时会产生拍振。ω_0 和 ω 相差越小，拍振的周期越大。当 $\omega_0=\omega$ 时拍振才会消失，两个振动会合成一个简谐振动。

而在非线性系统中，例如，当自激系统以频率 ω_0 自振时，若受到与 ω_0 接近的频率 ω 激励力的作用，则拍振消失而出现一个简谐运动。频率 ω_0 会与 ω 进入同步。这一现象称为“频率俘获”。能产生俘获现象的频带，称为俘获带域。

图 2.32 表示了线性及非线性系统中 $|\omega-\omega_0|$ 与 ω 的关系。对于线性系统，此二者间关系由虚线表示，即只当 $\omega=\omega_0$ 时 $|\omega-\omega_0|$ 才等于零。但对于自激振动系统，当 $|\omega-\omega_0|$ 小

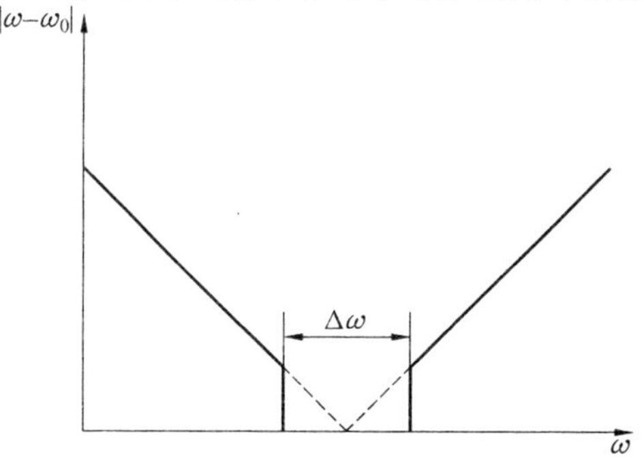

图 2.32 频率俘获 $|\omega-\omega_0|$ 与 ω 的关系

于某一数值时，频率 ω_0 和 ω 将吻合而出现频率俘获现象。图中的 $\Delta\omega$ 为俘获带域。

在工程中，两个以上并联工作的机械振动器的同步、检验钟表计时的准确性等，都是利用频率俘获现象的例子。

2.7　求解非线性振动问题的常用方法

研究非线性振动的方法可分为定性和定量的两大类。定性的方法主要研究运动方程积分曲线的分布情况，直观、定性地分析振动的情况，观察参数变化对振动的影响。定量方法则可作数值计算，得到定量的答案。由于非线性振动的复杂性，至今还没有一个能适用于各种情况的通用方法，也只有极少数问题可以求得精确解，对于大多数问题只能用各种近似方法求得近似解。不同性质的系统，分析方法也各有不同，常用方法见表2.10。

表 2.10　分析非线性振动常用的方法

		名称	适用范围及优缺点
精确解法		特殊函数法	可用椭圆函数或 T 函数等求得精确解的少数特殊问题，以及构造弹性力三次项为强非线性系统的摄动解
		接合法	分段线性系统
近似方法	定性方法	相平面法	可研究强非线性自治系统
		点映射法	可研究非线性系统的金属性态，并且是研究混沌问题的有力工具
		频闪法	求拟线性系统的周期解和非定常解，但必须将非自治系统化为自治系统
	定量方法	三级数法	求拟线性系统的周期解和非定常解，高阶近似较繁
		平均法	求拟线性系统的周期解和非定常解，高阶近似较繁
		小参数法	求拟线性系统的定常周期解
		多尺度法	求拟线性系统的周期解和非定常解
		谐波平衡法	求强非线性系统和拟线性系统的定常周期解，但必须已知解的谐波成分
		等效线性化法	求拟线性系统的定常周期解和非定常解
		伽辽金法	求拟线性系统，多取一些项也可用于强非线性系统
		数值解法	求解拟线性系统、强非线性系统的解

第3章 航天继电器接触系统耐力学环境的设计理论

电磁继电器的触点有三种类型:动合型、动断型、转换型。转换型触点又称为触点组型,这种触点组共有三个触点,即一个动触点和两个静触点。线圈不通电时,动触点与其中一个静触点断开且与另一个闭合,线圈通电后,动触点移动,使原来断开的呈闭合状态,原来闭合的呈断开状态,达到转换的目的。常用"转"字的拼音字头"Z"表示。转换触点形式在航天继电器中广泛存在,也是军用继电器系列型谱中触点的唯一类型。转换触点的结构与触簧反力系统的结构是相互关联的,由此也决定了电磁驱动系统的结构形式。为满足继电器的外形尺寸与触点分断电流、转换组数及其他技术指标的要求,转换触点必须采取不同的结构以满足设计要求。大量振动稳定性试验分析可知,电磁继电器70%故障皆是由接触系统引起。外界机械过负载的作用下,会引起触点接触压力减小,直到触点发生自行断开。触点接触压力减小使得接触电阻增大,同时在触点回路中引起噪音和干扰。把继电器的触点组件看作是理想纯净的接触表面的机械系统,因此对这些现象可不予考虑。本章首先根据目前军用继电器系列型谱密封电磁继电器接触系统的结构特征进行分类,然后应用经典接触力学中的Hertz接触理论,完成接触区域的受力分析,进而分别提出两自由度系统振动特性等效数学模型,和无限自由度系统振动特性等效数学模型,其中包括折线型簧片、变截面簧片、带有集中质量触点簧片的固有频率分析理论,强迫振动位移响应分析理论,振动极限加速度分析理论等。另外,本章还介绍接触系统在随机振动条件下的福克-普朗克(Fokker-Planck)方程和应用有限差分法求解随机响应的具体过程;接触系统在冲击条件下的有限元模型,和应用子空间迭代法、Newmark β 直接积分法求解冲击响应的具体过程。相关章节还一并介绍实际算例分析,从而确定影响接触系统力学环境特性的关键性因素,对其提高耐力学环境能力与可靠性指标具有重要的理论意义与实用价值。

3.1 接触系统结构特征分析

航天继电器的内部结构与外形尺寸、触点参数及主要性能指标之间存在相互制约的关系。接触系统作为其内部重要的组成部分,因受整体结构布局特点及底板引出端的功能限制等因素的影响而变得形式多样,其中转换触点又是型谱中的主要产品类型。继电器的接触系统通常由静簧片、动簧片、静触头、动触头等构成,对于负载电流较大继电器的接触系统中还有压片、导流片等附件。其机械反力则主要通过动簧片的变形与静簧片的变形来获得。目前，可将转换触点结构分为Ⅰ，Ⅱ，Ⅲ，Ⅳ，Ⅴ五种形式。另外按照接触系统中静触点的结构形式，也可将触簧系统分为两大类，即刚性接触系统与柔性接触系统。

如图 3.1 所示，转换形式Ⅰ属于刚性接触系统。两个静触点通过角片连接到引出杆，动触点与一定长度的动簧片连接，动触簧通过角片连接到引出杆。动簧片的运动方向与底板垂直。该结构中角片的刚度很大，因此静触点的变形较小，主要通过动簧片的弹性变形形成触点间的压力，保证负载电流可靠通过。通常可在动簧片的固定端处增加不同长度的压片以提高接触系统的反力特性。

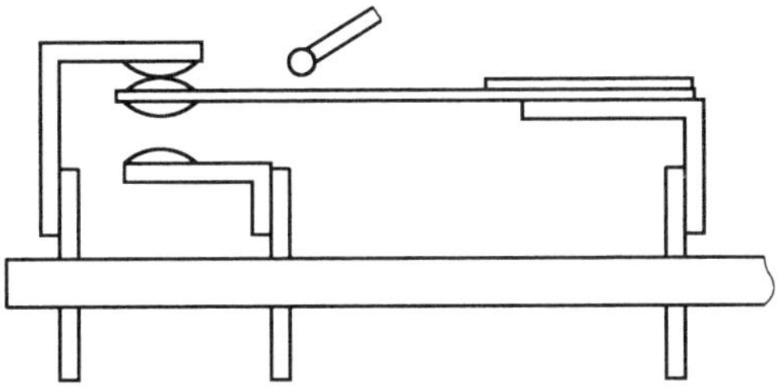

(a) 局部结构图

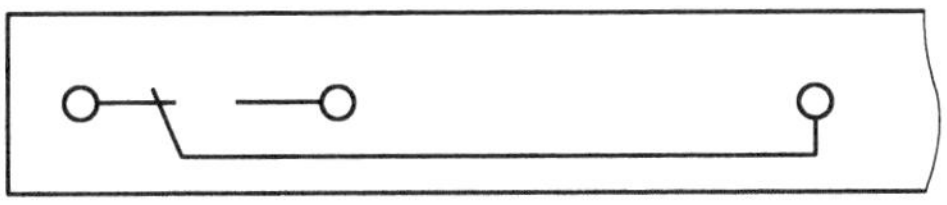

(b) 局部底视电路图

图 3.1　转换形式Ⅰ

如图 3.2 所示，转换形式Ⅱ为典型的柔性接触形式。静簧片、动簧片零件可通过角片与引出杆连接，也可通过钎焊与引出杆连接在一起。静簧片的柔性形式使得动触点与静触点相碰撞接触时具有更明显的缓冲作用，有效地避免了触点回跳现象的发生。同时簧片形状存在更大的自由设计空间，可使接触系统具有较宽的反力特性变化范围。簧片的运动方向与底板平行，因此驱动系统常常设计为衔铁旋转带动推动杆完成触点的转换。

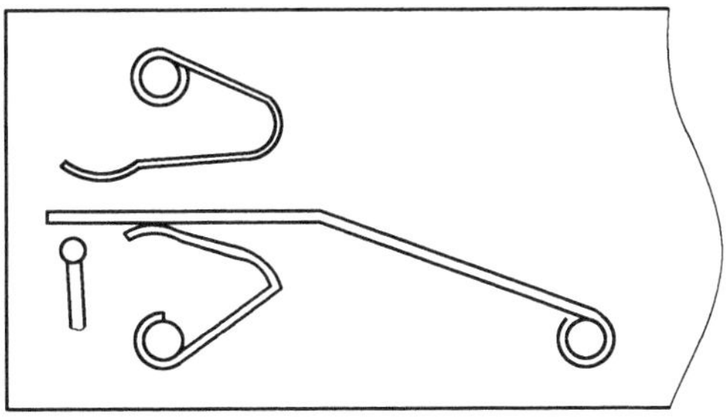

(a) 局部结构图

(b) 局部底视电路图

图 3.2　转换形式Ⅱ

图 3.3 中所示为转换形式Ⅲ，即另一种柔性接触形式。钎焊簧片、引出杆实现与外电路的连接。动簧片的长度在继电器高度方向上，簧片的运动方向与底板平行。由其底视电路图可见，引出端间距较转换形式Ⅱ小很多，因此外形尺寸可相对较小。该结构也是型谱中微小型密封继电器的典型结构。

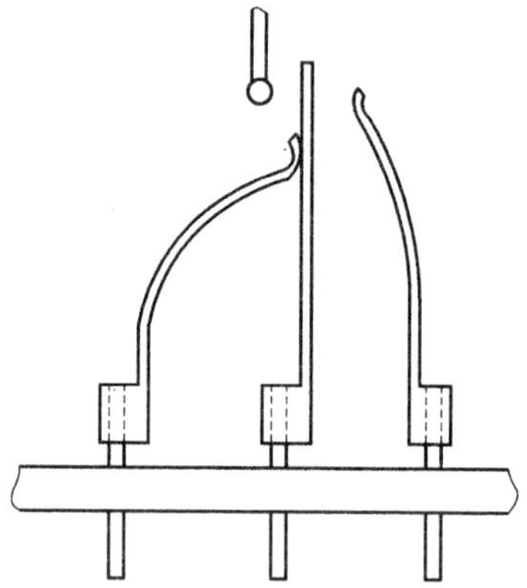

(a) 局部结构图

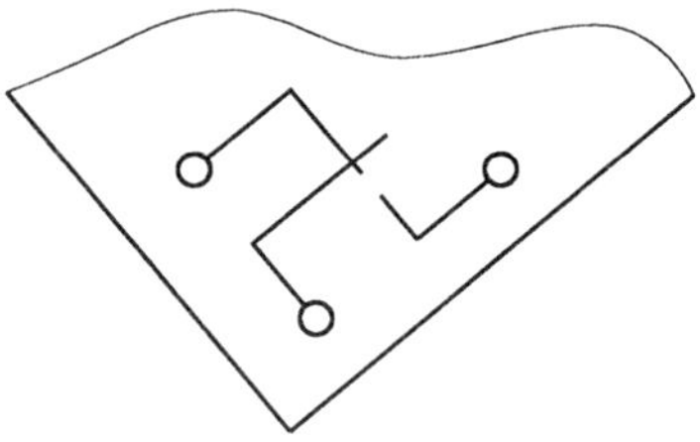

(b) 局部底视电路图

图 3.3 转换形式Ⅲ

如图 3.4 所示，转换形式Ⅳ属于刚性接触形式，同时也是一种静不定结构形式。静簧片通过静角片连接到引出杆，静簧片厚度与角片厚度相当且短，因此其刚度较大。动簧片相对静簧片较薄且贯通两侧，通过角片支撑平衡并实现与外电路的连接，两端铆装有触点，形成可靠点接触。

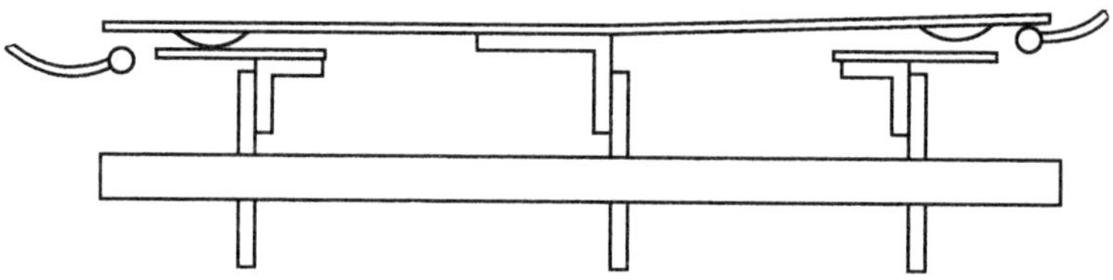

(a) 局部结构图

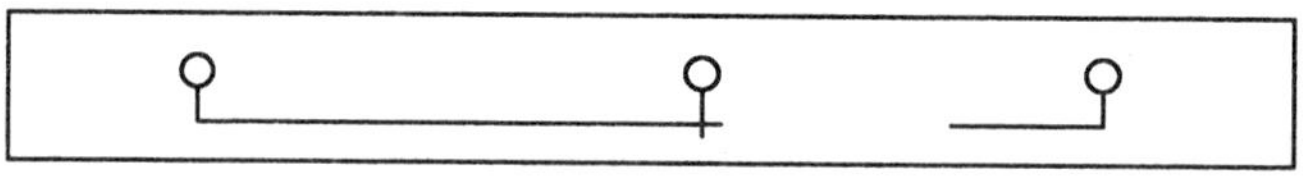

(b) 局部底视电路图

图 3.4 转换形式Ⅳ

如图 3.5 所示，转换形式Ⅴ属于典型刚性接触形式。由于该结构适用切换负载较大的情况，所以静簧片上铆接有静触头。动簧片与托片、导流片连接在一起构成动触簧组件，U 形簧(卡子)的一端做成凸形，凸出部分卡在衔铁部分的小方孔里，另一端做成凹形，卡在底座部分连接片的两个槽里，以此实现动簧片部分和焊脚引出端的连接。该结构是型谱中的永磁激励式继电器的典型结构。

航天继电器底视电路图与接触系统的结构是一一对应的。因此，可通过继电器底视电路图判断其接触系统的结构类型。同时，也应该看到在个别非标产品中转换形式Ⅰ的

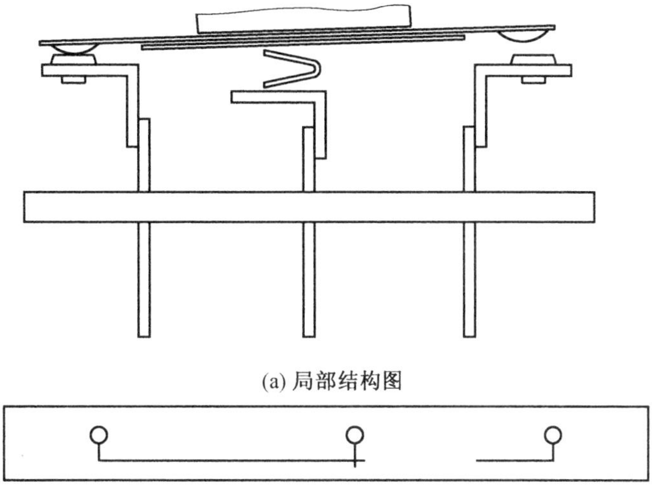

(a) 局部结构图

(b) 局部底视电路图

图 3.5　转换形式Ⅴ

结构也可具有转换形式Ⅱ的底视电路图。也就是说，个别转换形式Ⅰ与转换形式Ⅱ的底视电路图是相同的。同时转换形式Ⅳ与转换形式Ⅴ的底视电路图也是相同的。

3.2　接触区域的受力分析

如图 3.6 所示的球 / 平面 Hertz 接触示意图，a 表示接触圆的半径，R 表示相对曲率半径，R_1，R_2 表示动触头(动触点)、静触头(静触点)的有效半径，根据 Hertz 接触理论可以做出如下合理假设。

(1) 表面都是连续的，并且是非协调的：$a \leqslant R$。

(2) 小应变：$a \leqslant R$。

(3) 动触点和静触点可被看作是一个弹性半空间：$a \ll R_{1,2}$，$a \ll L$。

(4) 表面无摩擦。

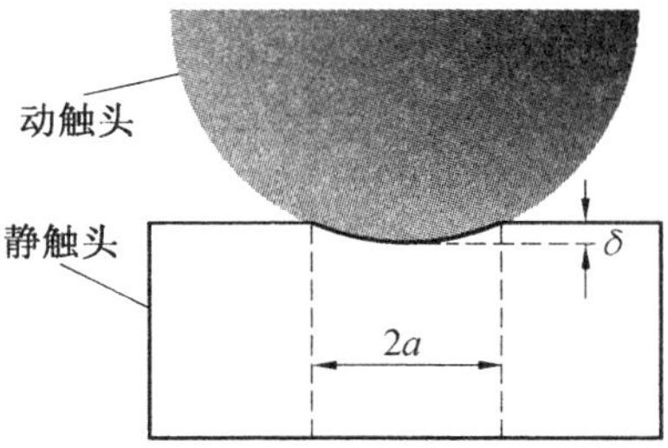

图 3.6　球 / 平面 Hertz 接触示意图

根据 Hertz 理论可得接触半径 a、触头(或触点) 压缩量 δ 以及触头(或触点) 最大压力值 p_0 为

$$a=\left(\frac{3PR}{4E^{*}}\right)^{1/3} \tag{3.1}$$

$$\delta=\frac{a^{2}}{R}=\left(\frac{9P^{2}}{16RE^{*2}}\right)^{1/3} \tag{3.2}$$

$$p_{0}=\frac{3P}{2\pi a^{2}}=\left(\frac{6PE^{*2}}{\pi^{3}R^{2}}\right)^{1/3} \tag{3.3}$$

式中　P—— 触头(或触点)上的法向载荷；

$\frac{1}{E^{*}}=\frac{1-\nu_1^2}{E_1}+\frac{1-\nu_2^2}{E_2}$；

$(1/R)=(1/R_1+1/R_2)$。

触头(或触点)间接触区域内的应力分布为

$$p=p_{0}\left[1-\left(\frac{r}{a}\right)^{2}\right]^{1/2} \tag{3.4}$$

产生的法向位移为

$$u_{z}=\frac{1-\nu^{2}}{E}\frac{\pi p_{0}}{4a}(2a^{2}-r^{2})\quad (r\leqslant a) \tag{3.5}$$

由式(3.2)可得总载荷量与变形量 δ 满足以下关系：

$$P=\frac{4E^{*}}{3}R^{1/2}\delta^{3/2} \tag{3.6}$$

令 $k=\frac{4E^{*}}{3}R^{1/2}$ 得

$$P=k\delta^{3/2} \tag{3.7}$$

k 是两物体的几何形状及弹性常数，P 和 δ 的关系是非线性的，但是对在平均载荷 P_0 附近的微小变化 ΔP 来说，等效刚度可写成

$$k_{j}=\frac{dP}{d\delta}=\frac{3}{2}k\delta^{1/2}=\frac{3}{2}\ (k^{2}P_{0})^{1/3} \tag{3.8}$$

由式(3.8)可知，触点组之间接触刚度与触点材料、触点平均载荷、触点接触面有效半径有关，图3.7为当触点材料为银基合金，静触点有效半径 $R_2=+\infty$时，触点压力 P_0 和

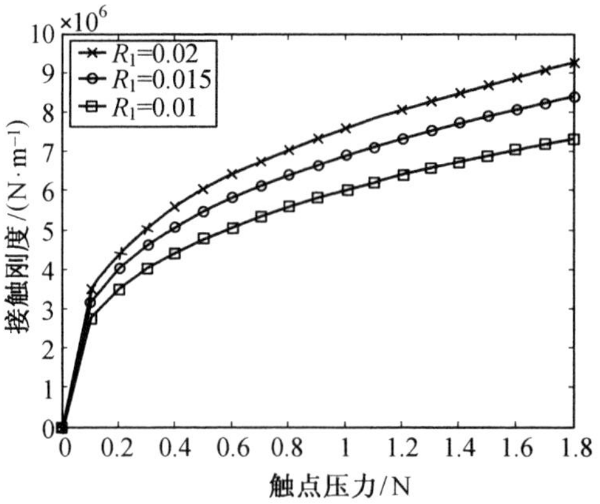

图3.7　触点压力、触点半径对接触刚度的影响

动触点有效半径 R_1 对接触刚度的影响。可见，当触点压力一定时，接触刚度随着触点接触面有效半径的增大而增大，当触点接触有效半径一定时，接触刚度随着触点压力的增大而增大。

3.3　两自由度系统理论模型

3.3.1　数学模型的建立与强迫振动分析

若静触簧的刚度不可忽略时，则可等效为两自由度系统进行分析，分别对动触簧和静触簧取独立体，设定动触簧和静触簧的集中质量分别为 M_1 和 M_2，绝对位移分别为 y_1 和 y_2，系统结构模型如图 3.8 所示，运动平衡方程为

$$M_1\ddot{y}_1 + c_1\dot{y}_1 + k(\delta_0 + y_1 - y_2)^{\frac{3}{2}} = k_1(\delta_1 - y_1) \tag{3.9}$$

$$M_2\ddot{y}_2 + c_2\dot{y}_2 - k(\delta_0 + y_1 - y_2)^{\frac{3}{2}} = -k_2(\delta_2 + y_2) \tag{3.10}$$

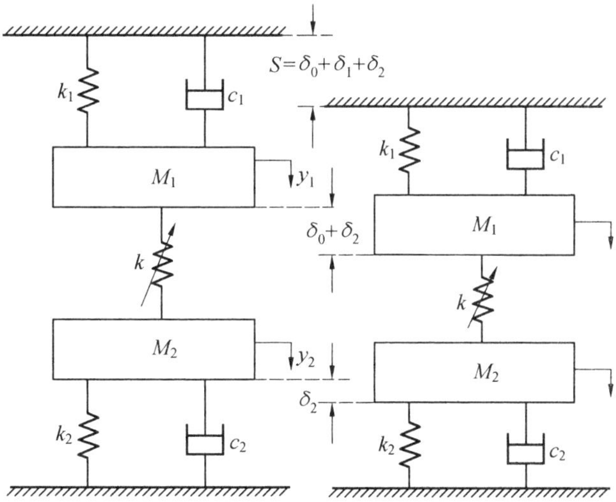

图 3.8　两自由度系统结构模型

易见方程组中的微分方程具有耦合、非线性的主要特点。首先将非线性项应用幂级数展开进行线性无阻尼的固有频率分析，得

$$M_1\ddot{y}_1 + c_1\dot{y}_1 + (k_j + k_1)y_1 - k_j y_2 = 0 \tag{3.11}$$

$$M_2\ddot{y}_2 + c_2\dot{y}_2 - k_j y_1 + (k_j + k_2)y_2 = 0 \tag{3.12}$$

式中　$k_j = \frac{3}{2}k\delta_0^{\frac{1}{2}}$。

上述方程组在变换 $\frac{dy_1}{dt} = z_1$ 及 $\frac{dy_2}{dt} = z_2$ 之下，得

$$\left.\begin{aligned}&\frac{\mathrm{d}y_1}{\mathrm{d}t}=z_1\\&\frac{\mathrm{d}z_1}{\mathrm{d}t}=-\frac{k_1+k_\mathrm{j}}{M_1}y_1+\frac{k_\mathrm{j}}{M_1}y_2\\&\frac{\mathrm{d}y_2}{\mathrm{d}t}=z_2\\&\frac{\mathrm{d}z_2}{\mathrm{d}t}=\frac{k_\mathrm{j}}{M_2}y_1-\frac{k_2+k_\mathrm{j}}{M_2}y_2\end{aligned}\right\}\tag{3.13}$$

对于无阻尼的自由振动情况，其特征方程为

$$\omega^4-\left(\frac{k_\mathrm{j}+k_1}{M_1}+\frac{k_\mathrm{j}+k_2}{M_2}\right)\omega^2+\frac{(k_\mathrm{j}+k_1)(k_\mathrm{j}+k_2)-k_\mathrm{j}^2}{M_1M_2}=0\tag{3.14}$$

可解得

$$\omega_{0(1,2)}^2=\frac{1}{2}\left[\left(\frac{k_\mathrm{j}+k_1}{M_1}+\frac{k_\mathrm{j}+k_2}{M_2}\right)\mp\sqrt{\left(\frac{k_\mathrm{j}+k_1}{M_1}-\frac{k_\mathrm{j}+k_2}{M_2}\right)^2+\frac{4k_\mathrm{j}^2}{M_1M_2}}\right]\tag{3.15}$$

$\omega_{0(1)}$，$\omega_{0(2)}$ 即为两自由度结构系统的固有频率，均由 k_1，k_2，M_1，M_2，k_j 等参数唯一决定。常闭触点组零件的固有频率可由等效刚度表示

$$\omega_i^2=\frac{k_i}{M_i}\quad(i=1,2)\tag{3.16}$$

式中 ω_1，ω_2—— 分别为动触簧和静合静触簧的固有频率。

由式(3.15)可得一阶固有频率 $\omega_{0(1)}$ 应满足

$$\min[\omega_1^2,\omega_2^2]\leqslant\omega_{0(1)}^2\leqslant\max[\omega_1^2,\omega_2^2]\tag{3.17}$$

因此，单独提高接触系统零件的固有频率，均可提高接触系统的固有频率。

当 $\omega_1=\omega_2=\omega^*$ 时，式(3.15)可改写为

$$\left.\begin{aligned}&\omega_{0(1)}^2=\omega^{*2}\\&\omega_{0(2)}^2=\omega^{*2}+\omega_{k1}^2+\omega_{k2}^2\end{aligned}\right\}\tag{3.18}$$

式中 $\omega_{k1}^2=\dfrac{k_\mathrm{j}}{M_1}$；$\omega_{k2}^2=\dfrac{k_\mathrm{j}}{M_2}$。

此时，接触系统的一阶固有频率与接触刚度无关，且与动触簧零件和静合静触簧零件的固有频率相同。

由特征方程的根均为纯虚值可得

$$\left.\begin{aligned}&y_1=A_1\sin(\omega_1t+\varphi_1)+A_2\sin(\omega_2t+\varphi_2)\\&y_2=A_3\sin(\omega_1t+\varphi_1)+A_4\sin(\omega_2t+\varphi_2)\end{aligned}\right\}\tag{3.19}$$

可见，两自由度接触系统的运动是存在两个简谐运动的叠合。因此调整质量与刚度可以改变原零件的运动频率。该结论可以用来防止接触系统与外力发生共振现象，以及减轻外力的干扰等。

当激振位移由上下两固定端传入，表示为 $\Lambda(t)=A\sin(\Omega t+\varphi)$，则由位移引起的强迫振动的稳态响应为

$$X_1(\omega)=\frac{z_{22}(\Omega)F_1-z_{12}(\Omega)F_2}{z_{11}(\Omega)z_{22}(\Omega)-z_{12}^2(\Omega)}\tag{3.20}$$

$$X_2(\omega)=\frac{-z_{21}(\Omega)F_1+z_{11}(\Omega)F_2}{z_{11}(\Omega)z_{22}(\Omega)-z_{12}^2(\Omega)} \tag{3.21}$$

式中　$z_{11}(\Omega)=k_j+k_1-\Omega^2M_1+i\Omega c_1$；

$z_{21}(\Omega)=z_{12}(\Omega)=-k_j$；

$z_{22}(\Omega)=k_2+k_j-\Omega^2M_2+i\Omega c_2$；

$F_1=-M_1A\Omega^2$；

$F_2=-M_2A\Omega^2$。

可见，位移响应频率与激振频率相同，振幅取决于激振位移的幅值与系统本身的物理参数以及激振频率。当激振频率与系统固有频率相等时，系统出现共振，此时响应振幅差出现最大值，并且在跨越共振点时 X_1，X_2 反号，出现倒相现象。因此为保证接触系统可靠，避免触簧部件应力疲劳，应该将触簧的固有频率设计在激振频带以外，针对此种情况做下述分析。

定义 $\Delta=|X_1-X_2|$ 为响应振幅差，将式(3.20)、(3.21) 代入后整理得

$$\Delta=A\frac{v_2^2-v_1^2}{(1-v_{0(1)}^2)(1-v_{0(2)}^2)} \tag{3.22}$$

式中　$v_1^2=\dfrac{\omega_1^2}{\Omega^2}$，$v_2^2=\dfrac{\omega_2^2}{\Omega^2}$；

$v_{0(1)}^2=\dfrac{\omega_{0(1)}^2}{\Omega^2}$，$v_{0(2)}^2=\dfrac{\omega_{0(2)}^2}{\Omega^2}$。

当动触簧与静合静触簧的固有频率相等时，则 $v_1=v_2$，此时振幅差为零。不论外界为何种激振源，触点皆不会发生抖断现象。通过以上分析可知，在进行动触簧和静合静触簧的设计时，应通过几何尺寸的调整，尽可能使两触簧的固有频率相等，系统的抗振性达到最优；当实际设计无法满足两触簧组件的固有频率相等时，应使接触刚度尽可能大。

以某型号航天继电器为例，选择接触系统簧片材料为弹性合金，组成成分为银镁镍，弹性模量 $E=7.84\times10^{10}$ Pa，密度 $\rho=10.4\times10^3\,\text{kg/m}^3$。如图 3.9 所示，将接触点定为距固定端 3.25 mm 处，分别对接触系统部件（动触簧和静合静触簧）进行静力分析，在接触点处施加虚拟接触力 0.03 N。图 3.10 表明系统接触刚度随着部件厚度的增大而增大，且部件厚度越大，接触刚度变化率越大。

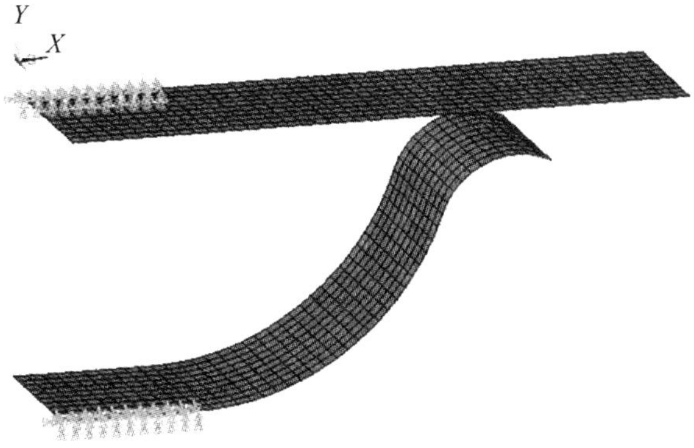

图 3.9　常闭触点组有限元分析模型

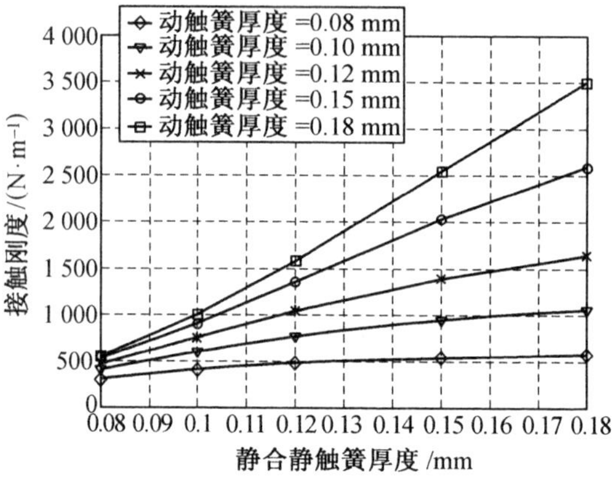

图 3.10　接触刚度与簧片厚度之间的关系

下面着重分析影响系统固有频率的主要因素。

一方面，将接触点位置固定，通过增加簧片厚度可以提高接触系统部件的固有频率，由此可以提高系统的固有频率，仿真结果如图 3.11 所示。簧片厚度的增加也可以提高系统的接触刚度，由此提高系统的固有频率，仿真结果如图 3.12 所示（静合静触簧厚度为 0.08 ～0.18 mm）。

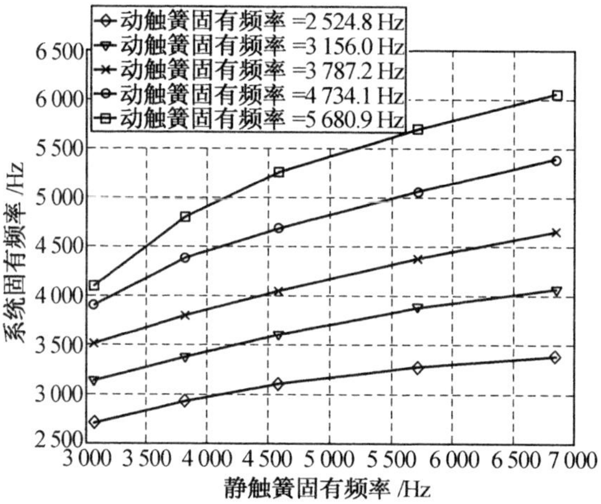

图 3.11　系统固有频率与部件固有频率之间的关系

另一方面，保持接触系统部件尺寸不变，显然接触系统部件的固有频率保持不变，改变接触点的位置，系统接触刚度随接触点位置与固定端距离的增大而减小，计算结果示于图 3.13。如图 3.14 所示，保持动触簧固有频率不变，改变静合静触簧的固有频率，当静合静触簧固有频率低于动触簧的固有频率时，则接触系统固有频率低于动触簧固有频率，且随接触点位置与固定端距离的增大而减小；当静合静触簧固有频率高于动触簧的固有频率时，则接触系统固有频率高于动触簧固有频率，且随接触点位置与固定端距离的增大而增大；当静合静触簧固有频率等于动触簧固有频率时，接触点位置的变化对接触系统固有频率没有影响。同理，保持静合静触簧固有频率不变，改变动触簧固有频率，接触系统的变化规律也是如此。

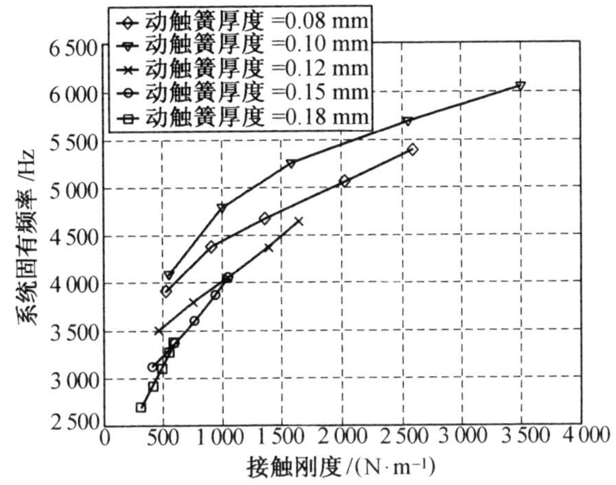

图 3.12　系统固有频率与接触刚度之间的关系

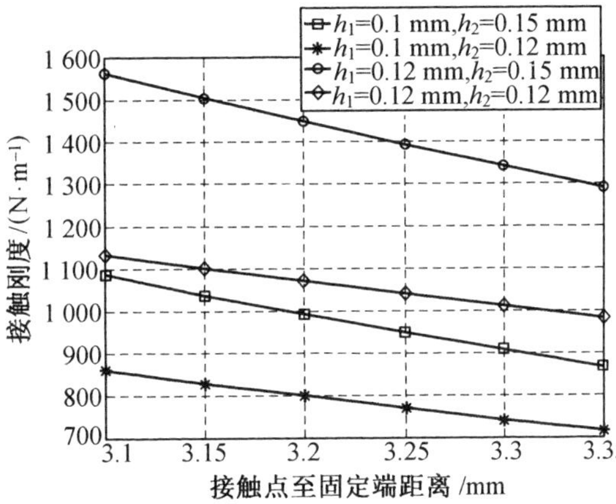

图 3.13　接触刚度与接触点位置之间的关系

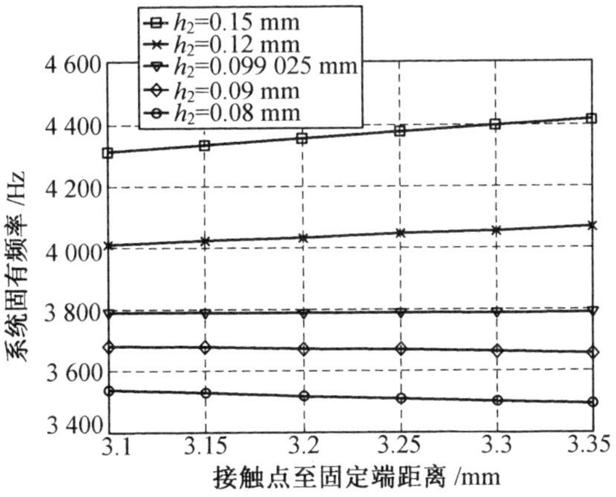

图 3.14　系统固有频率与接触点位置之间的关系

对图 3.9 所示的接触系统进行谐响应分析，参照本产品的振动试验标准，设定激振条件，激振加速度为 294 m/s^2，激振频率为 10 ～ 3 000 Hz。图 3.15、图 3.16 为接触系统在共振频率(3 156 Hz)附近时响应振幅矢量图。由图可知，响应振幅在共振频率左右产生倒相，且响应振幅很大。考虑到避免接触系统材料的疲劳受损，在实际设计时应将系统的共振点设计在激振频率以外，以避免共振现象的发生。

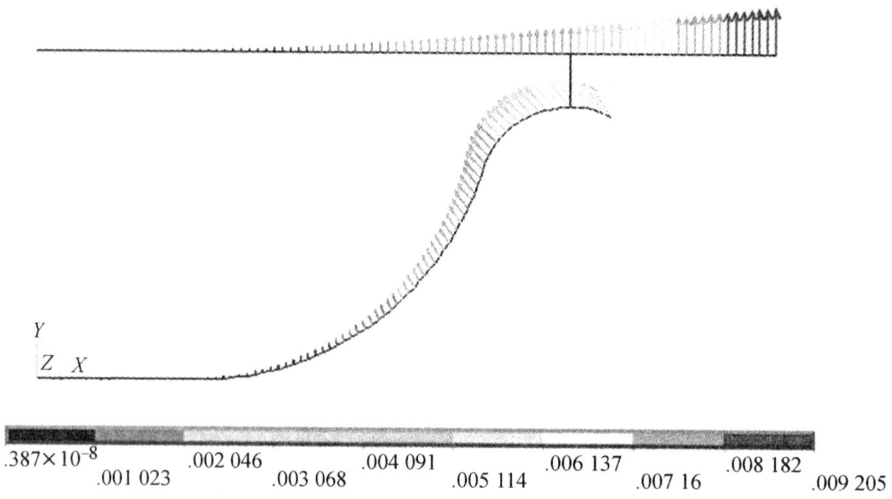

图 3.15 3 155.8 Hz 接触系统响应振幅矢量图

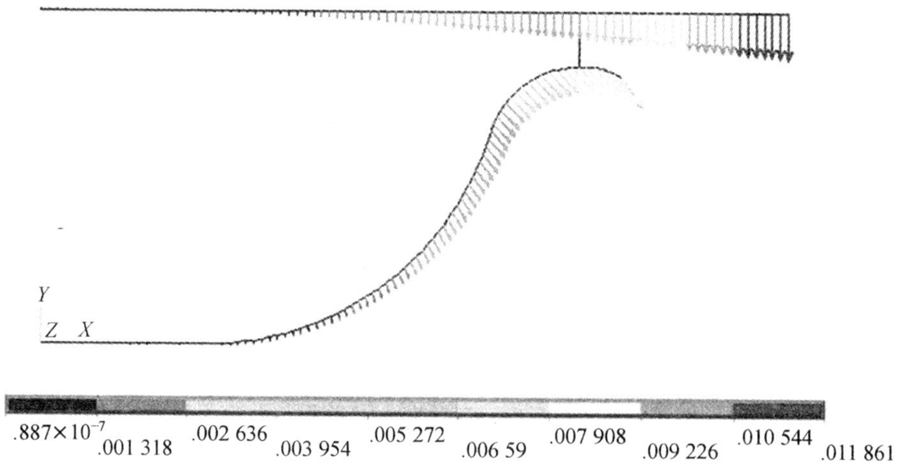

图 3.16 3 156.2 Hz 接触系统响应振幅矢量图

图 3.17 所示为当动触簧和静合静触簧固有频率相等(3 156 Hz)时，接触系统中接触点的响应振幅。图 3.18 所示为动触簧频率和静合静触簧固有频率分别为 3 156 Hz，5 716.2 Hz 时，接触系统中接触点的响应振幅。对比图 3.17，图 3.18，激振频率等于系统固有频率时，位移响应出现峰值。且动触簧与静合静触簧固有频率相等时，接触点之间的振幅差为最小。

图 3.19 表明部件固有频率相等和不等时振幅差与接触点位置之间的关系。可见，在此两种情况下，接触系统的位移差随着接触点至固定端的距离的增大而增大，主要是由接触刚度的减小导致。

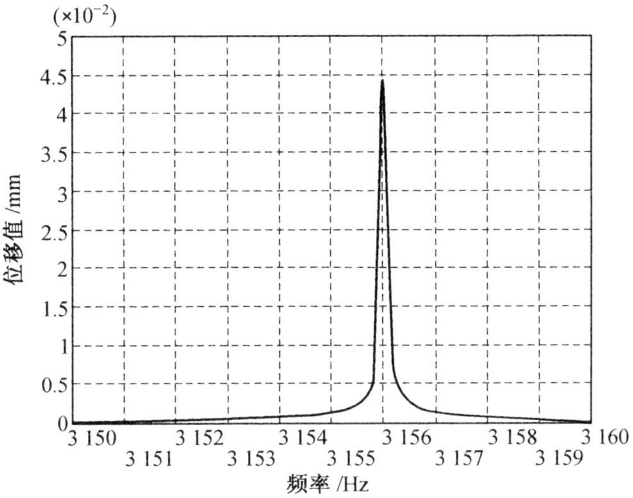

图 3.17　部件固有频率相等时响应振幅曲线

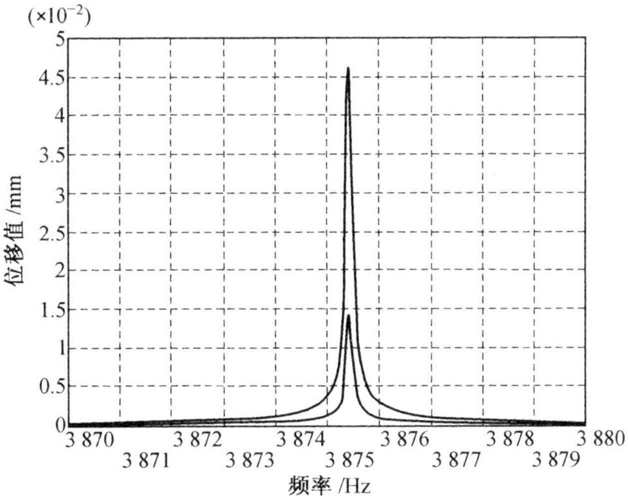

图 3.18　部件固有频率不相等时响应振幅曲线

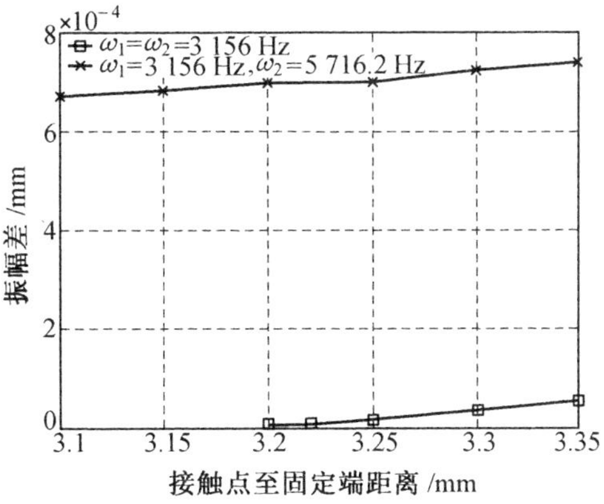

图 3.19　振幅差与接触点位置之间的关系

仿真结果验证了该模型的正确性并得到如下结论：静触簧组的固有频率与部件（动触簧、静合静触簧）固有频率及局部接触刚度有关，通过分别提高各触簧的固有频率和局部接触刚度可以提高系统的固有频率；可以通过改变接触点位置或簧片尺寸改变局部接触刚度。当接触系统部件固有频率相等时，系统的固有频率与接触点位置无关，且与各部件频率相等；接触系统部件固有频率不相等时，系统的固有频率与接触点位置有关。当激振频率等于接触系统固有频率时，发生共振现象，且在跨越共振点时出现倒相现象。保持接触系统尺寸不变，则系统响应振幅差随局部接触刚度的增大而减小；且接触系统部件固有频率相等时的振幅差为最小。该研究结论对于电磁继电器接触系统的参数设计具有指导意义，对提高带有机械触点的开关电器的抗振性设计具有一定的参考价值。

3.3.2 工程应用

某型号继电器为20世纪80年代定型产品，环境等级为Ⅰ级，振动指标为10～500 Hz，98 m/s^2，实际产品摸底试验触点失效频率范围为1 500～2 000 Hz，失效模式为闭合触点抖断，断开触点抖闭。随着市场对其耐环境指标的提高，要求通过技术攻关将该型号产品环境等级提高为Ⅳ级，振动指标为10～2 000 Hz，196 m/s^2。为使该产品的抗振性指标满足要求，通过改变静触点座的厚度分析接触系统固有频率的变化情况，以验证上述分析所得结论，仿真计算结果见表3.1。

表3.1 仿真计算结果

序号	厚度/mm	一阶/Hz	二阶/Hz	三阶/Hz	四阶/Hz
1	0.6	1 946.2	1 948.2	*2 106.6	4 079.0
2	0.7	*2 106.5	2 324.5	2 327.7	4 136.8
3	0.75	*2 106.5	2 515.6	2 519.6	4 153.0
4	0.8	*2 106.5	2 705.3	2 710.4	4 167.4
5	0.85	*2 106.5	2 891.3	2 997.7	4 182.6

表中带*号的频率对应的振型描述为衔铁运动，不同静触点座厚度对应的一阶固有频率依次是：1 946.2 Hz，2 324.5 Hz，2 515.6 Hz，2 705.3 Hz，2 891.3 Hz，可见接触系统固有频率随着静触点厚度的增加而提高，与理论分析的结论是一致的。采用该措施后，对继电器模型进行了改进，改进后继电器的一阶固有频率为2 436 Hz，组装了40只样品进行10～2 000 Hz，196 m/s^2的振动试验，样品全部合格，断开频率分布在2 200～2 500 Hz，与计算结果吻合较好，表明改进措施有效。

3.4　无限自由度系统理论模型

3.4.1　数学模型的建立

航天继电器簧片系统中的动、静簧片振动属于振动力学中梁的弯曲振动问题，其长度与截面高度之比一般远大于 10，在低频振动时可以忽略剪切变形以及截面绕中性轴转动惯量的影响，因此可应用伯努利 — 欧拉梁分析方法对继电器簧片系统进行模态分析。

簧片振动问题是材料力学中的弯曲变形问题。如图 3.20 所示，簧片微元段受到力和力矩的作用有：① 重力；② 剪力 $Q(x,t)$；③ 外力 $p(x,t)$；④ 微元段的弯矩 $M(x,t)$。令梁的线密度为 γ，材料的弹性模量为 E，截面对中性轴的惯性矩为 I，则簧片系统振动的力平衡方程为

$$\frac{\partial Q(x,t)}{\partial x}=p(x,t)-\gamma\frac{\partial^2 y(x,t)}{\partial t^2} \tag{3.23}$$

力矩平衡方程(略去高阶小量）为

$$\frac{\partial M(x,t)}{\partial t}=Q(x,t) \tag{3.24}$$

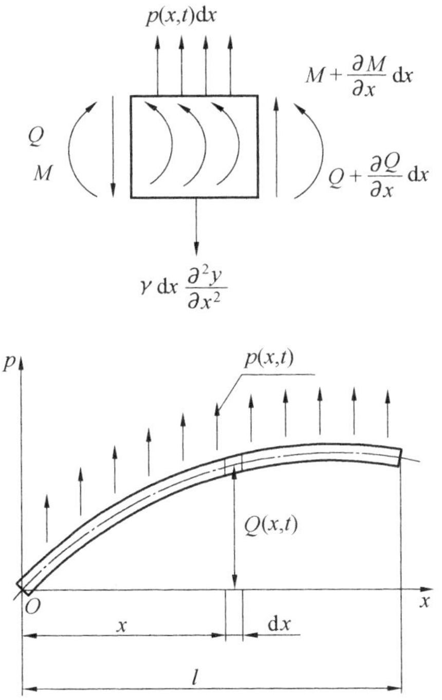

图 3.20　梁的弯曲振动及其微元段受力分析

由材料力学的截面假设，得弯矩与挠度的关系为

$$M=EI\frac{\partial^2 y}{\partial x^2} \tag{3.25}$$

将式(3.24)、(3.25)代入式(3.23)得

$$EI\frac{\partial^4 y(x,t)}{\partial x^4}+\gamma\frac{\partial^2 y(x,t)}{\partial t^2}=p(x,t) \tag{3.26}$$

根据振动力学理论，一般可以假设簧片上各点做同步运动，即设

$$y(x,t)=Y(x)\eta(t) \tag{3.27}$$

式中 $Y(x)$—— 簧片上距原点 x 处截面的纵向振动幅值；

$\eta(t)$—— 表示运动规律的时间函数。

在外力 $p(x,t)=0$ 时，并将式(3.27)代入式(3.26)得

$$\frac{EI\cdot\dfrac{\mathrm{d}^4Y(x)}{\mathrm{d}x^4}}{\gamma Y(x)}=\frac{\dfrac{\mathrm{d}^2\eta(t)}{\mathrm{d}t^2}}{-\eta(t)}=\omega^2 \tag{3.28}$$

由式(3.28)得

$$\frac{\mathrm{d}^4Y(x)}{\mathrm{d}x^4}-\alpha^4Y(x)=0 \tag{3.29}$$

$$\frac{\mathrm{d}^2\eta(t)}{\mathrm{d}t^2}+\omega^2\eta(t)=0 \tag{3.30}$$

式中 $\alpha^4=\dfrac{\omega^2\gamma}{EI}$。

式(3.29)为关于 $Y(x)$ 的方程，称此方程为振型方程。

式(3.30)为关于 $\eta(t)$ 的方程，称此方程为时域方程。

于是

$$Y(x)-C_1\cos\alpha x+C_2\sin\alpha x+C_3\mathrm{ch}\,\alpha x+C_4\mathrm{sh}\,\alpha x \tag{3.31}$$

$$\eta(t)=b\sin(\omega t+\varphi) \tag{3.32}$$

式中 常数 C_1,C_2,C_3,C_4 及固有频率 ω 由边界条件及主振型归一化条件决定；

常数 b,φ 由初始条件确定。

1. 动合静簧片的模态

静簧片谐振状态下，如果其振幅值超过触点开距，它就会周期性地触碰动簧片，而造成常开触点组时断时闭的抖动现象。动合静簧片可看作一端固定、一端自由的矩形悬臂梁，其边界条件如下：

固定端挠度 $Y(x)\big|_{x=0}=0$；固定端转角 $\dfrac{\mathrm{d}Y(x)}{\mathrm{d}x}\Big|_{x=0}=0$；自由端弯矩 $EI\cdot\dfrac{\mathrm{d}^2Y(x)}{\mathrm{d}x^2}\Big|_{x=L}=0$；自由端剪力 $EI\cdot\dfrac{\mathrm{d}^3Y(x)}{\mathrm{d}x^3}\Big|_{x=L}=0$。

将式(3.31)代入到上述边界条件中，得频率方程为

$$\cos\alpha L\cdot\mathrm{ch}\,\alpha L=-1 \tag{3.33}$$

式(3.33)的前三个根为

$$\alpha_1L=1.875,\quad \alpha_2L=4.694,\quad \alpha_3L=7.855$$

代入式(3.30)、(3.32)中，得固有频率和主振型模态函数分别为

$$\omega_i = (\alpha_i L)^2 \sqrt{\frac{EI}{\gamma L^4}} \tag{3.34}$$

$$Y_i(x) = C_i\left[(\cos \alpha_i x - \text{ch}\ \alpha_i x) + r_i \cdot (\sin \alpha_i x - \text{sh}\ \alpha_i x)\right] \tag{3.35}$$

式中

$$r_i = \left(\frac{C_2}{C_1}\right)_i = -\frac{\cos \alpha_i L + \text{ch}\ \alpha_i L}{\sin \alpha_i L + \text{sh}\ \alpha_i L} \quad (i = 1,2,3,\cdots)$$

其中主振型 $Y_i(x)$ 中的常数 C_i 按下列归一化条件来确定：

$$\int_0^L \gamma Y_i^2 \mathrm{d}x = 1 \quad (i = 1,2,3,\cdots) \tag{3.36}$$

求出梁的各阶固有频率 ω_i 和相应的主振型 $Y_i(x)$ 后，梁的固有振动就等于各阶主振动的叠加，即有

$$y(x,t) = \sum_{i=1}^{\infty} Y_i(x) b_i \sin(\omega_i t + \varphi_i) \tag{3.37}$$

2. 静触簧为刚性结构的模态

当静触簧为刚性结构时，可以等效成为图 3.21。动簧片可视作一端固定、另一端简支的矩形簧片，其边界条件如下：

固定端挠度$Y(x)\big|_{x=0} = 0$；固定端转角$\left.\frac{\mathrm{d}Y(x)}{\mathrm{d}x}\right|_{x=0} = 0$；支承端挠度$Y(x)\big|_{x=L} = 0$；支承端弯矩$EI \cdot \left.\frac{\mathrm{d}^2 Y(x)}{\mathrm{d}x^2}\right|_{x=L} = 0$。

将式(3.31)代入到上述边界条件中，得频率方程为

$$\tan \alpha L = \text{th}\ \alpha L \tag{3.38}$$

式(3.38)的前三个根为

$$\alpha_1 L = 3.927, \quad \alpha_2 L = 7.069, \quad \alpha_3 L = 10.21$$

将 $\alpha_i L$ 的值代入式(3.34)、(3.35)中分别求得固有频率和模态函数的表达式。

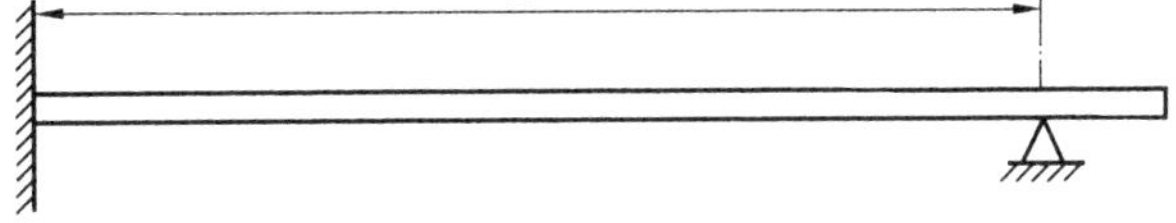

图 3.21　简化刚性触簧系统

3. 静触簧为柔性结构的模态

当静触簧为柔性结构时，可以等效成为图 3.22。动簧片可视作一端固定、另一端有弹性支承的矩形簧片，其边界条件如下：

固定端挠度$Y(x)\big|_{x=0} = 0$；固定端转角$\left.\frac{\mathrm{d}Y(x)}{\mathrm{d}x}\right|_{x=0} = 0$；支承端弯矩$EI \cdot \left.\frac{\mathrm{d}^2 Y(x)}{\mathrm{d}x^2}\right|_{x=L} = 0$；支承端剪力$EI \cdot \left.\frac{\mathrm{d}^3 Y(x)}{\mathrm{d}x^3}\right|_{x=L} = kY(x)\big|_{x=L}$。

其中 k 为静合静簧片的刚度，其值由静合静簧片的结构和材料特性决定。

将式(3.38)代入到上述边界条件中，得频率方程为

$$\cos\alpha L\cdot\mathrm{ch}\,\alpha L+1=\frac{k}{EI\alpha^3}(\cos\alpha L\cdot\mathrm{sh}\,\alpha L-\sin\alpha L\cdot\mathrm{ch}\,\alpha L)\tag{3.39}$$

将 k 值和 EI 的值分别代入到式(3.39)中解得 $\alpha_i L$，将 $\alpha_i L$ 的值代入式(3.34)、(3.35)中分别求得固有频率和模态函数的表达式。

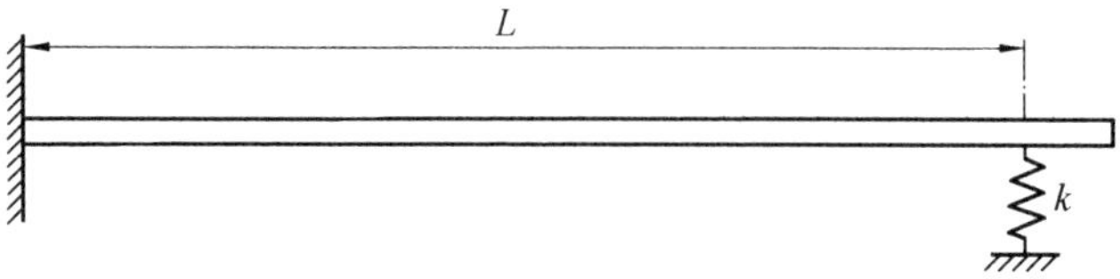

图 3.22　简化柔性触簧系统

由固有频率的表达式可知，要提高簧片的固有频率，最有效的是缩短簧片的长度，增加簧片的厚度；其次是增加材料的弹性模量和降低材料的比重，而后两个因素决定于簧片材料的选择和合理的热处理工艺。因此，在设计簧片几何尺寸时，如何把提高簧片的固有振动频率与触点的电寿命、簧片的机械反力特性等有机地统一考虑显得非常重要。

3.4.2　折线段簧片的模态分析

折线段簧片是航天电磁继电器中典型的等截面簧片，以往对于此类簧片的固有频率的计算，通常采用直线段簧片的计算公式来近似求得，但误差很大。本节利用假设部件模态综合法求解折线段簧片的固有频率与振型函数的一般性公式。

假设部件模态综合法的主要求解过程是：将整体结构分割为若干子结构或部件后，对每一子结构或部件，通过引入一组适当的假设模态（也称里兹基），然后用假设模态法建立与假设模态对应的各子结构或部件以广义坐标表达的运动方程，将各部件广义坐标表达的运动方程堆集起来，再应用各部件在其连接界面的对接条件或约束条件综合或装配整体结构的运动方程，求解该运动方程，获得整体结构的固有频率与弹性主模态，将广义坐标返回物理坐标，得到结构在物理坐标系的运动。部件假设模态综合法的一个突出优点是不必求解各部件的广义坐标运动方程，即避免了求解各部件的特征模态，但选择各部件的假设模态需要经验与技巧。

图3.23所示为典型折线段簧片，各段簧片均为等截面，线密度为 γ。将系统在连接处切开，分割为两个部件 ① 与 ②，部件长度分别是 l_1 和 l_2，部件 ① 为悬臂梁，部件 ② 为两端自由的梁。

对于部件 ①，取其两个假设模态函数为

$$\phi_1(x)=\left(\frac{x}{l_1}\right)^2,\quad \phi_2(x)=\left(\frac{x}{l_1}\right)^3$$

则其位移函数表达式为

$$y_1(x,t)=\phi_1(x)p_1(t)+\phi_2(x)p_2(t)=\left(\frac{x}{l_1}\right)^2p_1+\left(\frac{x}{l_1}\right)^3p_2\tag{3.40}$$

故部件 ① 的广义坐标运动方程为

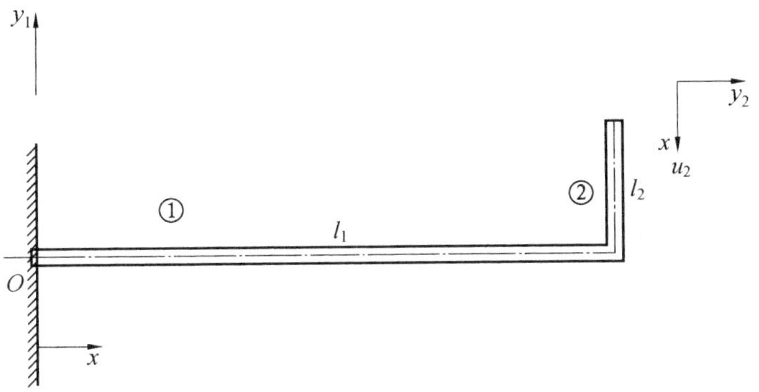

图 3.23　折线段簧片

$$[\overline{m^1}][\ddot{p}^1]+[\overline{k^1}][p^1]=[0] \tag{3.41}$$

计算广义质量矩阵$[\overline{m^1}]$与广义刚度矩阵$[\overline{k^1}]$中的各元素 m_{ij}，k_{ij}（$i,j=1,2$）。

容易算得

$$m_{11}=\gamma\int_0^{l_1}\phi_1\phi_1\,\mathrm{d}x=\gamma\int_0^{l_1}\left(\frac{x}{l_1}\right)^4\mathrm{d}x=0.2\gamma l_1$$

$$m_{12}=m_{21}=\gamma\int_0^{l_1}\phi_1\phi_2\,\mathrm{d}x=\gamma\int_0^{l_1}\left(\frac{x}{l_1}\right)^5\mathrm{d}x=0.166\ 6\gamma l_1$$

$$m_{22}=\gamma\int_0^{l_1}\phi_2\phi_2\,\mathrm{d}x=\gamma\int_0^{l_1}\left(\frac{x}{l_1}\right)^6\mathrm{d}x=0.142\ 8\gamma l_1$$

故

$$[\overline{m^1}]=\gamma l_1\begin{bmatrix}0.200\ 0 & 0.166\ 6\\ 0.166\ 6 & 0.142\ 8\end{bmatrix} \tag{3.42}$$

因 $\phi''_1(x)=\dfrac{2}{l_1^2}$，$\phi''_2(x)=\dfrac{6}{l_1^3}x$，所以

$$k_{11}=EI\int_0^{l_1}\phi''_1\phi''_1\,\mathrm{d}x=EI\int_0^{l_1}\left(\frac{2}{l^2}\right)^2\mathrm{d}x=\frac{4EI}{l^3}$$

$$k_{12}=k_{21}=EI\int_0^{l_1}\phi''_1\phi''_2\,\mathrm{d}x=EI\int_0^{l_1}\left(\frac{2}{l^2}\right)\left(\frac{6x}{l^3}\right)\mathrm{d}x=\frac{6EI}{l_1^3}$$

故

$$[\overline{k^1}]=\frac{EI}{l_1^3}\begin{bmatrix}4 & 6\\ 6 & 12\end{bmatrix} \tag{3.43}$$

对于部件②，由于其两端自由，故有横向位移与纵向位移，且这两个方向的位移都包含刚体移动，沿横向 y_2 的平移，故引入假设模态 $\phi_3(x)=1$；绕自由端的转动，故引入假设模态 $\phi_4(x)=\dfrac{x}{l_2}$；沿纵向 x 的平移，故引入假设模态 $\phi_6(x)=1$；为反映其横向弹性位移，引入假设模态 $\phi_5(x)=\left(\dfrac{x}{l_2}\right)^4$。于是其位移表达式为

$$y_2(x,t)=\phi_3(x)p_3(t)+\phi_4(x)p_4(t)+\phi_5(x)p_5(t)=$$

$$1p_3+\left(\frac{x}{l}\right)p_4+\left(\frac{x}{l}\right)^4p_5 \tag{3.44}$$

则部件 ② 的广义坐标运动方程为

$$[\overline{m^2}][\ddot{p}^2]+[\overline{k^2}][p^2]=[0] \tag{3.45}$$

广义质量矩阵$[\overline{m^2}]$与广义刚度矩阵$[\overline{k^2}]$中的各元素 m_{ij},k_{ij}($i,j=3,4,5,6$)为

$$m_{33}=\gamma\int_0^{l_2}\phi_3\phi_3\,\mathrm{d}x=\gamma\int_0^{l_2}\mathrm{d}x=\gamma l_2$$

$$m_{34}=m_{43}=\gamma\int_0^{l_2}\phi_3\phi_4\,\mathrm{d}x=\gamma\int_0^{l_2}1\left(\frac{x}{l_2}\right)\mathrm{d}x=0.5\gamma l_2$$

$$m_{35}=m_{53}=\gamma\int_0^{l_2}\phi_3\phi_5\,\mathrm{d}x=\gamma\int_0^{l_2}\left(\frac{x}{l_2}\right)^4\mathrm{d}x=0.2\gamma l_2$$

$$m_{44}=\gamma\int_0^{l_2}\phi_4\phi_4\,\mathrm{d}x=\gamma\int_0^{l_2}\left(\frac{x}{l}\right)^2\mathrm{d}x=0.333\,3\gamma l_2$$

$$m_{45}=m_{54}=\gamma\int_0^{l_2}\phi_4\phi_5\,\mathrm{d}x=\gamma\int_0^{l_2}\left(\frac{x}{l_2}\right)^5\mathrm{d}x=0.166\,6\gamma l_2$$

$$m_{55}=\gamma\int_0^{l_2}\phi_5\phi_5\,\mathrm{d}x=\gamma\int_0^{l_2}\left(\frac{x}{l}\right)^8\mathrm{d}x=0.111\,1\gamma l_2$$

$$m_{66}=\gamma\int_0^{l_2}\phi_6\phi_6\,\mathrm{d}x=\gamma\int_0^{l_2}\mathrm{d}x=\gamma l_2$$

由于部件 ② 的横向位移 y_2 与纵向位移 u_2 之间无耦合,所以有

$$m_{36}=m_{63}=m_{46}=m_{64}=m_{56}=m_{65}=0$$

故

$$[\overline{m^2}]=\gamma l_2\begin{bmatrix}1.000\,0 & 0.500\,0 & 0.200\,0 & 0\\ 0.500\,0 & 0.333\,3 & 0.166\,6 & 0\\ 0.200\,0 & 0.166\,6 & 0.111\,1 & 0\\ 0 & 0 & 0 & 1.000\,0\end{bmatrix} \tag{3.46}$$

因 $\phi''_3(x)=\phi''_4(x)=\phi''_6(x)=0$,$\phi''_5(x)=\dfrac{12}{l^4}x^2$,故

$$[\overline{k^2}]=\frac{EI}{l_2^3}\begin{bmatrix}0 & 0 & 0 & 0\\ 0 & 0 & 0 & 0\\ 0 & 0 & 28.8 & 0\\ 0 & 0 & 0 & 0\end{bmatrix} \tag{3.47}$$

将部件 ①,② 的运动方程式(3.41)、(3.45) 堆集,得

$$\gamma\begin{bmatrix}0.200\,0l_1 & 0.166\,6l_1 & 0 & 0 & 0 & 0\\ 0.166\,6l_1 & 0.142\,8l_1 & 0 & 0 & 0 & 0\\ 0 & 0 & l_2 & 0.5l_2 & 0.2l_2 & 0\\ 0 & 0 & 0.5l_2 & 0.333\,3l_2 & 0.166\,6l_2 & 0\\ 0 & 0 & 0.2l_2 & 0.166\,6l_2 & 0.111\,1l_2 & 0\\ 0 & 0 & 0 & 0 & 0 & l_2\end{bmatrix}\begin{bmatrix}p''_1\\ p''_2\\ p''_3\\ p''_4\\ p''_5\\ p''_6\end{bmatrix}+$$

$$EI\begin{bmatrix} \frac{4}{l_1^3} & \frac{6}{l_1^3} & 0 & 0 & 0 & 0 \\ \frac{6}{l_1^3} & \frac{12}{l_1^3} & 0 & 0 & 0 & 0 \\ 0 & 0 & 0 & 0 & 0 & 0 \\ 0 & 0 & 0 & 0 & 0 & 0 \\ 0 & 0 & 0 & 0 & \frac{28.8}{l_2^3} & 0 \\ 0 & 0 & 0 & 0 & 0 & 0 \end{bmatrix}\begin{bmatrix} p_1 \\ p_2 \\ p_3 \\ p_4 \\ p_5 \\ p_6 \end{bmatrix}=\begin{bmatrix} 0 \\ 0 \\ 0 \\ 0 \\ 0 \\ 0 \end{bmatrix} \tag{3.48}$$

部件 ①,② 在刚性联结界面处应满足的约束条件是:

位移协调条件

$$\left.\begin{aligned} &y_1(l_1)+u_2(l_2)=0 \\ &y_2(l_2)=0 \\ &y'_1(l_1)-y'_2(l_2)=0 \end{aligned}\right\}$$

对接力平衡条件

$$EI[y''_1(l_1)+y''_2(l_2)]=0$$

写成矩阵形式的约束方程为

$$\begin{bmatrix} 1 & 1 & 0 & 0 & 0 & 1 \\ 0 & 0 & 1 & 1 & 1 & 0 \\ 2 & 3 & 0 & -1 & -4 & 0 \\ 2 & 6 & 0 & 0 & 12 & 0 \end{bmatrix}\begin{bmatrix} p_1 \\ p_2 \\ p_3 \\ p_4 \\ p_5 \\ p_6 \end{bmatrix}=[0] \tag{3.49}$$

方程(3.49) 中有六个广义坐标 $p_1 \sim p_6$,但需满足四个约束条件,故其中仅有两个坐标是独立的,可任取其中的两个作为系统的广义坐标 $[q]$。取 $p_1=q_1$,$p_6=q_2$,则约束方程可整理成

$$\begin{bmatrix} 1 & 0 & 0 & 0 & 1 & 1 \\ 0 & 1 & 1 & 1 & 0 & 0 \\ 3 & 0 & -1 & -4 & 2 & 0 \\ 6 & 0 & 0 & 12 & 2 & 0 \end{bmatrix}\begin{bmatrix} p_2 \\ p_3 \\ p_4 \\ p_5 \\ q_1 \\ q_2 \end{bmatrix}=0 \tag{3.50}$$

从而求得 $[P]$ 和 $[q]$ 之间的变换为

$$[P]=\begin{bmatrix}p_1\\p_2\\p_3\\p_4\\p_5\\p_6\end{bmatrix}=\begin{bmatrix}1 & 0\\-1 & -1\\2 & -\frac{9}{2}\\-\frac{7}{3} & -5\\\frac{1}{3} & \frac{1}{2}\\0 & 1\end{bmatrix}\begin{bmatrix}q_1\\q_2\end{bmatrix}\tag{3.51}$$

对方程(3.48)进行式(3.51)所列的坐标变换,得

$$\gamma\begin{bmatrix}m'_{11} & m'_{12}\\m'_{21} & m'_{22}\end{bmatrix}\begin{bmatrix}q''_1\\q''_2\end{bmatrix}+EI\begin{bmatrix}k'_{11} & k'_{12}\\k'_{21} & k'_{22}\end{bmatrix}\begin{bmatrix}q_1\\q_2\end{bmatrix}=\begin{bmatrix}0\\0\end{bmatrix}\tag{3.52}$$

由方程(3.52)可求得系统的前两阶固有频率。工程实际情况下,可以改变两段簧片的长度 l_1,l_2 之间的夹角的取值,以达到优化基频的目的。

3.4.3 变截面簧片的模态分析

簧片结构形式复杂多样,对于形状规则的等截面直簧片的固有频率分析已经通过解析法得到解决,然而因设计上的原因,或为了获得更好的反力性能,有时采用梯形段或梯形簧片;有的要在继电器簧片上开圆孔、长圆孔;有时采用分裂接点等。这类簧片沿簧片轴向的宽度不再是常数。虽然有的簧片只有一小段截面不同,但都将它们列入变截面直簧片类。

1. 瑞利法

当略去阻尼的弹性体以其某阶固有频率振动时,系统中的各点均在其平衡位置附近做简谐振动。在简谐振动情况下,当系统变形达到最大值时,各点的速度为零,此时系统只有变形能而无动能;而当系统的速度达到最大值时,各点的变形为零,此时系统只有动能而无变形能。又因在略去系统阻尼的情况下,系统的总能量守恒,所以系统的最大变形能应等于系统的最大动能,即 $V_{max}=T_{max}$,由此可推导出梁、杆、轴等弹性体的固有频率的计算公式。

在假设近似于某振型函数的位移函数时,应尽可能接近实际振型,最好同时满足弹性体的几何边界条件及力的边界条件,至少要满足几何边界条件,这样才可求得较精确的固有频率值。根据最小势能原理可得出这样的结论:系统按某一阶固有频率振动时,由于边界条件的约束弹性体可以采取的各种变型中,只有按振型函数的形状变形系统的变形能才最小,因此采用非振型的位移函数作为近似,只会增加系统的变形能,也相当于增加了系统的约束,使计算出的固有频率总是偏高。由于很难选取较近似高阶振型的位移函数,从而计算出的高阶固有频率精度很差,因此实际中只用瑞利法进行一阶固有频率的近似计算。

2. 里兹法

里兹法是瑞利法的进一步改进，可用于求出更精确的固有频率及主振型的近似值。该法的基本思想是：把瑞利法中的位移函数表示为乘以待定系数 α 的满足边界条件的一系列函数 $\phi(x)$ 的叠加，按任意位移函数去计算固有频率时，只有极小值最精确，因而可以按这一条件去确定系数 α。而一旦 α 确定了，该位移函数也就是主振型的较好的近似值，算出的固有频率也就比较精确。具体方法如下：

设位移函数 $Y(x)$ 为

$$Y(x)=\sum_{r=1}^{n}\alpha_r\phi_r(x) \tag{3.53}$$

对于梁而言，固有频率的计算公式为

$$\omega_{\mathrm{n}}^2=\frac{E}{\rho}\frac{\int_0^l I\left(\frac{\mathrm{d}^2Y}{\mathrm{d}x^2}\right)^2\mathrm{d}x}{\int_0^l AY^2\mathrm{d}x} \tag{3.54}$$

式(3.54) 计算出的固有频率应为极小值，故式(3.54) 对各 α_r 的偏导数应为零，即

$$\frac{\partial}{\partial\alpha_r}\left[\frac{\int_0^l I\left(\frac{\mathrm{d}^2Y}{\mathrm{d}x^2}\right)^2\mathrm{d}x}{\int_0^l AY^2\mathrm{d}x}\right]=0\quad(r=1,2,3,\cdots,n) \tag{3.55}$$

展开式(3.55)，得

$$\left(\int_0^l AY^2\mathrm{d}x\right)\frac{\partial}{\partial\alpha_r}\left[\int_0^l I\left(\frac{\mathrm{d}^2Y}{\mathrm{d}x^2}\right)^2\mathrm{d}x\right]-\left[\int_0^l I\left(\frac{\mathrm{d}^2Y}{\mathrm{d}x^2}\right)^2\mathrm{d}x\right]\frac{\partial}{\partial\alpha_r}\left[\int_0^l AY^2\mathrm{d}x\right]=0 \tag{3.56}$$

因为系统的最大变形能与最大动能相等，所以变形能积分可转变为动能积分，即

$$\int_0^l I\left(\frac{\mathrm{d}^2Y}{\mathrm{d}x^2}\right)^2\mathrm{d}x=\frac{\omega_{\mathrm{n}}^2\rho}{E}\int_0^l AY^2\mathrm{d}x \tag{3.57}$$

将式(3.57) 代入(3.55)，整理后得

$$\frac{\partial}{\partial\alpha_r}\int_0^l\left[I\left(\frac{\mathrm{d}^2Y}{\mathrm{d}x^2}\right)^2-\frac{\omega_{\mathrm{n}}^2\rho}{E}AY^2\right]\mathrm{d}x=0\quad(r=1,2,3,\cdots,n) \tag{3.58}$$

式(3.58) 为 n 个未知数 $\alpha_1,\alpha_2,\cdots,\alpha_n$ 的齐次线性方程组，要求得各 α_r 的非零解，式(3.58) 的系数行列式应为零。由此条件即可得到频率方程，解此方程可求出所需的低阶固有频率，代回式(3.57) 后，可求出所需的几组待定系数 α_r，代回式(3.53) 后可得到相应的主振型。

如图 3.24 所示为变截面簧片示意图。其截面积和惯性矩为

$$A(x)=bh-\frac{b-a}{L}h\cdot x=A_0-(A_0-A_1)\cdot\frac{x}{L} \tag{3.59}$$

$$I(x)=\frac{1}{12}(b-\frac{b-a}{L}x)h^3=I_0-(I_0-I_1)\frac{x}{L} \tag{3.60}$$

式(3.59) 中，A_0 为簧片固定端处的截面面积，A_1 为簧片自由端处的截面面积；式(3.60) 中，I_0 为簧片固定端处的惯性矩，I_1 为簧片自由端处的惯性矩。

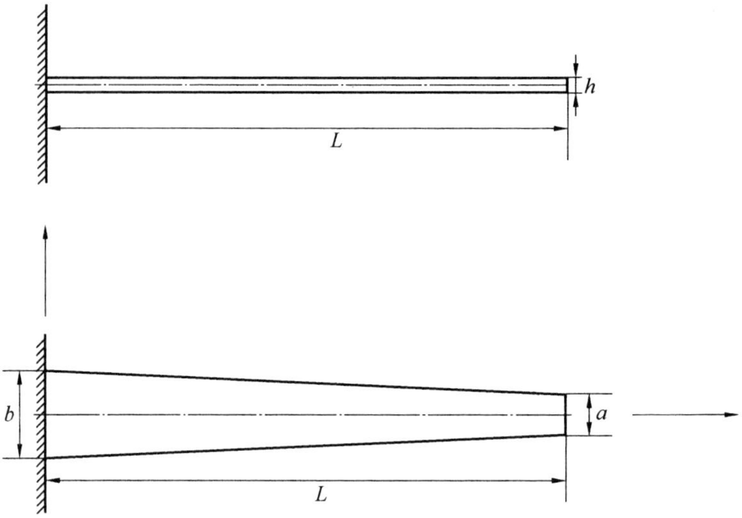

图 3.24　变截面簧片示意图

簧片的边界条件为

$$\left.\begin{aligned} x=0,Y(0)=0,Y'(0)=0 \\ x=L,M=EI(L)Y''=0 \\ Q=[EI(L)Y''']'=0 \end{aligned}\right\} \tag{3.61}$$

选 $\phi_r(x)=\left(\frac{x}{L}\right)^2\left(1-\frac{x}{L}\right)^{r+3}$ 的形式，即

$$Y(x)=\sum_{r=1}^{n}\alpha_r\left(\frac{x}{L}\right)^2\left(1-\frac{x}{L}\right)^{r+3} \tag{3.62}$$

显然，簧片的边界条件得到满足。式(3.62)中，n 取不同的值，系统固有频率的计算精度也不同。采用里兹法计算固有频率的近似值时，级数项数 n 应比需求的固有频率的阶数多一倍以上，才能得到较好的计算结果。

若 $n=1$，即 $Y(x)=\alpha_1\left(\frac{x}{L}\right)^2\left(1-\frac{x}{L}\right)^4$，则

$$\omega_1=16.91\frac{h}{L^2}\sqrt{\frac{E}{\rho}\frac{(5b+a)}{(9b+5a)}} \tag{3.63}$$

若 $n=2$，即 $Y(x)=\alpha_1\left(\frac{x}{L}\right)^2\left(1-\frac{x}{L}\right)^4+\alpha_2\left(\frac{x}{L}\right)^2\left(1-\frac{x}{L}\right)^5$，则

$$\omega_{01}=\frac{h}{L^2}\sqrt{\frac{1}{2}\frac{E}{\rho}\frac{1\,430a^2+10\,530b^2-26\zeta}{3a^2+9b^2+12ab}} \tag{3.64}$$

$$\omega_{02}=\frac{h}{L^2}\sqrt{\frac{1}{2}\frac{E}{\rho}\frac{1\,430a^2+10\,530b^2+26\zeta}{3a^2+9b^2+12ab}} \tag{3.65}$$

式中　$\zeta=(1\,825a^4+133\,894b^2a^2+27\,080a^3b+120\,825b^4+224\,280b^3a)^{0.5}$。

3. 传递矩阵法

变截面梁振动方程对应的是四阶变系数常微分方程，数学上精确求解存在很大困

难。传递矩阵法的基本思想是将复杂的线性振动系统分割为若干个“点”“场”元件，各元件之间的特性用矩阵表示，再把这些矩阵依次相乘，求出表示整个系统特性的矩阵及传递方程，最后利用系统的边界条件，得到系统的振动特性。对于考虑质量且质量连续分布的梁段，可以按弹性体振动问题中关于梁的振动理论来建立梁段左右两端状态矢量的传递关系，从而得到梁段的传递矩阵。当等截面梁段以频率 ω 做谐振动时，由梁的振型函数表示为

$$Y(x)=D_1S(\beta x)+D_2T(\beta x)+D_3U(\beta x)+D_4V(\beta x) \tag{3.66}$$

式中　$S(\beta x)=\dfrac{1}{2}(\cosh\beta x+\cos\beta x)$；

$U(\beta x)=\dfrac{1}{2}(\cosh\beta x-\cos\beta x)$；

$T(\beta x)=\dfrac{1}{2}(\sinh\beta x+\sin\beta x)$；

$V(\beta x)=\dfrac{1}{2}(\sinh\beta x-\sin\beta x)$；

$\beta^4=\dfrac{\omega^2\gamma}{EJ}$；

γ,E,J—— 梁的微元段质量、弹性模量、截面惯性矩。

用梁段两端的状态变量(挠度 Y、转角 θ、弯矩 M、剪力 Q) 表示梁截面的变形和内力的状态，消去系数 D_1,D_2,D_3,D_4，并写成矩阵形式为

$$\begin{bmatrix}Y\\\theta\\M\\Q\end{bmatrix}_i^{\mathrm{L}}=\begin{bmatrix}S(\beta l) & \dfrac{T(\beta l)}{\beta} & \dfrac{U(\beta l)}{EJ\beta^2} & \dfrac{V(\beta l)}{EJ\beta^3}\\ \beta V(\beta l) & S(\beta l) & \dfrac{T(\beta l)}{EJ\beta} & \dfrac{U(\beta l)}{EJ\beta^2}\\ EJ\beta^2U(\beta l) & EJ\beta V(\beta l) & S(\beta l) & \dfrac{T(\beta l)}{\beta}\\ EJ\beta^3T(\beta l) & EJ\beta^2U(\beta l) & \beta V(\beta l) & S(\beta l)\end{bmatrix}_i\times\begin{bmatrix}Y\\\theta\\M\\Q\end{bmatrix}_{i-1}^{\mathrm{R}} \tag{3.67}$$

简记

$$\boldsymbol{Z}_i^{\mathrm{L}}=\boldsymbol{C}_i\boldsymbol{Z}_{i-1}^{\mathrm{R}} \tag{3.68}$$

$\boldsymbol{C}_i$ 为联系任一分布质量梁段右端状态矢量 $\boldsymbol{Z}_i^{\mathrm{L}}$ 和左端状态矢量 $\boldsymbol{Z}_{i-1}^{\mathrm{R}}$ 的矩阵，则联系整个梁系统左端状态矢量 $\boldsymbol{Z}_0$ 与右端状态矢量 $\boldsymbol{Z}_n^{\mathrm{R}}$ 的矩阵称为总传递矩阵。对于变截面直簧片，其状态矢量的传递关系可统一表示为

$$\boldsymbol{Z}_n^{\mathrm{R}}=\begin{bmatrix}Y\\\theta\\M\\Q\end{bmatrix}_n^{\mathrm{R}}=C_nC_{n-1}\cdots C_1Z_0=CZ_0=\begin{bmatrix}C_{11} & C_{12} & C_{13} & C_{14}\\C_{21} & C_{22} & C_{23} & C_{24}\\C_{31} & C_{32} & C_{33} & C_{34}\\C_{41} & C_{42} & C_{43} & C_{44}\end{bmatrix}\begin{bmatrix}Y\\\theta\\M\\Q\end{bmatrix}_0 \tag{3.69}$$

簧片左端为固定端，右端为自由端，则其边界条件为

$$\left.\begin{aligned}x=0,Y(0)=0,\theta(0)=0\\x=L,M(L)=0,Q(L)=0\end{aligned}\right\} \tag{3.70}$$

将式(3.70)代入式(3.69)中,有

$$\begin{bmatrix} Y \\ \theta \\ 0 \\ 0 \end{bmatrix}_n^{\mathrm{R}} = \begin{bmatrix} C_{11} & C_{12} & C_{13} & C_{14} \\ C_{21} & C_{22} & C_{23} & C_{24} \\ C_{31} & C_{32} & C_{33} & C_{34} \\ C_{41} & C_{42} & C_{43} & C_{44} \end{bmatrix} \begin{bmatrix} 0 \\ 0 \\ M \\ Q \end{bmatrix}_0 \tag{3.71}$$

由式(3.71)第三、四行得

$$\begin{bmatrix} 0 \\ 0 \end{bmatrix} = \begin{bmatrix} C_{33} & C_{34} \\ C_{43} & C_{44} \end{bmatrix} \begin{bmatrix} M_0 \\ Q_0 \end{bmatrix} \tag{3.72}$$

故频率方程为

$$\Delta(\omega) = C_{33}C_{44} - C_{34}C_{43} = 0 \tag{3.73}$$

事实上,式(3.73)为高次代数方程,求解此问题较困难。既然复杂的多自由度振动系统固有频率及主振型的求解,实质上是一个高阶代数特征值问题,故直接用“频率扫描”的方法来进行传递矩阵法求解过程的数值分析更为有效,且便于上机求解。对于表3.2所示的带圆孔的直簧片,可将其视为四段子系统的分支结构,包括Ⅰ,Ⅳ两段等截面梁和Ⅱ,Ⅲ两段变截面梁。

表3.2　典型电磁继电器变截面直簧片

带圆孔型直簧片		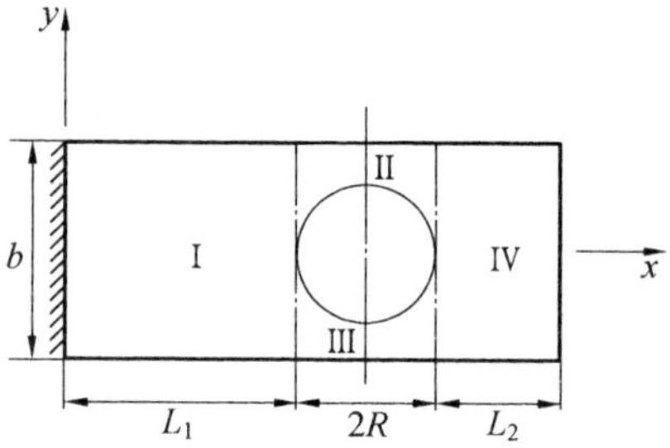
分岔型直簧片	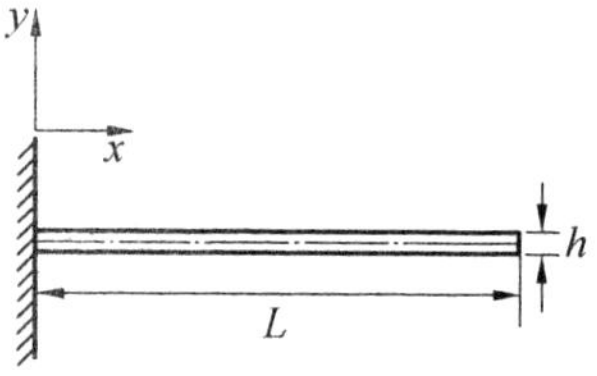	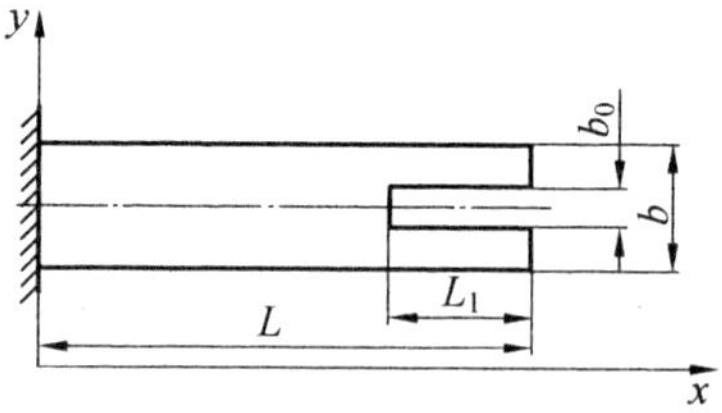
梯形直簧片		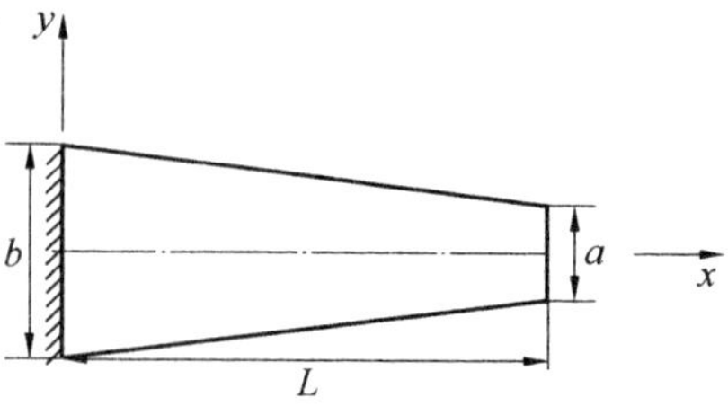

续表 3.2

折线形簧片	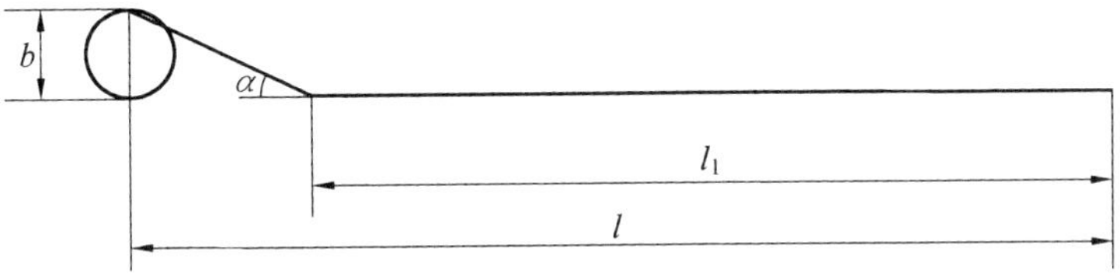

为说明圆孔在簧片中的位置，定义孔心距 $\lambda=\dfrac{L_1+R}{L}$，则 $\dfrac{L_2+R}{L}=1-\lambda$。

圆孔处的簧片宽度为

$$b(x)=b-2\sqrt{R^2-[R-(x-L_1)]^2}=b(1-2\sqrt{\alpha^2+\alpha\gamma})\tag{3.74}$$

式中　$\gamma=\dfrac{2R}{b}$—— 孔宽比；

$\alpha=\dfrac{x-L_1}{b}$—— 正则坐标。

圆孔处的截面积和惯性矩分别为

$$A(x)=b(x)h=A_0(1-2\sqrt{\alpha^2+\alpha\gamma})\tag{3.75}$$

$$J(x)=\frac{1}{12}b(x)h^3=J_0(1-2\sqrt{\alpha^2+\alpha\gamma})\tag{3.76}$$

式(3.75) 中，A_0 为簧片固定端处的截面面积；式(3.76) 中，J_0 为簧片固定端处的惯性矩。

分别构造 Ⅰ，Ⅱ，Ⅲ，Ⅳ 段子传递矩阵

$$\begin{bmatrix}Y\\ \theta\\ M\\ Q\end{bmatrix}_i^{R}=[T_i]\begin{bmatrix}Y\\ \theta\\ M\\ Q\end{bmatrix}_i^{L}\quad(i=\text{Ⅰ},\text{Ⅱ},\text{Ⅲ},\text{Ⅳ})\tag{3.77}$$

考虑到分支点有下列边界协调条件：

$$\begin{bmatrix}Y\\ \theta\\ M\\ Q\end{bmatrix}_{\text{Ⅴ}}^{L}=\begin{bmatrix}1&&&\\&1&&\\&&2&\\&&&2\end{bmatrix}\begin{bmatrix}Y\\ \theta\\ M\\ Q\end{bmatrix}_{\text{Ⅱ}}^{R},\quad\begin{bmatrix}Y\\ \theta\\ M\\ Q\end{bmatrix}_{\text{Ⅱ}}^{L}=\begin{bmatrix}1&&&\\&1&&\\&&0.5&\\&&&0.5\end{bmatrix}\begin{bmatrix}Y\\ \theta\\ M\\ Q\end{bmatrix}_{\text{Ⅰ}}^{R}\tag{3.78}$$

合并式(3.77)、(3.78) 最终得到总传递矩阵为

$$\begin{bmatrix}Y\\ \theta\\ M\\ Q\end{bmatrix}_{\text{Ⅴ}}^{R}=[T_{\text{Ⅴ}}]\begin{bmatrix}1&&&\\&1&&\\&&2&\\&&&2\end{bmatrix}[T_{\text{Ⅱ}}]\begin{bmatrix}1&&&\\&1&&\\&&0.5&\\&&&0.5\end{bmatrix}[T_{\text{Ⅰ}}]\begin{bmatrix}Y\\ \theta\\ M\\ Q\end{bmatrix}_{\text{Ⅰ}}^{L}\tag{3.79}$$

并由式(3.79) 可求得簧片固有频率。

分别采用传递矩阵法与有限元法对带圆孔型直簧片的一阶固有频率进行了计算(二阶以上固有频率已超出研究范围,故不对其进行讨论)。由图 3.25 可见,在孔宽比 $\gamma < 0.75$ 范围内,传递矩阵法的计算结果较有限元法仅偏差 4% 以内。偏差原因主要在于传递矩阵法只考虑了横向弯曲振动,而对于纵向振动及转动惯量、剪切变形、开孔处的集中应力的影响都是忽略的,而有限单元法运用四边形单元对梁体进行剖分,对于上述因素的影响都给予了充分的考虑,因此其结果更加接近真实值。由本文的算例可见,孔心距与孔宽比在一定的范围内,传递矩阵法结果具有非常高的精度,可以为工程设计人员所采用。另外,结果表明孔心距即开孔位置是影响带圆孔型直簧片抗振性的关键参数。当孔心距 $\lambda = 0.6$ 时,一阶固有频率随着孔宽比的增大基本保持不变;当孔心距 $\lambda < 0.6$ 时,一阶固有频率随着孔宽比的增大而减小;当孔心距 $\lambda > 0.6$ 时,一阶固有频率随着孔宽比的增大而增大。

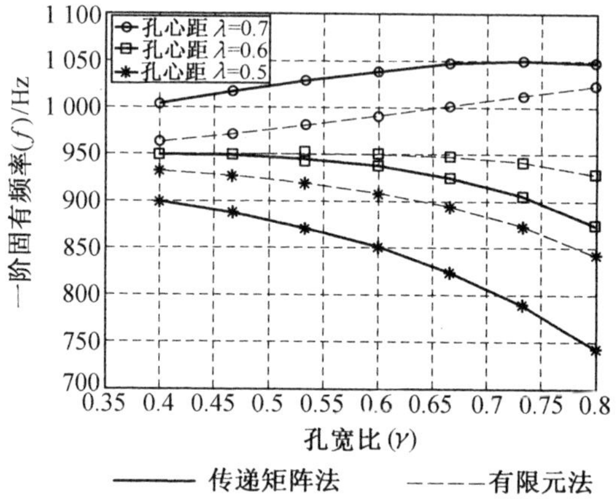

图 3.25 带圆孔型直簧片一阶固有频率变化曲线

对于如表 3.2 所示的分岔型直簧片,为描述分岔部分的特征,定义岔长比为 $\eta = L_1/L$,岔宽比为 $\mu = b_0/b$。考虑到只计算其横向振动的固有频率,因此可将其等效为如图 3.26 所示的两段等截面梁结构。列写梁段的子传递矩阵,由此构造总传递矩阵并代入边界条件,可求得簧片横向振动固有频率。

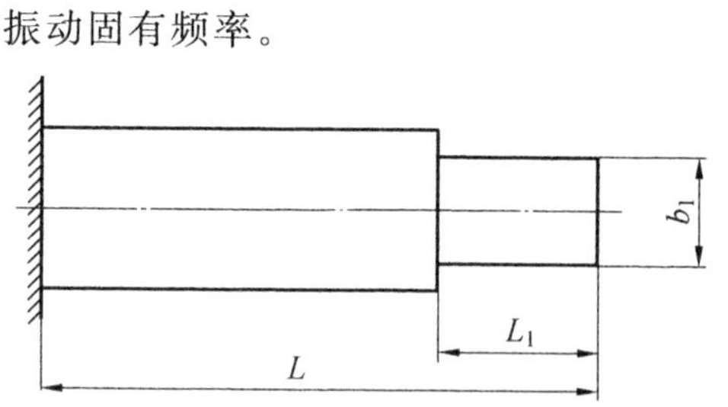

图 3.26 分岔型直簧片的等效结构

由图 3.27 可见,对于一阶固有频率的计算,岔长比 η 在[0.25,0.375]内变化,岔宽比在[0.15,0.3]内变化,由传递矩阵法得到的等效结果和有限元法所得的真实结果误差在 1% 以内,证明了等效的合理性,同时表明该方法对于分岔型直簧片固有频率的分析是适用的。另外,固有频率随着岔宽比及岔长比的增加而增加,表明分岔型直簧片的设计不仅满足了触点接触的可靠性，同时更加有利于提高簧片部件的抗振性。

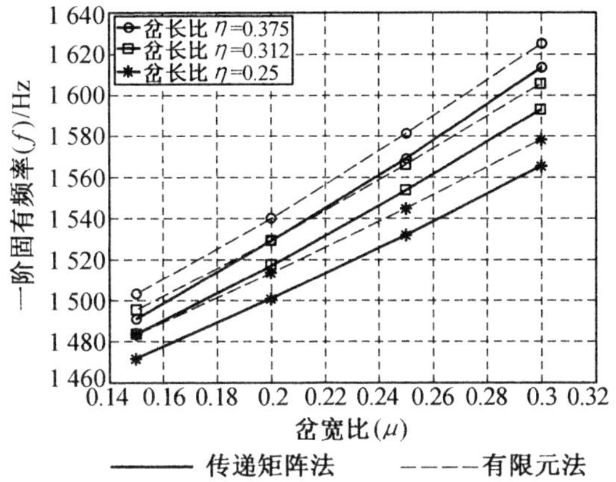

图 3.27　分岔型直簧片固有频率变化曲线

如表 3.2 所示的梯形直簧片其片宽 $b(x)$ 为

$$b(x)=b-\frac{b-a}{L}x=b[1-\alpha(1-\zeta)] \tag{3.80}$$

式中　$\zeta=\frac{a}{b}$—— 截面比；

$\alpha=\frac{x}{L}$—— 正则坐标。

理想情况下，继电器的典型簧片的截面变化比范围为 $0\leqslant\zeta\leqslant1$，其中，当 $\zeta=0$ 时，截面退化成三角形，当 $\zeta=1$ 时，截面为等截面情况。

典型簧片的截面积和惯性矩分别表示为

$$A(x)=b(x)h=A_0[1-\alpha(1-\zeta)] \tag{3.81}$$

$$J(x)=\frac{1}{12}b(x)h^3=J_0[1-\alpha(1-\zeta)] \tag{3.82}$$

式中　A_0—— 簧片固定端处的截面面积；

J_0—— 簧片固定端处的惯性矩。

将整个梁沿长度方向等分，每一段梁近似作为等截面梁处理。将式(3.80)、(3.81)、(3.82)代入式(3.66)中，求得子传递矩阵，并最终得到总传递矩阵 $\boldsymbol{C}$，由式(3.73)即可求得簧片的横向振动固有频率。

由图 3.28 可见，截面比 ζ 在[0,1]内变化，由传递矩阵法得到的结果与有限元法得到的结果仅差 1%，表明本方法对于梯形直簧片的固有频率是适用的。另外，簧片一阶固有频率随着截面比的减小而增大，可见，梯形簧片的抗振性优于矩形簧片。

如表 3.2 所示的折线形簧片，可将其视为两段子系统分支结构。为分析方便，定义 α 为弯折角。考虑到梁纵向振动的微分方程为

$$EA\frac{\partial^2 u}{\partial x^2}-\rho A\frac{\partial^2 u}{\partial t^2}=0 \tag{3.83}$$

其振型函数表示为

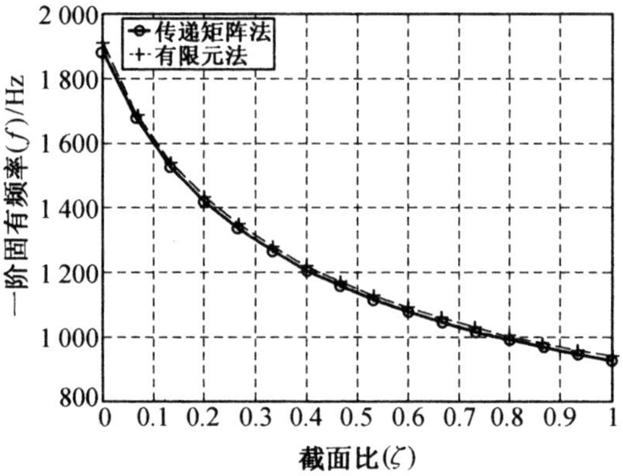

图 3.28 梯形直簧片固有频率变化曲线

$$U(x)=\bar{A}\sin(px)+\bar{B}\cos(px) \tag{3.84}$$

式中 $p^2=\frac{\rho}{E}\omega^2$。

则梁截面的变形和内力的状态可用两端的状态变量(挠度 Y、转角 θ、弯矩 M、剪力 Q、纵向位移 U、轴向力 F)表示,即

$$\begin{bmatrix}Y\\ \theta\\ M\\ Q\\ U\\ F\end{bmatrix}_i^{L}=\begin{bmatrix}S(\beta l) & \frac{T(\beta l)}{\beta} & \frac{U(\beta l)}{EJ\beta^2} & \frac{V(\beta l)}{EJ\beta^3} & 0 & 0\\ \beta V(\beta l) & S(\beta l) & \frac{T(\beta l)}{EJ\beta} & \frac{U(\beta l)}{EJ\beta^2} & 0 & 0\\ EJ\beta^2U(\beta l) & EJ\beta V(\beta l) & S(\beta l) & \frac{T(\beta l)}{\beta} & 0 & 0\\ EJ\beta^3T(\beta l) & EJ\beta^2U(\beta l) & \beta V(\beta l) & S(\beta l) & 0 & 0\\ 0 & 0 & 0 & 0 & \cos pl & \frac{\sin pl}{EAp}\\ 0 & 0 & 0 & 0 & EAp\sin pl & \cos pl\end{bmatrix}_i\times\begin{bmatrix}Y\\ \theta\\ M\\ Q\\ U\\ F\end{bmatrix}_{i-1}^{R} \tag{3.85}$$

联合考虑到簧片两端的边界条件,即可求解得到折线形簧片的固有频率。由图 3.29 可见,保持簧片总长度 l 和簧片固定端位置不变,折线形簧片的一阶固有频率(基频)随着弯折角的增大而减小。调整簧片固定端的位置,折线形簧片的一阶固有频率随参数 b 的增大而减小。因此,联合弯折角与簧片固定端位置参数可以有效提高折簧片的固有频率。另外,折线形簧片的固有频率与等长度直簧片相比较低,因此建议折线形簧片在一定范围内尽量避免采用。

3.4.4 带有触点的簧片模态分析

如图 3.30 所示,带有触点的簧片可以等效成为自由端带有集中质量的均匀悬臂梁,利用 Rayleigh 能量法给出基频的上限估计,利用 Dunkerley 给出基频的下限估计,两者结合起来,可以给出基频的存在区间。

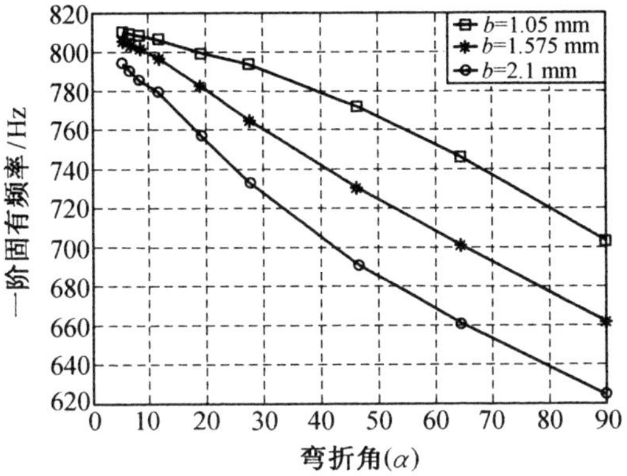

图 3.29　折线形簧片固有频率变化曲线

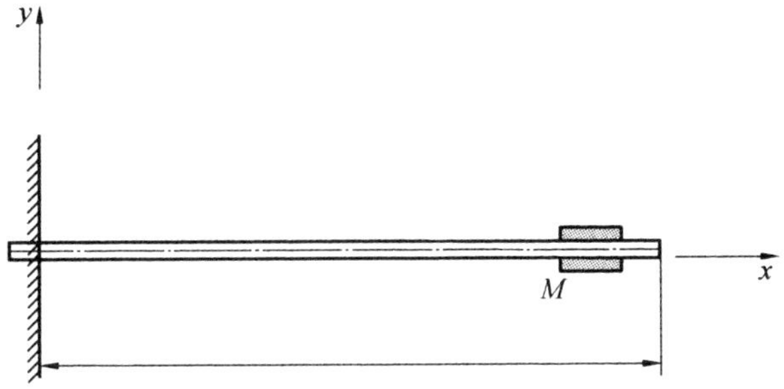

图 3.30　带有触点的簧片

按 Rayleigh 能量法，取悬臂梁在自由端集中载荷的作用下的静挠度作为试算函数，

$$y(x)=y_0\left(\frac{3lx^2-x^3}{2l^3}\right) \tag{3.86}$$

式中　y_0——自由端的最大挠度，则瑞利商的表达式为

$$\omega_1^2=\frac{\int_0^l EI\left[\frac{\mathrm{d}^2Y(x)}{\mathrm{d}x^2}\right]^2\mathrm{d}x}{\int_0^l \gamma Y^2(x)\mathrm{d}x+Y^2(l)M} \tag{3.87}$$

以式(3.86)代入式(3.87)，即得基频的上限估计为

$$\overline{\omega_1}=\sqrt{\frac{\alpha}{0.333+0.078\alpha}}\sqrt{\frac{EI}{\gamma l^4}} \tag{3.88}$$

式中　$\alpha=\frac{\gamma l}{M}$——簧片的质量 γl 与集中质量 M 之比。

已知没有触点的簧片的基频为

$$\Omega_1^2=3.516\,\frac{EI}{\gamma l^4} \tag{3.89}$$

引入 $\xi=\frac{\omega_1}{\Omega_1}$，为带有触点的簧片与没有触点的簧片的基频之比。不计质量的均匀悬臂梁，在端部带有集中质量时，系统的固有频率为

$$\Omega_2^2 = 3\left(\frac{EI}{Ml^3}\right) = 3\alpha\,\frac{EI}{\gamma l^4} \tag{3.90}$$

Dunkerley 法可表示为

$$\frac{1}{\omega_1^2} \approx \frac{1}{\Omega_1^2} + \frac{1}{\Omega_2^2} \tag{3.91}$$

式中 ω_1—— 系统的基频；

Ω_i—— 系统中只存在第 i 个质量单元时系统的基频。

由式(3.91)得基频的下限估计为

$$\underline{\omega_1} = \sqrt{\frac{\alpha}{0.333 + 0.081\alpha}}\sqrt{\frac{EI}{\gamma l^4}} \tag{3.92}$$

由此得基频的存在区间为$(\underline{\omega_1}, \overline{\omega_1})$，取以上两者的平均值作为基频 ω_1 的比较准确的近似。

图 3.31 表明在簧片尺寸不变的情况下，簧片的基频随触点质量的增加而减小。当触点质量是簧片质量的 1/10 时，其基频相当于无触点时基频的 85%，当触点质量与簧片质量相等时，其基频不足无触点时基频的 50%。因此，为提高簧片系统的固有频率，应适当减小触点质量，或者采用冲包结构的簧片系统。

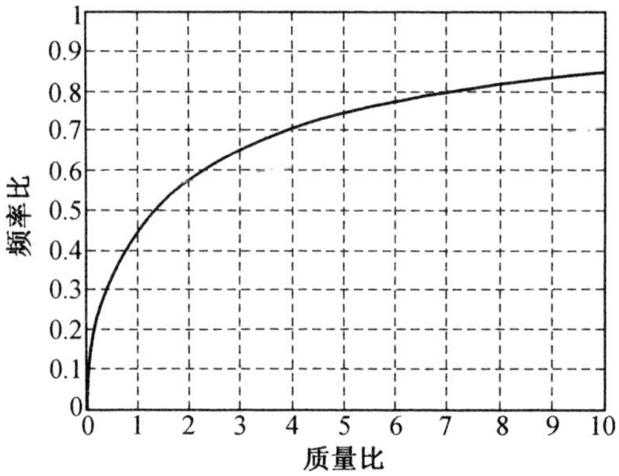

图 3.31 触点质量对固有频率的影响

3.4.5 触簧系统的振动响应

1. 簧片振型的正交性

由前文知簧片的振型方程为

$$\frac{d^2}{dx^2}\left[EI\,\frac{d^2Y(x)}{dx^2}\right] - \gamma\omega^2 Y(x) = 0 \tag{3.93}$$

式中 E—— 簧片的弹性模量，N/m；

I—— 簧片的惯性矩，m^4；

γ—— 簧片的线密度，kg/m；

ω—— 簧片的固有圆频率，rad/s。

设 $Y_i(x)$，$Y_j(x)$ 分别为对应固有圆频率 ω_i 及 ω_j 的主振型$(i \neq j)$，则由式(3.93)有

$$\frac{\mathrm{d}^2}{\mathrm{d}x^2}\left[EI\frac{\mathrm{d}^2Y_i(x)}{\mathrm{d}x^2}\right]-\gamma\omega_i^2Y_i(x)=0 \tag{3.94}$$

$$\frac{\mathrm{d}^2}{\mathrm{d}x^2}\left[EI\frac{\mathrm{d}^2Y_j(x)}{\mathrm{d}x^2}\right]-\gamma\omega_j^2Y_j(x)=0 \tag{3.95}$$

式(3.94)乘以 $Y_j(x)$ 并沿梁长对 x 积分，得

$$\int_0^l Y_j(x)\frac{\mathrm{d}^2}{\mathrm{d}x^2}\left[EI\frac{\mathrm{d}^2Y_i(x)}{\mathrm{d}x^2}\right]\mathrm{d}x=\int_0^l\gamma\omega_i^2Y_i(x)Y_j(x)\mathrm{d}x \tag{3.96}$$

由于在梁的简单边界条件中，总有挠度或剪力中的一个与弯矩或转角中的一个同时为零，故对式(3.96)左式分部积分后，化简得

$$\int_0^l Y_j(x)\frac{\mathrm{d}^2}{\mathrm{d}x^2}\left[EI\frac{\mathrm{d}^2Y_i(x)}{\mathrm{d}x^2}\right]\mathrm{d}x=\int_0^l EI\frac{\mathrm{d}^2Y_i(x)}{\mathrm{d}x^2}\frac{\mathrm{d}^2Y_j(x)}{\mathrm{d}x^2}\mathrm{d}x \tag{3.97}$$

将式(3.97)代入式(3.96)，得

$$\int_0^l EI\frac{\mathrm{d}^2Y_i(x)}{\mathrm{d}x^2}\cdot\frac{\mathrm{d}^2Y_j(x)}{\mathrm{d}x^2}\mathrm{d}x=\omega_i^2\int_0^l\gamma Y_i(x)Y_j(x)\mathrm{d}x \tag{3.98}$$

式(3.95)乘以 $Y_i(x)$ 然后进行同样的推导，可得到

$$\int_0^l EI\frac{\mathrm{d}^2Y_j(x)}{\mathrm{d}x^2}\cdot\frac{\mathrm{d}^2Y_i(x)}{\mathrm{d}x^2}\mathrm{d}x=\omega_j^2\int_0^l\gamma Y_j(x)Y_i(x)\mathrm{d}x \tag{3.99}$$

式(3.98)与式(3.99)相减后得

$$(\omega_i^2-\omega_j^2)\int_0^l\gamma Y_i(x)Y_j(x)\mathrm{d}x=0 \tag{3.100}$$

如果 $i\neq j$ 时有 $\omega_i\neq\omega_j$，则

$$\int_0^l\gamma Y_i(x)Y_j(x)\mathrm{d}x=0 \tag{3.101}$$

式(3.101)即为簧片的主振型函数关于质量的正交性。代入式(3.98)可得

$$\int_0^l EI\frac{\mathrm{d}^2Y_i(x)}{\mathrm{d}x^2}\frac{\mathrm{d}^2Y_j(x)}{\mathrm{d}x^2}\mathrm{d}x=0 \tag{3.102}$$

上式即为簧片的主振型函数关于刚度的正交性。当 $i=j$ 时，式(3.100)总能成立，令

$$\int_0^l\gamma Y_j{}^2(x)\mathrm{d}x=M_{pj} \tag{3.103}$$

$$\int_0^l Y_j\frac{\mathrm{d}^2}{\mathrm{d}x^2}\left[EI\frac{\mathrm{d}^2Y_j(x)}{\mathrm{d}x^2}\right]\mathrm{d}x=\int_0^l EI\left[\frac{\mathrm{d}^2Y_j(x)}{\mathrm{d}x^2}\right]^2\mathrm{d}x=K_{pj} \tag{3.104}$$

常数 M_{pj}，K_{pj} 分别称为第 j 阶主质量及第 j 阶主刚度，由式(3.98)得知它们有下列关系：

$$\omega_j^2=\frac{K_{pj}}{M_{pj}} \tag{3.105}$$

如果主振型 $Y_j(x)$ 中的常数 C_j 按下列归一化条件来确定：

$$\int_0^l\gamma Y_j^2(x)\mathrm{d}x=M_{pj}=1\quad(j=1,2,\cdots) \tag{3.106}$$

则得到的主振型称为正则振型，相应的第 j 阶主刚度 K_{pj} 为 ω_j^2。式(3.106)与式(3.101)可合写为

$$\int_0^l \gamma Y_i(x) Y_j(x)\mathrm{d}x = \delta_{ij} \tag{3.107}$$

由式(3.102)及(3.104)可得到

$$\int_0^l EI \frac{\mathrm{d}^2 Y_i(x)}{\mathrm{d}x^2} \frac{\mathrm{d}^2 Y_j(x)}{\mathrm{d}x^2}\mathrm{d}x = \omega_j^2 \delta_{ij} \tag{3.108}$$

$$\int_0^l Y_j \frac{\mathrm{d}^2}{\mathrm{d}x^2}\left[\frac{\mathrm{d}^2 Y_i(x)}{\mathrm{d}x^2}\right]\mathrm{d}x = \omega_j^2 \delta_{ij} \tag{3.109}$$

2. 振型叠加法

借助于振型函数的正交性，可以使描述连续系统运动的偏微分方程解耦成一系列的单自由度系统的运动方程，在求得各个单自由度系统的响应以后，叠加起来，就得到系统的全部响应，此即振型叠加法。

簧片的振动可以写成多个模态的振动之和，即

$$y(x,t) = \sum_{r=1}^{\infty} Y_r(x)\eta_r(t) \tag{3.110}$$

将 $\eta_r(t)(r=1,2,\cdots)$ 视为系统的广义坐标。

梁的动能可表达为

$$T = \frac{1}{2}\int_0^L \gamma \left[\frac{\partial y(x,t)}{\partial t}\right]^2 \mathrm{d}x \tag{3.111}$$

将式(3.110)代入上式得

$$T = \frac{1}{2}\int_0^l \gamma \left[\sum_{i=1}^{\infty} Y_i(x)\eta'_i(t)\right]\left[\sum_{j=1}^{\infty} Y_j(x)\eta'_j(t)\right]\mathrm{d}x =$$

$$\frac{1}{2}\sum_{i=1}^{\infty}\sum_{j=1}^{\infty}\eta'_i(t)\eta'_j(t)\int_0^l \gamma Y_i(x) Y_j(x)\mathrm{d}x \tag{3.112}$$

由于正交性关系式(3.101)，上式可简化成

$$T = \frac{1}{2}\sum_{i=1}^{\infty}[\eta'_i(t)]^2 \int_0^l \gamma Y_i^{\,2}(x)\mathrm{d}x \tag{3.113}$$

令

$$\int_0^L \gamma Y_i^2(x)\mathrm{d}x = M_i \quad (i=1,2,\cdots) \tag{3.114}$$

称为对应于广义坐标 η_i 的广义质量，代入式(3.113)，得动能的表达式为

$$T = \frac{1}{2}\sum_{i=1}^{\infty} M_i [\eta'_i(t)]^2 \tag{3.115}$$

只考虑簧片的弯曲势能，则簧片的各截面的弯矩为

$$M(x) = EI\frac{\partial^2 y(x,t)}{\partial x^2} \tag{3.116}$$

簧片上 $\mathrm{d}x$ 的小段微转角为

$$\mathrm{d}\theta = \frac{\partial^2 y(x,t)}{\partial x^2}\mathrm{d}x \tag{3.117}$$

由此得簧片的弯曲势能为

$$V=\frac{1}{2}\int_0^l EI\left[\frac{\partial^2 y(x,t)}{\partial x^2}\right]^2 \mathrm{d}x \tag{3.118}$$

将式(3.110)代入上式，得

$$V=\frac{1}{2}\sum_{i=1}^{\infty}\sum_{j=1}^{\infty}\eta_i(t)\eta_j(t)\int_0^l EI\,\frac{\mathrm{d}^2Y_i(x)}{\mathrm{d}x^2}\cdot\frac{\mathrm{d}^2Y_j(x)}{\mathrm{d}x^2}\mathrm{d}x \tag{3.119}$$

由正交性关系有

$$V=\frac{1}{2}\sum_{i=1}^{\infty}\eta_i{}^2(t)\int_0^l EI\left[\frac{\mathrm{d}^2Y_i(x)}{\mathrm{d}x^2}\right]^2\mathrm{d}x \tag{3.120}$$

令

$$\int_0^l EI\left[\frac{\mathrm{d}^2Y_i(x)}{\mathrm{d}x^2}\right]^2\mathrm{d}x=K_i\quad(i=1,2,\cdots) \tag{3.121}$$

称为对应于广义坐标 η_i 的广义刚度，得势能表达式为

$$V=\frac{1}{2}\sum_{i=1}^{\infty}K_i\cdot\eta_i^2(t) \tag{3.122}$$

由式(3.110)得，簧片的线性虚位移为

$$\Delta y=\sum_{i=1}^{\infty}Y_i(x)\Delta\eta_i(t) \tag{3.123}$$

振动过程中簧片上作用有分布载荷，包括空气阻力和惯性力。其中空气阻力可表示为

$$f_c=-\delta\frac{\partial y(x,t)}{\partial t}=-\delta\sum_{i=1}^{\infty}Y_i(x)\eta'_i(t) \tag{3.124}$$

式中　δ——空气阻尼系数。

若基座的位移运动形式为 $\Lambda(t)=\lambda\sin\Omega t$，则加速度为

$$\Lambda''(t)=-\lambda\Omega^2\sin\Omega t \tag{3.125}$$

那么簧片上微元体受到的惯性力为

$$f_m(t)=\Lambda''(t)\gamma\mathrm{d}x=-\gamma\Omega^2\lambda\sin\Omega t\,\mathrm{d}x \tag{3.126}$$

以上两力共同作用时的虚功为

$$\Delta W=\int_0^l\left[-\delta\cdot\sum_{i=1}^{\infty}Y_i(x)\eta'_i(t)\Delta y\right]\mathrm{d}x+\int_0^l\gamma\Lambda''(t)\cdot\Delta y\cdot\mathrm{d}x \tag{3.127}$$

另一方面，按广义坐标 $\eta_i(t)$ 及广义力 $Q_i(t)$，可将虚位移表示为

$$\Delta W=\sum_{i=1}^{\infty}Q_i(t)\cdot\Delta\eta_i(t) \tag{3.128}$$

比较式(3.127)和(3.128)，得广义力的表达式为

$$Q_i=\int_0^l\left[-\delta\cdot Y_i^2(x)\eta'_i(t)-\gamma\Omega^2\lambda\sin\Omega t\,Y_i(x)\right]\mathrm{d}x \tag{3.129}$$

将以上动能、势能、广义力等量代入拉格朗日方程

$$\frac{\mathrm{d}}{\mathrm{d}t}\left(\frac{\partial T}{\partial\eta'_i}\right)-\frac{\partial T}{\partial\eta_i}+\frac{\partial V}{\partial\eta_i}=Q_i\quad(i=1,2,\cdots) \tag{3.130}$$

即得一系列的单自由度系统的运动方程为

$$\eta''_i(t)+\frac{\delta}{\gamma}\eta'_i(t)+\omega_i^2\eta_i(t)=-B_0\Omega^2\sin\Omega t\quad(i=1,2,\cdots)\tag{3.131}$$

式中 B_0—— 激励等效振幅，$B_0=\lambda\dfrac{\int_0^L Y_r(x)\mathrm{d}x}{\int_0^L Y_r^2(x)\mathrm{d}x}$。

设式(3.131)的特解为

$$\eta_i=B\sin(\Omega t-\varphi)\tag{3.132}$$

将式(3.132)代入式(3.131)中，得

$$-B\Omega^2\sin(\Omega t-\varphi)+2\beta\Omega B\cos(\Omega t-\varphi)+\omega_i^2B\sin(\Omega t-\varphi)=-B_0\cdot\Omega^2\sin\Omega t\tag{3.133}$$

式中 $\beta=\dfrac{\delta}{2\gamma}$。

将其展开，比较等式两端，$\sin\Omega t$，$\cos\Omega t$ 的系数应相等，则解得

$$\varphi=\arctan\frac{2\beta\Omega}{\omega_i^2-\Omega^2}=\frac{2\dfrac{\beta}{\omega_i}\dfrac{\omega_i}{\Omega}}{\left(\dfrac{\omega_i}{\Omega}\right)^2-1}\tag{3.134}$$

$$B=\frac{-B_0\Omega^2}{\sqrt{(\omega_i^2-\Omega^2)^2+(2\beta\Omega)^2}}=\frac{-B_0}{\sqrt{\left(\dfrac{\omega_i^2}{\Omega^2}-1\right)^2+\left(2\dfrac{\beta}{\omega_i}\dfrac{\omega_i}{\Omega}\right)^2}}\tag{3.135}$$

引入频率比 $v=\dfrac{\omega_i}{\Omega}$ 及阻尼率 $\sigma=\dfrac{\beta}{\omega_i}$，则式(3.134)和式(3.135)分别改写为

$$\varphi=\arctan\frac{2\sigma v}{v^2-1}\tag{3.136}$$

$$B=-\frac{B_0}{\sqrt{(v^2-1)^2+(2\sigma v)^2}}\tag{3.137}$$

将式(3.136)、(3.137)代入式(3.132)得

$$\eta_i=-\frac{B_0}{\sqrt{(v^2-1)^2+(2\sigma v)^2}}\sin\left(\Omega t-\arctan\frac{2\sigma v}{v^2-1}\right)\tag{3.138}$$

由式(3.138)可见，簧片强迫振动的响应由激振频率 Ω、激励等效振幅 B_0 和相角 φ 三个参数决定；响应频率与激励频率相同；响应振幅与激励等效幅值 B_0 成正比例关系，即

$$B=\lambda\,|H(v)|\tag{3.139}$$

$|H(v)|$ 是无量纲的，

$$|H(v)|=\frac{1}{\sqrt{(v^2-1)^2+(2\sigma v)^2}}\frac{\int_0^L Y_r(x)\mathrm{d}x}{\int_0^L Y_r^2(x)\mathrm{d}x}\tag{3.140}$$

在物理意义上，$|H(v)|$ 表示动态振动的振幅 B 较静态位移 λ 放大了多少倍，称为放大系数。$|H(v)|$ 不仅是系统参数的函数，而且还是激励频率的函数。因此，对于同一系统，激励频率不同，放大系数的取值将不同，从而系统响应的振幅也是不相同的。

相位差 φ 反映了响应滞后的激励相位角，在激励频率 Ω 与固有频率 ω 相近的范围内，则 $v\approx 1$，$|H(v)|$ 出现峰值，然而，当 σ 较大时，$|H(v)|$ 峰值较低，反之，$|H(v)|$ 峰值较高。

将式(3.140)对 Ω 求导并令其等于0，得 $|H(\Omega)|$ 的极大值点为

$$\Omega^* = \omega\sqrt{1-2\sigma^2} \tag{3.141}$$

那么 $|H(\Omega^*)|$ 的极大值为

$$|H(\Omega^*)| = \frac{1}{2\sigma\sqrt{1-\sigma^2}}\frac{\int_0^L Y_r(x)\mathrm{d}x}{\int_0^L Y_r^2(x)\mathrm{d}x} \tag{3.142}$$

则当激振频率等于 Ω^* 时的强迫振动称为共振，Ω^* 称为共振频率，$\lambda|H(\Omega^*)|$ 为共振振幅。

3.4.6 振动极限加速度的分析方法

1. 振动加速度的分析

因静触簧支撑方式的不同，使得继电器产品力学环境性能能力不同，即固有振动频率和振动极限加速度不同。接触系统的动作闭合状态，与上层静触点闭合并被衔铁推杆紧紧压住的触点簧片，由于受到推动杆的推力，其抗振性要比与下层静触点自由闭合（常闭）的触点簧片的抗振性能强，因此对于电磁继电器的抗振性应该按照触点接触时无推杆约束时的抗振性来判定。

以静触簧为刚性结构的常闭触点组为例，其动簧片等效为一端固定另一端上有一个“重锤”（触点）的等截面的悬臂梁。悬臂梁有一定的初始挠度和初始压力 F_0。当继电器在振动激励作用下使簧片发生振动时，触点压力即发生变化，并在振动过载达到一定数值时变为零，这就是触点回路断开前的临界状态。因此，保持触点接触的条件可以用下式描述：

$$P_k \geqslant 0 \tag{3.143}$$

式中 P_k—— 接触点的反作用力，它决定了触点压力值。

力 P_k 由触点的初始压力 F_0，触点质量 m_{k0} 随着继电器外壳加速度而运动所产生的惯性力 R 以及梁在其与支承接触处受到的弹性动态反作用力 N 叠加而得。振动条件下触点保持接触的条件为

$$F_0 - |R+N| \geqslant 0 \tag{3.144}$$

如果继电器外壳激振位移的表达式为 $\Lambda(t)=\lambda\sin\Omega t$，$\lambda$ 为激振幅值，Ω 为激振角频率，那么触点惯性力的最大值为

$$R|_{\max} = m_{k0}\lambda\Omega^2 = m_{k0}W \tag{3.145}$$

式中 W—— 振动加速度的幅值。

在该振动条件下，动簧片的位移函数可近似表示为

$$y(x,t) = C_1[(\cos\alpha_1 x - \cosh\alpha_1 x) + r_1\cdot(\sin\alpha_1 x - \sinh\alpha_1 x)]\cdot \frac{-B_{01}}{\sqrt{(v^2-1)^2+(2\sigma v)^2}}\sin(\Omega t-\varphi) \tag{3.146}$$

式中 $r_1=-\dfrac{\cos\alpha_1 L+\cosh\alpha_1 L}{\sin\alpha_1 L+\sinh\alpha_1 L}$；

B_{01}—— 激励等效幅值，$B_{01}=\lambda\cdot\dfrac{\int_0^L Y_1(x)\mathrm{d}x}{\int_0^L Y_1^2(x)\mathrm{d}x}$；

$C_1=\sqrt{\dfrac{1}{\gamma.\int_0^L[(\cos\alpha_1 x-\cosh\alpha_1 x)-r_1\cdot(\sin\alpha_1 x-\sinh\alpha_1 x)]^2\mathrm{d}x}}$；

v—— 频率比，$v=\dfrac{\omega_1}{\Omega}$；

σ—— 阻尼率，$\sigma=\dfrac{\zeta}{\sqrt{4\pi^2+\zeta^2}}$。

其中ζ,$Y_1(x)$,γ及ω_1分别是材料的对数衰减率、第一阶振型函数、梁的线密度及第一阶固有频率。

对触点处受力分析可知，作用在簧片右端上的剪力等于待求的动态反作用力的幅值，即

$$N=\left(EI\left.\frac{\mathrm{d}^3 y(x,t)}{\mathrm{d}x^3}\right|_{x=L}\right)_{\max} \tag{3.147}$$

将式(3.146)代入式(3.147)得

$$N=C_1 EI\alpha_1^3[(\sin\alpha_1 L-\sinh\alpha_1 L)+r_1(-\cos\alpha_1 L-\cosh\alpha_1 L)]\cdot \frac{W}{\Omega^2\sqrt{(v^2-1)^2+(2\sigma v)^2}}\frac{\int_0^L Y_1(x)\mathrm{d}x}{\int_0^L Y_1^2(x)\mathrm{d}x} \tag{3.148}$$

化简得到振动极限加速度的一般表达式为

$$W\leqslant\frac{F_0}{m_{k0}+\dfrac{E\rho^2 bh^3(\alpha_1 L)^3 L[(\sin\alpha_1 L-\sinh\alpha_1 L)+r_1(-\cos\alpha_1 L-\cosh\alpha_1 L)]\dfrac{\int_0^L C_1 Y_1(x)\mathrm{d}x}{\int_0^L Y_1^2(x)\mathrm{d}x}}{\sqrt{[(\alpha_1 L)^4 h^2 E-12\rho\Omega^2 L^4]^2+4E\sigma^2(\alpha_1 L)^4 h^2\Omega^2 L^4}}} \tag{3.149}$$

可见，振动极限加速度W由簧片的材料性能(包括密度、弹性模量、阻尼率)、簧片的尺寸参数(包括长度、宽度、厚度)、触点质量、触点的初压力、激振频率等参数决定。

当激振频率Ω等于固有频率ω_1时，由式(3.149)化简得共振时的振动极限加速度为

$$W_{\min}\leqslant\frac{F_0}{m_{k0}+\dfrac{1}{2\sigma}m_{k1}\beta} \tag{3.150}$$

式中 m_{k1}—— 簧片的质量，$m_{k1}=\rho Lbh$；

β—— 振型因数，表示在谐振条件下簧片的质量m_{k1}以自身的惯性力参与使继电器触点断开的作用效果

$$\beta=\frac{[(\sin\alpha_1 L-\sinh\alpha_1 L)+r_1(-\cos\alpha_1 L-\cosh\alpha_1 L)]}{\alpha_1 L}\frac{\int_0^L -C_1Y_1(x)\mathrm{d}x}{\int_0^L Y_1^2(x)\mathrm{d}x}$$

如果令 $W=ng$，式中 n 为振动加速度倍数，将其代入式(3.150)中，可求出谐振时允许的加速度(以重力加速度为单位)为

$$n_{\min}\leqslant\frac{F_0}{G_{k0}+\frac{1}{2\sigma}G_{k1}\beta}\tag{3.151}$$

式中　G_{k0}——触点的重量；

G_{k1}——簧片的重量。

2. 检验接触系统抗振性的合理判据

目前军用电磁继电器的耐力学振动性能指标最高(激振频率为 10 ～ 3 000 Hz；加速度幅值为 300 m/s^2)。实际上，当电磁继电器触簧系统固有频率不在应用环境振动频率范围内时，求解振动极限加速度没有实际意义。

结合GJB360A—96中200类物理性能试验的方法204(高频振动试验)规定的试验条件，定义激振频率范围为$[\Omega_L,\Omega_H]$，环境振动极限加速度为 W_a 的区域为危险区。如图3.32所示存在如下两种情况。

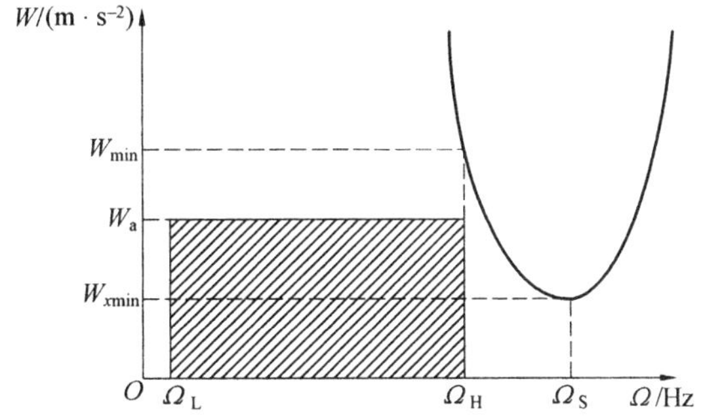

(a) 情况一

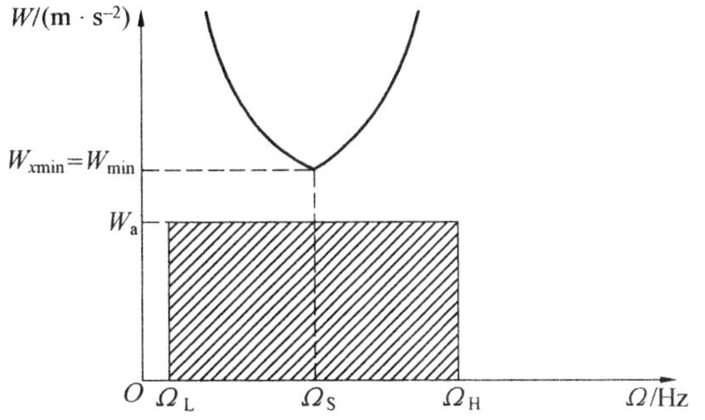

(b) 情况二

图 3.32　抗振性判据示意图

(1) 固有频率 Ω_S 在激振频带$[\Omega_L,\Omega_H]$以外，一般地 $\Omega_S>\Omega_H$。如图3.32(a)所示，继电器触簧系统在激振频带以内不会发生共振现象，此时触簧系统的抗振性极限加速度应

为振动加速度在激振频带内的极小值 $W_{x\min}$，其值由式(3.149) 确定，因此触簧系统抗振性的判据为

$$W_{x\min} \geqslant W_a \tag{3.152}$$

(2) 固有频率 Ω_S 在激振频带$[\Omega_L, \Omega_H]$以内，如图 3.32(b) 所示，共振时的振动加速度为触簧系统的抗振性极限加速度，其值由式(3.150) 确定，此时触簧系统抗振性的判据为

$$W_{x\min} = W_{\min} \geqslant W_a \tag{3.153}$$

3. 影响因素分析与实验验证

以某型号继电器的接触系统为例，分析簧片的材料特性和尺寸参数因素对振动极限加速度的影响。接触系统材料的力学特性见表 3.3。

表 3.3 接触系统材料的力学特性

序号	材料	密度 /($kg \cdot m^{-3}$)	弹性模量 /GPa	振动衰减系数
1	铍青铜	8 300	130	0.025
2	弹性合金	10 300	78.4	0.05

由式(3.149) 可计算得到当接触系统材料不同时，继电器振动极限加速度随激振频率变化的曲线，如图 3.33 所示。由图 3.33 可见，① 材料密度的减小及弹性模量的增大可提高簧片的固有振动频率和动簧片在危险区内的振动极限加速度，并在一定程度上可以避免发生共振；② 振动衰减系数的增大可以提高振动极限加速度；③ 具有相同尺寸和材料参数的动簧片，刚性结构的 $W_{\min}$ 比柔性结构的 $W_{\min}$ 小很多。

若动簧片材料为铍青铜，当簧片长度、宽度、厚度不同时，继电器振动极限加速度随激振频率变化的曲线，如图 3.34、图 3.35 和图 3.36 所示。可见，① 减小动簧片的长度可提高其固有振动频率和动簧片在激振频带内的振动极限加速度的极小值 $W_{x\min}$；② 增大动簧片的宽度不会改变固有振动频率，并可使刚性结构的振动极限加速度减小，柔性结构的振动极限加速度增大；③ 增加动簧片的厚度可提高固有振动频率，同时会提高动簧片在危险区内振动极限加速度的极小值 $W_{x\min}$。

为验证分析结果的准确性，试制接触系统样品安装于振动试验台上。考虑到目前国内的振动台所能提供的激振频带为 10 ～ 3 000 Hz，加速度幅值可达 300 m/s^2。因此按照 GJB360－96 中的高频振动试验方法规定完成振动试验，同时通过继电器触点抖断测试仪可确定触点是否发生共振现象。分别施加不同的激振加速度幅值，得到触点抖断时对应的激振频率并绘于图 3.34 ～ 3.36 中。可见，理论计算结果与实验结果具有很好的一致性。

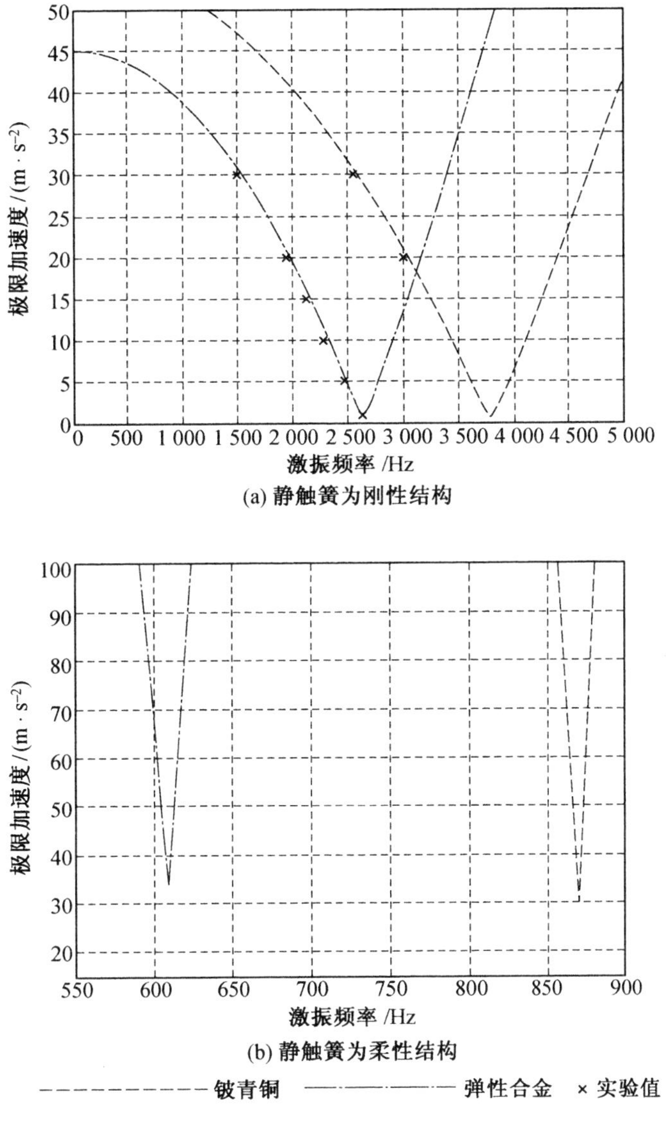

图 3.33　簧片材料特性对极限加速度的影响

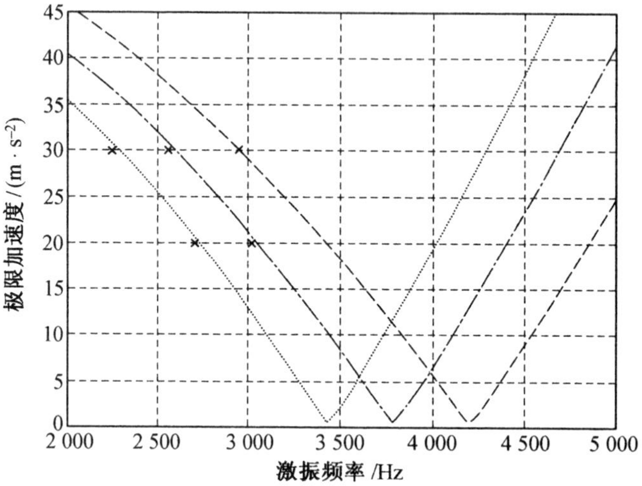

(a) 静触簧为刚性结构

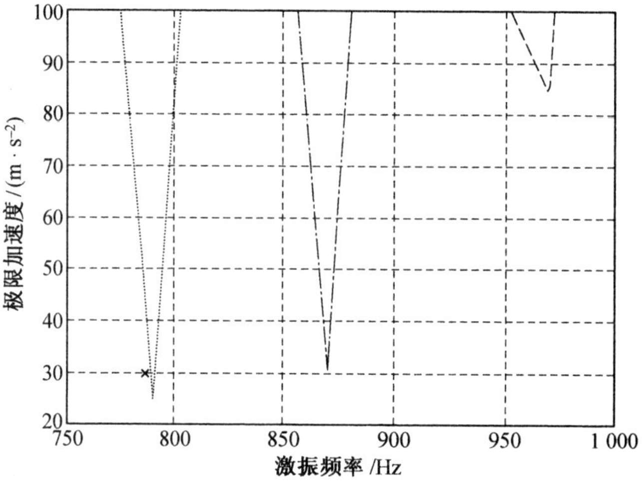

(b) 静触簧为柔性结构

L=10.5 mm　L=10 mm　L=9.5 mm　× 实验值

图 3.34　簧片长度对极限加速度的影响

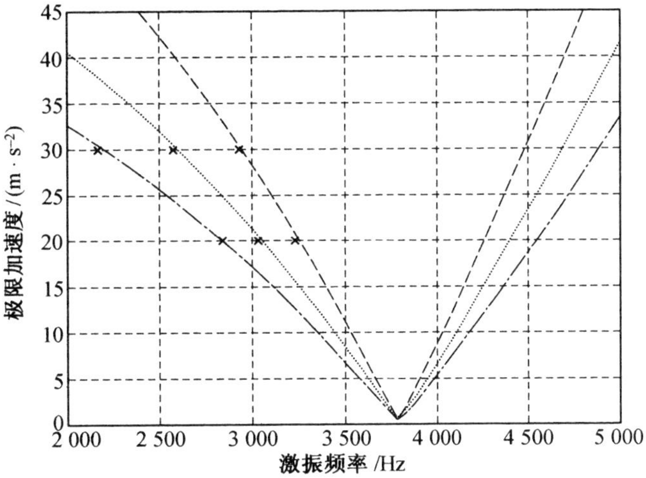

(a) 静触簧为刚性结构

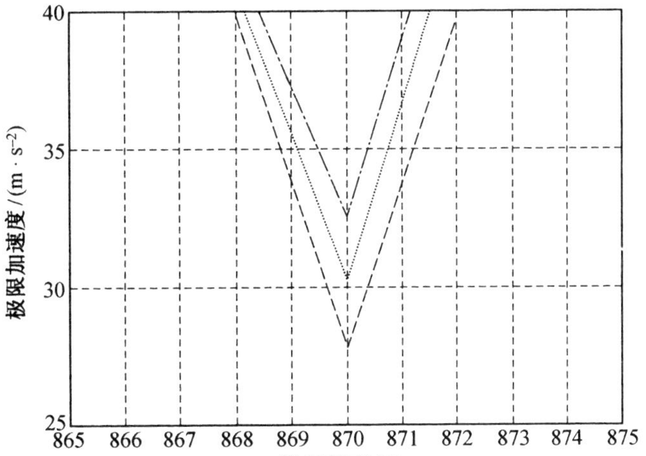

(b) 静触簧为柔性结构

b=2 mm　b=2.5 mm　b=1.5 mm　× 实验值

图 3.35　簧片宽度对极限加速度的影响

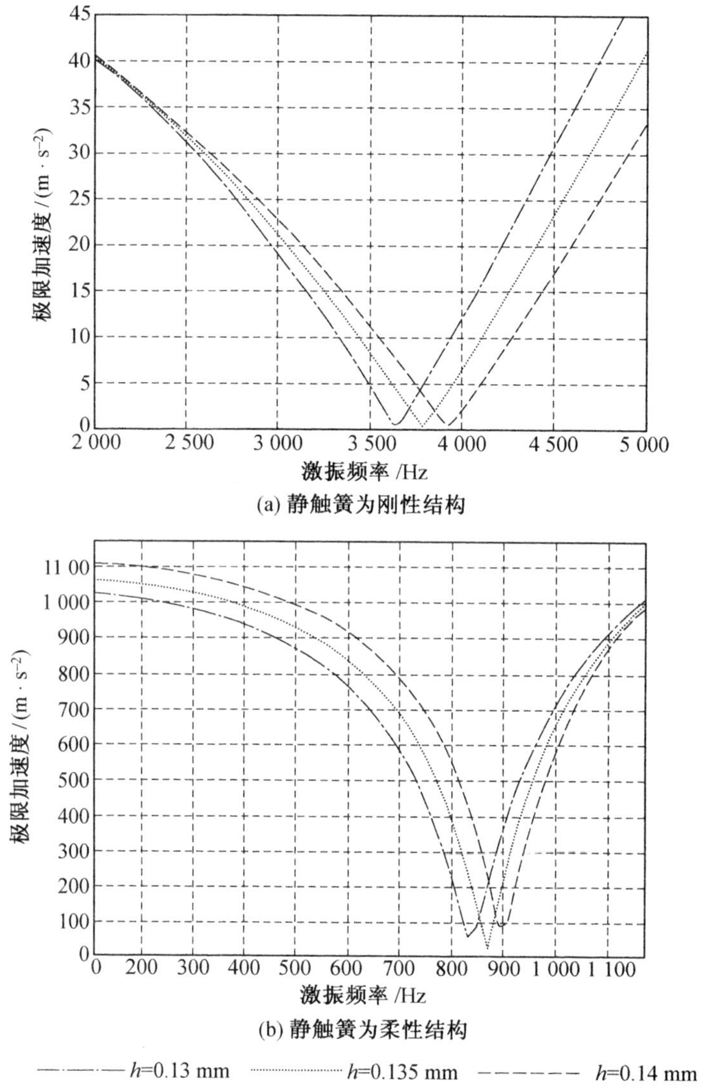

图 3.36 簧片厚度对极限加速度的影响

3.5 随机振动条件下的运动特性

以释放状态下的接触系统作为分析对象，随机振动下触点间的力响应与相对位移响应也是一个随机过程，通过计算力响应和相对位移响应的稳态概率密度函数可以求取接触系统接触失效的概率密度函数。

航天继电器中接触系统多采用不规则双梁结构，建立精确理论模型非常困难，如何用简化模型分析是用随机过程理论分析的关键。

由模态分析结果可知，梁结构接触系统的低阶振型有很大的相似性：

(1) 一阶振型为动簧片与静合簧片共同振动，如图 3.37(a) 所示。共振频率在

2 000 ～3 000 Hz 的频段，触点间有较大的相对位移与力响应。

(2) 二阶振型为动簧片中部发生振动，如图 3.37(b) 所示。共振频率一般在 3 000 Hz 以上，该振动方式所产生的触点间相对位移可忽略不计。

(3) 其余的高阶模态将远远高于 3 000 Hz，在 GJB65B 中规定的随机振动条件下，高阶模态对接触系统随机振动特性基本没有影响。

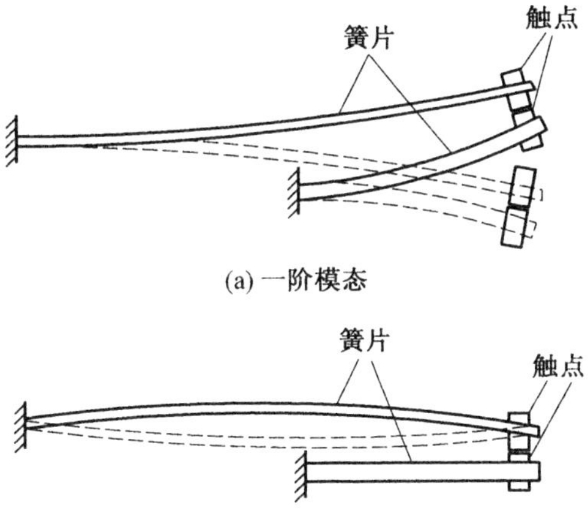

(a) 一阶模态

(b) 二阶模态

图 3.37 接触系统模态分析

因此，在对接触系统进行随机振动特性分析时，可通过模态分析将其等效为两自由度力学模型，如图 3.38(a) 所示。图中 c_1 和 c_2 为两簧片的等效阻尼；k_j 和 c_j 分别为触点间的等效接触刚度和等效接触阻尼。m_2，m_3 和 k_1，k_2 为通过一阶模态分析得出的动簧片和静簧片等效质量和等效刚度。P_1 和 P_2 点分别为动簧片与静簧片末端与引出杆的焊接部分。由于以上三类接触系统都是直接安装固定在底板上，加速度激励在该处的放大量基本上可以忽略不计，可认为加速度激励直接加载在 P_1 和 P_2。另外，为了方便应用随机过程理论分析触点间的接触失效概率，通过继电器的自重将加速度载荷转化为随机力载荷 $f(t)$，等效力学模型为图 3.38(b) 所示。图中 m_1 为继电器质量，k_g 和 c_g 为外界与继电器之间的等效刚度与等效阻尼，由安装方式决定。

由图 3.38(b)，系统运动方程为

$$\begin{bmatrix} m_1 & 0 & 0 \\ 0 & m_2 & 0 \\ 0 & 0 & m_3 \end{bmatrix} \ddot{\boldsymbol{x}}_r + \begin{bmatrix} c_1+c_2+c_g & -c_1 & -c_2 \\ -c_1 & c_1+c_j & -c_j \\ -c_2 & -c_j & c_j+c_2 \end{bmatrix} \dot{\boldsymbol{x}}_r +$$

$$\begin{bmatrix} k_1+k_2+k_g & -k_1 & -k_2 \\ -k_1 & k_1+k_j & -k_j \\ -k_1 & -k_j & k_j+k_2 \end{bmatrix} \boldsymbol{x}_r = \begin{bmatrix} h \\ 0 \\ 0 \end{bmatrix} f(t) \tag{3.154}$$

式中 $f(t)$ —— 零均值高斯白噪声；

h—— 噪声的强度；

$\boldsymbol{x}_r$—— 系统状态变量，$\boldsymbol{x}_r = [x_{1r} \quad x_{2r} \quad x_{3r}]^{\mathrm{T}}$；

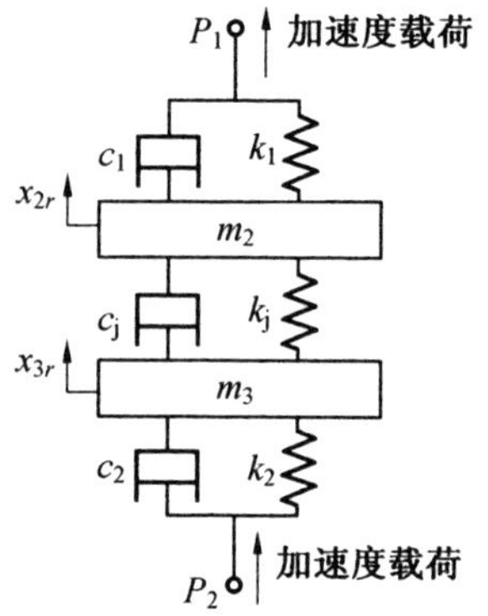

(a) 动簧片－静簧片等效力学模型

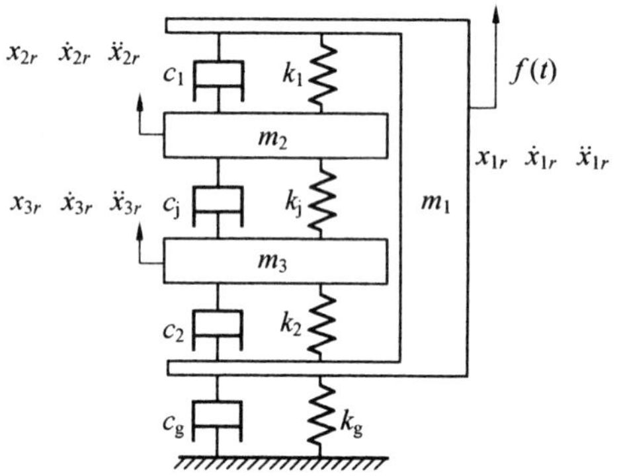

(b) 接触系统随机振动分析模型

图 3.38 接触系统等效力学模型

$[\,]^{\mathrm{T}}$—— 转置运算；

$\dot{\boldsymbol{x}}_r$—— 对时间求导，$\dot{\boldsymbol{x}}_r=\dfrac{\mathrm{d}}{\mathrm{d}t}\boldsymbol{x}_r$。

对于高斯白噪声有

$$E[f(t)]=0$$

$$E[f(t)f(t+\tau)]=2D\delta(\tau)$$

引入以下变量 $x_{1r}=x_1$，$x_{2r}=x_2$，$x_{3r}=x_3+x_2$，$\dot{x}_{1r}=x_4$，$\dot{x}_{2r}=x_5$，$\dot{x}_{3r}=x_6$，并代入式(3.154)可得

$$\begin{bmatrix} 0 & 0 & 0 & m_1 & 0 & 0 \\ 0 & 0 & 0 & 0 & m_2 & 0 \\ 0 & 0 & 0 & 0 & m_3 & m_3 \\ 1 & 0 & 0 & 0 & 0 & 0 \\ 0 & 1 & 0 & 0 & 0 & 0 \\ 0 & 0 & 1 & 0 & 0 & 0 \end{bmatrix} \dot{\boldsymbol{x}} +$$

$$\begin{bmatrix} k_1+k_2+k_g & -k_1-k_2 & -k_2 & c_1+c_2+c_g & -c_1-c_2 & -c_2 \\ -k_1 & k_1 & -k_j & -c_1 & c_1 & -c_j \\ -k_2 & k_2 & k_2+k_j & -c_2 & c_2 & c_j+c_2 \\ 0 & 0 & 0 & -1 & 0 & 0 \\ 0 & 0 & 0 & 0 & -1 & 0 \\ 0 & 0 & 0 & 0 & 0 & -1 \end{bmatrix} \boldsymbol{x} = \begin{bmatrix} 1 \\ 0 \\ 0 \\ 0 \\ 0 \\ 0 \end{bmatrix} f(t) \tag{3.155}$$

经过线性变换可得

$$\dot{\boldsymbol{x}} = \begin{bmatrix} 0 & 0 & 0 & 1 & 0 & 0 \\ 0 & 0 & 0 & 0 & 1 & 0 \\ 0 & 0 & 0 & 0 & 0 & 1 \\ -\dfrac{k_1+k_2+k_g}{m_1} & \dfrac{k_1+k_2}{m_1} & \dfrac{k_2}{m_1} & -\dfrac{c_1+c_2+c_g}{m_1} & \dfrac{c_1+c_2}{m_1} & \dfrac{c_2}{m_1} \\ \dfrac{k_1}{m_2} & -\dfrac{k_1}{m_2} & \dfrac{k_j}{m_2} & \dfrac{c_1}{m_2} & -\dfrac{c_1}{m_2} & \dfrac{c_j}{m_2} \\ -\dfrac{k_1}{m_2}+\dfrac{k_2}{m_3} & \dfrac{k_1}{m_2}-\dfrac{k_2}{m_3} & -\dfrac{k_j}{m_2}-\dfrac{k_2+k_j}{m_3} & -\dfrac{c_1}{m_2}+\dfrac{c_2}{m_3} & \dfrac{c_1}{m_2}-\dfrac{c_2}{m_3} & -\dfrac{c_j}{m_2}-\dfrac{c_2+c_j}{m_3} \end{bmatrix} \boldsymbol{x} +$$

$$\begin{bmatrix} 0 \\ 0 \\ 0 \\ \dfrac{h}{m_1} \\ 0 \\ 0 \end{bmatrix} f(t) \tag{3.156}$$

经过变换后 x_3 和 x_6 分别为触点间相对位移和相对速度。

3.5.1　接触系统 Fokker－Planck 方程

式(3.156)可以写简写为

$$\dot{\boldsymbol{x}} = \boldsymbol{A}\boldsymbol{x} + \boldsymbol{B}f(t) \tag{3.157}$$

式中　$\boldsymbol{x} = [x_1 \quad x_2 \quad x_3 \quad x_4 \quad x_5 \quad x_6]^{\mathrm{T}}$。

由于系统中随机激励为加性噪声，不需要 Wong－Zakai 修正项对方程进行修正，则

随机漂移项为

$$\boldsymbol{m}_i = \boldsymbol{A}_i \tag{3.158}$$

发散系数为

$$H_{ij} = 2D\left[\boldsymbol{B}\boldsymbol{B}^{\mathrm{T}}\right]_{ij} \tag{3.159}$$

根据六自由度的 Fokker－Planck 方程为

$$\frac{\partial}{\partial t}p(\boldsymbol{x},t) = -\sum_{i=1}^{6}\frac{\partial\left[\boldsymbol{m}_i p(\boldsymbol{x},t)\right]}{\partial x_i} + \sum_{i}^{6}\sum_{j}^{6}\frac{\partial^2\left[\boldsymbol{H}_{ij} p(\boldsymbol{x},t)\right]}{\partial x_i \partial x_j} \tag{3.160}$$

式中 $p(\boldsymbol{x},t)$——$x_1 \sim x_6$ 的联合概率密度函数。

对于稳态随机过程，$p(\boldsymbol{x},t)$ 不随时间变化，有

$$\frac{\partial}{\partial t}p(\boldsymbol{x},t) = 0 \tag{3.161}$$

$$p(\boldsymbol{x},t) = p(\boldsymbol{x}) \tag{3.162}$$

模型中输入的随机信号为伪高斯随机信号，信号由下式生成：

$$\omega(\tau) = W_M \sum_{k=1}^{k=M}\cos(\bar{\omega}_k \tau + \varphi_k) \tag{3.163}$$

式中 $\bar{\omega}_k \in [\bar{\omega}_{\min}, \bar{\omega}_{\max}]$—— 激励的频带，$\bar{\omega}_k = \bar{\omega}[k] = \bar{\omega}_{\min} + k \times \Delta f$，$k = 1,2,\cdots$，$\Delta f = Fs/N$ 为频率分辨率；$W_M = \sqrt{\Delta f \times h}$。

将式(3.157)、(3.158)、(3.160) 和(3.161) 代入式(3.162) 可得

$$\begin{aligned}
&-x_4\frac{\partial}{\partial x_1}p(\boldsymbol{x}) - x_5\frac{\partial}{\partial x_2}p(\boldsymbol{x}) - x_6\frac{\partial}{\partial x_3}p(\boldsymbol{x}) + \frac{(c_1+c_2+c_g)}{m_1}p(\boldsymbol{x}) + \Bigg(\frac{(k_1+k_2+k_g)x_1}{m_1} + \\
&\frac{(-k_1-k_2)x_2}{m_1} + \frac{(c_1+c_2+c_g)x_4}{m_1} - \frac{k_2x_3}{m_1} + \frac{(-c_1-c_2)x_5}{m_1} - \frac{c_2x_6}{m_1}\Bigg)\frac{\partial}{\partial x_4}p(\boldsymbol{x}) + \frac{c_1}{m_2}p(\boldsymbol{x}) + \\
&\left(-\frac{k_1x_1}{m_2} + \frac{k_1x_2}{m_2} - \frac{k_jx_3}{m_2} - \frac{c_1x_4}{m_2} + \frac{c_1x_5}{m_2} - \frac{c_jx_6}{m_2}\right)\frac{\partial}{\partial x_5}p(\boldsymbol{x}) + \left(\frac{c_j}{m_2} + \frac{c_2+c_j}{m_3}\right)p(\boldsymbol{x}) + \\
&\Bigg(\Bigg(\frac{k_2}{m_3}\left(\frac{k_1}{m_2} - \frac{k_2}{m_3}\right)x_j + \left(\frac{k_j}{m_2} + \frac{k_2+k_j}{m_3}\right)x_3 - \frac{k_1}{m_2}\Bigg)x_1 - \left(\frac{c_2}{m_3} - \frac{c_1}{m_2}\right)x_4 - \left(\frac{c_1}{m_2} - \frac{c_2}{m_3}\right)x_5 + \\
&\left(\frac{c_j}{m_2} + \frac{c_2+c_j}{m_3}\right)x_6\Bigg)\frac{\partial}{\partial x_6}p(\boldsymbol{x},t) + D\frac{h^2}{m_1^2}\frac{\partial^2}{\partial x_4^2}p(\boldsymbol{x}) = 0
\end{aligned} \tag{3.164}$$

3.5.2 有限差分法

对多变量 Fokker－Planck 方程的求解是研究 Fokker－Planck 方程的一个重点。迄今为止，仅有少数情况下才能求得 Fokker－Planck 方程的精确解析解。大多数情况只能借鉴一些物理方法，并加以推广和改进运用到 Fokker－Planck 方程中。FDM(有限差分法) 是计算机数值模拟最早采用的方法，该方法将概率密度空间划分为差分网格，以 Taylor 级数展开方法，把运动方程中的导数用网格节点上函数值的差商代替进行离散，从而对未知数值的网格节点建立代数方程组。该方法是一种直接将微分问题变为代数问题的近似数值解法，数学概念直观，表达简单，发展较早且比较成熟。

运用有限差分法求解式(3.164)时,划分多维概率空间和建立各网格节点的Fokker－Planck的有限差方程是算法的关键,其具体处理方法如下:

(1)求解空间定义及空间网格划分。

通过FDM求解Fokker－Planck方程时,假设求解空间以外的概率密度函数值为零,因此该方法的求解空间选取十分关键,空间定义过大会导致资源浪费,过小会导致负值概率密度函数。出于简单和编程的角度考虑可采用以下两种方法确定求解空间:

① 先定义一个较大的求解域,然后根据计算结果不断迭代调整求解域,使求解域正好能覆盖解的分布空间。

② 通过小样本的Monte Carlo数值实验对求解空间进行初步估计。

当确定 $x_1 \sim x_6$ 的求解空间后,分别对每个变量进行 n 等分划分,得到 $n+1$ 个节点,则整个六维求解空间中共含有 $(n+1)^6$ 个网络节点。

(2)Fokker－Planck的有限差形式。

可写出各网格点10阶近似一阶偏导数和二阶偏导数差分形式,以 x_1 方向一阶偏导数和二阶偏导数为例,在 $\boldsymbol{x}=[x_i,x_j,x_k,x_l,x_m,x_n]$ 点处表达式为

$$\frac{\partial}{\partial x_1}p(\boldsymbol{x})\bigg|_{\boldsymbol{x}=[x_i,x_j,x_k,x_l,x_m,x_n]^{\mathrm{T}}}=\frac{2\,100\alpha_1-600\alpha_2+150\alpha_3-25a_4+2\alpha_5}{2\,520\Delta x_1} \tag{3.165}$$

式中　$\alpha_s=p(\boldsymbol{x})\big|_{\boldsymbol{x}=[x_{i+s},x_j,x_k,x_l,x_m,x_n]^{\mathrm{T}}}-p(\boldsymbol{x})\big|_{\boldsymbol{x}=[x_{i-s},x_j,x_k,x_l,x_m,x_n]^{\mathrm{T}}}$;

Δx_1——x_1 在求解空间中的网格间距。

$$\frac{\partial^2}{\partial x_1^2}p(\boldsymbol{x})\bigg|_{\boldsymbol{x}=[x_i,x_j,x_k,x_l,x_m,x_n]^{\mathrm{T}}}=\frac{42\,000\Sigma_1-6\,000\Sigma_2+1\,000\Sigma_3-125\Sigma_4+8\Sigma_5-36\,883\Sigma_6}{25\,200\Delta x_1} \tag{3.166}$$

式中　$\Sigma_s=p(\boldsymbol{x})\big|_{\boldsymbol{x}=[x_{i+s},x_j,x_k,x_l,x_m,x_n]^{\mathrm{T}}}+p(\boldsymbol{x})\big|_{\boldsymbol{x}=[x_{i-s},x_j,x_k,x_l,x_m,x_n]^{\mathrm{T}}}$。

将式(3.165)、(3.166)代入式(3.164),列写每个网格节点对应的Fokker－Planck方程,共有 $(n+1)^6$ 个线性方程,可写为

$$\boldsymbol{Kp}=\boldsymbol{0} \tag{3.167}$$

为了避免式(3.167)出现零解,使求解空间中的一个网格节点的概率密度值为1作为边界条件,并消去该点对应的方程。最后得出的解通过下式进行归一化:

$$\sum p(\boldsymbol{x})=1 \tag{3.168}$$

以上过程因为矩阵过于庞大,采用一般的求解手段难以处理,算法借助Maple中的稀疏矩阵技术对式(3.167)求解。求得联合概率密度函数后,两接触点间相对位移和相对速度的联合概率密度函数为

$$p(x_3,x_6)=\sum_{x_1x_2x_4x_5}p(\boldsymbol{x}) \tag{3.169}$$

两接触点间相对位移的概率密度函数为

$$p(x_3)=\sum_{x_1x_2x_4x_5x_6}p(\boldsymbol{x}) \tag{3.170}$$

根据触点间初始力与初始形变的关系,接触失效概率为

$$p(x_3 < \delta_0) = \sum_{x_3 < \delta_0} p(x_3) \tag{3.171}$$

式中 δ_0—— 接触部分初始形变。

3.5.3 应用实例分析

以某型号电磁继电器的接触系统为例进行分析，其等效模型参数为：$c_1 = 0.942\ 5$ N·s/m；$c_2 = 0.817\ 2$ N·s/m；$c_j = 5\ 000$ N·s/m；$k_1 = 260$ N/m；$k_2 = 1\ 150$ N/m；$k_j = 2 \times 10^6$ N/m；$m_1 = 0.1$ kg；$m_2 = 0.000\ 2$ kg；$m_3 = 0.004$ kg；$h = 14$；$c_g = 2.14$ N·s/m；$k_g = 600$ N/m；$\delta_0 = 2.5 \times 10^{-8}$ m。在计算的过程中根据计算的结果迭代调整求解空间，为了节省时间，通过 Monte Carlo 确定初始求解空间：$x_1 \in [-1\times10^{-3}\ \text{m}, 1\times10^{-3}\ \text{m}]$；$x_2 \in [-1\times10^{-3}\ \text{m}, 1\times10^{-3}\ \text{m}]$；$x_3 \in [-1\times10^{-7}\ \text{m}, 1\times10^{-7}\ \text{m}]$；$x_4 \in [-0.05\ \text{m/s}, 0.05\ \text{m/s}]$；$x_5 \in [-0.05\ \text{m/s}, 0.05\ \text{m/s}]$；$x_6 \in [-5\times10^{-5}\ \text{m/s}, 5\times10^{-5}\ \text{m/s}]$。将每个变量的求解空间16等分，在求解空间中得到 17^6 个概率密度函数方程。根据上文描述的计算方法，可解得空间内的六维联合概率密度分布函数。两触点间相对位移与相对速度的联合概率密度函数如图 3.39 所示。

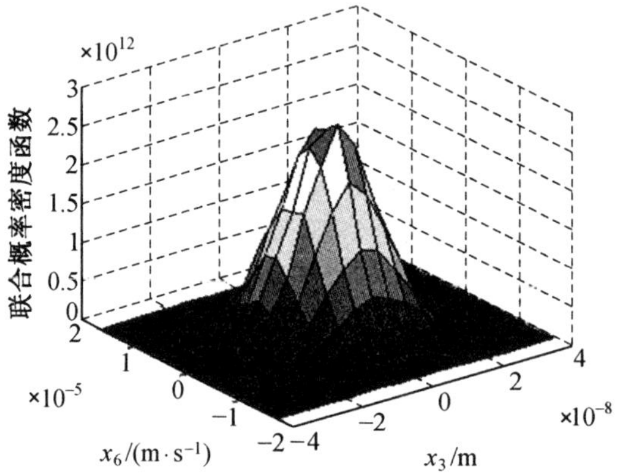

图 3.39 触点间相对位移与相对速度的联合概率密度

为了验证有限差分法，通过 Monte Carlo 实验比较验证。经过多次计算系统参数中 m_1，m_2 与 h 对接触系统有较大的影响，图 3.40 ~ 3.42 分别为不同 m_1，m_2 与 h 值下触点相对位移概率密度函数与接触失效率关系曲线。从图可见，接触失效率对继电器自重、触点等效质量和外界激励等参数十分敏感，提高继电器自重，降低触点等效质量和降低外界激励等级是提高接触系统振动特性的有效途径。

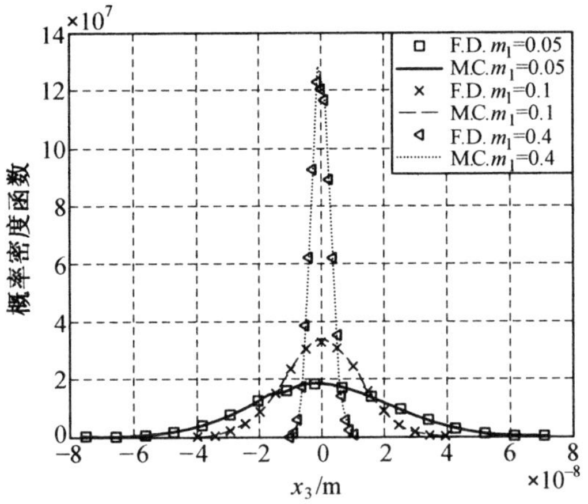

(a) 相对位移概率密度函数

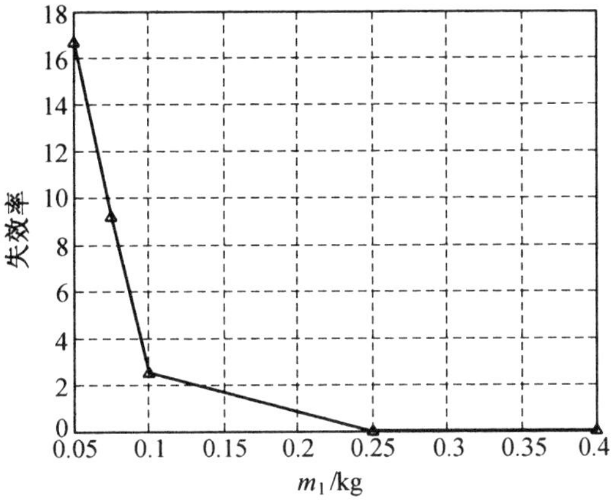

(b) 失效率

图 3.40　m_1 对接触系统的影响

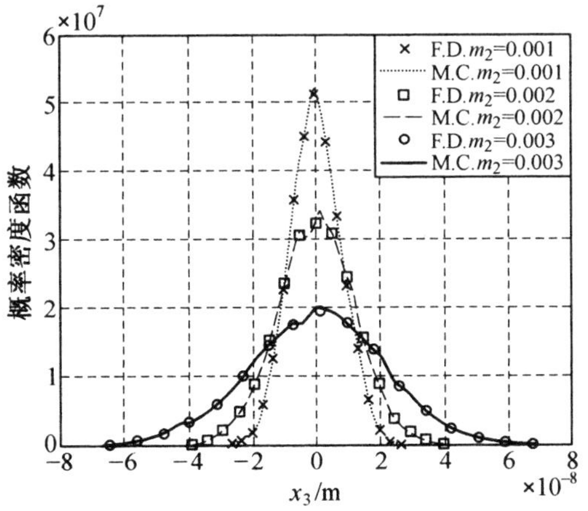

(a) 相对位移概率密度函数

图 3.41　m_2 对接触系统的影响

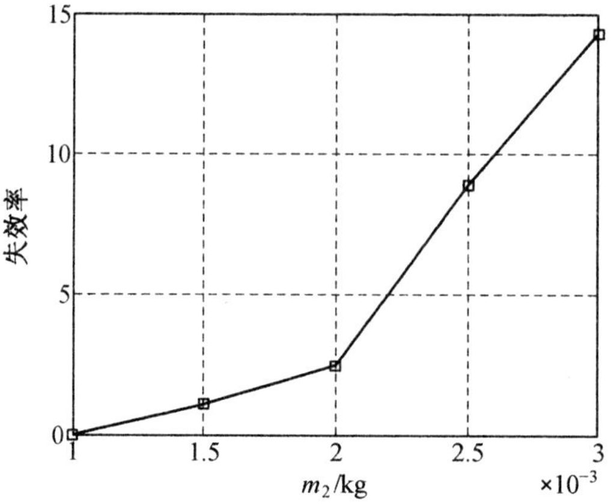

(b) 失效率

续图 3.41

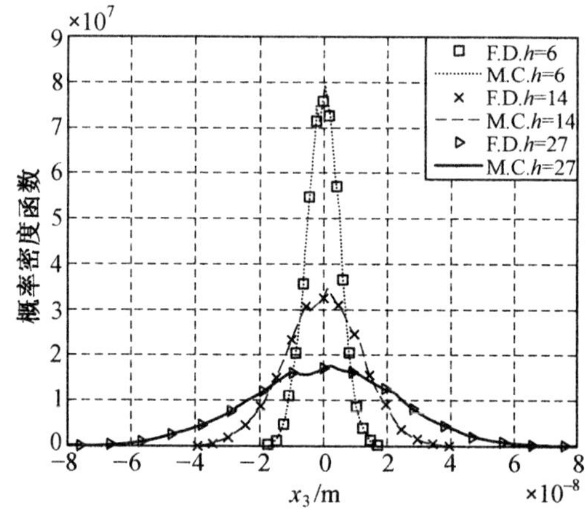

(a) 相对位移概率密度函数

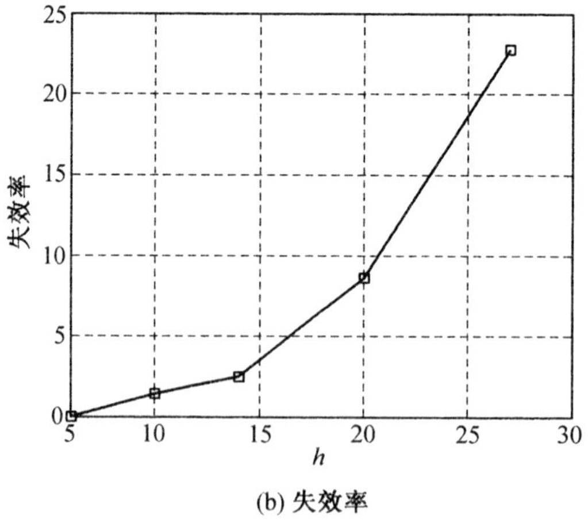

(b) 失效率

图 3.42 h 对接触系统的影响

3.6　冲击条件下的运动特性

参考以 Hertz 接触理论对触点非线性接触条件等效建模的方法，结合有限元方法和直接积分法，对含非线性条件梁结构接触系统的冲击特性进行了研究。对模型的激励参考 GJB65B 中如图 3.43 中的半正弦载荷，图中加速度峰值 $A_{cc}=1\ 000\ m/s^2$，标称脉冲持续时间 $D=6$ ms。

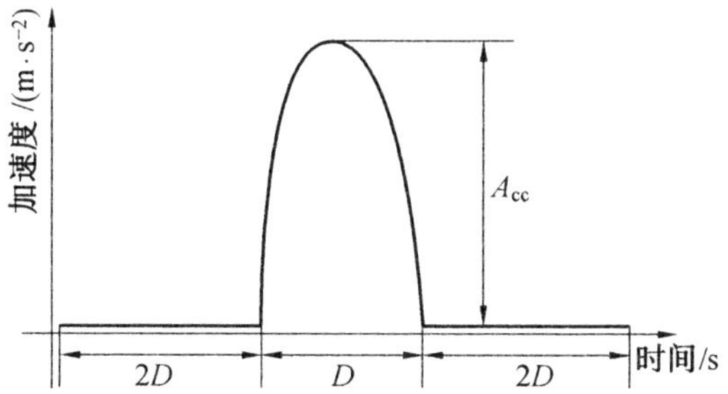

图 3.43　冲击激励波形

3.6.1　接触系统有限元模型

图 3.44 为一触点带有曲面 — 平面非协调接触形式的接触系统。假设冲击过程中两簧片不发生塑性变形，接触系统触点位置的接触刚度符合 Hertz 接触公式，可采用有限元方法对其建立如图 3.45 的二维有限元模型。由于模型在图 3.45 的 Z 方向的振型不会导致接触系统接触失效，因此在建模和分析的过程中仅考虑接触系统在图 3.45 中 $X-Y$ 平面的运动特性。图中以黑体字编号的为单元号，带圈数字编号的为单元节点号，单元 12 为赫兹接触的等效非线性弹簧单元，仿真过程通过弹簧单元的受力判断接触状态。节点 ① 和节点 ⑨ 为两簧片的端部，在分析中加入加速度冲击载荷。

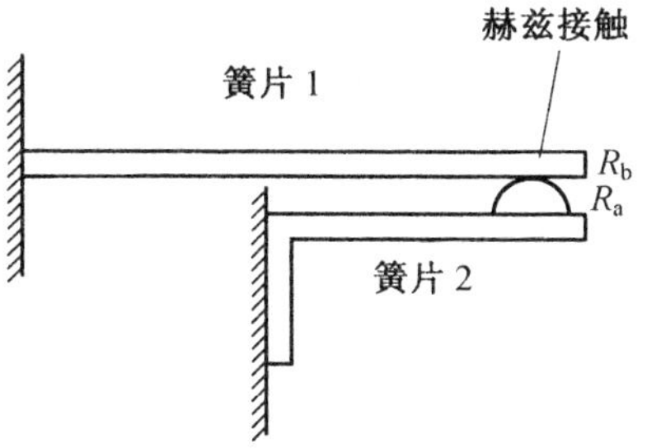

图 3.44　双梁结构接触系统示意图

对于图 3.45 的有限元模型，系统运动方程为

$$\boldsymbol{M}\ddot{\boldsymbol{X}}+\boldsymbol{C}\dot{\boldsymbol{X}}+\boldsymbol{K}\boldsymbol{X}=\boldsymbol{F}(t) \tag{3.172}$$

式中　$\boldsymbol{K}$—— 系统刚度矩阵；

$\boldsymbol{M}$—— 系统质量矩阵；

$\boldsymbol{C}$—— 系统阻尼矩阵。

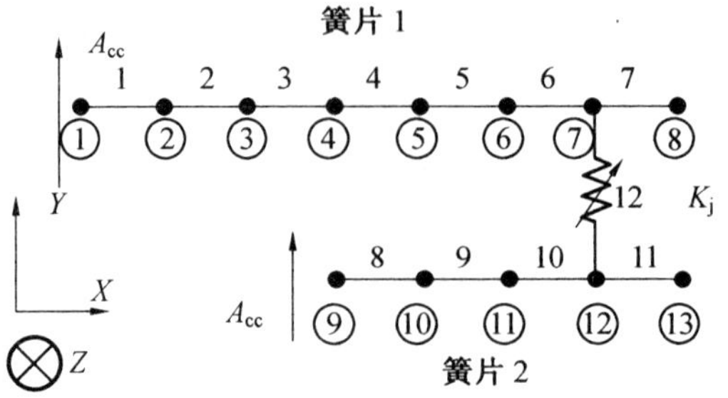

图 3.45 接触系统有限元模型

图 3.45 中，梁单元刚度矩阵考虑轴力、弯矩和剪力的作用，其具体形式为

$$
\boldsymbol{K}_e=\begin{bmatrix}
\frac{AE}{L} & 0 & 0 & -\frac{AE}{L} & 0 & 0\\
0 & \frac{12EI_z}{L^3} & \frac{6EI_z}{L^2} & 0 & -\frac{12EI_z}{L^3} & \frac{6EI_z}{L^2}\\
0 & \frac{6EI_z}{L^2} & \frac{4EI_z}{L} & 0 & -\frac{6EI_z}{L^2} & \frac{2EI_z}{L}\\
-\frac{AE}{L} & 0 & 0 & \frac{AE}{L} & 0 & 0\\
0 & -\frac{12EI_z}{L^3} & -\frac{6EI_z}{L^2} & 0 & \frac{12EI_z}{L^3} & -\frac{6EI_z}{L^2}\\
0 & \frac{6EI_z}{L^2} & \frac{2EI_z}{L} & 0 & -\frac{6EI_z}{L^2} & \frac{4EI_z}{L}
\end{bmatrix}
\tag{3.173}
$$

式中 A—— 梁单元的截面积；

L—— 梁单元的长度；

I_z—— 梁单元惯性矩。

$\boldsymbol{M}_e$ 单元的一致(Coupled) 质量矩阵为

$$
\boldsymbol{M}_e=W\times\begin{bmatrix}
\frac{1}{3}L & 0 & 0 & \frac{1}{6}L & 0 & 0\\
0 & \frac{13}{35}L & \frac{11}{210}L^2 & 0 & \frac{9}{70}L & -\frac{13}{420}L^2\\
0 & \frac{11}{210}L^2 & \frac{1}{105}L^3 & 0 & \frac{13}{420}L^2 & -\frac{1}{140}L^3\\
\frac{1}{6}L & 0 & 0 & \frac{1}{3}L & 0 & 0\\
0 & \frac{9}{70}L & \frac{13}{420}L^2 & 0 & \frac{13}{35}L & -\frac{11}{210}L^2\\
0 & -\frac{13}{420}L^2 & -\frac{1}{140}L^3 & 0 & -\frac{11}{210}L^2 & \frac{1}{105}L^3
\end{bmatrix}
\tag{3.174}
$$

式中 W—— 梁单元线密度。

弹簧单元刚度矩阵$\boldsymbol{K}'_j$ 为

$$\boldsymbol{K}'_{\mathrm{j}}=\begin{bmatrix} k_{\mathrm{j}} & 0 & 0 & k_{\mathrm{j}} & 0 & 0 \\ 0 & 0 & 0 & 0 & 0 & 0 \\ 0 & 0 & 0 & 0 & 0 & 0 \\ k_{\mathrm{j}} & 0 & 0 & k_{\mathrm{j}} & 0 & 0 \\ 0 & 0 & 0 & 0 & 0 & 0 \\ 0 & 0 & 0 & 0 & 0 & 0 \end{bmatrix} \tag{3.175}$$

式中　k_{j}——Hertz 接触刚度。

$$k_{\mathrm{j}}=\frac{3}{2}\left(k_0^2P_0\right)^{1/3} \tag{3.176}$$

式中　P_0——初压力；

k_0——Hertz 接触刚度系数。

$$k_0=\frac{2}{3}\frac{E\sqrt{\dfrac{1}{\dfrac{1}{R_{\mathrm{a}}}+\dfrac{1}{R_{\mathrm{b}}}}}}{1-\mu^2} \tag{3.177}$$

式中　R_{a},R_{b}——Hertz 接触两端球面半径；

E——材料弹性模量；

μ——泊松比。

由于模型中的接触弹簧与 X 轴正向的夹角为 270°,因此引入变换矩阵 $\boldsymbol{T}_{\mathrm{r}}$ 进行局部—全局坐标变换。

$$\boldsymbol{T}_{\mathrm{r}}=\begin{bmatrix} \cos\theta & \sin\theta & 0 & 0 & 0 & 0 \\ -\sin\theta & \cos\theta & 0 & 0 & 0 & 0 \\ 0 & 0 & 1 & 0 & 0 & 0 \\ 0 & 0 & 0 & \cos\theta & \sin\theta & 0 \\ 0 & 0 & 0 & -\sin\theta & \cos\theta & 0 \\ 0 & 0 & 0 & 0 & 0 & 1 \end{bmatrix} \tag{3.178}$$

经过变换后,在系统中等效弹簧刚度矩阵为 $\boldsymbol{T}'_{\mathrm{r}}\boldsymbol{K}'_{\mathrm{j}}\boldsymbol{T}_{\mathrm{r}}$。

单元的阻尼矩阵采用 Rayleigh 阻尼,其表达式为

$$\boldsymbol{C}_{\mathrm{e}}=\alpha_{\mathrm{c}}\boldsymbol{M}_{\mathrm{e}}+\beta_{\mathrm{c}}\boldsymbol{K}_{\mathrm{e}} \tag{3.179}$$

式中　α_{c},β_{c}——Rayleigh 阻尼系数。

最后通过叠加原理将模型中的 1～12 单元叠加成为 39×39 的刚度矩阵 $\boldsymbol{K}$、质量矩阵 $\boldsymbol{M}$ 和阻尼矩阵 $\boldsymbol{C}$。

3.6.2　子空间迭代法

模型的正则模态分析是保证模型的正确性以及合理选择冲击响应分析步长的必要步骤。为了使算法能够对大规模有限元模型进行求解,选取子空间迭代法对模型前 p 阶模态信息分析计算。假设 $\boldsymbol{M}$ 与 $\boldsymbol{K}$ 已知,计算步骤如下：

(1) 选取初始向量矩阵 $\boldsymbol{X}_0$，构建矩阵 $\boldsymbol{Z}_1$。

选取$\boldsymbol{Y}_0 = [\boldsymbol{X}_0^{(1)} \quad \boldsymbol{X}_0^{(2)} \quad \cdots \quad \boldsymbol{X}_0^{(r)}]$，其中，$r = 2p$，$\boldsymbol{X}_0^{(i)}(i = 1, \cdots, r)$ 为互不相交的空间向量。

$$\boldsymbol{Z}_1 = \boldsymbol{K}^{-1}\boldsymbol{M}\boldsymbol{Y}_0 \tag{3.180}$$

(2) 计算 p 阶对称阵$\boldsymbol{G}_1$

$$\boldsymbol{G}_1 = \boldsymbol{Z}_1^{\mathrm{T}}\boldsymbol{Z}_1 \tag{3.181}$$

(3) 求矩阵$\boldsymbol{U}_1 = [u_1 \quad u_2 \quad \cdots \quad u_p]_{n\times p}$使

$$\boldsymbol{U}_1^{\mathrm{T}}\boldsymbol{G}_1\boldsymbol{U}_1 = \boldsymbol{D}_1^2 = \begin{bmatrix} (d_1^{(k)})^2 & & \\ & \ddots & \\ & & (d_p^{(k)})^2 \end{bmatrix} \tag{3.182}$$

式(3.182)中对角阵$\boldsymbol{D}_1^2$ 的元素$(d_1^{(k)})^2, \cdots, (d_p^{(k)})^2$ 为 $\boldsymbol{G}_1$ 的全部特征值，$\boldsymbol{U}_1$ 的各列 $u_1, \cdots, u_p$ 为相应特征向量。

(4) 计算$\boldsymbol{Y}_1$

$$\boldsymbol{Y}_1 = \boldsymbol{Z}_1\boldsymbol{U}_1\boldsymbol{D}_1^{-1} \tag{3.183}$$

(5) 收敛准则判断

$$|d_j^{(1)} - d_j^{(0)}| \leqslant \varepsilon \quad (j = 1, 2, \cdots, p) \tag{3.184}$$

当求解结果满足精度 ε 时，输出前 p 个最小特征值 $d_1^{(1)}, \cdots, d_p^{(1)}$，相应的特征向量阵 $\boldsymbol{Y}_1$，否则 $\boldsymbol{Y}_1 \to \boldsymbol{Y}_0$，转步骤(1)。

3.6.3 Newmark β 直接积分法

接触系统的冲击特性属于瞬态分析，常用的求解方法有直接积分法和振型叠加法两种。由于振型叠加法依赖于线性振型，不适合非线性模型分析，本文采用 Newmark β 直接积分法求解接触系统的动态特性。Newmark β 直接积分法是在线性加速度方法的基础上提出的一种积分方法，当参数满足一定条件时积分无条件稳定，因此在步长选择上只需要考虑求解精度，不需要考虑时间步长对计算过程稳定性的影响。

Newmark β 在每个迭代步通过下面两式求解加速度与速度：

$$\left.\begin{aligned} \dot{a}_{t+\Delta t} &= \dot{a}_t + [(1-\delta)\ddot{a}_t + \delta\ddot{a}_{t+\Delta t}]\Delta t \\ a_{t+\Delta t} &= a_t + \dot{a}_t\Delta t + \left[\left(\frac{1}{2} - a\right)\ddot{a}_t + \alpha\ddot{a}_{t+\Delta t}\right]\Delta t^2 \end{aligned}\right\} \tag{3.185}$$

$$\left.\begin{aligned} LDL^{\mathrm{T}}a_{t+\Delta t} &= \boldsymbol{Q}_{t+\Delta t} \\ \ddot{a}_{t+\Delta t} &= c_0(a_{t+\Delta t} - a_t) - c_2\dot{a}_t - c_3\ddot{a}_t \\ \dot{a}_{t+\Delta t} &= \dot{a}_t + c_6\ddot{a}_t + c_7\ddot{a}_{t+\Delta t} \end{aligned}\right\} \tag{3.186}$$

式中 Δt—— 时间步长；

$c_0 = \dfrac{1}{\alpha_s\Delta t^2}, c_1 = \dfrac{\delta_s}{\alpha_s\Delta t}, c_2 = \dfrac{1}{\alpha_s\Delta t}, c_3 = \dfrac{1}{2\alpha_s} - 1, c_4 = \dfrac{\delta_s}{\alpha_s} - 1, c_5 = \dfrac{1}{2}\Delta t\left(\dfrac{\delta_s}{\alpha_s} - 2\right), c_6 = \Delta t(1 - \delta_s), c_7 = \delta_s\Delta t$。

为了计算相对位移与 Hertz 接触刚度的关系，在每步完成后根据接触点的相对位移计算出当前的接触刚度并通过式(3.185)和(3.186)形成新的刚度矩阵。算法流程图如图 3.46 所示。

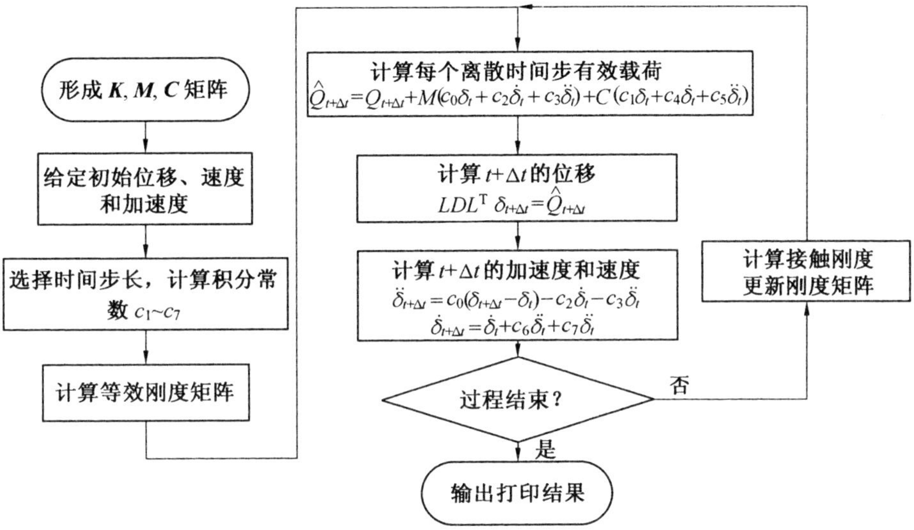

图 3.46　Newmark β 法算法流程图

3.6.4　应用实例分析

以图 3.44 的模型进行分析，假设模型参数 $b=2\times10^{-3}$ m，$h=0.3\times10^{-3}$ m，簧片 1 长度 $l_1=4.2\times10^{-3}$ m，簧片 2 长度 $l_2=1.8\times10^{-3}$ m。簧片材料为银镁镍(AgMgNi)，弹性模量 $E=78.4$ GPa，材料密度 $\rho=10.4\times10^3$ kg/m^3，泊松比 $\mu=0.3$。触点间预压力为 $P_0=0.2$ N，触点两端半径分别为 $R_a=1.5\times10^{-3}$ m，$R_b=\infty$；等效接触刚度系数为 $k_0=2.224\,5\times10^{10}$ N/m。Rayleigh 阻尼矩阵通过模型的前 10 阶线性振型计算，得 $\alpha_c=0.015\,9$，$\beta_c=0.005\,37$。为了验证所建立有限元模型的正确性，将模型中 Hertz 接触刚度设为常数，通过子空间分解法计算模型的前四阶模态信息，并与 MSC. Patran/Nastran 分析结果比较。模态分析结果比较见表 3.4。与 MSC. Patran/Nastran 计算结果之间最大误差为四阶模态，误差为 0.814%，小于 1%，比较结果验证了的 **M** 与 **K** 的正确性。

表 3.4　模态分析结果比较

模态阶数	模态固有频率 /Hz		模态振型
	子空间分解	MSC. Patran/Nastran	
一阶模态	2 130.0	2 131.1	动簧片、静合簧片共同振动
二阶模态	3 554.3	3 555.3	动簧片弯曲振动
三阶模态	5 213.7	5 217.3	动簧片弯曲振动
四阶模态	7 816.2	7 822.7	动簧片、静合簧片共同振动

根据模态的分析结果，取时间步长 $\Delta t=1.0\times10^{-7}$ s，以图 3.43 所示波形作为激励。

为保证算法的稳定性，参数 $\delta_s=0.5$，$\alpha_s=0.25(0.5+\delta_s)^2$。以 Newmark β 法对模型进行冲击特性分析，模型中 Hertz 接触刚度维持常数，同时以 MSC. Patran/Nastran 进行仿真验证。Y 正、负方向仿真结果如图 3.47 所示，结果比较见表 3.5。峰值计算最大误差为 3.712%，峰值出现时间最大误差为 0.497 5%。模态分析及冲击特性分析结果基本一致，验证了模型的正确性。

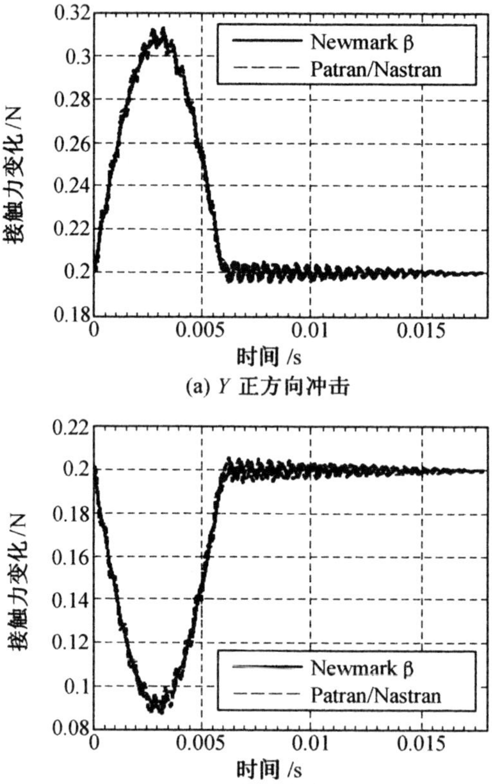

(a) Y 正方向冲击

(b) Y 负方向冲击

图 3.47　接触力冲击响应

表 3.5　冲击特性分析结果比较

		Newmark β	MSC. Patran/Nastran	误差 /%
Y 正方向	力响应最大值 /N	0.310 1	0.313 9	1.211
	出现时间 /ms	2.814	2.800	0.497 5
Y 负方向	力响应最小值 /N	0.087 3	0.086 1	1.343
	出现时间 /ms	2.814	2.800	0.497 5

在确定模型正确的情况下，加入 Hertz 接触刚度进行计算，保持冲击加速度载荷不变进行仿真，仿真结果如图 3.48 所示，结果比较见表 3.6。从结果可以看出力响应峰值出现时间变化并不明显，但是力响应极值却急剧变化，特别是 Y 负方向的响应最小峰值与 MSC. Patran/Nastran 计算结果相差 33.48%。可见非线性条件对冲击条件下接触力响

应的分析结果有较大影响。

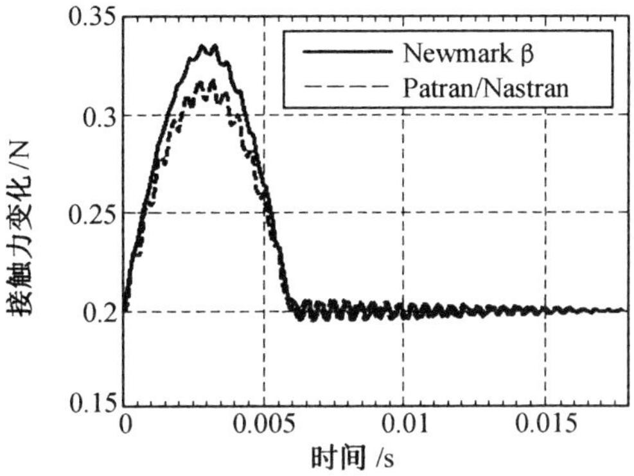

(a) Y 轴正方向冲击仿真结果比较

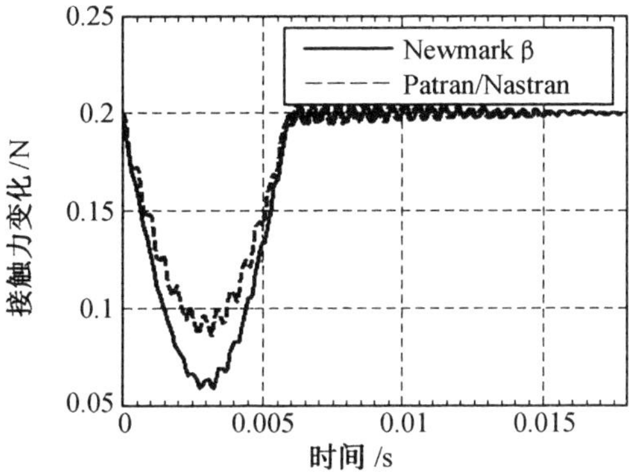

(b) Y 轴负方向冲击仿真结果比较

图 3.48　线性与非线性仿真结果比较

表 3.6　冲击特性分析结果比较

		Newmark β	MSC. Patran/Nastran	误差 /%
Y 正方向	力响应最大值 /N	0.348 7	0.310 9	12.16
	出现时间 /ms	2.817	2.811	0.213 0
Y 负方向	力响应最小值 /N	0.058 6	0.086 1	33.48
	出现时间 /ms	2.817	2.811	0.213 0

为了确定非线性条件对模型计算结果的影响，改变激励幅值，以 Y 负方向对模型进行仿真，考察不同激励幅值下非线性条件对响应峰值的影响趋势，结果如图 3.49 所示。由图可见，当激励峰值小于 782 m/s^2 时，线性与非线性模型之间的接触力响应峰值之间的误差仍能保持在 10% 以内，当激励峰值大于 782 m/s^2 时，误差急剧增大。另外非线性模型在受到峰值大于 1 184 m/s^2 的冲击时，触点将发生接触失效，而线性模型在受到峰值大于1 677 m/s^2 的冲击时，触点才接触失效，临界失效激励幅值间相差 41.6%。

基于以上方法，进一步研究材料尺寸参数对非线性模型冲击特性的影响，改变 E，P_0 和 b 等模型尺寸参数，采用 Y 负方向半正弦冲击激励（A_{cc}=1 000 m/s^2，D=6 ms）进行仿

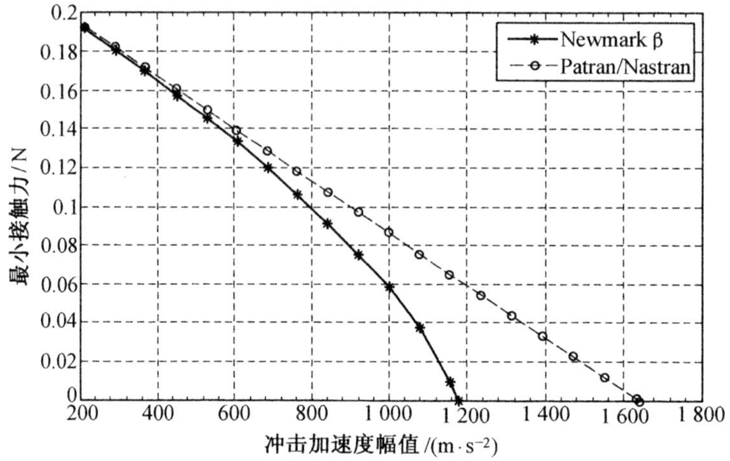

图 3.49 冲击幅值与响应峰值的变化关系

真,结果如图 3.50 ~ 3.57 所示。由图可见,各参数对接触力峰值影响的趋势基本一致,E,l_2,P_0 增加有助于提高接触系统在冲击激励下的耐振动特性;b,l_1,h,R_a,ρ 增加将会恶化接触系统的耐振动特性。

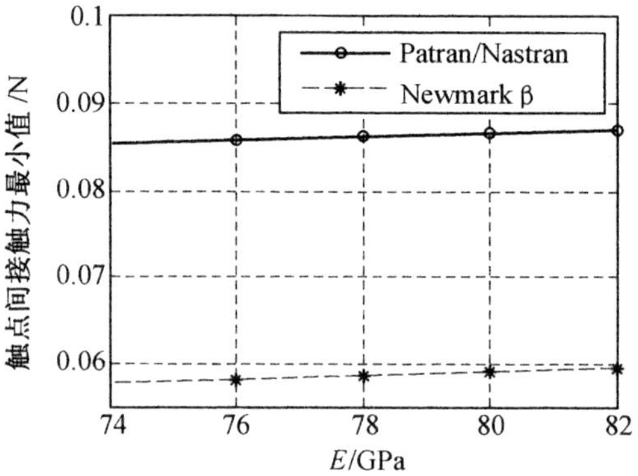

图 3.50 E 对触点力响应影响

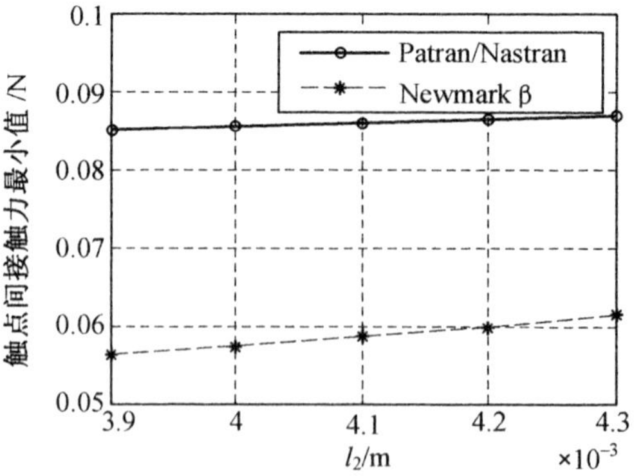

图 3.51 l_2 对触点力响应影响

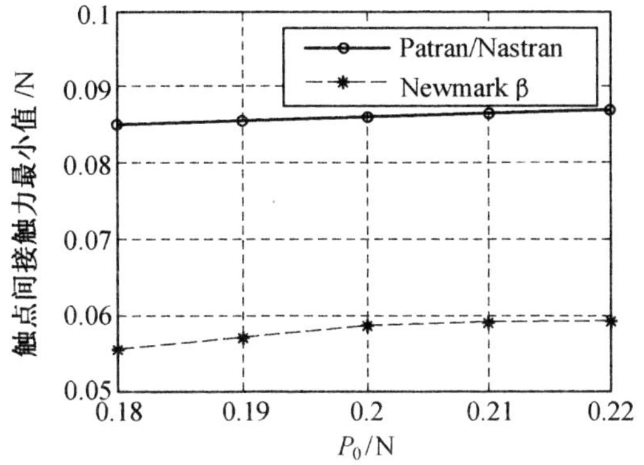

图 3.52 P_0 对触点力响应影响

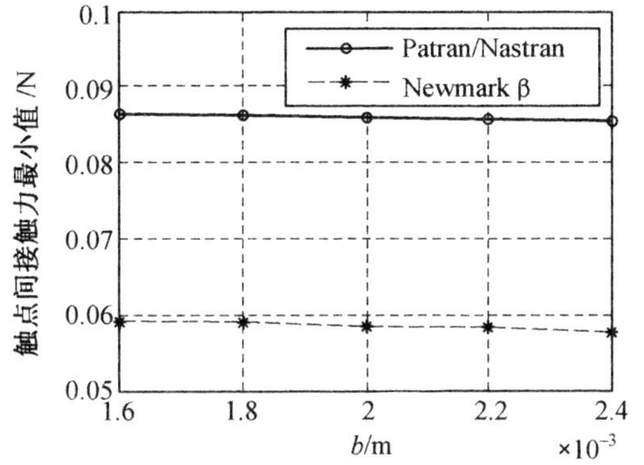

图 3.53 b 对触点力响应影响

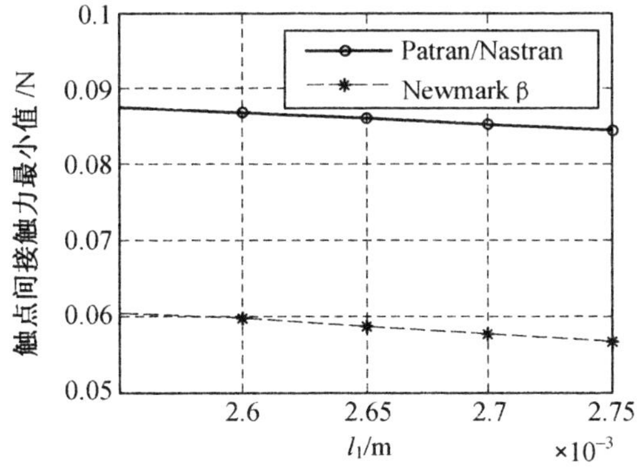

图 3.54 l_1 对触点力响应影响

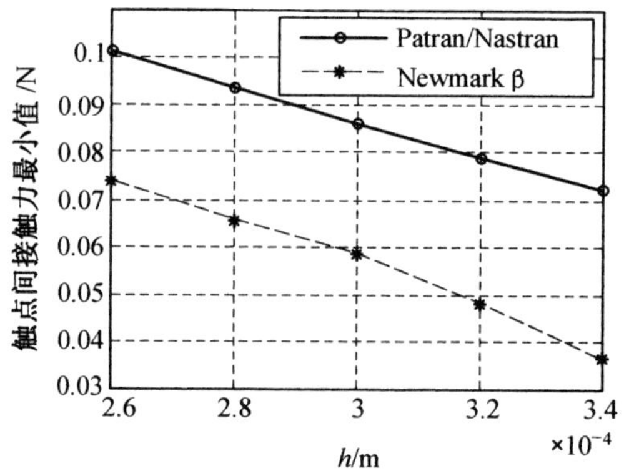

图 3.55 h 对触点力响应影响

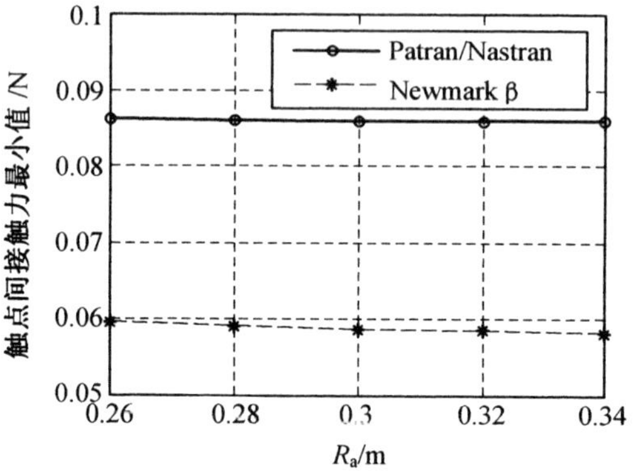

图 3.56 R_a 对触点力响应影响

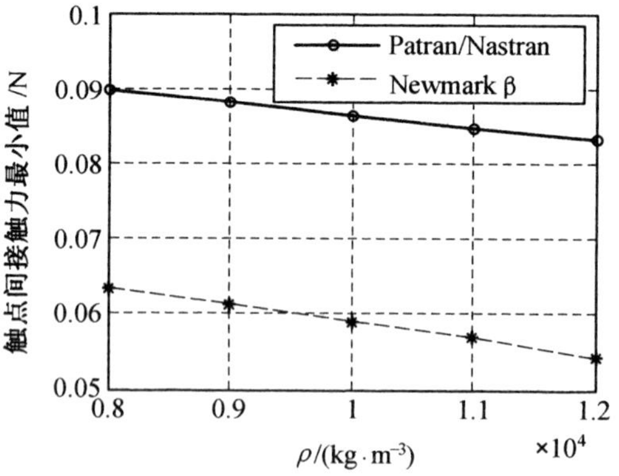

图 3.57 ρ 对触点力响应影响

第4章 航天继电器衔铁系统耐力学环境的设计理论

航天继电器中的电磁系统通常由线圈、铁芯、轭铁、衔铁、极靴、转轴、轴架等零件组成，对于极化磁系统构成的电磁继电器还要包括永磁体、磁极芯、载触体（或陶瓷座）等零件。其中，衔铁零件作为执行运动部分将具有在吸合力矩作用下带动推杆使动触簧运动完成负载切换的功能。从控制角度理解，可将衔铁看作继电器输入功能与输出功能间的关键枢纽，以往的研究大都集中在如何优化设计电磁系统以使其能够满足外形结构尺寸减小、灵敏度提高、功耗小的要求，对于衔铁只是理解为磁路计算中的导磁体。随着对航天继电器可靠性指标与寿命指标要求的不断提高，设计者需要突破继电器电磁吸力特性与机械反力特性的最佳配合技术，以使衔铁在运动的过程中具有合理的速度变化，达到触点分断过程中生弧效果最弱、触点闭合过程中机械回跳效果最弱的目的，同时还要满足力学环境中的衔铁在释放状态下和吸合状态下具有足够的保持该状态的能力。

严酷的力学环境中（振动、冲击和恒加速度的作用），将使继电器的活动结构部件——衔铁受到影响，一方面改变了继电器的机械特性，另外也会使其吸合电流和释放电流发生变化。在一定的条件下甚至可能发生继电器自动吸合的现象，也就是说线圈绕组中没有流过电流的情况下，继电器的触点会自行断开或闭合。可见，衔铁保持在平衡位置处的能力即抗振性能将是衡量电磁继电器抗振性的另一个重要方面。由此综合考虑衔铁导磁性能与运动性能的机电耦合数学模型的建立将是实现吸、反力最佳配合的先决条件。

本章首先通过分析军用继电器系列型谱中采用的电磁系统结构特征，建立恒加速度条件下平衡衔铁式电磁继电器与极化继电器电磁系统中衔铁的振动特性分析数学模型，从而确定其自动脱离止推端和使触簧组自动断开、自动吸合的临界恒加速度，并可建立耐环境指标与产品上位特性指标、下位特性指标的对应关系。建立正弦位移激励条件下衔铁振动特性分析数学模型，分析不同激振频率、激振加速度条件下衔铁零件的运动特征曲线，分析确定继电器相应的振动失效模式，该部分可为实现军用电磁继电器衔铁系统抗振性能的提高奠定基础。

4.1 电磁系统结构特征分析

电磁系统结构种类繁多，其形式的选择主要决定于电磁吸力特性曲线是否满足与接触系统反力特性曲线的配合，同时还要兼顾结构尺寸参数及其他性能指标的要求。电磁系统的结构形式的分类依据也是复杂多样的，按照线圈连接方式，可以分为串联、并联及混联;按照衔铁动作速度,可分为快速的、普通的和延时的;按照电磁系统磁路结构形式,可以分为拍合式、吸入式和旋转式。为方便比较不同电磁系统的抗振性能,本文根据线圈组数(单线圈、双线圈)、线圈结构类型(立式、卧式)和衔铁运动方式(平行底板、垂直底板)的不同特征,从理论上将军用继电器电磁系统分为八种结构形式,参见表 4.1。部分结构示意图参见图 4.1~4.11。

表 4.1 军用继电器电磁系统分类

序号	特征	代表性产品	可配合的接触系统类别
1	单线圈立式衔铁运动平行底板	暂无	暂无
2	单线圈立式衔铁运动垂直底板	TO—5 普通型、灵敏型	Ⅲ
3	单线圈卧式衔铁运动平行底板	部分晶体罩式、平衡衔铁式、俄 PЭC 系列	Ⅱ
4	单线圈卧式衔铁运动垂直底板	平衡力式、Leach 系列Ⅲ、双磁钢差动式磁系统	Ⅳ,Ⅴ
5	双线圈立式衔铁运动平行底板	平衡衔铁式、微小型系列	Ⅱ,Ⅲ
6	双线圈立式衔铁运动垂直底板	TO—5 磁保持型、单磁钢差动式	Ⅰ
7	双线圈卧式衔铁运动平行底板	典型磁保持继电器	Ⅴ
8	双线圈卧式衔铁运动垂直底板	大功率平衡衔铁式	Ⅱ

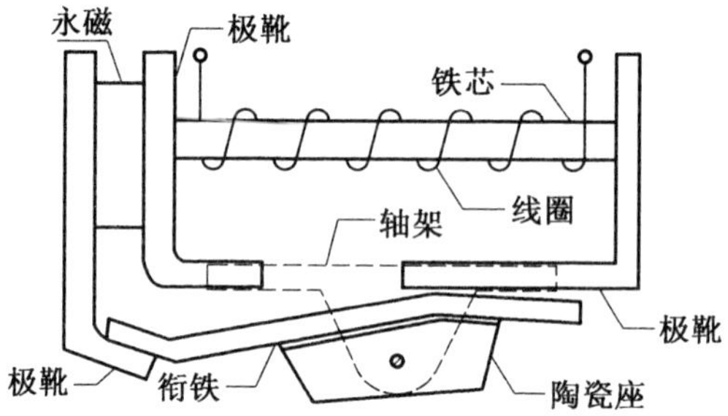

图 4.1 平衡力式继电器电磁系统

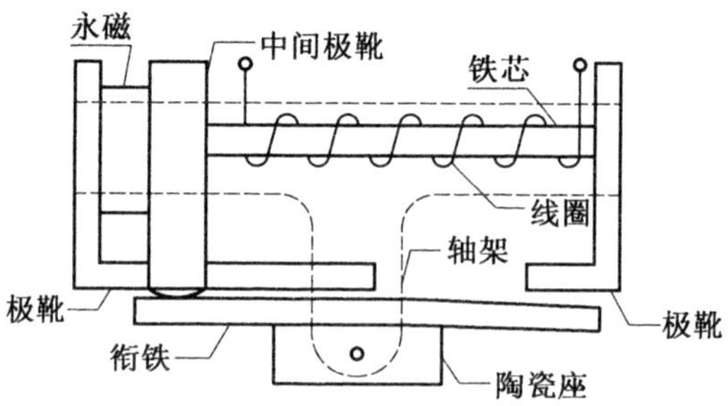

图 4.2 Leach 系列Ⅲ型继电器电磁系统

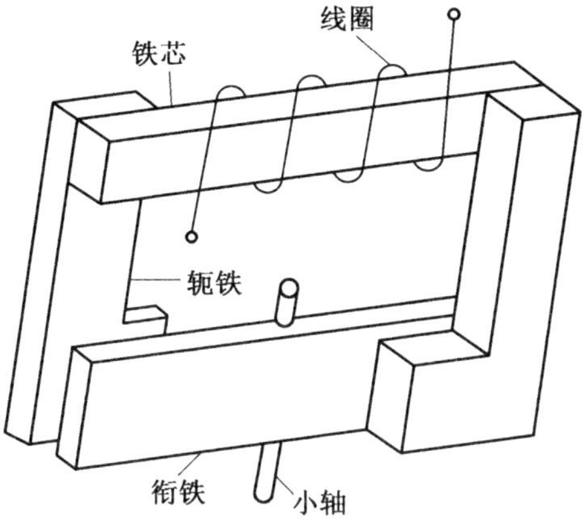

图 4.3　平衡衔铁式继电器电磁系统

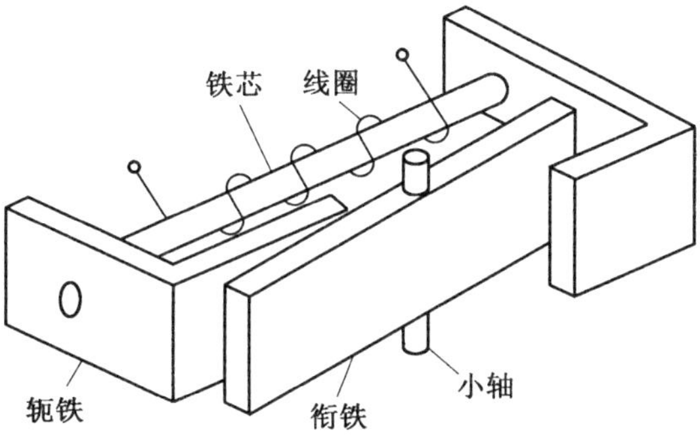

图 4.4　PЭC 系列继电器电磁系统

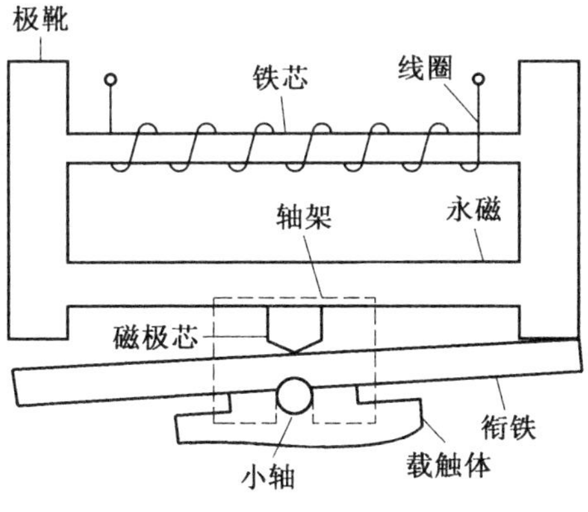

图 4.5　典型差动式极化磁系统

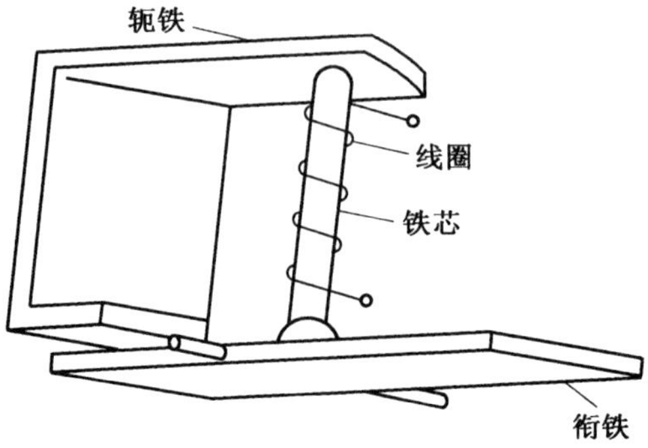

图 4.6　TO－5 普通型继电器电磁系统

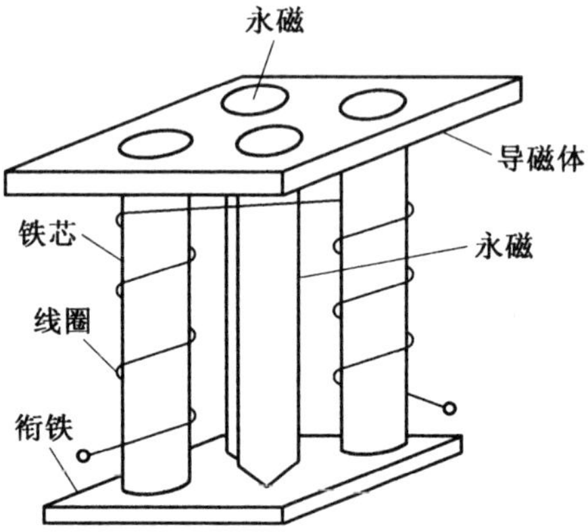

图 4.7　方形 TO－5 电磁系统

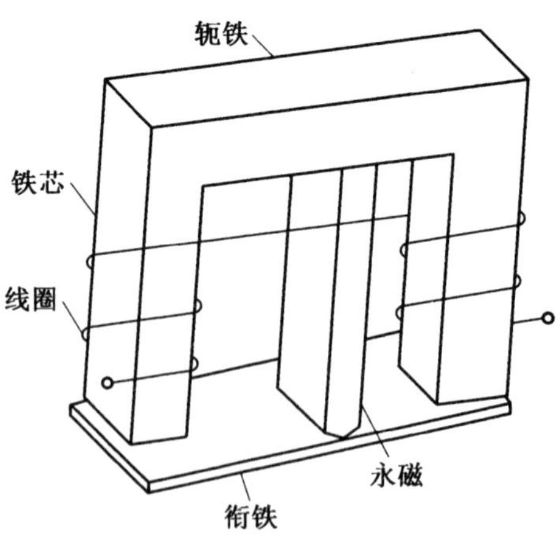

图 4.8　单磁钢差动式磁系统

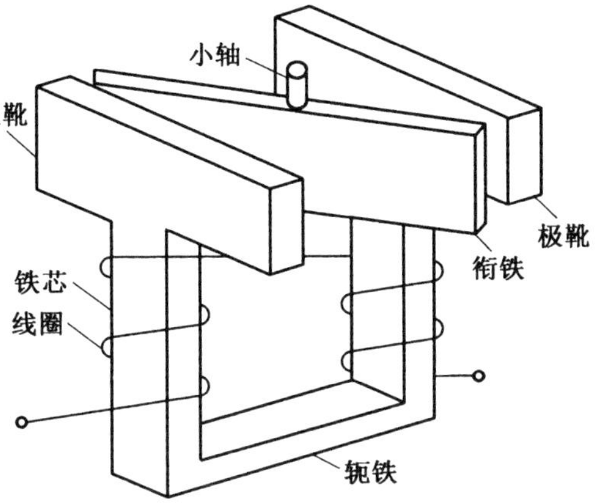

图 4.9　微小型系列电磁系统

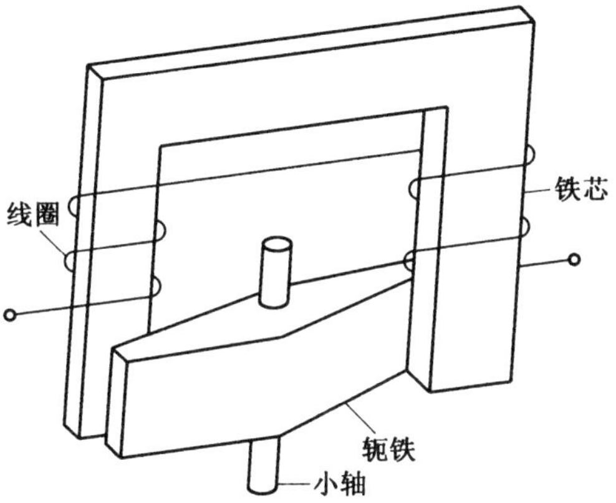

图 4.10　双线圈平衡衔铁式电磁系统

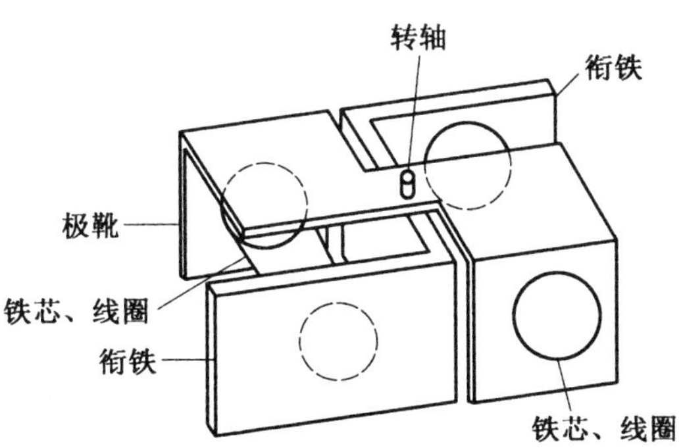

图 4.11　大功率平衡衔铁式继电器电磁系统

4.2 恒加速度条件下的运动特性

目前,平衡衔铁式磁系统和极化磁系统广为军用系列型谱继电器所采用。平衡衔铁式继电器的典型结构如图 4.12(a)所示。差动式极化磁系统继电器的典型结构如图 4.13(a)所示。从力学的角度看,共同点在于两结构中的衔铁是一个以旋转轴为中心对称的平片形零件,且两端分别装有金属推杆和玻璃绝缘子。接触系统有一组或者多组转换触点,固定在底座的金属引出端上,相对衔铁对称配置。不同点是平衡衔铁结构中衔铁受到的反力由复原簧片提供,释放状态下停靠在止推端位置,吸合状态下则与轭铁极面贴合;而极化磁系统中衔铁受到的反力由永久磁铁提供,释放状态下停靠在一侧轭铁位置,

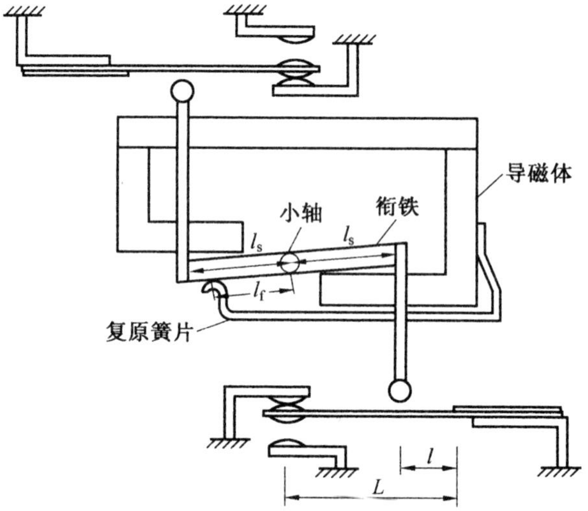

(a) 结构示意图

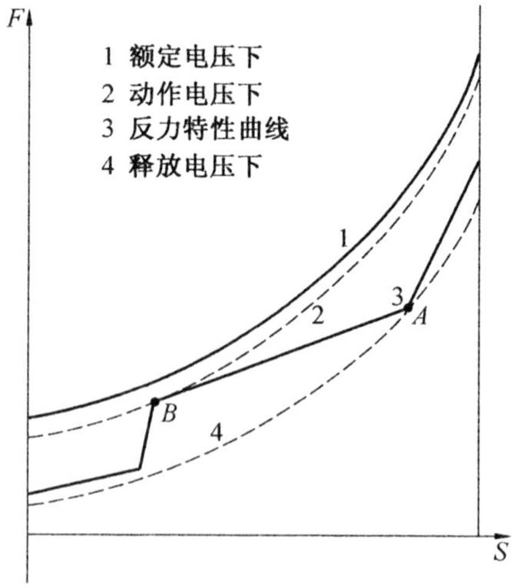

(b) 吸反力配合图

图 4.12 平衡衔铁式继电器

吸合状态下偏向另一侧轭铁位置。复原簧片反力特性是线性增加的，即随衔铁行程增加而增加；若由磁钢替代复原簧片，其反力随衔铁行程增加而减少，且为非线性变化；极化磁系统中零安匝条件下永磁保持力也是随衔铁行程增加而减少的，同时还存在改变方向使反力变为吸力的特点。平衡衔铁式继电器和差动式继电器的吸反力配合图分别如图 4.12(b)和图 4.13(b)所示。

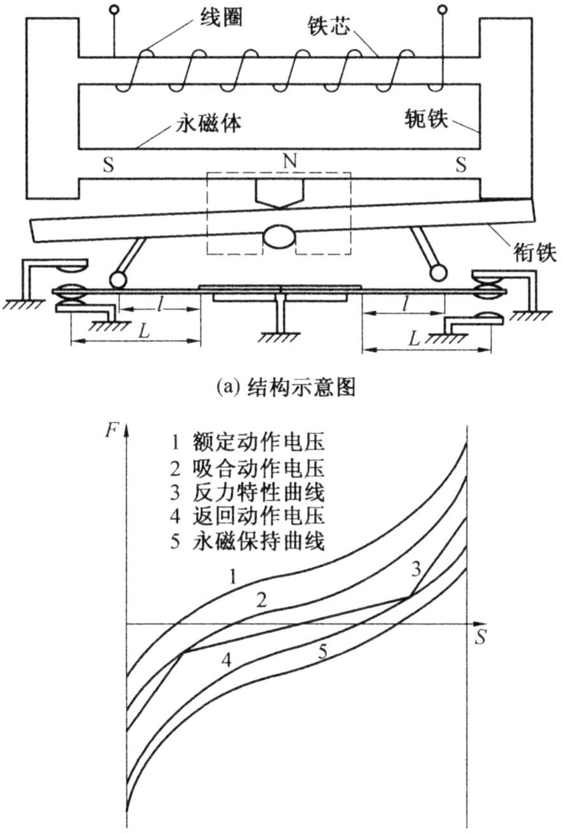

(b) 吸反力配合图

图 4.13　差动式极化磁系统继电器

建模说明：

(1)继电器实际工作时可受三个方向激励，产生三个方向的响应，根据试验和分析可知，沿与衔铁运动方向的抗振性能最弱，最易发生抖动，因此只研究此危险方向。

(2)衔铁形状为矩形截面梁，短而粗，同簧片相比可视作刚体。

(3) 轴架限制衔铁的左右与前后方向串动，特别对于差动式磁路结构的继电器来说，磁极芯处有很大的永磁吸力将衔铁在该位置固定，因此衔铁的运动方式只能为绕小轴转动。考虑到继电器在吸合状态下的抗振性优于释放状态下的抗振性，因此转角 θ 的起点定义为衔铁在释放状态下的静平衡位置，且顺时针为正方向。

(4) 对于平衡衔铁式结构的电磁系统，定义 θ_1 为衔铁脱离止推端时的临界转角，对于极化磁系统，定义 θ_1 为衔铁脱离右侧轭铁时的临界转角；θ_2 为衔铁接触动触簧的临界转角；θ_3 为衔铁带动动触簧脱离动断静触簧的临界转角；θ_4 为衔铁带动动触簧接触动合静触簧的临界转角；θ_5 为衔铁接触极靴时的临界转角；θ_6 为衔铁运动终止位置。

(5) 鉴于衔铁与旋转轴配合处、衔铁推杆和触点簧片间，以及复原簧片和衔铁间的摩擦力矩很小，所以可不予考虑。

(6) 衔铁与两侧轭铁或极靴与止推端、动簧片间均为单面约束，忽略元件间碰撞能量损失，在一个运动周期中可分为几个区段，且在各个区段内衔铁有不同的运动方向，与不同弹性元件和阻尼元件相接触，组成具有不同固有频率的振动系统。

4.2.1 平衡衔铁式继电器

对于平衡衔铁结构的继电器来说，衔铁脱离止推端需克服复原簧片作用力所产生的力矩，该力矩可表示为

$$M_0 = (F_{f0} + \Delta F_{f0}) l_f \tag{4.1}$$

式中 F_{f0}—— 复原簧片的初始作用力；

ΔF_{f0}—— 衔铁转动 θ_1 后，复原簧片增大的作用力；

l_f—— 由复原簧片与衔铁接触点到衔铁转轴间的距离。

衔铁(通过推杆) 使常闭触簧组脱离，需得到克服由触点簧片和复原簧片作用力所产生的力矩，该力矩可表示为

$$M_1 = NF_{s1} l_s + (F_{f0} + \Delta F_{f1}) l_f \tag{4.2}$$

式中 F_{s1}—— 触点簧片作用在与衔铁推杆接触处的反作用力；

l_s—— 衔铁推杆到衔铁转轴间的距离；

ΔF_{f1}—— 衔铁转动 θ_3 后，复原簧片增大的作用力；

N—— 转换触点组数。

衔铁(通过推杆) 使常开触簧组闭合，需得到克服由触点簧片和复原簧片作用力所产生的力矩，该力矩可表示为

$$M_2 = NF_{s2} l_s + (F_{f0} + \Delta F_{f2}) l_f \tag{4.3}$$

式中 F_{s2}—— 触点簧片作用在与衔铁推杆接触处的反作用力；

ΔF_{f2}—— 衔铁转动 θ_4 后，复原簧片增大的作用力。

在直线加速度力学环境作用下，继电器的所有活动结构部件包括：衔铁、触点、质量不均匀分布的复原簧片和触点簧片都产生附加的惯性力，在这里认为继电器的静触点和继电器的磁系统都是刚性固定的，衔铁固定在不会变形的刚性轴上以及调整好的间隙(衔铁的工作气隙和自由行程)，在直线加速度的作用下不发生变化。

恒加速度作用在左侧触点组件的触点质量和触点簧片分布质量上所产生的总力矩 M_1 可表示为

$$M_1 = NnKl_s\left(P_{c1} + \frac{3}{8}P_{s1}\right) \tag{4.4}$$

式中 n—— 外界恒加速度与重力加速度的比值；

K—— 考虑转换簧片上触点和衔铁推杆的相互位置的影响而引进的系数；

P_{cl}，P_{sl}—— 分别为左侧触点组件的触点和簧片的重力。

对于触点的位置介于衔铁推杆和簧片固定点之间的继电器触点部件来说，

$$K=\frac{F_s}{F_0}=\frac{2\left(k^3+\frac{C_0}{C_k}\right)}{k^2(3-k)} \tag{4.5}$$

式中　C_0—— 动簧片在动触头中心点处的刚度；

C_k—— 动断静触簧的刚度；

F_0—— 转换触点的接触压力；

$k=l/L$，l—— 推动杆到簧片固定端的长度；

L—— 触点中心到簧片固定端的长度。

而对于衔铁推杆的位置介于触点和簧片固定点之间的继电器，

$$K=\frac{F_s}{F_0}=\frac{2\left(1+\frac{C_0}{C_k}\right)}{k^2(3-k)} \tag{4.6}$$

同理，可得恒加速度对右侧触点部件作用产生的力矩为

$$M_r=NnKl_s\left(P_{cr}+\frac{3}{8}P_{sr}\right) \tag{4.7}$$

恒加速的作用下由于对轴的负载增加而产生的衔铁轴的配合部位的摩擦力矩为

$$M_a=n\mu P_a\frac{d}{2} \tag{4.8}$$

式中　μ—— 衔铁轴与轴承配合部位的摩擦系数；

d—— 衔铁轴直径；

P_a—— 衔铁的重力。

由于衔铁加工制造不精确而产生的衔铁不平衡力矩为

$$\Delta M_s=nP_a\alpha \tag{4.9}$$

式中　α—— 衔铁的不平衡度，即衔铁重心到衔铁旋转轴的距离。

加速度对复原簧片分布质量产生的力矩为

$$M_f=\frac{3}{8}nP_fl_f \tag{4.10}$$

式中　P_f—— 复原簧片的重力；

l_f—— 复原簧片的长度。

如果惯性力矩的方向为顺时针，那么附加力矩可表示为

$$\Delta M=M_l-M_r+M_a\pm M_s\pm M_f \tag{4.11}$$

式(4.11)中的"±"的确定取决于衔铁的重心对旋转轴偏移的方向、复原簧片的结构特点以及加速度作用的方向。可见衔铁复原簧片的结构将直接影响继电器的机械特性和动作灵敏度。

如果惯性力矩的方向为逆时针，则式(4.11)可改写为

$$\Delta M=M_r-M_l+M_a\pm M_s\pm M_f \tag{4.12}$$

若继电器的触点部件是偶数，与衔铁对称配置，并且其触点和触点簧片的结构完全相同，在这样的条件下，左右两组触点簧片所产生的力矩大小相等，因此作用于这类继电器机械特性上的附加力矩与恒加速度作用的方向无关，则式(4.11)可改写为

$$\Delta M = M_a \pm M_s \pm M_f \tag{4.13}$$

衔铁由于某种程度产生的不平衡，在加速度作用下离开限程止推端需满足

$$M_0 = \Delta M \tag{4.14}$$

将式(4.1)、(4.5)、(4.8)、(4.9)、(4.10)、(4.13)代入式(4.14)中，则使衔铁自动脱离止推端的加速度可表示为

$$n = \frac{(F_{f0} + \Delta F_{f0})l_f}{P_a\left(a - \mu\dfrac{d}{2}\right) \pm \dfrac{3}{8}P_f l_f} \tag{4.15}$$

同理，衔铁带动推杆使常闭触簧组自动断开的加速度可表示为

$$n = \frac{KF_0 l_s + (F_{f0} + \Delta F_{f1})l_f}{P_a\left(a - \mu\dfrac{d}{2}\right) \pm \dfrac{3}{8}P_f l_f} \tag{4.16}$$

考虑到只要存在一个与衔铁推杆相接触的触点组断开即认为发生了自动吸合现象，因此式(4.2)中 $N=1$。另外，上式能够成立需要衔铁的不平衡力矩超过摩擦力矩和复原簧片所产生的力矩的总和。

衔铁带动推杆使常开触簧组自动闭合的加速度可表示为

$$n = \frac{KF_0' l_s + (F_{f0} + \Delta F_{f2})l_f}{P_a\left(a - \mu\dfrac{d}{2}\right) \pm \dfrac{3}{8}P_f l_f} \tag{4.17}$$

式中 F_0'—— 常开触点间的接触力。

若衔铁完全平衡，即使在加速度作用下它也不会离开止推端，即复原簧片作用力仍然将它压在止推端处。此时，触点组件的触点压力产生的静力矩应当和加速度作用在触头质量和簧片的分布质量上产生的总力矩相等，根据此条件，发生自动吸合的加速度值可表示为

$$n = \frac{F_0 L}{P_{cl}L + \dfrac{3}{8}P_{sl}l_d} \tag{4.18}$$

式中 l_d—— 动簧片的长度。

如果继电器的簧片是由弹性触点合金制成，即没有触头零件，则式(4.18)可改写成

$$n = \frac{8F_0 L}{3P_{sl}l_d} \tag{4.19}$$

衔铁由加工或设计产生的不平衡度与其能够承受的恒加速度、吸合电磁力的变化范围三者之间是互相制约的，因此，耐力学环境的指标与衔铁的加工精度及上位特性指标之间是一一对应的。

附加力矩产生的机械反力的变化量为

$$\Delta F = \frac{\Delta M}{l_r} \tag{4.20}$$

式中　l_r——衔铁旋转轴到极靴中心的距离。

如图 4.13 所示，反力特性对应于动断触点断开力矩的临界点 B 将决定吸合电磁力，对应于动合触点断开力矩的临界点 A 将决定释放电磁力。考虑到电磁力与激励电流安匝数的平方成正比的关系，因此恒加速度条件下的吸合安匝数为

$$IW' = IW\sqrt{1 \pm \frac{\Delta F}{F_B}} \tag{4.21}$$

式中　F_B——临界点 B 的机械反力。

同时，在给定吸合安匝数和恒加速度指标的情况下，则衔铁的不平衡程度可表示为

$$a = \frac{\left[\left(\frac{IW'}{IW}\right)^2 - 1\right] F_B l_r}{P_a n} \pm \frac{3}{8}\frac{P_f}{P_a} l_f - \frac{1}{2}\mu d \tag{4.22}$$

另外，上式在给定衔铁不平衡程度和承受的临界恒加速度的情况时，也可得到吸合安匝数的变化量。

4.2.2　极化继电器

极化磁系统一般包括衔铁、轭铁、永磁体、线圈、铁芯等部分。衔铁保持力与吸合力数值及影响因素的确定需要建立包含永磁体、软磁材料、空气隙等部分的磁路数学模型，并进行分析计算。

永磁体可简化为等体积的条形磁钢处理，整段永磁体又可分为相等的两段。采用 FeCrCo 易加工材料，考虑永磁体在充磁后不加短路地取下，即在自然状态下稳磁，可应用有限元法、测试法、近似计算法求得永磁回复线的起始点。当永磁置于继电器磁路中时，永磁外部磁路磁导增加，$\tan\alpha$ 增加，工作点将沿回复线 ab 上移。当继电器工作时，永磁外部磁阻变化，永磁将在回复线 ab 上工作，如图 4.14 所示。由于 ab 是一条直线，每段永磁体的线性等效磁势 F_m 和等效磁阻 R_m 可分别表示为

$$F_m = H_0 \frac{L_m}{2} \tag{4.23}$$

$$R_m = \frac{1}{\mu_{rec}} \cdot \frac{L_m}{2S_m} \tag{4.24}$$

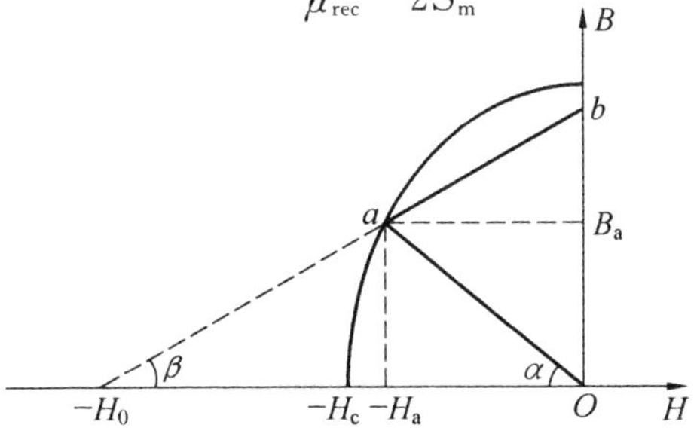

图 4.14　退磁曲线示意图

式中 H_0—— 工作回复线延长线与 H 轴交点的磁场强度；

L_m, S_m—— 永磁体的长度和截面积；

μ_{rec}—— 回复磁导率，即回复线 ab 的斜率。

采用磁场分割法计算出气隙磁导后，可得到整个极化磁系统的等效磁路图，如图4.15所示。

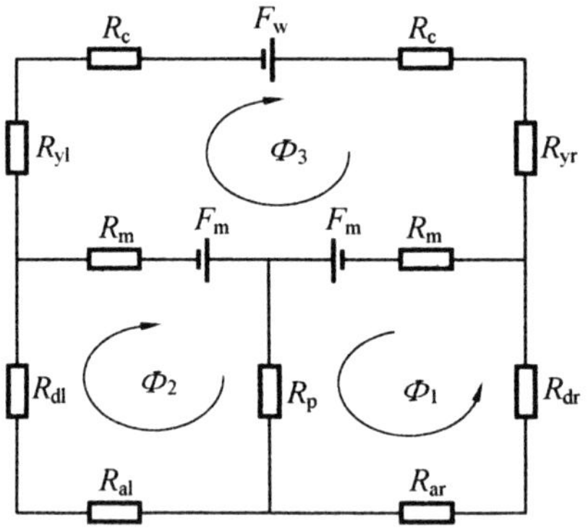

图 4.15 等效磁路图

同时，磁路方程组可表示为

$$\left.\begin{aligned}(R_{al}+R_p+R_m+R_{yl}+R_{dl})\Phi_1+R_p\Phi_2+R_m\Phi_3=F_m\\ R_p\Phi_1+(R_{ar}+R_{dr}+R_{yr}+R_m+R_p)\Phi_2-R_m\Phi_3=F_m\\ R_m\Phi_1-R_m\Phi_2+(2R_m+R_{yl}+R_{yr}+R_c+R_f)=F_w\end{aligned}\right\} \tag{4.25}$$

式中 Φ_1, Φ_2, Φ_3—— 各回路的磁通值；

R_{al}, R_{ar}—— 衔铁左、右段的磁阻；

R_{dl}, R_{dr}—— 左、右气隙磁阻；

R_{yl}, R_{yr}—— 左右轭铁段的磁阻；

R_c—— 铁芯磁阻；

R_p—— 支承点处的磁阻；

F_w—— 线圈磁势。

考虑到式(4.25)具有非线性方程组的特点，即系数是随磁通变化的。采用牛顿下山法求解非线性方程组，第一次不计铁磁阻求出磁通值作为初值，而线性化方程组的求解采用高斯消去法。由已经计算出的气隙磁通、气隙磁导及其导数，则左、右两侧吸力矩可按能量平衡法表示为

$$F_{mL}=-\frac{1}{2}\left(\frac{\Phi_2}{\Lambda_{dl}}\right)^2\frac{d\Lambda_{dl}}{d\delta} \tag{4.26}$$

$$F_{mR}=-\frac{1}{2}\left(\frac{\Phi_1}{\Lambda_{dr}}\right)^2\frac{d\Lambda_{dr}}{d\delta} \tag{4.27}$$

式中 Λ_{dl}—— 左侧气隙磁导；

Λ_{dr}—— 右侧气隙磁导；

δ—— 气隙长度。

则衔铁脱离轭铁支撑需克服永磁吸力所产生的力矩可表示为

$$M_0 = F_{mR} l_R - F_{mL} l_L = M_R - M_L \tag{4.28}$$

式中　F_{mR}，F_{mL}—— 分别为释放状态下衔铁与右侧极面、左侧极面间的永磁吸力；

l_R—— 右侧极面中心与衔铁转轴的距离；

l_L—— 左侧极面中心与衔铁转轴的距离。

使衔铁自动脱离右侧极面的加速度可表示为

$$n = \frac{M_R - M_L}{P_a\left(a - \mu\dfrac{d}{2}\right)} \tag{4.29}$$

可见，能够使得永磁保持吸力矩提高的因素，包括磁系统固定零件的尺寸参数和材料参数，都可有效提高衔铁系统承受恒加速度环境的能力。另外值得注意的是，衔铁的尺寸参数（长度、宽度、厚度及衔铁的不平衡度）一方面可使得永磁保持力矩提高，但另一方面又会使得其重量增加，因此确定其与能够承受的恒加速度的变化关系将具有重要意义。

考虑到实际产品的设计中，衔铁长度与宽度的改变需要轭铁与永磁体尺寸进行相应的调整，且不利于发现主要影响因素，因此选定衔铁厚度和衔铁不平衡度作为优化分析的主要参数。

以某差动式极化继电器为例通过计算表明，在保持衔铁不平衡度不变的条件下，衔铁厚度的增加将使其所能承受的加速度值减小，如图 4.16 所示。同理，保持衔铁厚度不变的条件下，计算得到了衔铁不平衡度与永磁吸力曲线的变化关系如图 4.17 所示，由此可得到衔铁可承受的加速度与不平衡度的关系如图 4.18 所示。可见衔铁的设计不平衡度一方面可以有效地改变永磁保持力，同时该指标的增加也将使得衔铁所能承受的加速度值减小，且理想情况下当衔铁不平衡度为零时，该所能承受的加速度值为最大。

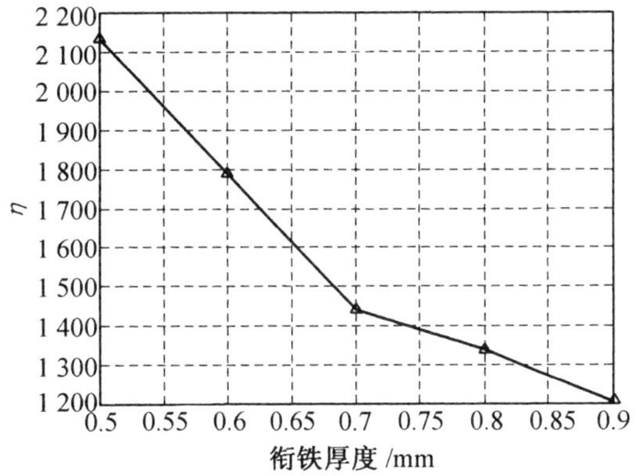

图 4.16　恒加速度与衔铁厚度的关系

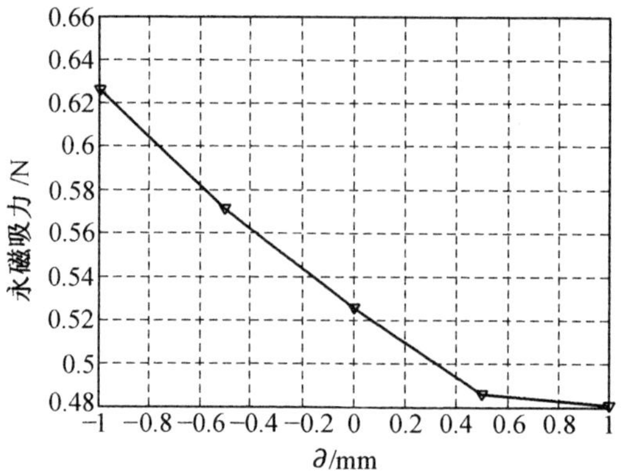

图 4.17　永磁吸力与衔铁不平衡度的关系

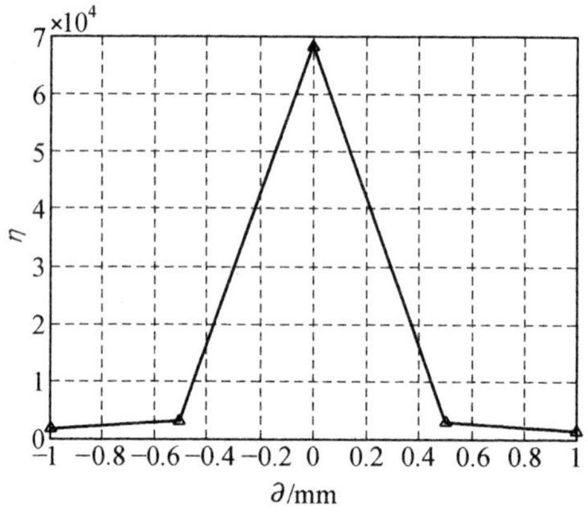

图 4.18　恒加速度与衔铁不平衡度的关系

4.3　正弦振动条件下的运动特性

4.3.1　运动方程

继电器激振位移的表达式为 $\Lambda(t)=A\sin\Omega t$，A 为激振幅值；Ω 为激振角频率。对于极化磁系统来说，衔铁的运动可分为六个区域。

第一区域，$0<\theta\leqslant\theta_1$，即衔铁未与轭铁脱离。对衔铁取独立体，则运动方程为

$$I\ddot{\theta}+C_y l_R^2\dot{\theta}+M_L(\theta)-M_R(\theta)+k_y l_R^2(\theta_1-\theta)-mAL_a\Omega^2\sin\Omega t=0 \tag{4.30}$$

式中　k_y，C_y—— 分别为轭铁弹性系数与阻尼系数；

l_R—— 轭铁右侧极面到小轴中心的平均距离；

$M_L(\theta)$，$M_R(\theta)$—— 分别为衔铁与左、右两侧极面间的永磁吸力矩；

I—— 衔铁绕小轴中心的转动惯量；

m—— 衔铁的质量；

L_a—— 衔铁的长度。

第二区域，$\theta_1 < \theta \leqslant \theta_2$，衔铁脱离轭铁，但未接触常闭触点组，进入空程区域，自由运动方程为

$$I\ddot{\theta} + M_L(\theta) - M_R(\theta) - mAL_a\Omega^2 \sin \Omega t = 0 \tag{4.31}$$

第三区域，$\theta_2 < \theta \leqslant \theta_3$，衔铁接触动触簧，但动断静簧片尚未脱离，即进入动断超程区域，自由运动方程为

$$\begin{aligned} &I\ddot{\theta} + N(C_{jd} + C_d)l_s^2\dot{\theta} + M_L(\theta) - M_R(\theta) + \\ &N(k_{jd} + k_d)l_s^2(\theta - \theta_2) - mAL_a\Omega^2 \sin \Omega t = 0 \end{aligned} \tag{4.32}$$

式中　N—— 转换触点组数；

k_d, C_d—— 分别为动触簧的弹性系数与阻尼系数；

k_{jd}, C_{jd}—— 分别为动断静触簧的弹性系数与阻尼系数；

l_s—— 动触点与小轴中心的距离。

第四区域，$\theta_3 < \theta \leqslant \theta_4$，衔铁使常闭触点组脱离，但未与动合静触簧接触，即进入自由行程区域，自由运动方程为

$$\begin{aligned} &I\ddot{\theta} + NC_d l_s^2\dot{\theta} + M_L(\theta) - M_R(\theta) + Nk_{jd}l_s^2(\theta_3 - \theta_2) + \\ &Nk_d l_s^2(\theta - \theta_3) - mAL_a\Omega^2 \sin \Omega t = 0 \end{aligned} \tag{4.33}$$

第五区域，$\theta_4 < \theta \leqslant \theta_5$，衔铁使常开触点组闭合，但衔铁未接触左侧轭铁，进入动合超程区域，自由运动方程为

$$\begin{aligned} &I\ddot{\theta} + N(C_d + C_{jh})l_s^2\dot{\theta} + M_L(\theta) - M_R(\theta) + Nk_{jd}l_s^2(\theta_3 - \theta_2) + \\ &Nk_d l_s^2(\theta - \theta_3) + Nk_{jh}l_s^2(\theta - \theta_4) - mAL_a\Omega^2 \sin \Omega t = 0 \end{aligned} \tag{4.34}$$

式中　k_{jh} 和 C_{jh}—— 分别为动合静触簧的弹性系数和阻尼系数。

第六区域，$\theta_5 < \theta \leqslant \theta_6$，衔铁接触左侧轭铁，自由运动方程为

$$\begin{aligned} &I\ddot{\theta} + N(C_d + C_{jh})l_s^2\dot{\theta} + NC_y l_L^2\dot{\theta} + M_L(\theta) - M_R(\theta) + Nk_{jd}l_s^2(\theta_3 - \theta_2) + \\ &Nk_d l_s^2(\theta - \theta_3) + Nk_{jh}l_s^2(\theta - \theta_4) - k_y l_L^2(\theta - \theta_5) - mAL_a\Omega^2 \sin \Omega t = 0 \end{aligned} \tag{4.35}$$

式中　l_L—— 轭铁左侧极面到小轴中心的平均距离。

衔铁系统在上述各区域的振动响应可逐段通过数值计算完成，衔铁越过相邻区段的分界线时，以上一区段末状态(位移、速度）作为下一区段初始条件，从而在特定振动条件下，即激振频率和激振加速度分别确定的前提下，能够实现衔铁系统的瞬态响应。同理，上述推导过程也可适用于其他结构衔铁系统运动特性的分析。

4.3.2　计算实例及实验验证

以某桥式极化继电器为例，其电磁系统结构图可参照图 4.9，接触系统结构图可参照图 3.3。将衔铁水平位置处定义为 $\theta = 0$，由结构尺寸参数可得，释放状态下衔铁的位置为 $\theta = -0.244$ rad，对称结构使得吸合状态下衔铁的位置为 $\theta = 0.244$ rad。由有限元软件计算得到该继电器零安匝条件下的永磁吸力曲线，释放状态下的永磁吸力矩 $M = 6 \times 10^{-4}$ N·m；同时通过电磁继电器静态吸、反力测试分析系统得到轭铁的刚度 $k_y = 2.4 \times 10^5$ N/m，由此衔铁脱离轭铁临界角度 $\theta_1 = -4M/kL_a^2 = -0.02431$ rad。

再次应用继电器静态吸、反力测试分析系统得到了其机械反力矩曲线，并可确定四段直线所对应的衔铁运动过程中的临界角度 $\theta_2 \sim \theta_4$，θ_5 的确定与 θ_1 相似，具体数值见表 4.2。图 4.19 所示为永磁吸力矩和机械反力矩的曲线。图中的阴影区即为衔铁与轭铁发生接触变形的示意区域。

表 4.2　某继电器相关参数

参数名称	数值	单位	参数名称	数值	单位
衔铁质量 m	1.1×10^{-4}	kg	临界角度 θ_2	−0.008 15	rad
衔铁转动惯量 I	5×10^{-8}	m^4	临界角度 θ_3	−0.005 17	rad
动簧片刚度 k_d	306.3	N/m	临界角度 θ_4	0.015 12	rad
动断静簧片刚度 k_{jd}	2 018.7	N/m	临界角度 θ_5	0.024 31	rad
动合静簧片刚度 k_{jh}	789.9	N/m	轭铁阻尼 C_y	0.005	N·s/m
常闭触点间初压力 F_0	0.033	N			

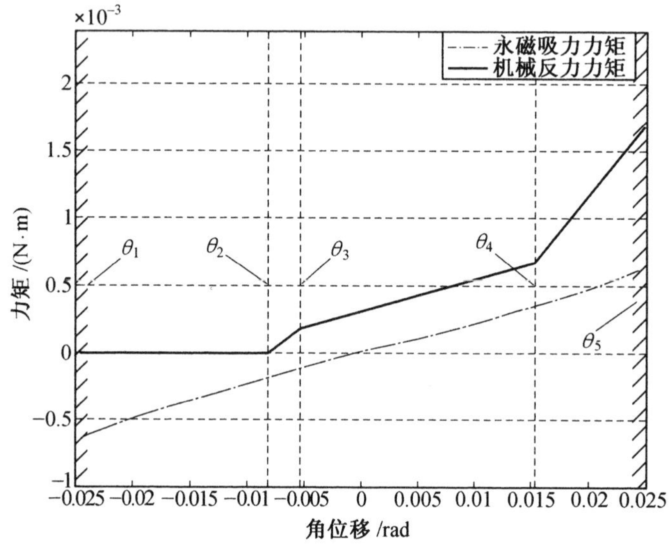

图 4.19　永磁吸力矩与机械反力矩

图 4.20 为激励频率 $f=500$ Hz，加速度幅值 $A_{cc}=10g$，$\dot{\theta}=0$ 条件下，衔铁位移 $\theta(t)$ 和速度 $\dot{\theta}(t)$ 的相平面曲线。可见，振动平稳，且最大转角为 $\theta_{max}=-0.024\ 45<\theta_1$，可以判定衔铁不会脱离止推端，没有抖动现象发生，抗振性符合产品出厂规定指标。

图 4.21 为激励频率 $f=1\ 320$ Hz，加速度幅值 $A_{cc}=20g$，$\dot{\theta}=0$ 条件下，衔铁位移 $\theta(t)$ 和速度 $\dot{\theta}(t)$ 的相平面曲线。可见，在强激励作用下，衔铁角位移迅速越过 θ_1 并逐渐加大幅度，多次过平衡位置后最大位移达到 −0.006 79 rad，从而越过 θ_2，可以判断衔铁将出现脱离止推端并碰撞动簧片现象。

如图 4.22 所示，若增大轭铁阻尼为 0.05 N·s/m，则衔铁最大位移将明显减小，此时衔铁将会出现周期性的与轭铁碰撞抖动的现象，但是不会与动簧片发生接触。该状态同

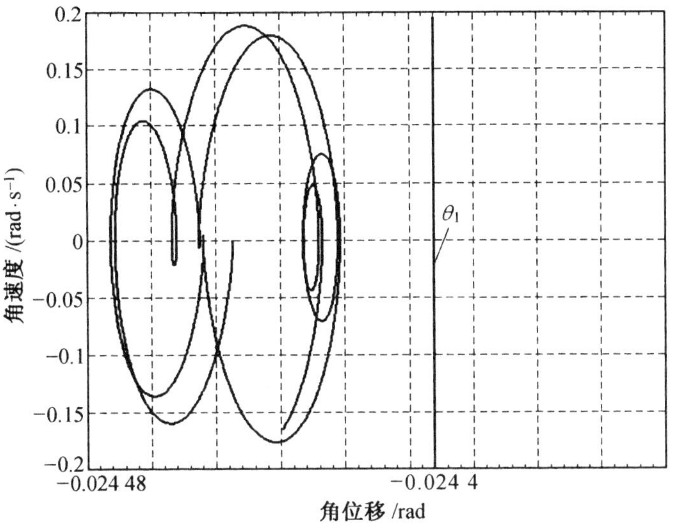

图 4.20　$10g$/500 Hz 条件下的相平面曲线

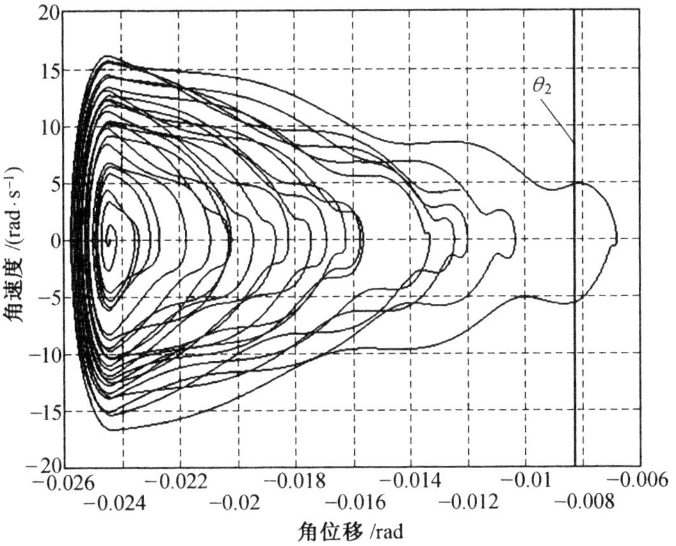

图 4.21　$20g$/1 320 Hz 条件下的相平面曲线

样是危险状态，应该避免出现。图 4.23 为 $20g$/2 000 Hz 条件下的相平面图。

按照 GJB360－96 中的高频振动试验方法规定进行试验台闭环正弦对数扫描试验，振动加速度为 $20g$，扫描频率为 10～2 000 Hz。继电器放置方向为其工作最危险方向，即衔铁运动方向与振动方向一致。吸合状态下无触点抖断、抖闭现象发生，释放状态下常闭触点组存在抖断现象，抖动频率范围为 1 200～1 400 Hz，可见与仿真分析结果基本相近。

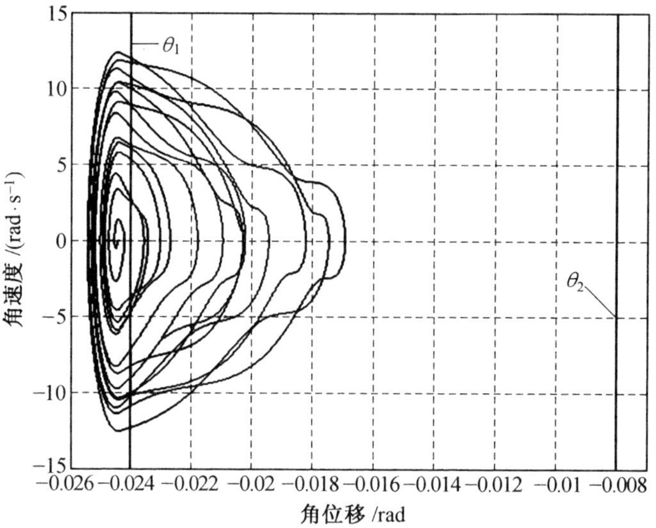

图 4.22　20g/1 320 Hz 条件下的角位移－角速度相平面曲线

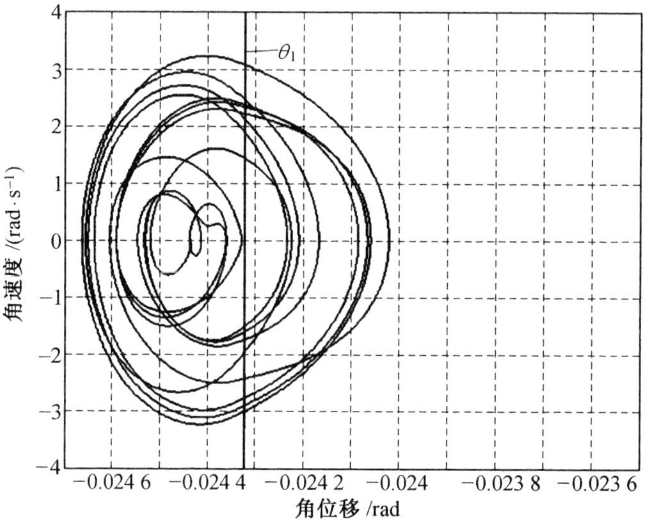

图 4.23　20g/2 000 Hz 条件下的角位移－角速度相平面曲线

4.4　随机振动条件下的运动特性

以释放状态下的衔铁系统作为分析对象，随机振动下衔铁与止推端间的力响应与相对位移响应是一个随机过程，通过计算力响应和相对位移响应的稳态概率密度函数，进而求得衔铁脱离轭铁或者止推端的概率。根据支架的随机振动仿真分析结果，随机振动加速度从振源传到衔铁转轴处后，激励的谱形与幅值基本没有发生改变，因此可对衔铁系统单独建立力学模型，通过 Fokker－Planck 方程和 Monte Carlo 数值实验等方法求取衔铁系统接触失效概率。

4.4.1　运动方程

图 4.24 为典型平衡式衔铁系统释放状态下的示意图，图 4.25 为对应的力学模型，θ_0 为衔铁与止推端间的初始形变；$\theta=0$ 为衔铁脱离止推端的临界点，当 $\theta<0$ 时衔铁脱离止推端，可能与接触系统发生碰撞。在释放状态下 $\theta=\theta_0$，衔铁受到返簧的保持力和止推端的支持力，并处于力平衡状态。

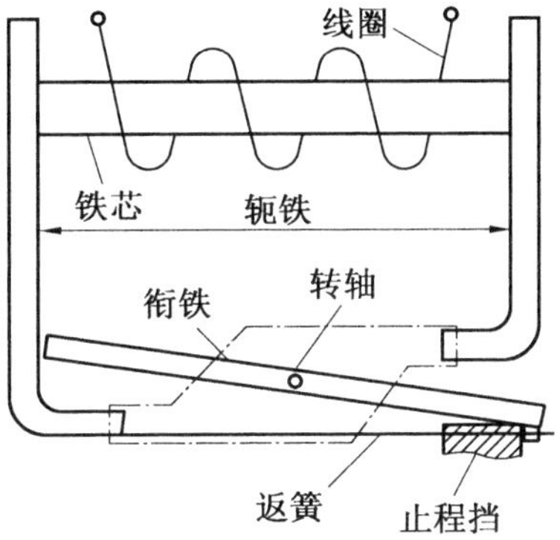

图 4.24　衔铁模型

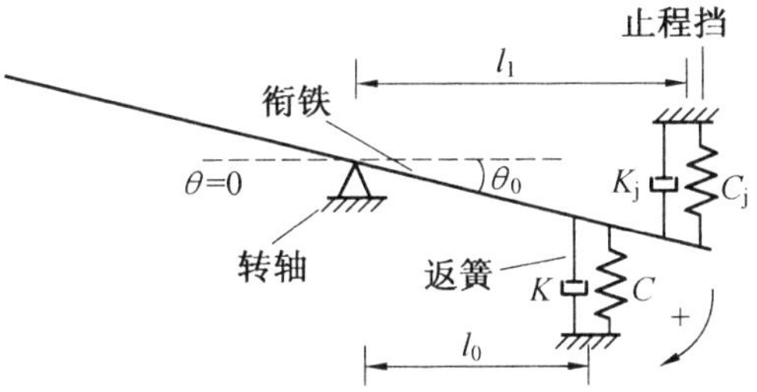

图 4.25　衔铁力学模型

根据图 4.25，衔铁系统运动方程为

$$J_0\ddot{\theta}+C_j l_1^2\dot{\theta}H(\theta)+K_j l_1^2\theta+Cl_0^2\dot{\theta}+Kl_0^2\theta-Kl_0^2(\theta_f+\theta_0)=M_s+pW(t) \quad (4.36)$$

式中　$H(\theta)$—— 分段函数，$H(\theta)=\begin{cases}1 & (\theta\geqslant 0)\\ 0 & (\theta<0)\end{cases}$；

K_j—— 等效接触弹性系数；

C_j—— 等效接触阻尼系数；

K—— 返簧弹性系数；

C—— 返簧阻尼系数；

l_0—— 转轴到衔铁止推端处长度；

l_1—— 衔铁转轴到返簧反作用点的长度；

θ_f—— 返簧在 $\theta=\theta_0$ 时的初始形变；

M_s—— 释放状态下，衔铁所受到的平均剩磁或永磁吸力矩；

p—— 随机激励增益；

$W(t)$ —— 随机激励。

衔铁在 $\theta=\theta_0$ 处的平衡条件为

$$-K_j l_1^2\theta_0+Kl_0^2\theta_f=M_s \tag{4.37}$$

引入变量 $C_e=C_j l_1^2 H(\dot{\theta})+Cl_0^2$，$M_e=M_s+Kl_0^2(\theta_f+\theta_0)$，$K_e=K_j l_1^2+Kl_0^2$，$h=\left(\dfrac{p}{M_s+Kl_0^2(\theta_f+\theta_0)}\right)^2$，代入式(4.36)得到

$$J_0\ddot{\theta}+C_e\dot{\theta}+K_e\theta=M_e(1+\sqrt{h}W(t))\quad(\theta<\theta_0) \tag{4.38}$$

引入无量纲变量 $\eta=\dfrac{\theta-\theta_0}{\theta_0}$，$\tau=\Omega t$，$\Omega^2=\dfrac{K_e}{J_0}$，$\theta_0=\dfrac{M_e}{K_e}$，$\bar{\omega}=\omega/\Omega$，$\zeta=\dfrac{C_j l_1^2 H(\dot{\theta})+Cl_0^2}{2\sqrt{J_0(K_j l_1^2+Kl_0^2)}}$，得到的归一化方程为

$$\ddot{\eta}+2\zeta\dot{\eta}+(\eta+1)H(\eta+1)=\sqrt{h}w(\tau) \tag{4.39}$$

4.4.2 Fokker－Planck 方程

在对含非线性条件的随机问题研究中，协变方程、玻耳兹曼(Boltzman)方程、主(Master)方程和福克－普朗克(Fokker－Planck)方程都各有特点。其中，Fokker－Planck 方程具有相对简单和适用性强的特点，针对于本文的衔铁模型有较为成熟的分析理论和求解方法。

假设 $G(\eta)=(\eta+1)H(\eta+1)$，$f(\tau)=\sqrt{h}w(\tau)$，方程(4.39)可化为标准克莱默斯方程(Kramers Equation)

$$\ddot{\eta}+2\zeta\dot{\eta}+G(\eta)=f(\tau) \tag{4.40}$$

对式(4.37)可列写二维一阶的拉格万方程

$$\left.\begin{aligned}\dot{q}&=-2\zeta q-G(\eta)+f(\tau)\\ \dot{\eta}&=q\end{aligned}\right\} \tag{4.41}$$

由式(4.41)可得 Fokker－Planck 方程为

$$\frac{\partial p(\eta,q,t)}{\partial t}=-\frac{\partial}{\partial\eta}[qp(\eta,q,t)]-\frac{\partial}{\partial q}[(-2\zeta q-G(\eta))p(\eta,q,t)]+\pi h\frac{\partial^2 p(\eta,q,t)}{\partial q^2} \tag{4.42}$$

式中 $p(\eta,q,t)$ —— 概率密度函数。

假设稳态概率密度形式解为

$$p(\eta,q)=e^{-aq^2}\phi(\eta) \tag{4.43}$$

代入方程(4.42)并使同次幂系数为 0，对于 0 次幂有

$$G(\eta)p(\eta,q,t)+\frac{\pi h}{2\zeta}\frac{\partial p(\eta,q,t)}{\partial\eta}=0 \tag{4.44}$$

对于 1 次幂有

$$qp(\eta,q,t)+\frac{\pi h}{2\zeta}\frac{\partial p(\eta,q,t)}{\partial q}=0 \tag{4.45}$$

$$\dot{\eta}p(\eta,q,t)+\frac{\pi h}{2\zeta}\frac{\partial p(\eta,q,t)}{\partial\dot{\eta}}=0 \tag{4.46}$$

可解析求得稳态位移和速度的联合分布概率为

$$p_s(\eta,\dot{\eta})=A\exp\left(-\frac{2\zeta}{\pi h}\frac{\dot{\eta}^2}{2}\right)\exp\left(-\frac{2\zeta}{\pi h}\int_0^\eta G(s)\,\mathrm{d}s\right) \tag{4.47}$$

对 $\dot{\eta}$ 积分得到位移的边缘分布概率为

$$p_\eta(\eta)=C\exp\left(\frac{-2\zeta}{\pi h^2}\int_0^\eta G(s)\,\mathrm{d}s\right) \tag{4.48}$$

代入 $G(\eta)=(\eta+1)H(\eta+1)$，得

$$\int_0^\eta G(s)\,\mathrm{d}s=\int_0^\eta[(s+1)H(s+1)-1]\mathrm{d}s \tag{4.49}$$

化简，得到

$$\left.\begin{aligned}p_\eta(\eta)&=C\exp\left(\frac{-2\zeta}{\pi h}\left(\frac{1}{2}\eta^2\right)\right)\quad(\eta>-1)\\ p_\eta(\eta)&=C\exp\left(\frac{-2\zeta}{\pi h}\left(-\frac{1}{2}-\eta\right)\right)\quad(\eta\leqslant-1)\end{aligned}\right\} \tag{4.50}$$

对于随机振动特性分析，接触力的大小是衔铁与轭铁或者止推端间接触状态的判别标志，归一化后当接触力等于或小于 0 时，衔铁处于接触临界状态或者脱离止推端并和止推端发生碰撞，有可能进一步触动簧片接触系统发生“抖断”或“抖闭”现象。为了更加直接地判断衔铁系统的运动状态，由位移与接触力的关系式

$$\left.\begin{aligned}N&=\eta+1\quad(\eta>-1)\\ N&=-1\quad(\eta\leqslant-1)\end{aligned}\right\} \tag{4.51}$$

导出接触力的边缘分布概率密度函数为

$$\left.\begin{aligned}&p_N(N)=C\exp\left[\frac{-2\zeta}{\pi h^2}\left(\frac{1}{2}N^2\right)\right]\quad(N>-1)\\ &p_N(-1)=\delta(-1)\int_{-\infty}^{-1}p_\eta(s)\,\mathrm{d}s\quad(N=-1)\\ &p_N(N)=0\quad(N<-1)\end{aligned}\right\} \tag{4.52}$$

接触力的 n 阶矩估计和偏斜度分别为

$$E[N^n(\tau)]=\int_{-\infty}^{\infty}N^n p_N(N)\,\mathrm{d}N \tag{4.53}$$

$$\gamma=\frac{E\,(X-\mu)^3}{\sigma^3} \tag{4.54}$$

式中　μ—— 均值；

　　　σ—— 标准差。

由式(4.51) ～ (4.54)，接触力的偏斜度和低阶矩估计与接触失效概率有直接的关系，而偏斜度和方差由激励的大小 h 和 ζ 共同决定。

4.4.3　Monte Carlo 数值实验

Monte Carlo 实验是一种采用统计抽样理论近似求解数学问题或物理问题的方法，

又称为统计实验方法或随机模拟方法。它的基本思路是生成具有一定概率分布的随机样本，对每个样本进行确定性分析，将大量样本做数据统计，最后得出各响应量的均值和方差。这种方法原理简单，且凭借高速计算机生成大量数据样本，并借助计算机求解，使其非常适用于复杂随机问题的求解或者随机过程理论的验证。

以归一化运动方程式(4.39)作为研究对象，模型中输入的随机信号为伪高斯随机信号，信号由下式生成：

$$\omega(\tau)=W_M\sum_{k=1}^{k=M}\cos(\bar{\omega}_k\tau+\varphi_k) \tag{4.55}$$

式中 $\bar{\omega}_k\in[\bar{\omega}_{\min},\bar{\omega}_{\max}]$——激励的频带，$\bar{\omega}_k=\bar{\omega}[k]=\bar{\omega}_{\min}+k\times\Delta f,k=1,2,\cdots,\Delta f=Fs/N$ 为频率分辨率；

$W_M=\sqrt{\Delta f\times h}$。

对 φ_k 进行随机化，取 $A[k]$ 和 $B[k]$ 为在 $[-1,1]$ 中均匀分布的随机序列，$k=1,2,\cdots$，由下式计算 φ_k，即

$$\varphi_k=\varphi[k]=\tan\left(\frac{B[k]}{A[k]}\right) \tag{4.56}$$

相位经过以上过程的相位随机化后，生成时域信号如图4.26所示，其概率密度函数如图4.27所示，符合正态分布。式(4.56)中，不同 $A[k]$ 和 $B[k]$ 的取值将产生不同的相位序列，因此式(4.55)中同一 h 值下，也对应无穷多随机序列组合。

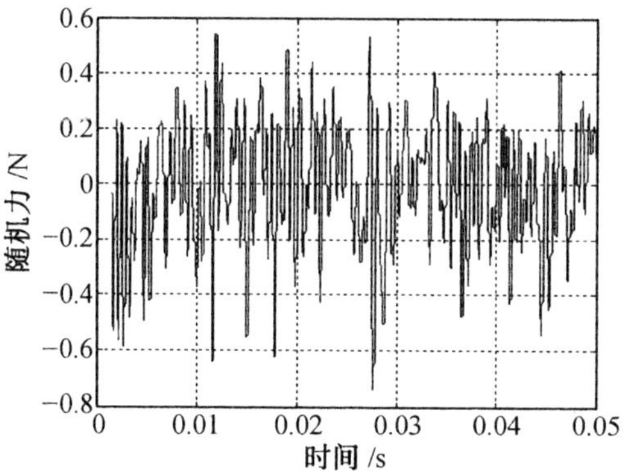

图4.26 随机激励时域波形

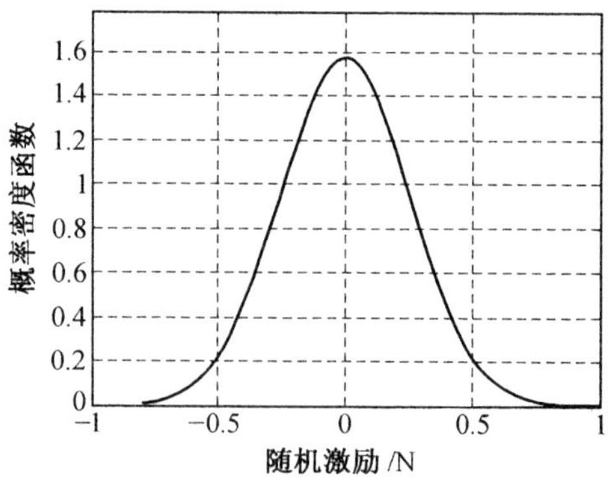

图4.27 随机激励概率密度函数

4.4.4　结果分析

根据以上方法对某型号继电器衔铁系统进行分析，系统参数见表 4.3，代入式(4.36)并分别以 Fokker－Planck 方程与 Monte Carlo 实验进行分析。

表 4.3　衔铁系统具体参数

参数名称	数值	单位
衔铁转动惯量 J_0	1.134×10^{-8}	$kg\cdot m^2$
返簧刚度 K	6.47	N/m
返簧阻尼 C	0.15×10^{-2}	$N\cdot s/m$
初始衔铁转角 θ_0	6.993×10^{-4}	rad
转轴到衔铁止推端处距离 l_0	8.1×10^{-3}	m
转轴到返簧反力作用点距离 l_1	8.25×10^{-3}	m
返簧初始形变角 θ_f	0.164	rad
永磁吸力力矩 M_s	0	$N\cdot m$

由于式(4.56) 中 $A[k]$ 和 $B[k]$ 的取值不同会导致不同的随机激励下衔铁脱离止推端的概率不同，因此采用 2 000 组随机相位进行多次 Monte Carlo 数值实验并统计平均结果。每次 Monte Carlo 实验采用不同的随机相位矢量进行合成，仿真过程对模型接触力连续等间隔抽取 3 000 点时域信号。通过以上过程得出的统计结果稳定，再加大样本空间结果基本无变化。

图 4.28 为 h 变化下的解析解和数值解得到的概率密度函数曲线，表 4.4 为不同的 h 取值所得到统计量的比较，Monte Carlo 实验和 Fokker－Planck 方程得出的结果基本吻合，随着 h 的数值增加，接触力的分散性随之增加，方差增加，接触失效概率增大。另外，概率密度曲线偏斜度也随之增加。

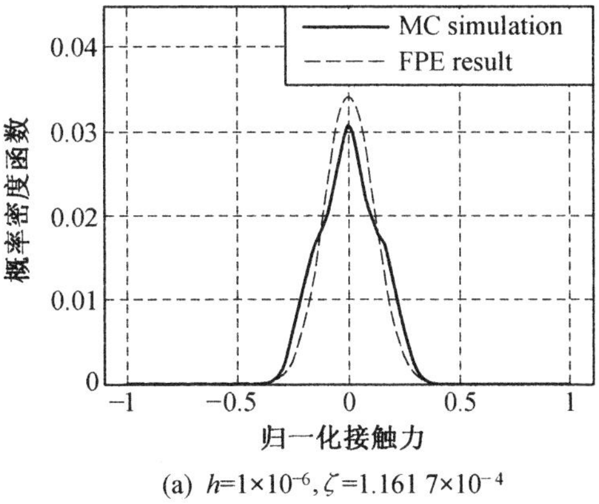

(a) $h=1\times10^{-6}$, $\zeta=1.161\,7\times10^{-4}$

图 4.28　解析和数值方法在不同 h 值下的概率密度曲线

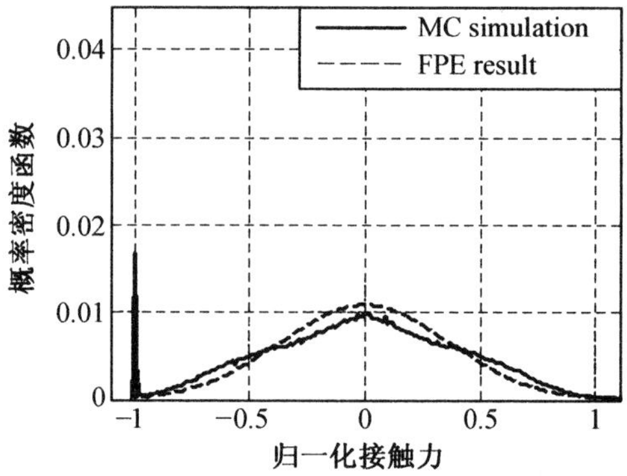

(b) h=1×10^{-5},ζ=1.161 7×10^{-4}

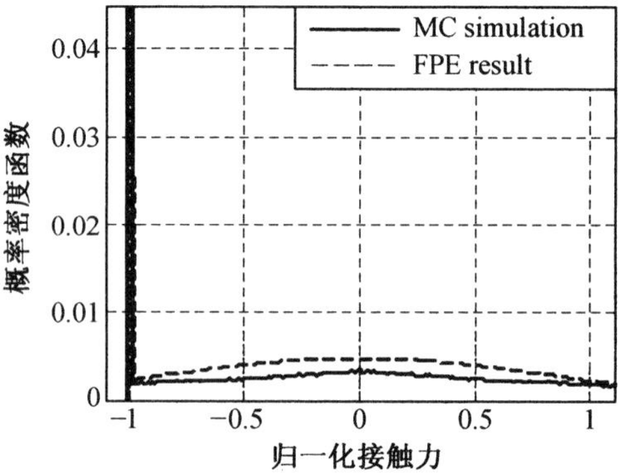

(c) h=2.5×10^{-5},ζ=1.161 7×10^{-4}

续图 4.28

表 4.4　不同 h 值下的统计特性

h	Monte Carlo			Fokker－Planck		
	偏斜度	接触失效概率 /%	方差	偏斜度	接触失效概率 /%	方差
1×10^{-6}	$-4.806\ 6\times10^{-6}$	0	0.018 6	$2.674\ 9\times10^{-12}$	0	0.013 5
1×10^{-5}	0.213 0	0.04	0.201 3	0.603 5	0.21	0.134 1
2.5×10^{-5}	0.871 4	10.3	1.088 2	1.243 7	7.0	0.310 9

图 4.29 是 ζ 变化下的解析解和数值解得到的概率密度函数曲线，表 4.5 为对应图 4.29 中不同 ζ 取值对相关统计量的影响，Monte Carlo 实验和 Fokker－Planck 方程结果吻合。随着 ζ 的数值增加，方差减小，接触失效概率减小，接触力概率密度曲线偏斜度减小。基于以上分析结果，对继电器衔铁系统进行耐振动性设计时需要对相应的尺寸参数进行设计，使得衔铁系统在激励下的接触力概率密度分布函数方差尽量小，偏斜度尽量大。

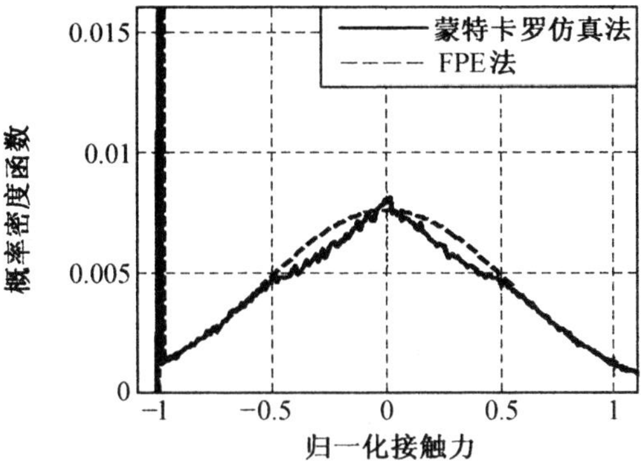

(a) $\zeta=4\times10^{-5}, h=1\times10^{-4}$

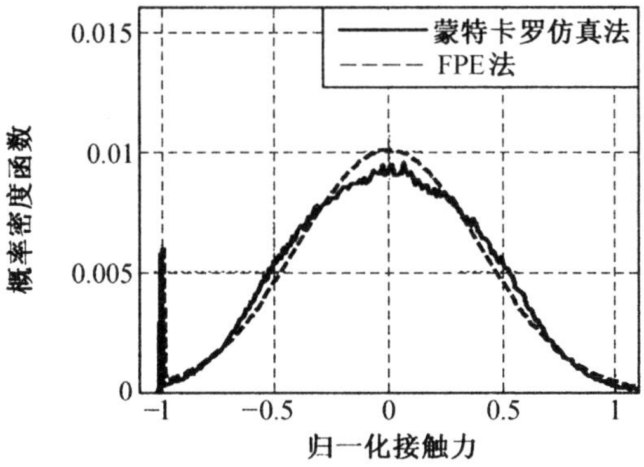

(b) $\zeta=7\times10^{-5}, h=1\times10^{-4}$

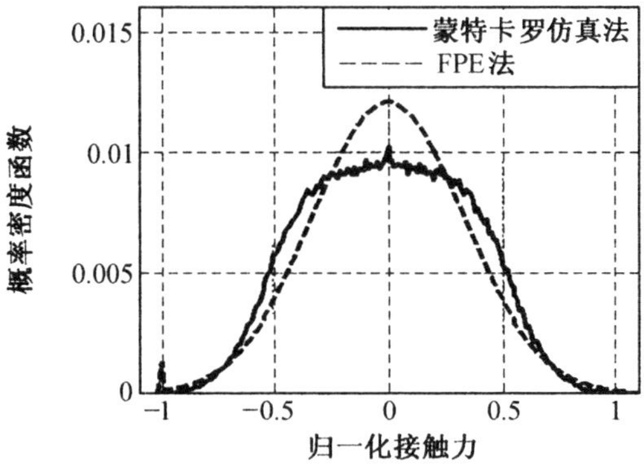

(c) $\zeta=1\times10^{-4}, h=1\times10^{-4}$

图 4.29　解析和数值方法在不同 ζ 值下的概率密度曲线

表 4.5　不同 ζ 值下的统计特性

ζ	Monte Carlo			Fokker－Planck		
	偏斜度	接触失效概率 /%	方差	偏斜度	接触失效概率 /%	方差
4×10^{-5}	0.855 5	6.80	0.353 6	1.189 2	2.80	0.259 6
7×10^{-5}	0.507 7	0.54	0.160 8	0.762 4	0.61	0.144 9
1×10^{-4}	0.125 5	0	0.115 7	0.391 2	0.08	0.109 5

接触失效时除了对系统的相关统计特性有影响外，对衔铁系统在频域上的相关特征也有很大的影响。为了从频域分析系统的特性，对时域信号进行均方根（RMS 谱）估计，时域信号加汉宁窗的 RMS 计算公式为

$$RMS=\sqrt{2\times\left|\frac{fft(x.^{*}windows,N)}{N}\right|^{2}\times K_{\mathrm{hann}}}\tag{4.57}$$

式中　$window(i)$—— 汉宁窗函数；

N—— 快速傅里叶变换的点数；

K_{hann}—— 汉宁窗的修正系数。

为了降低谱估计的方差并保留时域信号的信息，单次 RMS 谱估计用 2 048 点时域数据进行 1 024 点 FFT 运算，每个时间窗之间有 512 个点的重叠区域，进行 8 次 RMS 计算后取均值，图 4.30 和图 4.31 分别为取不同 h 和 ζ 值时的 200 组样本谱估计平均值。

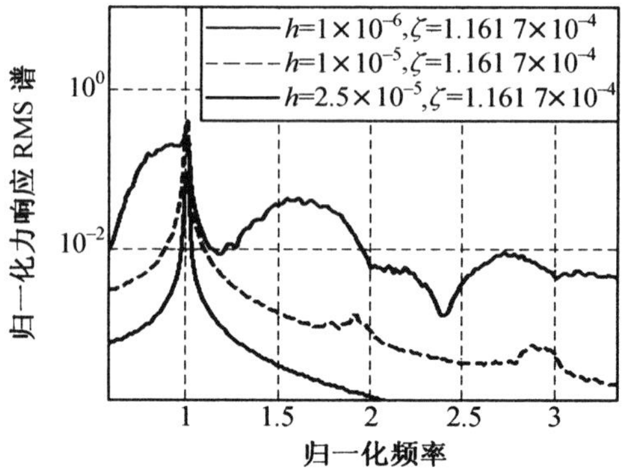

图 4.30　不同 h 值下的谱估计结果

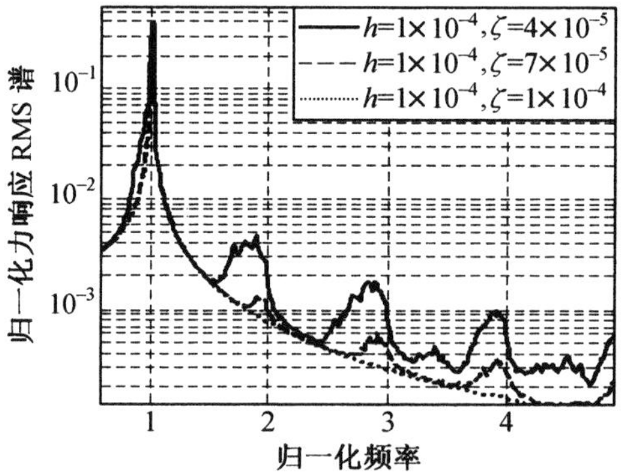

图 4.31　不同 ζ 值下的谱估计结果

将图 4.30、图 4.31 与表 4.4、表 4.5 联合分析可以得知，当衔铁系统出现接触失效时，图 4.30 和图 4.31 中出现了非线性系统特有的多频共振与一次谐峰变宽等特点，系统在频域上从线性系统转变为弱非线性系统，甚至成为低阻尼强非线性系统。

保持激励不变($h=1\times10^{-4}$),改变衔铁系统中 K_j,C_j 和 K 等尺寸变量进行计算,研究尺寸参数对接触失效概率的影响,分析结果如图 4.32 所示。由图可见,提高衔铁系统在随机振动下耐振动性能可从以下几个方面考虑:

(1) 降低衔铁材料密度、长度和宽度等尺寸,从而降低衔铁系统转动惯量。

(2) 提高返簧的刚度 K,降低衔铁和止推端材料的杨氏模量从而降低接触刚度 K_j。

(3) 提高接触阻尼 C_j 和返簧的阻尼 C。

(4) 调整返簧,提高 θ_0,增加衔铁在释放状态下的预压力,提高衔铁与止推端间的初始形变 θ_f。

(5) 提高 l_0,使返簧与衔铁的连接点远离衔铁转轴;降低 l_1,使止推端的位置尽量向衔铁转轴方向靠拢。

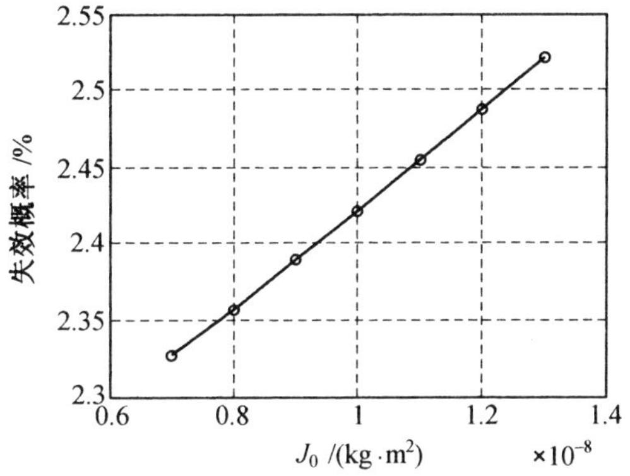

(a) J_0 对失效率的影响

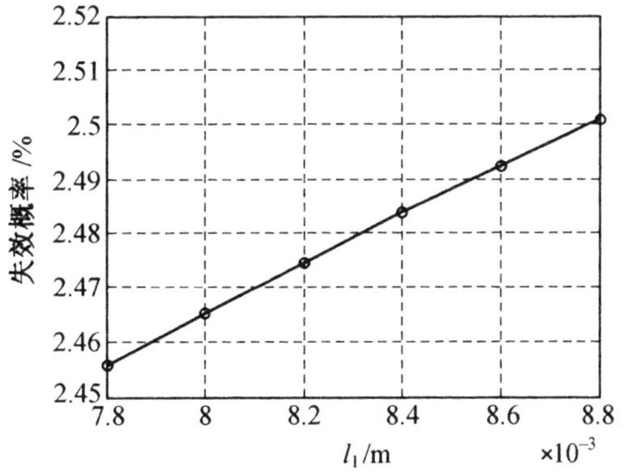

(b) l_1 对失效率的影响

图 4.32　尺寸参数对衔铁系统接触失效概率的影响

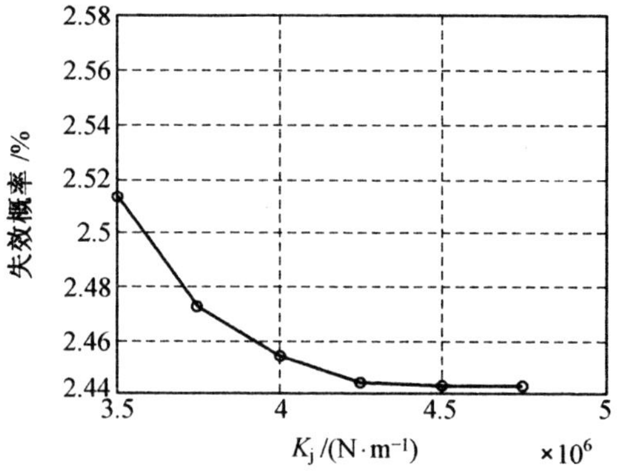

(c) K_j 对失效率的影响

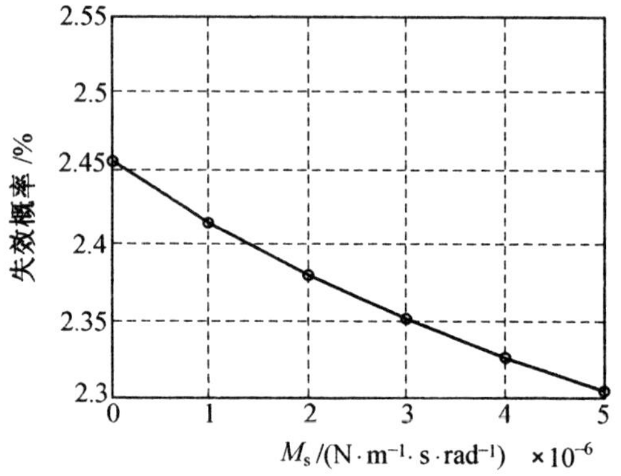

(d) M_s 对失效率的影响

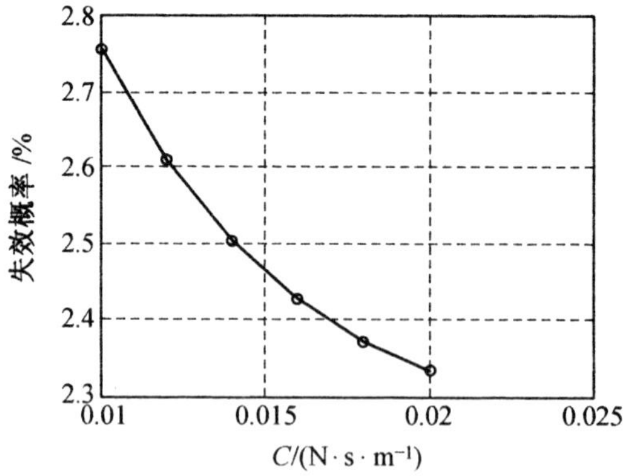

(e) C 对失效率的影响

续图 4.32

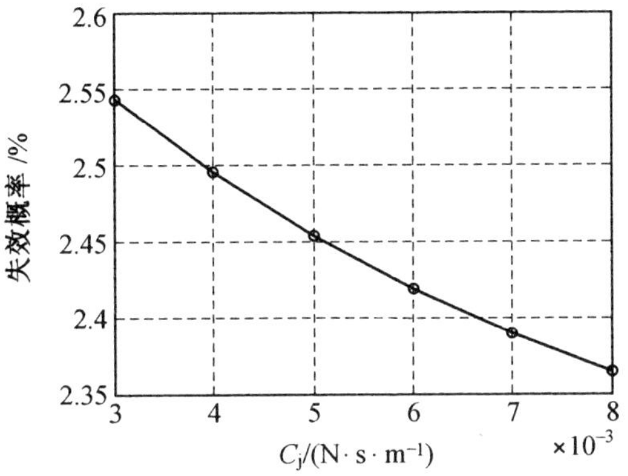

(f) C_j 对失效率的影响

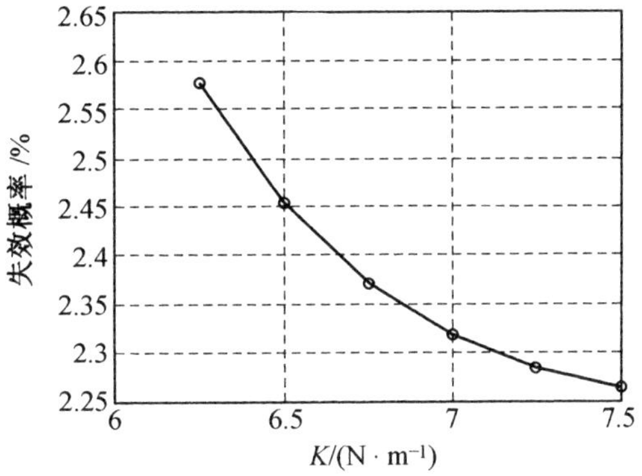

(g) K 对失效率的影响

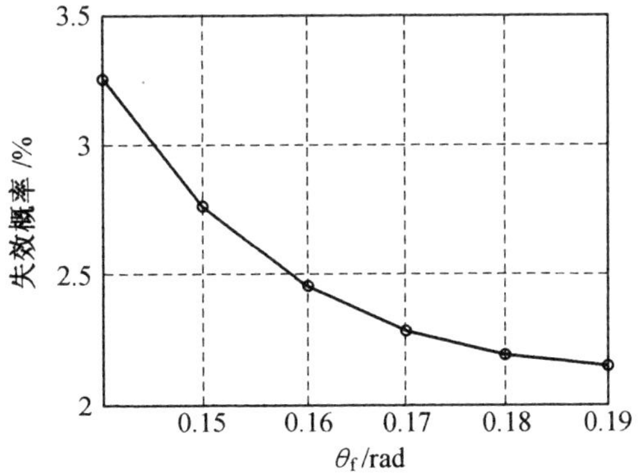

(h) θ_f 对失效率的影响

续图 4.32

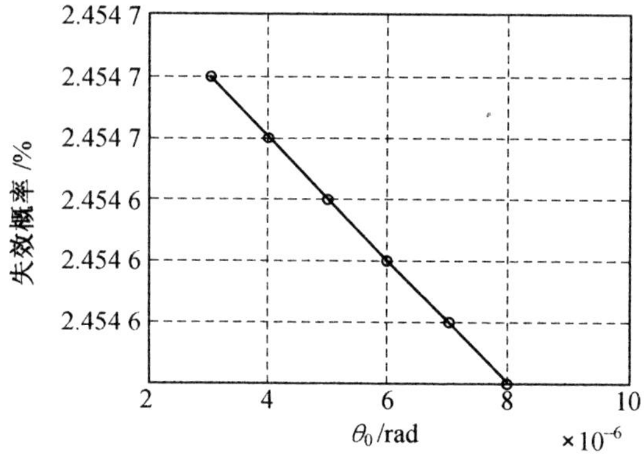

(i) θ_0对失效率的影响

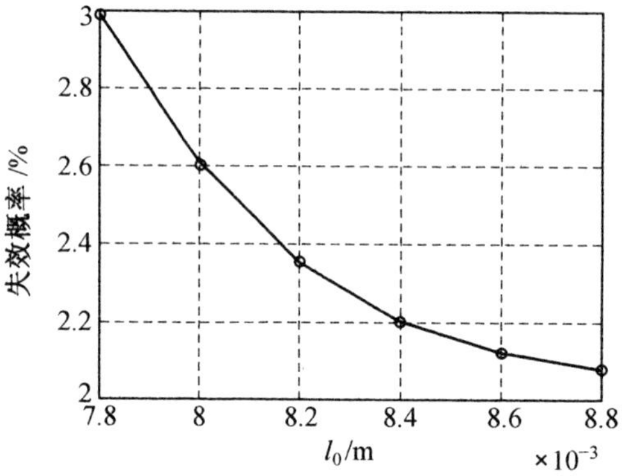

(j) l_0对失效率的影响

续图 4.32

第 5 章　航天继电器的非线性振动理论

5.1　单自由度系统非线性振动

5.1.1　数学模型的建立

对动触头取脱离体，得到其单自由度系统分析模型如图 5.1 所示。

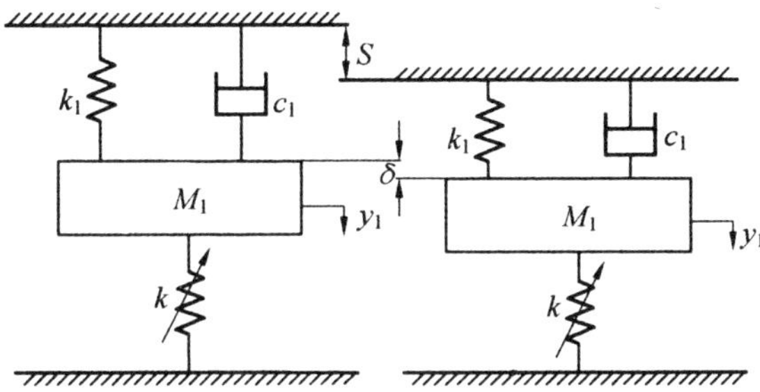

图 5.1　单自由度系统分析模型

运动平衡微分方程为

$$M_1\ddot{y}_1 + c_1\dot{y}_1 + k(\delta + y_1)^{\frac{3}{2}} = k_1(S - \delta - y_1) \tag{5.1}$$

式中　M_1—— 动触头的质量；

c_1—— 接触系统的等效阻尼；

k_1—— 动簧片的等效弹性系数；

S—— 常闭接触系统的超行程；

δ—— 动触头的静变形。

式(5.1) 只有在动触簧的位移不大于接触体间的弹性变形时成立，即保持接触的条件为

$$\max(y_1) \leqslant \delta \tag{5.2}$$

为将式(5.1) 写成无量纲形式，可通过在静平衡位置 δ 处将弹性接触力线性化，平衡方程为

$$k(\delta + y_1)^{\frac{3}{2}} = \left(\frac{3}{2}k\delta^{\frac{1}{2}}\right)y_1 + k_1(S - \delta - y_1) \tag{5.3}$$

定义接触共振频率 ω_c 为

$$\omega_c^2 = \left(\frac{3}{2}k\delta^{\frac{1}{2}} + k_1\right)/M_1 \tag{5.4}$$

定义无量纲化时间 $\tau=\omega_c t$，无量纲化位移 $\eta=\dfrac{3y_1}{2\delta}$，阻尼率 $\zeta=\dfrac{c_1}{2M_1\omega_c}$，从而可将式(5.1)改写为

$$\ddot{\eta}+2\zeta\dot{\eta}+H(\eta)\frac{1}{1+\beta}\left(1+\frac{2}{3}\eta\right)^{\frac{3}{2}}+\frac{\beta}{1+\beta}\eta=\frac{1}{1+\beta} \tag{5.5}$$

式中 $\beta=k_1/k_j$。

$H(\eta)$ 为单位阶跃函数，即 $H(\eta\geqslant-3/2)=1$；$H(\eta<-3/2)=0$。η 参量是归一化的 Hertz 接触压缩量，当 $\eta<-3/2$ 时，接触脱离(损失)，于是 η 代表接触表面分离与否的状态。接触过程中，方程具有非线性的特点。

5.1.2 无阻尼自由振动的定性分析

无阻尼自由振动的分析是开展系统强迫振动响应的基础。特别是固有频率与无阻尼自由振动响应的关系决定了强迫振动的频率响应特性，因此也称其为非线性响应的骨线。

令式(5.5)中的 $\zeta=0$，则动触头无阻尼自由振动方程为

$$\ddot{\eta}+\frac{1}{1+\beta}\left(1+\frac{2}{3}\eta\right)^{\frac{3}{2}}+\frac{\beta}{1+\beta}\eta=\frac{1}{1+\beta} \tag{5.6}$$

式(5.6)也可记为

$$\left.\begin{aligned}\dot{\eta}&=y\\ \dot{y}&=\frac{1}{1+\beta}\left[1-\beta\eta-(1+\eta)^{\frac{3}{2}}\right]\end{aligned}\right\} \tag{5.7}$$

同时，由式(5.7)可得

$$\frac{d\eta}{dy}=\frac{(1+\beta)y}{1-\beta\eta-\left(1+\dfrac{2}{3}\eta\right)^{\frac{3}{2}}} \tag{5.8}$$

$$\frac{\dot{\eta}^2}{2}=\frac{1}{1+\beta}\left[\eta-\frac{\beta}{2}\eta^2-\frac{3}{5}\left(1+\frac{2}{3}\eta\right)^{\frac{5}{2}}\right]+C_0 \tag{5.9}$$

式中 C_0——积分常数，也指由初始条件决定的机械能。

由式(5.9)可得

$$\dot{\eta}=\pm\frac{\sqrt{2}}{1+\beta}\left[C_0+\eta-\frac{\beta}{2}\eta^2-\frac{3}{5}\left(1+\frac{2}{3}\eta\right)^{\frac{5}{2}}\right]^{\frac{1}{2}} \tag{5.10}$$

且式(5.10)成立的充要条件为 $C_0+\eta-\dfrac{\beta}{2}\eta^2-\dfrac{3}{5}\left(1+\dfrac{2}{3}\eta\right)^{\frac{5}{2}}\geqslant 0$，当 $\dot{\eta}=0$ 时，η 成为最大值 η_{max} 或最小值 η_{min}，故可得

$$C_0=\frac{3}{5}\left(1+\frac{2}{3}\eta_{max}\right)^{\frac{5}{2}}-\eta_{max}+\frac{\beta}{2}\eta_{max}^2 \tag{5.11}$$

$$C_0+\eta_{min}-\frac{\beta}{2}\eta_{min}^2-\frac{3}{5}\left(1+\frac{2}{3}\eta_{min}\right)^{\frac{5}{2}}=0 \tag{5.12}$$

C_0 确定后，η 最小值 $\eta_{\min}$ 则可由式(5.12)得到。因此考虑到振动的对称性，振动周期 τ_0 与 $\eta_{\max}$ 之间的关系为

$$\tau_0 = 2\int_{\eta_{\min}}^{\eta_{\max}} |\dot{\eta}|^{-1} \mathrm{d}\eta \tag{5.13}$$

式中　$\dot{\eta} = f(\eta, \eta_{\max})$。

定义归一化的无量纲频率参数为

$$\kappa = 2\pi/\tau_0 \tag{5.14}$$

前文已给定，$\eta_{\min} = -3/2$ 是接触与分离的临界状态，鉴于分离情况出现后，簧片端部自由边界条件下在振动过程后将会出现碰撞和继续接触等复杂运动过程，因此，本文主要考虑在 $\eta_{\min} \geqslant -3/2$ 时接触系统的非线性振动特性。通过给定 $\eta_{\min}$，由式(5.11)～(5.14)之间的关系，可相继确定 C_0，$\eta_{\max}$，τ_0，κ 等关键参数。

如图 5.2 所示，在无阻尼振动情况下，无量纲归一化频率 κ 随动触头位移响应最大值 $\eta_{\max}$ 的增大而减小，这是由于系统的刚度随着振幅而变化的原因，因而线性系统中的"等时性"不再存在，这也是非线性系统的自由振动不同于线性谐振子的主要特点。随着参数 β 的增加，即动簧片等效弹性系数的增大，系统刚度非线性减弱使得系统的软弹簧特性渐弱。

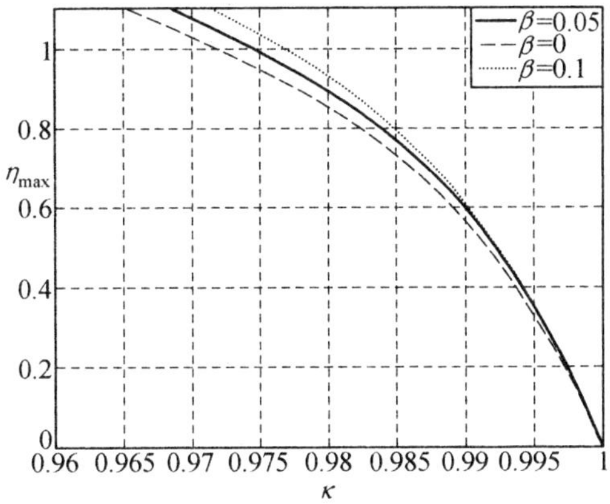

图 5.2　归一化频率与位移响应关系

上述分析中的 β 值大多数情况下很小，是可忽略的。因此接触振动的非线性无量纲特征方程改写为

$$\ddot{\eta} + \left(1 + \frac{2}{3}\eta\right)^{\frac{3}{2}} = 1 \tag{5.15}$$

将上式中非线性部分以泰勒级数展开，得

$$\ddot{\eta} + \eta + \tilde{b}\eta^2 + \tilde{d}\eta^3 = 0 \tag{5.16}$$

式中　$\tilde{b} = \varepsilon b = \dfrac{\varepsilon}{6}$；

$\tilde{d} = \varepsilon^2 d = -\dfrac{\varepsilon^2}{54}$。

在不发生接触失效的情况下，级数展开引起的误差不足 1%，且在处理其他单自由度系统的 Hertz 接触振动的问题中得到了很好的应用。

引入 T_n 表示不同尺度的时间变量

$$T_n = \varepsilon^n t \quad (n = 0,1,2,\cdots) \tag{5.17}$$

则非线性振动过程为不同尺度时间变量的函数，即

$$\eta(t,\varepsilon) = \sum_{n=0}^{m} \varepsilon^n \eta_n(T_0, T_1, T_2, \cdots, T_m) \tag{5.18}$$

定义偏微分算子符号 $\mathrm{D}_n \equiv \dfrac{\partial}{\partial T_n}(n = 0,1,2,\cdots)$。

讨论二次近似解，令

$$\eta = \eta_0(T_0, T_1, T_2) + \varepsilon\eta_1(T_0, T_1, T_2) + \varepsilon^2\eta_2(T_0, T_1, T_2) \tag{5.19}$$

将上式代入式(5.16)中，展开后，令 ε 的同次幂系数为零，得到各阶近似的线性偏微分方程组为

$$D_0^2\eta_0 + \eta_0 = 0 \tag{5.20}$$

$$D_0^2\eta_1 + \eta_1 = -2D_0D_1\eta_0 - b\eta_0^2 - d\eta_0^3 \tag{5.21}$$

$$D_0^2\eta_2 + \eta_2 = -D_1^2\eta_0 - 2D_0D_2\eta_0 - 2D_0D_1\eta_1 - 2b\eta_0\eta_1 - 3d\eta_0^2\eta_1 \tag{5.22}$$

将零次近似方程(5.20)的解写作复数形式

$$\eta_0 = A(T_1, T_2)\exp(\mathrm{i}T_0) + \overline{A}(T_1, T_2)\exp(-\mathrm{i}T_0) \tag{5.23}$$

其中 A—— 未知的复数；

$\overline{A}$——A 的共轭复数。

将式(5.23)代入一次近似方程(5.21)的右边，得

$$D_0^2\eta_1 + \eta_1 = -(2\mathrm{i}D_1A + 3dA^2\overline{A})\exp(\mathrm{i}T_0) - bA^2\exp(2\mathrm{i}T_0) - dA^3\exp(3\mathrm{i}T_0) - bA\overline{A} + cc \tag{5.24}$$

式中 cc—— 其左边各项的共轭复数。

为避免久期项出现，函数 A 必须满足

$$D_1A = \frac{3}{2}\mathrm{i}A^2\overline{A} \tag{5.25}$$

则从式(5.24)中解出

$$\eta_1 = \frac{b}{3}A^2\exp(2\mathrm{i}T_0) + \frac{\mathrm{d}A^3}{8}\exp(3\mathrm{i}T_0) - bA\overline{A} + cc \tag{5.26}$$

将式(5.23)和式(5.26)代入二次近似方程(5.22)的右边，得到

$$D_0^2\eta_2 + \eta_2 = \left(-2\mathrm{i}D_2A + \frac{10}{3}b^2A^2\overline{A} + \frac{15d^2}{8}A^3\overline{A}^2\right)\exp(\mathrm{i}T_0) + \frac{31}{4}bdA^3\overline{A}\exp(2\mathrm{i}T_0) - \left(\frac{2b^2}{3}A^3 - \frac{21}{8}d^2A^4\overline{A}\right)\exp(3\mathrm{i}T_0) - \frac{5}{4}bdA^4\exp(4\mathrm{i}T_0) - \frac{3d^2}{8}A^5\exp(5\mathrm{i}T_0) + 5bdA^2\overline{A}^2 \tag{5.27}$$

二阶可解性条件为

$$-2\mathrm{i}D_2A+\frac{10}{3}b^2A^2\bar{A}+\frac{15d^2}{8}A^3\bar{A}^2=0 \tag{5.28}$$

则从式(5.27)中解出

$$\eta_2=-\frac{31}{12}bdA^3\bar{A}\exp(2\mathrm{i}T_0)-\left(\frac{21d^2}{64}A^4\bar{A}-\frac{b^2}{12}A^3\right)\exp(3\mathrm{i}T_0)+$$
$$\frac{1}{12}bdA^4\exp(4\mathrm{i}T_0)-\frac{d^2}{64}A^5\exp(5\mathrm{i}T_0)+5bdA^2\bar{A}^2+cc \tag{5.29}$$

为确定复函数 A，将 A 对 t 的导数写作

$$\frac{\mathrm{d}A}{\mathrm{d}t}=D_0A+\varepsilon D_1A+\varepsilon^2D_2A \tag{5.30}$$

将复函数 A 写作指数形式，即 $A(t)=\frac{1}{2}a\exp(\mathrm{i}\theta)$，$a,\theta$ 皆为 t 的函数。代入式(5.30)，将实部与虚部分开，得

$$\dot{a}=0 \tag{5.31}$$

$$\dot{\theta}=\frac{3}{8}\varepsilon da^2-\frac{15}{256}d^2\varepsilon^2a^4-\frac{5}{12}ba^2\varepsilon^2 \tag{5.32}$$

给定初始条件 $a|_{t=0}=a_0,\theta|_{t=0}=\theta_0$，得

$$A=\frac{1}{2}a_0\exp\left[\mathrm{i}\left(\frac{3}{8}\varepsilon a_0^2-\frac{15}{256}d^2\varepsilon^2a_0^4-\frac{5}{12}b^2\varepsilon^2a_0^2\right)t+\mathrm{i}\theta_0\right] \tag{5.33}$$

将上式代入式(5.19)、(5.22)和(5.29)，最终得到动触头接触振动的二阶近似解为

$$\eta\approx-\frac{1}{12}a_0^2+a_0\cos\tilde{\omega}+\frac{1}{36}a_0^2\cos2\tilde{\omega}+o(a_0)\cos3\tilde{\omega} \tag{5.34}$$

式中　$\tilde{\omega}\approx(1-\frac{1}{54}a_0^2)t+\theta_0$。

5.1.3　强迫振动分析

若激振位移可表示为 $\Lambda(t)=A\sin\Omega t$ 时，则由位移产生的激振力为

$$F_{\mathrm{s}}=-M_1\Omega^2A \tag{5.35}$$

接触系统主共振情况下的受迫振动方程为

$$\ddot{\eta}+2\zeta\dot{\eta}+\tilde{b}\eta^2+\tilde{d}\eta^3=\tilde{F}^*\cos(\upsilon t+\varphi) \tag{5.36}$$

式中　$\upsilon=1+\varepsilon\sigma$，$\sigma$ 为解谐参数；

$\tilde{F}^*=\varepsilon F^*=F_{\mathrm{s}}/F_0$，$F_0$ 为触点压力。

设方程的解为

$$\eta(t,\varepsilon)=\eta_0(T_0,T_1)+\varepsilon\eta_1(T_0,T_1) \tag{5.37}$$

二次项、三次项和外激励可看作是小参数且以 ε 量级考虑。将上式代入式(5.36)中，令 ε 的同次幂系数为零，得到各阶近似的线性偏微分方程组

$$D_0^2\eta_0+\eta_0=0 \tag{5.38}$$

$$D_0^2\eta_1+\eta_1=-2D_0D_1\eta_0-2\zeta D_0\eta_0-b\eta_0^2-d\eta_0^3+F^*\cos(T_0+\sigma T_1+\varphi) \tag{5.39}$$

由式(5.38)可解出

$$\eta_0=A(T_1)\exp(\mathrm{i}T_0)+\overline{A}(T_1)\exp(-\mathrm{i}T_0) \tag{5.40}$$

将 $F^*\cos(T_0+\sigma T_1+\varphi)$ 表示为复数形式 $\frac{1}{2}F^*\exp[\mathrm{i}(T_0+\sigma T_1+\varphi)]+cc$，则由式(5.31)可得

$$D_0^2\eta_1+\eta_1=-\{2\mathrm{i}D_1A+2\mathrm{i}\zeta A+3dA^2\overline{A}-\frac{1}{2}F^*[\mathrm{i}(T_0+\sigma T_1+\varphi)]\}\exp(\mathrm{i}T_0)-$$
$$bA^2\exp(2\mathrm{i}T_0)-dA^3\exp(3\mathrm{i}T_0)-bA\overline{A}+cc \tag{5.41}$$

为避免出现久期项，要求函数 A 满足

$$2\mathrm{i}D_1A+2\mathrm{i}\zeta A+3dA^2\overline{A}-\frac{1}{2}F^*\exp[\mathrm{i}(T_0+\sigma T_1+\varphi)]=0 \tag{5.42}$$

则从式(5.41)解出

$$\eta_1=\frac{b}{3}A^2\exp(2\mathrm{i}T_0)+\frac{\mathrm{d}A^3}{8}\exp(3\mathrm{i}T_0)-bA\overline{A}+cc \tag{5.43}$$

设 $A(t)=\frac{1}{2}a\exp(\mathrm{i}\theta)$，代入式(5.42)中，将实部与虚部分开，得到 a 和 θ 的一阶常微分方程

$$\dot{a}=-\zeta a+\frac{1}{2}F^*\sin(\sigma T_1+\varphi-\theta) \tag{5.44}$$

$$a\dot{\theta}=\sigma a-\frac{3d}{8}a^3+\frac{1}{2}F^*\cos(\sigma T_1+\varphi-\theta) \tag{5.45}$$

此方程的常值特解对应于稳态周期运动。令 $\dot{a}=\dot{\theta}=0$，导出

$$\zeta a=\frac{1}{2}F^*\sin\gamma \tag{5.46}$$

$$\sigma a-\frac{3d}{8}a^3=-\frac{1}{2}F^*\cos\gamma \tag{5.47}$$

式中 $\gamma=\sigma T_1+\varphi-\theta$。

消去式(5.46)、(5.47)中的 γ，得到幅频关系式为

$$\left[\zeta^2+\left(\sigma+\frac{1}{144}a^2\right)^2\right]^2a^2=\frac{F^{*2}}{4} \tag{5.48}$$

同时，可得相频关系式为

$$\tan\gamma=\frac{-\zeta}{\sigma+\frac{1}{144}a^2} \tag{5.49}$$

因此稳态情况下一阶近似解为

$$\eta=a\cos(\upsilon t-\gamma) \tag{5.50}$$

图 5.3 为不同阻尼率条件下触点无量纲化位移共振状态下的响应曲线，图 5.4 为不

同激振力条件下触点无量纲化位移共振状态下的响应曲线。由图 5.3 和图 5.4 可再次证明，等效的单自由度非线性系统具有明显的软弹簧特性，且随着阻尼率的减小与激振力的增加，软弹簧特性逐渐增强，可以预测其位移响应将会出现跳跃现象，即位移响应不连续变化情况的发生。

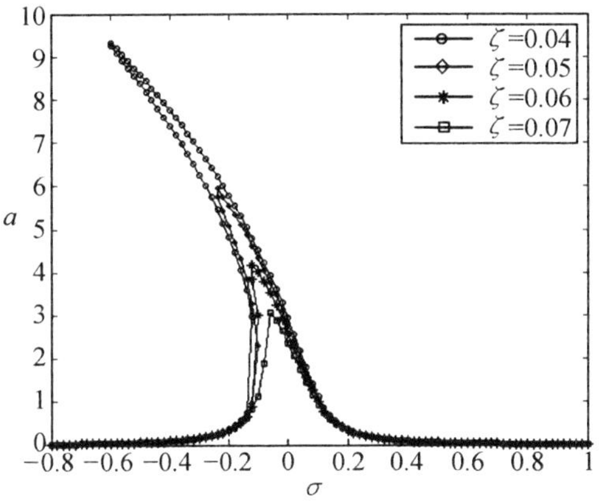

图 5.3　不同阻尼率条件下的非线性响应

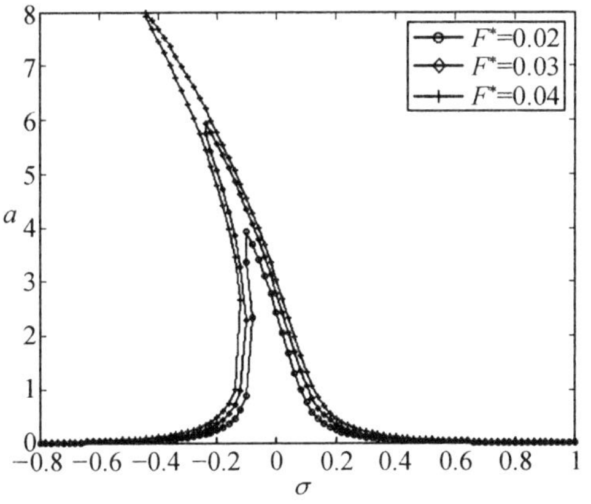

图 5.4　不同激振力条件下的非线性响应

5.2　两自由度系统非线性振动

5.2.1　多尺度法

已知强迫激振位移形式为 $\lambda_i = A_i\cos(\Omega t + \varphi_i)$，则由式(3.9) 和式(3.10) 展开至二次项得

$$M_1\ddot{y}_1 + c_1\dot{y}_1 + (k_j + k_1)y_1 - k_j y_2 + k'_j(y_1 - y_2)^2 = -P_1\cos(\Omega t + \varphi_i) \quad (5.51)$$

$$M_2\ddot{y}_2 + c_2\dot{y}_2 - k_j y_1 + (k_j + k_2)y_2 - k'_j(y_1 - y_2)^2 = -P_2\cos(\Omega t + \varphi_i) \quad (5.52)$$

式中　$k'_j = \frac{1}{4}k_j\delta_0^{-\frac{1}{2}}$；

$P_i = M_i \Omega^2 A_i$。

引入 $\eta_i = y_i/\delta_0$，$\bar{\omega}_i^2 = k_i/M_i$，$\zeta = c_i/(2M_i)$，$\bar{\omega}_{ji}^2 = k_j/M_i$，$\bar{\alpha}_i = k'_j/(\delta_0 M_i)$，$\lambda_i = \Omega^2 A_i/\delta_0$，$\bar{\omega}_i(i=1,2)$ 分别为动触头和静触头的固有频率。则接触系统的运动方程可改写为

$$\left.\begin{aligned}\ddot{\eta}_1 + 2\zeta\dot{\eta}_1 + (\bar{\omega}_1^2 + \bar{\omega}_{j1}^2)\eta_1 - \bar{\omega}_{j1}^2\eta_2 + \bar{\alpha}_1(\eta_1 - \eta_2)^2 = -\lambda_1\cos(\Omega t + \varphi_1)\\ \ddot{\eta}_2 + 2\zeta\dot{\eta}_2 - \bar{\omega}_{j2}^2\eta_1 + (\bar{\omega}_2^2 + \bar{\omega}_{j2}^2)\eta_2 - \bar{\alpha}_2(\eta_1 - \eta_2)^2 = -\lambda_2\cos(\Omega t + \varphi_2)\end{aligned}\right\} \tag{5.53}$$

现求对于有限小振幅的一阶近似解，其形式为

$$\left.\begin{aligned}\eta_1 = \varepsilon\eta_{11}(T_0, T_1) + \varepsilon^2\eta_{12}(T_0, T_1) + \cdots\\ \eta_2 = \varepsilon\eta_{21}(T_0, T_1) + \varepsilon^2\eta_{22}(T_0, T_1) + \cdots\end{aligned}\right\} \tag{5.54}$$

式中 ε—— 振幅量级的无量纲的小参数，$T_n = \varepsilon^n t$。

将式(5.54)代入式(5.53)，为使阻尼项和非线性项在同一摄动方程中出现，令 $\zeta = \varepsilon\hat{\zeta}$，以调节阻尼系数的量级，并使 ε 同次幂系数相等，可得

ε^1 阶：

$$\left.\begin{aligned}D_0^2\eta_{11} + (\bar{\omega}_1^2 + \bar{\omega}_{j1}^2)\eta_{11} - \bar{\omega}_{j1}^2\eta_{21} = 0\\ D_0^2\eta_{21} - \bar{\omega}_{j2}^2\eta_{11} + (\bar{\omega}_2^2 + \bar{\omega}_{j2}^2)\eta_{21} = 0\end{aligned}\right\} \tag{5.55}$$

ε^2 阶：

$$\left.\begin{aligned}D_0^2\eta_{12} + (\bar{\omega}_1^2 + \bar{\omega}_{j1}^2)\eta_{12} - \bar{\omega}_{j1}^2\eta_{22} = -2D_0(D_1\eta_{11} + \hat{\zeta}\eta_{11}) - \bar{\alpha}_1(\eta_{11} - \eta_{21})^2\\ D_0^2\eta_{22} - \bar{\omega}_{j2}^2\eta_{12} + (\bar{\omega}_2^2 + \bar{\omega}_{j2}^2)\eta_{22} = -2D_0(D_1\eta_{21} + \hat{\zeta}\eta_{21}) + \bar{\alpha}_2(\eta_{11} - \eta_{21})^2\end{aligned}\right\} \tag{5.56}$$

式(5.55)的解可表示成下列形式：

$$\left.\begin{aligned}\eta_{11} = A_1(T_1)\exp(\mathrm{i}\omega_1 T_0) + A_2(T_1)\exp(\mathrm{i}\omega_2 T_0) + cc\\ \eta_{21} = \Lambda_1 A_1(T_1)\exp(\mathrm{i}\omega_1 T_0) + \Lambda_2 A_2(T_1)\exp(\mathrm{i}\omega_2 T_0) + cc\end{aligned}\right\} \tag{5.57}$$

其中 ω_n 是下面方程的根，并且假定 ω_n 是各不相同的。

$$\omega_n^4 - (\bar{\omega}_1^2 + \bar{\omega}_2^2 + \bar{\omega}_{j1}^2 + \bar{\omega}_{j2}^2)\omega_n^2 + \bar{\omega}_{j1}^2\bar{\omega}_{j2}^2 = 0 \tag{5.58}$$

$$\Lambda_n = \frac{\bar{\omega}_1^2 + \bar{\omega}_{j1}^2 - \omega_n^2}{\bar{\omega}_{j1}^2} = \frac{\bar{\omega}_{j2}^2}{\bar{\omega}_2^2 + \bar{\omega}_{j2}^2 - \omega_n^2} \tag{5.59}$$

把 η_{11} 和 η_{21} 代入式(5.56)中，得

$$\begin{aligned}&D_0^2\eta_{12} + (\bar{\omega}_1^2 + \bar{\omega}_{j1}^2)\eta_{12} - \bar{\omega}_{j1}^2\eta_{22} = -2\mathrm{i}\omega_1(\dot{A}_1 + \hat{\zeta}A_1)\exp(\mathrm{i}\omega_1 T_0) -\\ &2\mathrm{i}\omega_2(\dot{A}_2 + \hat{\zeta}A_2)\exp(\mathrm{i}\omega_2 T_0) - \bar{\alpha}_1\{A_1^2(1-\Lambda_1)^2\exp(2\mathrm{i}\omega_1 T_0) +\\ &A_2^2(1-\Lambda_2)^2\exp(2\mathrm{i}\omega_2 T_0) + 2A_1A_2(1-\Lambda_1)(1-\Lambda_2)\exp[\mathrm{i}(\omega_1+\omega_2)T_0] +\\ &2\bar{A}_1A_2(1-\Lambda_1)(1-\Lambda_2)\exp[\mathrm{i}(\omega_2-\omega_1)T_0] + A_1\bar{A}_1 +\\ &A_2\bar{A}_2 + 3\bar{\Lambda}_1A_1\bar{A}_1 + 3\bar{\Lambda}_2A_2\bar{A}_2\} + cc\end{aligned} \tag{5.60}$$

$$\begin{aligned}&D_0^2\eta_{22} - \bar{\omega}_{j2}^2\eta_{12} + (\bar{\omega}_2^2 + \bar{\omega}_{j2}^2)\eta_{22} = -2\mathrm{i}\omega_1(\Lambda_1\dot{A}_1 + \hat{\zeta}\Lambda_1A_1)\exp(\mathrm{i}\omega_1 T_0) -\\ &2\mathrm{i}\omega_2(\Lambda_2\dot{A}_2 + \hat{\zeta}\Lambda_2A_2)\exp(\mathrm{i}\omega_2 T_0) + \bar{\alpha}_2\{A_1^2(1-\Lambda_1)^2\exp(2\mathrm{i}\omega_1 T_0) +\end{aligned}$$

$$A_2^2(1-\Lambda_2)^2\exp(2\mathrm{i}\omega_2T_0)+2A_1A_2(1-\Lambda_1)(1-\Lambda_2)\exp[\mathrm{i}(\omega_1+\omega_2)T_0]+$$
$$2\overline{A}_1A_2(1-\Lambda_1)(1-\Lambda_2)\exp[\mathrm{i}(\omega_2-\omega_1)T_0]+A_1\overline{A}_1+$$
$$A_2\overline{A}_2+3\overline{\Lambda}_1A_1\overline{A}_1+3\overline{\Lambda}_2A_2\overline{A}_2\}+cc \tag{5.61}$$

为了求出式(5.60)、(5.61)的可解性条件，从而得到描述 A_n 的方程，要区分内共振状态和非内共振状态。

非内共振情况下，可解条件(消去久期项的条件)是

$$\left.\begin{aligned}\dot{A}_1+\hat{\zeta}A_1=0\\ \dot{A}_2+\hat{\zeta}A_2=0\end{aligned}\right\} \tag{5.62}$$

则 $A_1=a_1\exp(-\hat{\zeta}T_1)$，$A_2=a_2\exp(-\hat{\zeta}T_1)$，其中 a_1 和 a_2 是复常数，因而

$$\left.\begin{aligned}\eta_1=\exp(-\varepsilon\hat{\zeta}t)[a_1\exp(\mathrm{i}\omega_1t)+a_2\exp(\mathrm{i}\omega_2t)+cc]+O(\varepsilon^2)\\ \eta_2=\exp(-\varepsilon\hat{\zeta}t)[\Lambda_1a_1\exp(\mathrm{i}\omega_1t)+\Lambda_2a_2\exp(\mathrm{i}\omega_2t)+cc]+O(\varepsilon^2)\end{aligned}\right\} \tag{5.63}$$

所以两个模态都衰减，稳态解 $\eta_1=\eta_2=0$。

考虑到存在内共振情况下，按照 $\omega_2=2\omega_1+\varepsilon\sigma$ 引进解谐参数 σ，并令

$$\left.\begin{aligned}2\omega_1T_0=\omega_2T_0-\varepsilon\sigma T_0=\omega_2T_0-\sigma T_1\\ (\omega_2-\omega_1)T_0=\omega_1T_0+\varepsilon\sigma T_0=\omega_1T_0+\sigma T_1\end{aligned}\right\} \tag{5.64}$$

为了确定式(5.60)、(5.61)的可解性条件，求一个如下形式的特解：

$$\left.\begin{aligned}\eta_{12}=P_{11}\exp(\mathrm{i}\omega_1T_0)+P_{12}\exp(\mathrm{i}\omega_2T_0)\\ \eta_{21}=P_{21}\exp(\mathrm{i}\omega_1T_0)+P_{22}\exp(\mathrm{i}\omega_2T_0)\end{aligned}\right\} \tag{5.65}$$

将式(5.65)代入式(5.60)、(5.61)中，并利用式(5.64)，使等式两边 $\exp(\mathrm{i}\omega_1T_0)$ 和 $\exp(\mathrm{i}\omega_2T_0)$ 的系数相等，可得

$$\left.\begin{aligned}(\bar{\omega}_1^2+\bar{\omega}_{j1}^2-\omega_n^2)P_{1n}-\bar{\omega}_{j1}^2P_{2n}=R_{1n}\\ -\bar{\omega}_{j2}^2P_{1n}+(\bar{\omega}_2^2+\bar{\omega}_{j2}^2-\omega_n^2)P_{2n}=R_{2n}\end{aligned}\right\} \tag{5.66}$$

其中

$$R_{11}=-2\mathrm{i}\omega_1(\dot{A}_1+\hat{\zeta}A_1)-2\bar{\alpha}_1\overline{A}_1A_2(1-\Lambda_1)(1-\Lambda_2)\exp(\mathrm{i}\sigma T_1)$$

$$R_{12}=-2\mathrm{i}\omega_2(\dot{A}_2+\hat{\zeta}A_2)-\bar{\alpha}_1A_1^2(1-\Lambda_1)^2\exp(-\mathrm{i}\sigma T_1)$$

$$R_{21}=-2\mathrm{i}\omega_1\Lambda_1(\dot{A}_1+\hat{\zeta}A_1)+2\bar{\alpha}_2\overline{A}_1A_2(1-\Lambda_1)(1-\Lambda_2)\exp(\mathrm{i}\sigma T_1)$$

$$R_{22}=-2\mathrm{i}\omega_2\Lambda_2(\dot{A}_2+\hat{\zeta}A_2)+\bar{\alpha}_2A_1^2(1-\Lambda_1)^2\exp(-\mathrm{i}\sigma T_1)$$

由式(5.56)可得式(5.66)的系数行列式为零，则可解性条件改写为

$$\begin{vmatrix}R_{1n} & -\bar{\omega}_{j1}^2\\ R_{2n} & \bar{\omega}_2^2+\bar{\omega}_{j2}^2-\omega_n^2\end{vmatrix}=0 \tag{5.67}$$

引用极式记号，令 $A_n=\frac{1}{2}a_n\exp(\mathrm{i}\theta_n)(n=1,2)$，将其代入式(5.66)，并将所得结果分为实部和虚部，可得

$$\left(1+\Lambda_1\frac{\bar{\omega}_{j1}^2}{\bar{\omega}_2^2+\bar{\omega}_{j2}^2-\omega_1^2}\right)\dot{a}_1=-\hat{\zeta}(1-\Lambda_1)a_1-\frac{1}{2\omega_1}a_1a_2(1-\Lambda_1)(1-\Lambda_2)(\bar{\alpha}_1+\bar{\alpha}_2)\sin\gamma \tag{5.68}$$

$$\left(1+\frac{\bar{\omega}_{j1}^2}{\bar{\omega}_2^2+\bar{\omega}_{j2}^2-\omega_1^2}\right)\dot{\theta}_1=\frac{1}{2\omega_1}a_2(1-\Lambda_1)(1-\Lambda_2)(\bar{\alpha}_1+\bar{\alpha}_2)\cos\gamma \tag{5.69}$$

$$\left(1+\Lambda_2\frac{\bar{\omega}_{j1}^2}{\bar{\omega}_2^2+\bar{\omega}_{j2}^2-\omega_2^2}\right)\dot{a}_2=-\hat{\zeta}\left(1-\Lambda_2\frac{\bar{\omega}_{j1}^2}{\bar{\omega}_2^2+\bar{\omega}_{j2}^2-\omega_2^2}\right)a_2-\frac{1}{4\omega_2}a_1^2(1-\Lambda_1)^2(\bar{\alpha}_1+\bar{\alpha}_2)\sin\gamma \tag{5.70}$$

$$\left(1+\Lambda_2\frac{\bar{\omega}_{j1}^2}{\bar{\omega}_2^2+\bar{\omega}_{j2}^2-\omega_2^2}\right)a_2\dot{\theta}_2=\frac{1}{4\omega_2}a_1^2(1-\Lambda_1)^2(\bar{\alpha}_1+\bar{\alpha}_2)\cos\gamma \tag{5.71}$$

式中　$\gamma=\theta_2-2\theta_1+\sigma T_1$。

由式(5.69)和式(5.71)消去 θ_1 和 θ_2，同时考虑到稳态响应对应

$$\dot{a}_1=\dot{a}_2=\dot{\gamma}=0 \tag{5.72}$$

因此可得

$$a_1^2-\frac{(1-\Lambda_2)\left(1-\Lambda_2\frac{\bar{\omega}_{j1}^2}{\bar{\omega}_2^2+\bar{\omega}_{j2}^2-\omega_2^2}\right)}{2\omega_1(1-\Lambda_1)^2}a_2^2=0 \tag{5.73}$$

5.2.2 强迫振动

1. 主共振情况

为简单起见，只讨论单频激励的情形。分析主共振时，使强迫项的量阶与非线性项和阻尼项一起出现在同一个摄动方程中。首先讨论 $\Omega\approx\omega_2$ 的情形，令 $\lambda_1=-\varepsilon\overline{\lambda_1}$ 和 $\lambda_2=-\varepsilon^2\overline{\lambda_2}$，再把式(5.57)代入式(5.53)中，并注意到 $\zeta=\varepsilon\hat{\zeta}$，然后令 ε 同次幂的系数相等得到如下方程组：

ε^1 阶

$$\left.\begin{aligned}&D_0^2\eta_{11}+(\bar{\omega}_1^2+\bar{\omega}_{j1}^2)\eta_{11}-\bar{\omega}_{j1}^2\eta_{21}=\bar{\lambda}_1\cos(\Omega T_0+\varphi_1)\\&D_0^2\eta_{21}-\bar{\omega}_{j2}^2\eta_{11}+(\bar{\omega}_2^2+\bar{\omega}_{j2}^2)\eta_{21}=0\end{aligned}\right\} \tag{5.74}$$

ε^2 阶

$$\left.\begin{aligned}&D_0^2\eta_{12}+(\bar{\omega}_1^2+\bar{\omega}_{j1}^2)\eta_{12}-\bar{\omega}_{j1}^2\eta_{22}=-2D_0(D_1\eta_{11}+\hat{\zeta}\eta_{11})-\bar{\alpha}_1(\eta_{11}-\eta_{21})^2\\&D_0^2\eta_{22}-\bar{\omega}_{j2}^2\eta_{12}+(\bar{\omega}_2^2+\bar{\omega}_{j2}^2)\eta_{22}=-2D_0(D_1\eta_{21}+\hat{\zeta}\eta_{21})+\bar{\alpha}_2(\eta_{11}-\eta_{21})^2+\bar{\lambda}_2\cos(\Omega T_0+\varphi_2)\end{aligned}\right\} \tag{5.75}$$

式(5.74)的解可表示成下列形式：

$$\left.\begin{aligned}\eta_{11}&=A_1(T_1)\exp(\mathrm{i}\omega_1T_0)+A_2(T_1)\exp(\mathrm{i}\omega_2T_0)+f_1\exp[\mathrm{i}(\Omega T_0+\varphi_1)]+cc\\\eta_{21}&=\Lambda_1A_1(T_1)\exp(\mathrm{i}\omega_1T_0)+\Lambda_2A_2(T_1)\exp(\mathrm{i}\omega_2T_0)+f_2\exp[\mathrm{i}(\Omega T_0+\varphi_1)]+cc\end{aligned}\right\}\tag{5.76}$$

将式(5.76)代入式(5.74)中，可得

$$\Lambda_n=\frac{\bar{\omega}_1^2+\bar{\omega}_{j1}^2-\omega_n^2}{\bar{\omega}_{j1}^2}\quad(n=1,2)\tag{5.77}$$

$$f_1=\frac{\overline{\lambda_1}}{2\left(\bar{\omega}_1^2+\bar{\omega}_{j1}^2-\Omega^2-\dfrac{\bar{\omega}_{j1}^2\bar{\omega}_{j2}^2}{\bar{\omega}_{j1}^2+\bar{\omega}_{j2}^2-\Omega^2}\right)},\quad f_2=\frac{\bar{\omega}_{j2}^2f_1}{\bar{\omega}_2^2+\bar{\omega}_{j2}^2-\Omega^2}\tag{5.78}$$

将式(5.76)代入式(5.75)中，

$$\begin{aligned}&D_0^2\eta_{12}+(\bar{\omega}_1^2+\bar{\omega}_{j1}^2)\eta_{12}-\bar{\omega}_{j1}^2\eta_{22}=-2\mathrm{i}\omega_1(A_1'+\hat{\zeta}A_1)\exp(\mathrm{i}\omega_1T_0)-\\&2\mathrm{i}\omega_2(A_2'+\hat{\zeta}A_2)\exp(\mathrm{i}\omega_2T_0)-2\mathrm{i}\hat{\zeta}\Omega f_1\exp[\mathrm{i}(\Omega T_0+\varphi_1)]-\bar{\alpha}_1\{(1-\Lambda_1)^2A_1^2\exp(2\mathrm{i}\omega_1T_0)+\\&(1-\Lambda_2)^2A_2^2\exp(2\mathrm{i}\omega_2T_0)+(f_1-f_2)^2\exp[2\mathrm{i}(\Omega T_0+\varphi_1)]+\\&2(1-\Lambda_1-\Lambda_2)A_1A_2\exp[\mathrm{i}(\omega_1+\omega_2)T_0]+2(1-\Lambda_1)A_1(f_1-f_2)\exp[\mathrm{i}(\omega_1+\Omega)T_0+\\&\mathrm{i}\varphi_1]+2(1-\Lambda_2)A_2(f_1-f_2)\exp[\mathrm{i}(\omega_2+\Omega)T_0+\mathrm{i}\varphi_1]+\\&2(1-\Lambda_1)(1-\Lambda_2)\overline{A}_1A_2\exp[\mathrm{i}(\omega_2-\omega_1)T_0]+2(1-\Lambda_1)^2A_1\overline{A}_1+\\&2(1-\Lambda_2)^2A_2\overline{A}_2+2(f_1-f_2)^2+2(1-\Lambda_1)(f_1-f_2)\overline{A}_1\exp[\mathrm{i}(\Omega-\omega_1)T_0+\mathrm{i}\varphi_1]+\\&2(1-\Lambda_2)(f_1-f_2)\overline{A}_2\exp[\mathrm{i}(\Omega-\omega_2)T_0+\mathrm{i}\varphi_1]\}+cc\end{aligned}\tag{5.79}$$

$$\begin{aligned}&D_0^2\eta_{22}-\bar{\omega}_{j2}^2\eta_{12}+(\bar{\omega}_2^2+\bar{\omega}_{j2}^2)\eta_{22}=-2\mathrm{i}\Lambda_1\omega_1(A_1'+\hat{\zeta}A_1)\exp(\mathrm{i}\omega_1T_0)-\\&2\mathrm{i}\Lambda_2\omega_2(A_2'+\hat{\zeta}A_2)\exp(\mathrm{i}\omega_2T_0)-2\mathrm{i}\hat{\zeta}\Omega f_2\exp[\mathrm{i}(\Omega T_0+\varphi_1)]+\bar{\alpha}_2\{(1-\\&\Lambda_1)^2A_1^2\exp(2\mathrm{i}\omega_1T_0)+(1-\Lambda_2)^2A_2^2\exp(2\mathrm{i}\omega_2T_0)+(f_1-f_2)^2\exp[2\mathrm{i}(\Omega T_0+\\&\varphi_1)]+2(1-\Lambda_1-\Lambda_2)A_1A_2\exp[\mathrm{i}(\omega_1+\omega_2)T_0]+2(1-\Lambda_1)A_1(f_1-f_2)\exp[\mathrm{i}(\omega_1+\\&\Omega)T_0+\mathrm{i}\varphi_1]+2(1-\Lambda_2)A_2(f_1-f_2)\exp[\mathrm{i}(\omega_2+\Omega)T_0+\mathrm{i}\varphi_1]+\\&2(1-\Lambda_1)(1-\Lambda_2)\overline{A}_1A_2\exp[\mathrm{i}(\omega_2-\omega_1)T_0]+2(1-\Lambda_1)^2A_1\overline{A}_1+2(1-\Lambda_2)^2A_2\overline{A}_2+\\&2(f_1-f_2)^2+2(1-\Lambda_1)(f_1-f_2)\overline{A}_1\exp[\mathrm{i}(\Omega-\omega_1)T_0+\mathrm{i}\varphi_1]+2(1-\Lambda_2)(f_1-\\&f_2)\overline{A}_2\exp[\mathrm{i}(\Omega-\omega_2)T_0+\mathrm{i}\varphi_1]\}+\frac{\bar{\lambda}_2}{2}\exp[\mathrm{i}(\Omega T_0+\varphi_2)]+cc\end{aligned}\tag{5.80}$$

设式(5.79)、(5.80)的特解为

$$\left.\begin{aligned}\eta_{12}&=P_{11}\exp(\mathrm{i}\omega_1T_0)+P_{12}\exp(\mathrm{i}\omega_2T_0)+f_3\exp[\mathrm{i}(\Omega T_0+\varphi_2)]+cc\\\eta_{22}&=P_{21}\exp(\mathrm{i}\omega_1T_0)+P_{22}\exp(\mathrm{i}\omega_2T_0)+f_4\exp[\mathrm{i}(\Omega T_0+\varphi_2)]+cc\end{aligned}\right\}\tag{5.81}$$

式中　$f_4=\dfrac{\overline{\lambda_2}}{2\left(\bar{\omega}_2^2+\bar{\omega}_{j2}^2-\Omega^2-\dfrac{\bar{\omega}_{j1}^2\bar{\omega}_{j2}^2}{\bar{\omega}_1^2+\bar{\omega}_{j1}^2-\Omega^2}\right)}$；$f_3=\dfrac{\bar{\omega}_{j1}^2f_4}{\bar{\omega}_1^2+\bar{\omega}_{j1}^2-\Omega^2}$。

考虑到 $\Omega=\omega_2+\varepsilon\sigma_1$，且非内共振的条件下(即 ω_2 远离 $2\omega_1$)，为消除久期项而得到的

可解性条件为

$$\dot{A}_1+\hat{\zeta}A_1=0 \tag{5.82}$$

$$\omega_2(\dot{A}_2+\hat{\zeta}A_2)\rho_1+\hat{\zeta}\Omega\rho_2\exp[\mathrm{i}(\sigma_1T_1+\varphi_1)]=0 \tag{5.83}$$

式中 $\rho_1=(1+\Lambda_2)\bar{\omega}_{j2}^2+\bar{\omega}_2^2-\omega_2^2$；

$\rho_2=f_1(\bar{\omega}_{j2}^2+\bar{\omega}_2^2-\omega_2^2)+f_2\bar{\omega}_{j2}^2$。

式(5.82)、(5.83)的解分别为

$$A_1=\frac{1}{2}a_1\exp(-\hat{\zeta}T_1+\mathrm{i}\theta_1) \tag{5.84}$$

$$A_2=\frac{1}{2}a_2\exp(-\hat{\zeta}T_1+\mathrm{i}\theta_2)-\hat{\zeta}\frac{\rho_2\Omega}{\rho_1\omega_2}(\hat{\zeta}+\mathrm{i}\sigma_1)^{-1}\exp[\mathrm{i}(\sigma_1T_1+\varphi_1)] \tag{5.85}$$

当 $t\to\infty$ 时，$T_1\to\infty$ 而 $A_1\to 0$；$A_2\to-\hat{\zeta}\Omega\rho_2\omega_2^{-1}\rho_1^{-1}(\hat{\zeta}+\mathrm{i}\sigma_1)^{-1}\exp[\mathrm{i}(\sigma_1T_1+\varphi_1)]$，将其代入式(5.76)、(5.54)中，得到稳态解为

$$\eta_1=\frac{\lambda_1}{\bar{\omega}_1^2+\bar{\omega}_{j1}^2-\Omega^2}\frac{\hat{\zeta}\Omega}{\omega_2}(\hat{\zeta}^2+\sigma_1^2)^{-1/2}\cos(\Omega t+\varphi_1-\gamma_0)+$$

$$\frac{\lambda_1}{\bar{\omega}_1^2+\bar{\omega}_{j1}^2-\Omega^2}\cos(\Omega t+\varphi_1)+O(\varepsilon^2) \tag{5.86}$$

$$\eta_2=\frac{1}{2}\varepsilon^{-1}\lambda_2\omega_2^{-1}(\hat{\zeta}^2+\sigma_1^2)^{-1/2}\sin(\Omega t+\varphi_2-\gamma_0)+O(\varepsilon^2) \tag{5.87}$$

式中 $\gamma_0=\arctan(\sigma_1/\hat{\zeta})$。

然而内共振条件下，$\omega_2=2\omega_1-\varepsilon\sigma_2$ 时，式(5.79)、(5.80)的可解性条件为

$$-\bar{\omega}_{j1}^2R_{11}=(\bar{\omega}_2^2+\bar{\omega}_{j2}^2-\omega_1^2)R_{21} \tag{5.88}$$

$$-\bar{\omega}_{j2}^2R_{12}=(\bar{\omega}_2^2+\bar{\omega}_{j2}^2-\omega_2^2)R_{22} \tag{5.89}$$

式中 $R_{11}=-2\mathrm{i}\omega_1(A_1'+\hat{\zeta}A_1)-2\bar{\alpha}_1(1-\Lambda_1)(1-\Lambda_2)\bar{A}_1A_2\exp(-\mathrm{i}\sigma_2T_1)$

$R_{12}=-2\mathrm{i}\omega_2(A_2'+\hat{\zeta}A_2)-2\mathrm{i}\hat{\zeta}\Omega f_1\exp[\mathrm{i}(\sigma_1T_1+\varphi_1)]-$
$\bar{\alpha}_1(1-\Lambda_1)^2A_1^2\exp(\mathrm{i}\sigma_2T_1)$

$R_{21}=-2\mathrm{i}\omega_1\Lambda_1(A_1'+\hat{\zeta}A_1)+2\bar{\alpha}_2(1-\Lambda_1)(1-\Lambda_2)\bar{A}_1A_2\exp(-\mathrm{i}\sigma_2T_1)$

$R_{22}=-2\mathrm{i}\Lambda_2\omega_2(A_2'+\hat{\zeta}A_2)-2\mathrm{i}\hat{\zeta}\Omega f_2\exp[\mathrm{i}(\sigma_1T_1+\varphi_1)]+$
$\bar{\alpha}_2(1-\Lambda_1)^2A_1^2\exp(\mathrm{i}\sigma_2T_1)$

式(5.88)、(5.89)可改写为

$$\mathrm{i}\omega_1(A_1'+\hat{\zeta}A_1)\Gamma_1+\Gamma_2(1-\Lambda_1)(1-\Lambda_2)\bar{A}_1A_2\exp(-\mathrm{i}\sigma_2T_1)=0 \tag{5.90}$$

$$2\mathrm{i}\omega_2(A_2'+\hat{\zeta}A_2)\Gamma_3+2\mathrm{i}\hat{\zeta}\Omega\Gamma_4\exp[\mathrm{i}(\sigma_1T_1+\varphi_1)]+\Gamma_5(1-\Lambda_1)^2A_1^2\exp(\mathrm{i}\sigma_2T_1)=0 \tag{5.91}$$

式中 $\Gamma_1=\bar{\omega}_{j1}^2+\Lambda_1(\bar{\omega}_2^2+\bar{\omega}_{j2}^2-\omega_1^2)$；

$\Gamma_2 = \bar{\alpha}_1 \bar{\omega}_{j1}^2 - \bar{\alpha}_2(\bar{\omega}_2^2 + \bar{\omega}_{j2}^2 - \omega_1^2)$；

$\Gamma_3 = \bar{\omega}_{j2}^2 + \Lambda_2(\bar{\omega}_2^2 + \bar{\omega}_{j2}^2 - \omega_2^2)$；

$\Gamma_4 = f_1 \bar{\omega}_{j1}^2 + f_2(\bar{\omega}_2^2 + \bar{\omega}_{j2}^2 - \omega_2^2)$；

$\Gamma_5 = \bar{\alpha}_1 \bar{\omega}_{j2}^2 - \bar{\alpha}_2(\bar{\omega}_2^2 + \bar{\omega}_{j2}^2 - \omega_2^2)$。

引用极式记号，联立式(5.90)、(5.91)，并分离虚部、实部得

$$\left.\begin{aligned}
&(a'_1 + \hat{\zeta} a_1)\omega_1 \Gamma_1 + \frac{1}{2}\Gamma_2 a_1 a_2 \sin\gamma_1 = 0\\
&-a_1\theta'_1\omega_1\Gamma_1 + \frac{1}{2}\Gamma_2 a_1 a_2 \cos\gamma_1 = 0\\
&-a_2\theta'_2\omega_2\Gamma_3 - 2\hat{\zeta}\Omega\Gamma_4 \sin\gamma_2 + \frac{1}{4}(1-\Lambda_1)^2 a_1^2 \Gamma_5 \cos\gamma_1 = 0\\
&(a'_2 + \hat{\zeta} a_2)\omega_2\Gamma_3 + 2\hat{\zeta}\Omega\Gamma_4 \cos\gamma_2 + \frac{1}{4}(1-\Lambda_1)^2 a_1^2 \Gamma_5 \sin\gamma_1 = 0
\end{aligned}\right\} \tag{5.92}$$

式中　$\gamma_1 = \theta_2 - 2\theta_1 - \sigma_2 T_1$；

$\gamma_2 = \sigma_1 T_1 + \varphi_1 - \theta_2$。

稳态条件下 $a_1, a_2, \gamma_1, \gamma_2$ 均为常数，则由式(5.92)可得

$$a_2 = \left\{\frac{(2\hat{\zeta}\omega_1\Gamma_1)^2 + [(\sigma_1 - \sigma_2)\omega_1\Gamma_1]^2}{\Gamma_2^2}\right\}^{1/2} \tag{5.93}$$

$$\left[\frac{-a_2\sigma_1\omega_2\Gamma_3 + \frac{1}{4}(1-\Lambda_1)^2 a_1^2\Gamma_5\cos\gamma_1}{2\hat{\zeta}\Omega\Gamma_4}\right]^2 + \left[\frac{-\hat{\zeta} a_2\omega_2\Gamma_3 + \frac{1}{4}(1-\Lambda_1)^2 a_1^2\Gamma_5\sin\gamma_1}{2\hat{\zeta}\Omega\Gamma_4}\right]^2 = 1 \tag{5.94}$$

将式(5.93)代入式(5.94)中，可解得 a_1。

当 $\Omega \approx \omega_1$ 时，即 $\Omega = \omega_1 + \varepsilon\sigma_1$，令 $\lambda_1 = -\varepsilon^2 \overline{\lambda_1}$ 和 $\lambda_2 = -\varepsilon \overline{\lambda_2}$，再把式(5.57)代入式(5.53)中，并注意到 $\zeta = \varepsilon\hat{\zeta}$，然后令 ε 同次幂的系数相等就得到如下方程组：

ε^1 阶

$$\left.\begin{aligned}
&D_0^2\eta_{11} + (\bar{\omega}_1^2 + \bar{\omega}_{j1}^2)\eta_{11} - \bar{\omega}_{j1}^2\eta_{21} = 0\\
&D_0^2\eta_{21} - \bar{\omega}_{j2}^2\eta_{11} + (\bar{\omega}_2^2 + \bar{\omega}_{j2}^2)\eta_{21} = \bar{\lambda}_2\cos(\Omega T_0 + \varphi_2)
\end{aligned}\right\} \tag{5.95}$$

ε^2 阶

$$\left.\begin{aligned}
&D_0^2\eta_{12} + (\bar{\omega}_1^2 + \bar{\omega}_{j1}^2)\eta_{12} - \bar{\omega}_{j1}^2\eta_{22} = -2D_0(D_1\eta_{11} + \hat{\zeta}\eta_{11}) - \bar{\alpha}_1(\eta_{11} - \eta_{21})^2 + \bar{\lambda}_1\cos(\Omega T_0 + \varphi_1)\\
&D_0^2\eta_{22} - \bar{\omega}_{j2}^2\eta_{12} + (\bar{\omega}_2^2 + \bar{\omega}_{j2}^2)\eta_{22} = -2D_0(D_1\eta_{21} + \hat{\zeta}\eta_{21}) + \bar{\alpha}_2(\eta_{11} - \eta_{21})^2
\end{aligned}\right\} \tag{5.96}$$

式(5.96)的解可表示成下列形式：

$$\left.\begin{aligned}
&\eta_{11} = A_1(T_1)\exp(\mathrm{i}\omega_1 T_0) + A_2(T_1)\exp(\mathrm{i}\omega_2 T_0) + f_1'\exp[\mathrm{i}(\Omega T_0 + \varphi_2)] + cc\\
&\eta_{21} = \Lambda_1' A_1(T_1)\exp(\mathrm{i}\omega_1 T_0) + \Lambda_2' A_2(T_1)\exp(\mathrm{i}\omega_2 T_0) + f_2'\exp[\mathrm{i}(\Omega T_0 + \varphi_2)] + cc
\end{aligned}\right\} \tag{5.97}$$

将式(5.97)代入式(5.95)中,可得

$$\Lambda_n' = \Lambda_n \quad (n=1,2) \tag{5.98}$$

$$f_1' = f_3, \quad f_2' = f_4 \tag{5.99}$$

将式(5.97)代入式(5.96)中,可得

$$\begin{aligned}
&D_0^2\eta_{12} + (\bar{\omega}_1^2 + \bar{\omega}_{j1}^2)\eta_{12} - \bar{\omega}_{j1}^2\eta_{22} = -2\mathrm{i}\omega_1(A_1' + \hat{\zeta}A_1)\exp(\mathrm{i}\omega_1T_0) - 2\mathrm{i}\omega_2(A_2' + \\
&\hat{\zeta}A_2)\exp(\mathrm{i}\omega_2T_0) - 2\mathrm{i}\hat{\zeta}\Omega f_1'\exp[\mathrm{i}(\Omega T_0 + \varphi_2)] - \bar{\alpha}_1\{(1 - \\
&\Lambda_1)^2A_1^2\exp(2\mathrm{i}\omega_1T_0) + (1-\Lambda_2)^2A_2^2\exp(2\mathrm{i}\omega_2T_0) + \\
&(f_1 - f_2)^2\exp[2\mathrm{i}(\Omega T_0 + \varphi_2)] + 2(1-\Lambda_1-\Lambda_2)A_1A_2\exp[\mathrm{i}(\omega_1 + \\
&\omega_2)T_0] + 2(1-\Lambda_1)A_1(f_1-f_2)\exp[\mathrm{i}(\omega_1+\Omega)T_0 + \mathrm{i}\varphi_2] + 2(1 - \\
&\Lambda_2)A_2(f_1-f_2)\exp[\mathrm{i}(\omega_2+\Omega)T_0 + \mathrm{i}\varphi_2] + 2(1-\Lambda_1)(1-\Lambda_2)\bar{A}_1A_2\exp[\mathrm{i}(\omega_2 - \\
&\omega_1)T_0] + 2(1-\Lambda_1)^2A_1\bar{A}_1 + 2(1-\Lambda_2)^2A_2\bar{A}_2 + 2(f_1-f_2)^2 + \\
&2(1-\Lambda_1)(f_1-f_2)\bar{A}_1\exp[\mathrm{i}(\Omega-\omega_1)T_0 + \mathrm{i}\varphi_2] + 2(1-\Lambda_2)(f_1 - \\
&f_2)\bar{A}_2\exp[\mathrm{i}(\Omega-\omega_2)T_0 + \mathrm{i}\varphi_2]\} + \frac{\bar{\lambda}_1}{2}\exp[\mathrm{i}(\Omega T_0 + \varphi_2)] + cc
\end{aligned} \tag{5.100}$$

$$\begin{aligned}
&D_0^2\eta_{22} - \bar{\omega}_{j2}^2\eta_{12} + (\bar{\omega}_2^2 + \bar{\omega}_{j2}^2)\eta_{22} = -2\mathrm{i}\Lambda_1\omega_1(A_1' + \hat{\zeta}A_1)\exp(\mathrm{i}\omega_1T_0) - \\
&2\mathrm{i}\Lambda_2\omega_2(A_2' + \hat{\zeta}A_2)\exp(\mathrm{i}\omega_2T_0) - 2\mathrm{i}\hat{\zeta}\Omega f_2\exp[\mathrm{i}(\Omega T_0 + \varphi_2)] + \\
&\bar{\alpha}_2\{(1-\Lambda_1)^2A_1^2\exp(2\mathrm{i}\omega_1T_0) + (1-\Lambda_2)^2A_2^2\exp(2\mathrm{i}\omega_2T_0) + \\
&(f_1-f_2)^2\exp[2\mathrm{i}(\Omega T_0 + \varphi_2)] + 2(1-\Lambda_1-\Lambda_2)A_1A_2\exp[\mathrm{i}(\omega_1+\omega_2)T_0] + \\
&2(1-\Lambda_1)A_1(f_1-f_2)\exp[\mathrm{i}(\omega_1+\Omega)T_0 + \mathrm{i}\varphi_2] + 2(1-\Lambda_2)A_2(f_1 - \\
&f_2)\exp[\mathrm{i}(\omega_2+\Omega)T_0 + \mathrm{i}\varphi_2] + 2(1-\Lambda_1)(1-\Lambda_2)\bar{A}_1A_2\exp[\mathrm{i}(\omega_2-\omega_1)T_0] + \\
&2(1-\Lambda_1)^2A_1\bar{A}_1 + 2(1-\Lambda_2)^2A_2\bar{A}_2 + 2(f_1-f_2)^2 + \\
&2(1-\Lambda_1)(f_1-f_2)\bar{A}_1\exp[\mathrm{i}(\Omega-\omega_1)T_0 + \mathrm{i}\varphi_2] + 2(1-\Lambda_2)(f_1 - \\
&f_2)\bar{A}_2\exp[\mathrm{i}(\Omega-\omega_2)T_0 + \mathrm{i}\varphi_2]\} + cc
\end{aligned} \tag{5.101}$$

设式(5.100)、(5.101)的特解为

$$\left.\begin{aligned}
\eta_{12} &= P_{11}\exp(\mathrm{i}\omega_1T_0) + P_{12}\exp(\mathrm{i}\omega_2T_0) + f_3'\exp[\mathrm{i}(\Omega T_0 + \varphi_2)] + cc \\
\eta_{22} &= P_{21}\exp(\mathrm{i}\omega_1T_0) + P_{22}\exp(\mathrm{i}\omega_2T_0) + f_4'\exp[\mathrm{i}(\Omega T_0 + \varphi_2)] + cc
\end{aligned}\right\} \tag{5.102}$$

式中 $f_3' = f_1$;

$f_4' = f_3$。

非内共振条件下,引入极式记号代入式(5.100)、(5.101)的可解性条件中,可得

$$\omega_1(\dot{A}_1 + \hat{\zeta}A_1)\rho_1' + \hat{\zeta}\Omega\rho_2'\exp[\mathrm{i}(\sigma_1T_1 + \varphi_2)] = 0 \tag{5.103}$$

$$\dot{A}_2 + \hat{\zeta} A_2 = 0 \tag{5.104}$$

式中　$\rho_1' = \Lambda_1 \bar{\omega}_{j1}^2 + \bar{\omega}_2^2 + \bar{\omega}_{j2}^2 - \omega_2^2$；

$\rho_2' = f_2' \bar{\omega}_{j1}^2 - f_1'(\bar{\omega}_{j2}^2 + \bar{\omega}_2^2 - \omega_2^2)$。

式(5.103)、(5.104)的解分别为

$$A_1 = \frac{1}{2} a_1 \exp(-\hat{\zeta} T_1 + \mathrm{i}\theta_2) - \hat{\zeta} \frac{\rho_2' \Omega}{\rho_1' \omega_2} (\hat{\zeta} + \mathrm{i}\sigma_1)^{-1} \exp[\mathrm{i}(\sigma_1 T_1 + \varphi_2)] \tag{5.105}$$

$$A_2 = \frac{1}{2} a_2 \exp(-\hat{\zeta} T_1 + \mathrm{i}\theta_1) \tag{5.106}$$

当 $t \to \infty$ 时，$T_1 \to \infty$，$A_1 \to -\hat{\zeta}\Omega\rho_2'\omega_2^{-1}\rho_1'^{-1}(\hat{\zeta} + \mathrm{i}\sigma_1)^{-1}\exp[\mathrm{i}(\sigma_1 T_1 + \varphi_2)]$；而 $A_2 \to 0$。

将其代入式(5.76)、(5.54)中，得到稳态解为

$$\eta_1 = \frac{1}{2} \varepsilon^{-1} \lambda_2 \omega_2^{-1} (\hat{\zeta}^2 + \sigma_1^2)^{-1/2} \sin(\Omega t + \varphi_2 - \gamma_0) + O(\varepsilon^2) \tag{5.107}$$

$$\begin{aligned} \eta_2 = {} & \frac{\lambda_1}{\bar{\omega}_1^2 + \bar{\omega}_{j1}^2 - \Omega^2} \frac{\hat{\zeta}\Omega}{\omega_2} (\hat{\zeta}^2 + \sigma_1^2)^{-1/2} \cos(\Omega t + \varphi_1 - \gamma_0) + {} \\ & \frac{\lambda_1}{\bar{\omega}_1^2 + \bar{\omega}_{j1}^2 - \Omega^2} \cos(\Omega t + \varphi_1) + O(\varepsilon^2) \end{aligned} \tag{5.108}$$

式中　$\gamma_0 = \arctan(\sigma_1 / \hat{\zeta})$。

内共振情况下的求解与前述方法相似，此处不再进行详细推导。

2. 次共振情况

次共振情况下，$\lambda_n = -\varepsilon \overline{\lambda}_n (n=1,2)$，把式(5.57)代入式(5.53)中，并注意到 $\zeta = \varepsilon\hat{\zeta}$，然后令 ε 同次幂的系数相等就得到如下方程组：

ε^1 阶

$$\left.\begin{aligned} D_0^2 \eta_{11} + (\bar{\omega}_1^2 + \bar{\omega}_{j1}^2)\eta_{11} - \bar{\omega}_{j1}^2 \eta_{21} &= \bar{\lambda}_1 \cos(\Omega T_0 + \varphi_1) \\ D_0^2 \eta_{21} - \bar{\omega}_{j2}^2 \eta_{11} + (\bar{\omega}_2^2 + \bar{\omega}_{j2}^2)\eta_{21} &= \bar{\lambda}_2 \cos(\Omega T_0 + \varphi_2) \end{aligned}\right\} \tag{5.109}$$

ε^2 阶

$$\left.\begin{aligned} D_0^2 \eta_{12} + (\bar{\omega}_1^2 + \bar{\omega}_{j1}^2)\eta_{12} - \bar{\omega}_{j1}^2 \eta_{22} &= -2D_0(D_1 \eta_{11} + \hat{\zeta}\eta_{11}) - \bar{\alpha}_1(\eta_{11} - \eta_{21})^2 \\ D_0^2 \eta_{22} - \bar{\omega}_{j2}^2 \eta_{12} + (\bar{\omega}_2^2 + \bar{\omega}_{j2}^2)\eta_{22} &= -2D_0(D_1 \eta_{21} + \hat{\zeta}\eta_{21}) + \bar{\alpha}_2(\eta_{11} - \eta_{21})^2 \end{aligned}\right\} \tag{5.110}$$

式(5.110)的解可表示成下列形式：

$$\left.\begin{aligned} \eta_{11} &= A_1(T_1)\exp(\mathrm{i}\omega_1 T_0) + A_2(T_1)\exp(\mathrm{i}\omega_2 T_0) + f_1''\exp(\mathrm{i}\Omega T_0) + cc \\ \eta_{21} &= \Lambda_1'' A_1(T_1)\exp(\mathrm{i}\omega_1 T_0) + \Lambda_2'' A_2(T_1)\exp(\mathrm{i}\omega_2 T_0) + f_2''\exp(\mathrm{i}\Omega T_0) + cc \end{aligned}\right\} \tag{5.111}$$

将式(5.111)代入式(5.109)中，可得

$$\Lambda_n{}'' = \Lambda_n \quad (n=1,2) \tag{5.112}$$

$$f_1{}'' = \frac{(\bar{\omega}_2^2 + \bar{\omega}_{j2}^2 - \Omega^2)\bar{\lambda}_1 \exp(\mathrm{i}\varphi_1) + \bar{\omega}_{j1}^2 \bar{\lambda}_2 \exp(\mathrm{i}\varphi_2)}{2[(\bar{\omega}_1^2 + \bar{\omega}_{j1}^2 - \Omega^2)(\bar{\omega}_2^2 + \bar{\omega}_{j2}^2 - \Omega^2) - \bar{\omega}_{j1}^2 \bar{\omega}_{j2}^2]} \tag{5.113}$$

$$f_2{}'' = \frac{(\bar{\omega}_1^2 + \bar{\omega}_{j1}^2 - \Omega^2)\bar{\lambda}_2 \exp(\mathrm{i}\varphi_2) + \bar{\omega}_{j2}^2 \bar{\lambda}_1 \exp(\mathrm{i}\varphi_1)}{2[(\bar{\omega}_1^2 + \bar{\omega}_{j1}^2 - \Omega^2)(\bar{\omega}_2^2 + \bar{\omega}_{j2}^2 - \Omega^2) - \bar{\omega}_{j1}^2 \bar{\omega}_{j2}^2]} \tag{5.114}$$

下面过程用以确定 A_1, A_2，将式(5.102)代入式(5.110)中，可得

$$\begin{aligned}
&D_0^2 \eta_{12} + (\bar{\omega}_1^2 + \bar{\omega}_{j1}^2)\eta_{12} - \bar{\omega}_{j1}^2 \eta_{22} = -2\mathrm{i}\omega_1(A_1{}' + \hat{\zeta} A_1)\exp(\mathrm{i}\omega_1 T_0) - \\
&2\mathrm{i}\omega_2(A_2{}' + \hat{\zeta} A_2)\exp(\mathrm{i}\omega_2 T_0) - 2\mathrm{i}\hat{\zeta}\Omega f_1{}''\exp(\mathrm{i}\Omega T_0) - \bar{\alpha}_1\{(1 - \\
&\Lambda_1)^2 A_1^2 \exp(2\mathrm{i}\omega_1 T_0) + (1-\Lambda_2)^2 A_2^2 \exp(2\mathrm{i}\omega_2 T_0) + \\
&(f_1{}'' - f_2{}'')^2 \exp(2\mathrm{i}\Omega T_0) + 2(1-\Lambda_1-\Lambda_2)A_1 A_2 \exp[\mathrm{i}(\omega_1+\omega_2)T_0] + \\
&2(1-\Lambda_1)A_1(f_1{}''-f_2{}'')\exp[\mathrm{i}(\omega_1+\Omega)T_0] + 2(1-\Lambda_2)A_2(f_1{}''-f_2{}'')\exp[\mathrm{i}(\omega_2+\Omega)T_0] + \\
&2(1-\Lambda_1)(1-\Lambda_2)\bar{A}_1 A_2 \exp[\mathrm{i}(\omega_2-\omega_1)T_0] + 2(1-\Lambda_1)^2 A_1\bar{A}_1 + 2(1-\Lambda_2)^2 A_2\bar{A}_2 + \\
&2(f_1{}''-f_2{}'')^2 + 2(1-\Lambda_1)(f_1{}''-f_2{}'')\bar{A}_1\exp[\mathrm{i}(\Omega-\omega_1)T_0] + \\
&2(1-\Lambda_2)(f_1{}''-f_2{}'')\bar{A}_2\exp[\mathrm{i}(\Omega-\omega_2)T_0]\} + cc
\end{aligned} \tag{5.115}$$

$$\begin{aligned}
&D_0^2 \eta_{22} - \bar{\omega}_{j2}^2 \eta_{12} + (\bar{\omega}_{j2}^2 + \bar{\omega}_2^2)\eta_{22} = -2\mathrm{i}\Lambda_1\omega_1(A_1{}' + \hat{\zeta} A_1)\exp(\mathrm{i}\omega_1 T_0) - \\
&2\mathrm{i}\Lambda_2\omega_2(A_2{}' + \hat{\zeta} A_2)\exp(\mathrm{i}\omega_2 T_0) - 2\mathrm{i}\hat{\zeta}\Omega f_2{}''\exp(\mathrm{i}\Omega T_0) + \\
&\bar{\alpha}_2\{(1-\Lambda_1)^2 A_1^2 \exp(2\mathrm{i}\omega_1 T_0) + (1-\Lambda_2)^2 A_2^2 \exp(2\mathrm{i}\omega_2 T_0) + \\
&(f_1{}'' - f_2{}'')^2 \exp(2\mathrm{i}\Omega T_0) + 2(1-\Lambda_1-\Lambda_2)A_1 A_2 \exp[\mathrm{i}(\omega_1+\omega_2)T_0] + \\
&2(1-\Lambda_1)A_1(f_1{}''-f_2{}'')\exp[\mathrm{i}(\omega_1+\Omega)T_0] + 2(1-\Lambda_2)A_2(f_1{}''-f_2{}'')\exp[\mathrm{i}(\omega_2 + \\
&\Omega)T_0] + 2(1-\Lambda_1)(1-\Lambda_2)\bar{A}_1 A_2 \exp[\mathrm{i}(\omega_2-\omega_1)T_0] + 2(1-\Lambda_1)^2 A_1\bar{A}_1 + 2(1- \\
&\Lambda_2)^2 A_2\bar{A}_2 + 2(f_1{}''-f_2{}'')^2 + 2(1-\Lambda_1)(f_1{}''-f_2{}'')\bar{A}_1\exp[\mathrm{i}(\Omega-\omega_1)T_0] + \\
&2(1-\Lambda_2)(f_1{}''-f_2{}'')\bar{A}_2\exp[\mathrm{i}(\Omega-\omega_2)T_0]\} + cc
\end{aligned} \tag{5.116}$$

当激振频率满足下列条件时，即 $\Omega \approx 2\omega_1, \Omega \approx \frac{1}{2}\omega_1, \Omega \approx \frac{1}{2}\omega_2, \Omega \approx \omega_2 - \omega_1, \Omega \approx \omega_2 + \omega_1$ 时，次共振现象发生。当 $\omega_2 \approx 2\omega_1$ 时，内共振现象发生。因此该系统在理论上将存在非次共振非内共振情况、次共振非内共振情况、非次共振内共振情况、次共振内共振情况四类情况。具体分析方法与主共振情况求解方法相同，在此不一一推导。

5.3 无限自由度系统非线性振动

动簧片可等效为线弹性梁，如图 5.5 所示，且具有预挠曲变形。动触头的形状决定了梁的右侧边界条件是赫兹接触，因此具有非线性的特征。图 5.5(a) 表示动触头与静触头刚刚接触的位置，此时梁与触头均未产生变形。为了满足触点间可靠的接触，且能可靠流

过额定的电流的要求，可通过工艺装配调试过程，形成动断触点间的超行程 s，包括了接触端的挠曲变形 $y(L)$ 和触点的 Hertz 弹性变形 δ。其相互间关系为

$$s = y(L) + \delta \tag{5.117}$$

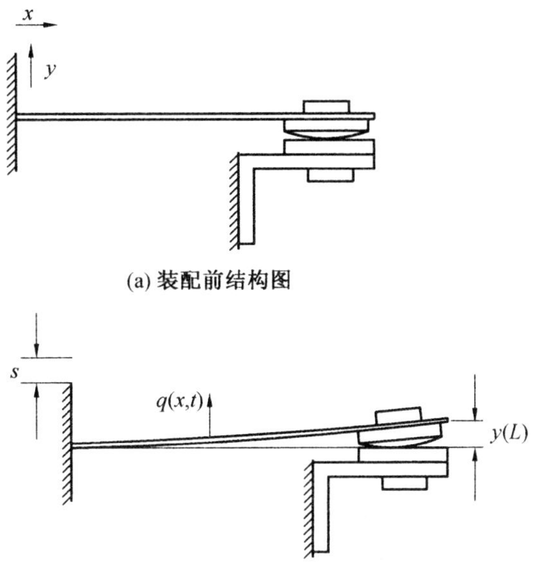

(a) 装配前结构图

(b) 装配后结构图

图 5.5　带有 Herz 接触边界条件的梁结构接触系统

根据材料力学关于梁变形理论可得，动簧片沿横轴各段的初始变形可表示为

$$y(x) = \frac{1}{2} y(L) \left(\frac{x}{L}\right)^2 \left(3 - \frac{x}{L}\right) \tag{5.118}$$

同时，接触端的力平衡条件为

$$3\frac{EI}{L^3} y(L) = k\delta^{\frac{3}{2}} \tag{5.119}$$

式中　$k = \frac{4E^*}{3} R^{1/2}$。

将式(5.117)代入上式中，可得

$$k\left(s - y(L)\right)^{\frac{3}{2}} - 3\frac{EI}{L^3} y(L) = 0 \tag{5.120}$$

可以理解为接触端的挠度 $y(L)$ 与动断触点间的超程 s 是相关的，通常定义动触头与静触头刚刚接触时的动断超程为零值，也即动簧片悬臂梁与静触头的接触临界状态是保持水平。

针对动簧片建立的连续体振动系统的振动微分方程为

$$EI\frac{\partial^4 q(x,t)}{\partial x^4} + \rho A\frac{\partial^2 q(x,t)}{\partial t^2} = 0 \tag{5.121}$$

边界条件为在 $x = 0$ 处，$q(x,t) = 0$，$q'(x,t) = 0$；在 $x = L$ 处，$q''(x,t) = 0$，

$$EIq'''(x,t)-3\frac{EI}{L^3}y(L)+k[s-y(L)-q(x,t)]^{\frac{3}{2}}=0 \tag{5.122}$$

$q(x,t)$ 定义为动簧片相对初始静态变形 $y(x)$ 的空间位置，令 $u=q/\delta$ 表示梁相对于静态 Hertz 变形的挠度变化，则触头保持可靠接触的条件为 $u(L,t)\leqslant 1$。则边界条件式(5.122) 可改写为

$$EIu'''(x,t)-3\frac{EI}{L^3}(s/\delta-1)+k\delta^{\frac{1}{2}}[1-u(x,t)]^{\frac{3}{2}}=0 \tag{5.123}$$

若将式(5.123) 中的非线性项以 Taylor 级数展开，可改写为

$$EIu'''=\kappa_0 u-\kappa_1 u^2-\kappa_2 u^3 \tag{5.124}$$

式中 $\kappa_0=\frac{3}{2}k\delta^{\frac{1}{2}}$；

$\kappa_1=\frac{3}{8}k\delta^{\frac{1}{2}}$；

$\kappa_3=\frac{1}{16}k\delta^{\frac{1}{2}}$。

5.3.1 无阻尼自由振动特性分析

求解上述振动问题需通过归一化处理将方程变为无量纲形式，因此引进无量纲量较方便(用 * 表示)，

$$x^*=x/L,\quad t^*=t\sqrt{EI/(\rho AL^4)}$$

将无量纲量代入式(5.121) 中得

$$\ddot{u}+u^{(\mathrm{IV})}=0 \tag{5.125}$$

边界条件改写为

$$u|_{x=0}=u^{(\mathrm{I})}|_{x=0}=0,\quad u^{(\mathrm{II})}|_{x=1}=0,\quad u^{(\mathrm{III})}-\alpha_0 u+\varepsilon\alpha_1 u^2+\varepsilon^2\alpha_2 u^3|_{x=1}=0$$

式中 $\alpha_0=\frac{\kappa_0}{EI/L^3}$—— 接触刚度与梁的刚度的比值；

$\alpha_1=\frac{\alpha_0}{4}$；

$\alpha_2=\frac{\alpha_0}{24}$。

采用多尺度法分析该非线性边界值问题，设定二次近似解的表达式为

$$u(x,t)=U_0(x)\eta_0(T_0,T_1,T_2)+\varepsilon U_1(x)\eta_1(T_0,T_1,T_2)+\varepsilon^2 U_2(x)\eta_2(T_0,T_1,T_2) \tag{5.126}$$

将式(5.126) 代入式(5.125) 及其边界条件中，并令 ε 同次项系数为零，由 ε^0 阶项得

$$U_0(x)D_0^2\eta_0+U_0^{(\mathrm{IV})}(x)\eta_0=0 \tag{5.127}$$

同时考虑到其中边界条件 $U_0(0)\eta_0=U_0{}^{(\mathrm{I})}(0)\eta_0=0$，$U_0{}^{(\mathrm{II})}(1)\eta_0=0$，$[U_0{}^{(\mathrm{III})}(1)-\alpha_0 U_0(1)]\eta_0=0$ 与归一化条件 $U_0(1)=1$，可得

$$U_0(x)=C_0\left[\cos\gamma x-\cosh\gamma x-\frac{\cos\gamma+\cosh\gamma}{\sin\gamma+\sinh\gamma}(\sin\gamma x-\sinh\gamma x)\right]\tag{5.128}$$

$$\eta_0=A_0\exp(\mathrm{i}\omega T_0)+cc\tag{5.129}$$

$$\gamma^3(\cosh\gamma\cos\gamma+1)=\alpha_0(\sinh\gamma\cos\gamma-\sin\gamma\cosh\gamma)\tag{5.130}$$

式中　$C_0=\dfrac{\sin\gamma+\sinh\gamma}{2(\cos\gamma\sinh\gamma-\sin\gamma\cosh\gamma)}$；

$\gamma=\sqrt{\omega}$。

由 ε^1 阶项得

$$U_1(x)D_0^2\eta_1+U_1^{(\mathrm{IV})}(x)\eta_1=-2\mathrm{i}\omega U_0(x)D_1A_0\exp(\mathrm{i}\omega T_0)+cc\tag{5.131}$$

其边界条件为 $U_1(0)\eta_1=U_1^{(\mathrm{I})}(0)\eta_1=0$，$U_1^{(\mathrm{II})}(1)\eta_1=0$ 与

$$U_1^{(\mathrm{III})}(1)\eta_1=\alpha_0U_1(1)\eta_1-\alpha_1U_0^2(1)\eta_0^2\tag{5.132}$$

将式(5.129)代入式(5.132)中得

$$\eta_1=\alpha_1\left[\alpha_0U_1(1)-U_1^{(\mathrm{III})}(1)\right]^{-1}\left[A_0^2\exp(2\mathrm{i}\omega T_0)+2A_0\overline{A_0}+\overline{A_0}^2\exp(-2\mathrm{i}\omega T_0)\right]\tag{5.133}$$

将式(5.133)代入式(5.131)中，得到其可解性条件为

$$U_1^{(\mathrm{IV})}(x)-4\omega^2U_{1'}(x)=0\tag{5.134}$$

$$U_{1''}^{(\mathrm{IV})}(x)=0\tag{5.135}$$

$$D_1A_0=0\tag{5.136}$$

由式(5.134)可得

$$U_{1'}(x)=C_1\left[\cos\lambda x-\cosh\lambda x-\frac{\cos\lambda+\cosh\lambda}{\sin\lambda+\sinh\lambda}(\sin\lambda x-\sinh\lambda x)\right]\tag{5.137}$$

$$\eta_{1'}=\frac{\alpha_1}{2C_1}\frac{(\sin\lambda+\sinh\lambda)A_0^2\exp(2\mathrm{i}\omega T_0)}{\left[\alpha_0(\cos\lambda\sinh\lambda-\sin\lambda\cosh\lambda)-\lambda^3(1+\cos\lambda\cosh\lambda)\right]}+cc\tag{5.138}$$

式中　$\lambda=\sqrt{2\omega}$。

由式(5.135)可得

$$U_{1''}(x)\eta_{1''}=-\frac{\alpha_1}{3+\alpha_0}(x^3-3x^2)A_0\overline{A_0}\tag{5.139}$$

则

$$U_1(x)\eta_1=U_{1'}(x)\eta_{1'}+U_{1''}(x)\eta_{1''}=\frac{\alpha_1}{2}F(\lambda,x)A_0^2\exp(2\mathrm{i}\omega T_0)-\frac{\alpha_1}{2(3+\alpha)}(x^3-3x^2)A_0\overline{A_0}+cc\tag{5.140}$$

由 ε^2 阶项得

$$U_2(x)D_0^2\eta_2+U_2^{(\mathrm{IV})}(x)\eta_2=-2\mathrm{i}\omega U_0(x)D_2A_0\exp(\mathrm{i}\omega T_0)+cc\tag{5.141}$$

其边界条件为 $U_2(0)\eta_2=U_2^{(\mathrm{I})}(0)\eta_2=0$，$U_2^{(\mathrm{II})}(1)\eta_2=0$ 与

$$U_2^{(\mathrm{III})}(1)\eta_2=\alpha_0U_2(1)\eta_2-2\alpha_1U_0(1)U_1(1)\eta_0\eta_1-\alpha_2U_0^3(1)\eta_0^3\tag{5.142}$$

将式(5.142)改写成 η_2 的显式格式代入式(5.141)中，得到其可解性条件为

$$U_{2'}^{(\mathrm{IV})}(x)-9\omega^2U_{2'}(x)=0 \tag{5.143}$$

$$\frac{U_{2''}^{(\mathrm{IV})}(x)-\omega^2U_{2''}(x)}{U_0(x)[\alpha_0U_2(1)-U_2^{(\mathrm{III})}(1)]}=\frac{-2\mathrm{i}\omega D_2A_0}{[\alpha_1^2F(\lambda,1)+\dfrac{2\alpha_1^2}{3+\alpha_0}+3\alpha_2]A_0^2\overline{A_0}}=\Gamma \tag{5.144}$$

由式(5.143)可解得

$$U_{2'}(x)=C_{2'}[\cos\upsilon x-\cosh\upsilon x-\frac{\cos\upsilon+\cosh\upsilon}{\sin\upsilon+\sinh\upsilon}(\sin\upsilon x-\sinh\upsilon x)] \tag{5.145}$$

式中 $\upsilon=\sqrt{3\omega}$。

将其代入式(5.142)中,可得

$$U_{2'}(x)\eta_{2'}=\frac{\alpha_1^2F(\lambda,1)+\alpha_2}{2}F(\upsilon,x)A_0^3\exp(3\mathrm{i}\omega T_0)+cc \tag{5.146}$$

另由式(5.144)可解得

$$U_{2''}(x)\eta_{2''}=\frac{1}{G(\gamma)}[\alpha_1^2F(\lambda,1)+\frac{2\alpha_1^2}{3+\alpha_0}+3\alpha_2]P(x)A_0^2\overline{A_0}\exp(\mathrm{i}\omega T_0)+cc \tag{5.147}$$

式中

$$P(x)=[x-\frac{2(1+\cos\gamma\cosh\gamma)}{(\cos\gamma+\cosh\gamma)^2}](\cos\gamma x-\cosh\gamma x)+\frac{\sin\gamma+\sinh\gamma}{\cos\gamma+\cosh\gamma}x(\sin\gamma x+\sinh\gamma x) \tag{5.148}$$

$$G(\gamma)=\frac{\cos\gamma+\cosh\gamma}{\sin\gamma\cosh\gamma-\cos\gamma\sinh\gamma}\left[\frac{\alpha_0(\sin\gamma+\sinh\gamma)(\sin\gamma\cosh\gamma+\cos\gamma\sinh\gamma)}{2\gamma^3(\cos\gamma+\cosh\gamma)^2}+\frac{3\gamma^2(\cos\gamma+\cosh\gamma)(1+\cos\gamma\cosh\gamma)-\gamma^3\sin\gamma\sinh\gamma(\sin\gamma+\sinh\gamma)}{2\gamma^3(\cos\gamma+\cosh\gamma)^2}\right] \tag{5.149}$$

因此

$$U_2(x)\eta_2=U_{2'}(x)\eta_{2'}+U_{2''}(x)\eta_{2''} \tag{5.150}$$

完整的 $u(x,t)$ 可表示为

$$\begin{aligned}u(x;T_0,T_2)=&U_0(x)A_0\exp(\mathrm{i}\omega T_0)+G(\gamma)^{-1}[\alpha_1^2F(\lambda,1)+\\&\frac{2\alpha_1^2}{3+\alpha_0}+3\alpha_2]\overline{A_0}A_0^2P(x)\exp(\mathrm{i}\omega T_0)-\\&\frac{\alpha_1}{2(3+\alpha)}(x^3-3x^2)A_0\overline{A_0}+\frac{\alpha_1}{2}F(\lambda,x)A_0^2\exp(2\mathrm{i}\omega T_0)+\\&\frac{\alpha_1^2F(\lambda,1)+\alpha_2}{2}F(\upsilon,x)A_0^3\exp(3\mathrm{i}\omega T_0)+cc\end{aligned} \tag{5.151}$$

设 $A(t)=\frac{1}{2}a\exp(\mathrm{i}\theta)$ 代入式(5.144)中,将实部与虚部分开,得到 a 和 θ 的一阶常微分方程

$$4G(\gamma)\omega\dot{\theta}=a^2\left(\alpha_1^2F(\lambda,1)+\frac{2\alpha_1^2}{3+\alpha_0}+3\alpha_2\right) \tag{5.152}$$

$$\dot{a}=0 \tag{5.153}$$

给定初始条件$a|_{t=0}=a_0$，$\theta|_{t=0}=\theta_0$，可得

$$A=\frac{1}{2}a_0\exp\{\mathrm{i}\frac{1}{4G(\gamma)\omega}a_0^2[\alpha_1^2F(\lambda,1)+\frac{2\alpha_1^2}{3+\alpha_0}+3\alpha_2]\varepsilon^2t+\mathrm{i}\theta_0\} \tag{5.154}$$

5.3.2　强迫振动分析

强迫振动条件下式(5.125)的边界条件中接触端的剪力须满足

$$u^{(\mathrm{III})}-\alpha_0u-\varepsilon^2c\dot{u}+\varepsilon\alpha_1u^2+\varepsilon^2\alpha_2u^3|_{x=1}=\varepsilon^2F\cos\Omega t \tag{5.155}$$

式中　c—— 阻尼系数；

F—— 由激振位移引起的惯性力；

Ω—— 激振频率。

为使阻尼项、强迫振动项和非线性项在同一摄动方程中出现，因此其数量级均取为ε^2，则式(5.142)改写为

$$U_2^{(\mathrm{III})}(1)\eta_2=\alpha_0U_2(1)\eta_2+cD_0U_0(1)\eta_0-2\alpha_1U_0(1)U_1(1)\eta_0\eta_1-\alpha_2U_0^3(1)\eta_0^3-F\cos\Omega t \tag{5.156}$$

代入极式$A(t)=\frac{1}{2}a\exp(\mathrm{i}\theta)$，则式(5.144)改写为

$$G(\gamma)(\mathrm{i}\omega\dot{a}-\omega a\dot{\theta})=c\mathrm{i}\omega a+\frac{1}{4}a^3\left(\alpha_1^2F(\lambda,1)-\frac{2\alpha_1^2}{3+\alpha_0}-3\alpha_2\right)-2F\exp[\mathrm{i}(\sigma T_2-\theta)] \tag{5.157}$$

将式(5.157)的实部和虚部分离，

$$G(\gamma)\omega\dot{a}=c\omega a-2F\sin\psi \tag{5.158}$$

$$G(\gamma)(-\omega a\dot{\psi}+\omega a\sigma)=\frac{1}{4}a^3\left(\alpha_1^2F(\lambda,1)+\frac{2\alpha_1^2}{3+\alpha_0}+3\alpha_2\right)-2F\cos\psi \tag{5.159}$$

式中　$\psi=\sigma T_2-\theta$。

考虑到稳态运动条件下，即$\dot{\psi}=\dot{a}=0$，消去式(3.158)、(3.159)中的γ，得到幅频关系式为

$$\left[\frac{1}{4}a^3\left(\alpha_1^2F(\lambda,1)+\frac{2\alpha_1^2}{3+\alpha_0}+3\alpha_2\right)+G(\gamma)\omega a\sigma\right]^2+(c\omega a)^2=4F^2 \tag{5.160}$$

同时，相频关系式为

$$\tan\psi=\frac{c\omega a}{\frac{1}{4}a^3\left(\alpha_1^2F(\lambda,1)+\frac{2\alpha_1^2}{3+\alpha_0}+3\alpha_2\right)-G(\gamma)\omega a\sigma} \tag{5.161}$$

将参数a，θ代入式(5.160)中，则式(5.151)可最终表示为

$$u(x;T_0,T_2)=U_0(x)a\cos(\omega t+\theta)+\frac{a^3}{4G(\gamma)}\left[\alpha_1^2F(\lambda,1)+\frac{2\alpha_1^2}{3+\alpha_0}+3\alpha_2\right]\cdot$$
$$P(x)\cos(\omega t+\theta)-\frac{\alpha_1}{4(3+\alpha)}(x^3-3x^2)a^2+$$
$$\frac{\alpha_1}{4}F(\lambda,x)a^2\cos(2\omega t+2\theta)+$$
$$\frac{\alpha_1^2F(\lambda,1)+\alpha_2}{8}F(\nu,x)a^3\exp(3\omega t+3\theta) \tag{5.162}$$

5.3.3 实例分析

根据式(5.160)得到的某继电器梁结构接触系统共振范围内不同模态下的振幅与激振频率间的关系如图5.6～5.8所示，其中决定初压力与触簧形状的参数α_0取为900，阻尼系数c取为0.12，通过改变激振力幅值可见，该条件下一阶模态和三阶模态的幅值与激频具有软弹簧特性，二阶模态则具有硬弹簧特性；且随着激振力的增加，一阶、二阶幅值存在大于1的解，意味着触头将出现脱离接触现象的发生；第三阶模态的非线性程度最强。

另外，保持激振力幅值F取为2，阻尼系数c取为0.12不变，增大接触刚度与梁的刚度比值α_0，得到不同模态下的振幅与激振频率间的关系如图5.9～5.11所示。随着α_0的增大，一阶模态、三阶模态幅值与激频的软弹簧特性减弱，但影响程度很小；二阶模态幅值与激频的硬弹簧特性渐强且程度明显；第三阶模态振幅明显减小。

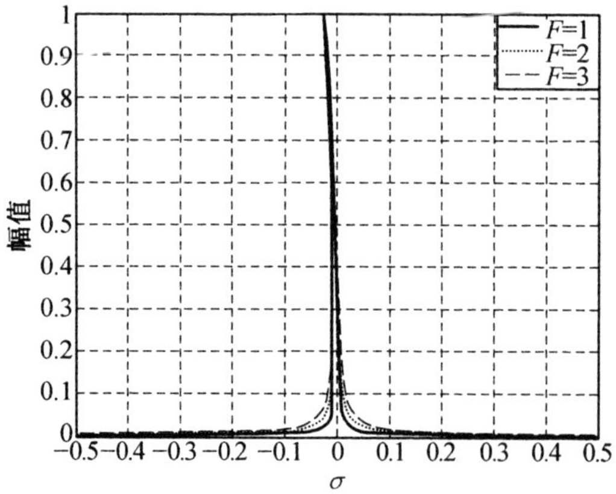

图5.6 一阶模态的非线性响应

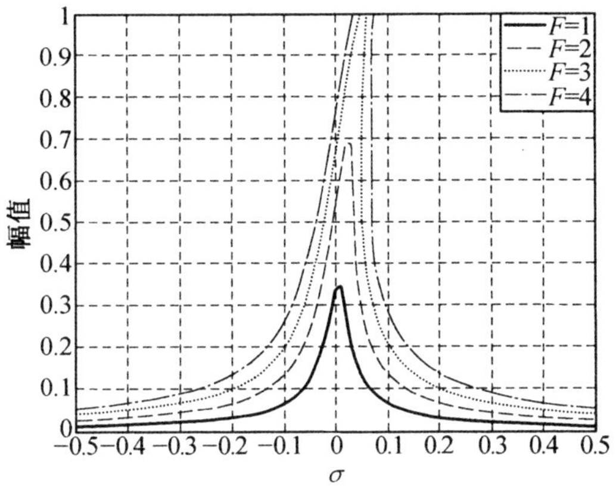

图 5.7　二阶模态的非线性响应

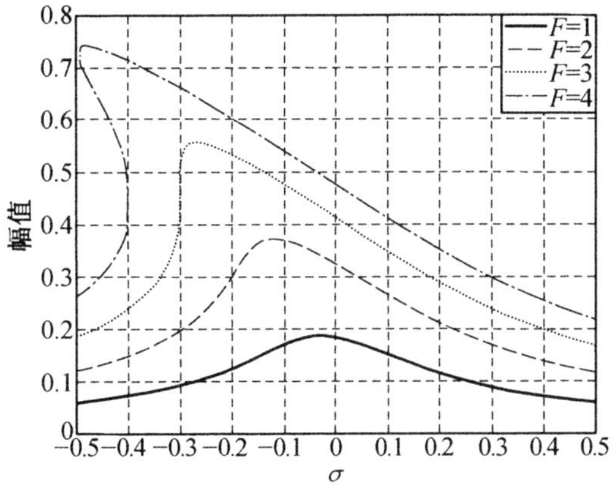

图 5.8　三阶模态的非线性响应

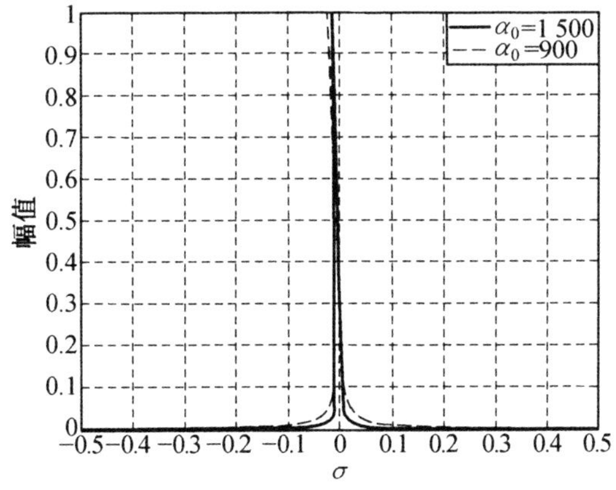

图 5.9　α_0 对一阶模态响应的影响

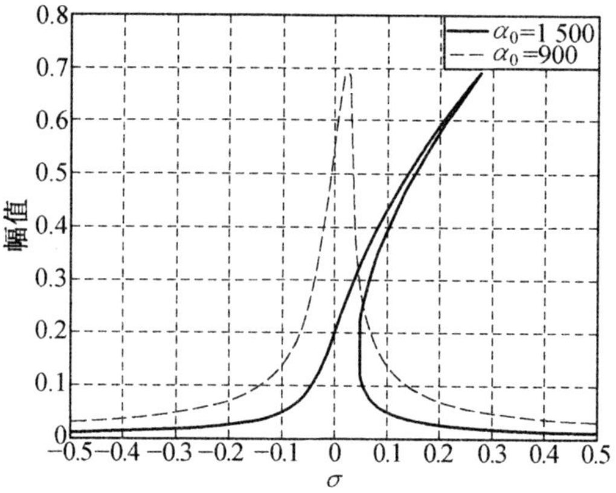

图 5.10 α_0 对二阶模态响应的影响

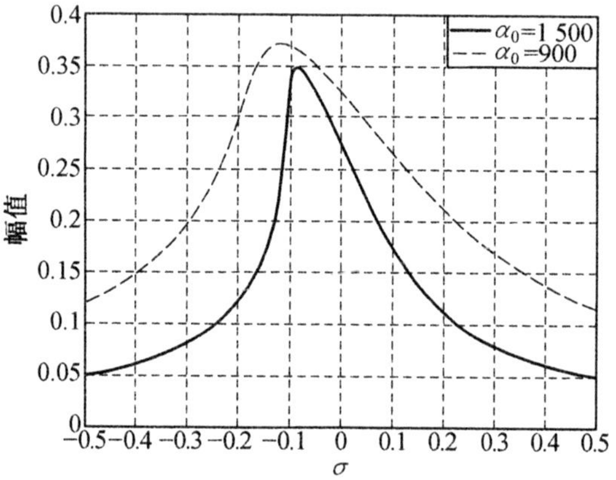

图 5.11 α_0 对三阶模态响应的影响

第 6 章 航天继电器耐力学环境特性的有限元仿真分析技术

航天继电器的设计过程中需要对产品初样进行正弦振动试验与随机振动试验以及冲击等其他力学环境试验，以检验产品的耐力学环境能力。对于发生触点抖断、抖闭现象的产品将视为不合格产品。部分产品的一阶模态发生在接触系统或衔铁系统，因此对部分组件进行建模分析是可行的。但准确地说，继电器耐力学环境的能力是指整机结构的耐力学环境能力。往往整机当中的其他连接件的结构与设计参数对于接触系统或衔铁系统的影响也是不容忽视的。鉴于继电器内部各零件结构不规则的特点，以往为满足结构动力学数学模型能够建立求解的要求，必须大大简化原物理模型的尺寸及边界条件，因此所得结果将存在一定的误差，不能够达到高可靠设计所需的计算精度。随着计算机计算速度、储存能力的提高和有限元分析软件的商业化，应用大型有限元分析软件包括 ANSYS，MSC. Patran/Nastran，ABAQUS 等进行结构动力学仿真分析，在理论分析和工程设计上已广泛为研究、设计人员接受。

考虑到商用有限元分析软件 MSC. Patran/Nastran 对于结构动力学分析方面的专业性与权威性，因此本章重点采用 MSC. Patran/Nastran 进行航天继电器从整机建模到结构模态分析、动力学谱分析的仿真技术研究，该仿真技术的突破可为下一步完成分析软件的二次开发形成航天继电器力学环境分析软件以及航天继电器虚拟样机设计中的力学环境虚拟试验模块的实现奠定基础，从而达到节约设计成本、提高设计质量的目的。另外，通过本章的有限元仿真分析可得到影响继电器整机动力学响应的关键性因素，为最终提高继电器整机结构耐力学环境能力目标的实现提出合理化建议。

6.1 有限元建模技术

基于有限元方法的计算力学经历了由简单零件到复杂机构、由线性分析到非线性分析的发展过程，随着计算机技术的发展，简单零件或结构件的有限元分析技术已经比较成熟，其分析结果也完全可以满足实际工程需要。然而，在更多的情况下结构分析的对象往往是由众多零件、组件和部件经装配工艺而构成的机械系统。装配形式的种类繁多，包括配合连接、螺栓连接、销连接、焊接、胶接、啮合连接等。在进行模态分析等动力学仿真分析时，如何合理处理零件与零件之间的连接或装配关系是一个当前亟待解决的关键技术问题，该问题已在一定程度上阻碍了 CAE 技术在结构动力学方面的推广和应用。

要得到正确、可靠、精度满足要求的最优解，就要掌握一套建立最佳有限元模型的技术。最佳有限元模型的特点在于经济性、简单性、规律性和合理性。规则的网格，较少的自由度，低阶的元素类型，合理的网格间距，必然可以减少人工劳动量和计算时间。关于一个实际工程结构系统的有限元模型化问题，实质上就是一个对实际工程问题结构系统运用力学原理做各种合理的简化假设，确定一种可以接受的简单、合理、经济的有限元模型问题。

航天继电器一般由二十多个零件组成，零件之间通过点焊或铆接而组成部件，同时具有典型电磁电器的特征中还存在着不同级别的运动副，如动触头与静簧片之间的球面高副，衔铁与磁极芯之间的平面高副，衔铁小轴与支片之间的圆柱副等，因此，在继电器整机结构几何建模中如何有效地对其运动特性进行等效模拟是本课题拟突破的关键技术。

进行继电器整机振动特性仿真分析时，必须对其物理特性进行准确模拟，以减小对物理结构的几何特性、系统参数、力学特性等做简化假设而引起的模型化误差。如果假设合理，则模型化误差非常小，否则，模型化误差将达到不能接受的地步。为此提出下列建模准则：

(1)为减少模型化误差，分析人员需要对有限元理论、弹性力学理论和有限元软件进行深入理解。同时要对实际结构特征、试验过程中的试验条件、传力路径等要点提前考虑。

(2)有限元模型尽量采取由简到繁、由线性到非线性、由静力分析到动力分析的仿真策略，网格尺寸大小和单元类型等也需随着模型的细化而改变。

(3)最佳有限元模型通常和精度要求、自由度个数、使用的程序系统有关。一般来说，精度要求高时应用高阶单元，精度要求低时用低阶单元。此外，最佳有限元模型和网格拓扑也是密切相关的，一般来说是规则的区域用正规的网格(元素形状规则)拓扑，应力梯度变化大的区域用聚焦型网格(网格大小逐步过渡)拓扑。

(4)零件与零件间的连接方法是有限元模型建模中的重要问题，问题处理不好，不但影响精度，还可能得不到结果。

(5)载荷条件和边界条件处理要遵循等效原则。

6.1.1 可分合接触特征的等效处理

接触系统中的闭合触点对和衔铁系统中的轭铁与衔铁、止推端和衔铁接触部分均具有可分合接触的特点。典型接触系统的结构如图 6.1 所示。振动过程中动触点与静触点的空间位置及接触压力均随激振条件的变化而变化，属于典型的动接触问题，前文已证明该问题具有非线性振动特征。在几何结构建模过程中，其连接方式的处理，即采用哪种有限元单元作为连接方式，将直接反映模型的准确性，以及继电器整机固有频率和触点位移响应的幅值。

目前已有的商用有限元分析软件中对于这种非线性的力学描述还无法进行，且

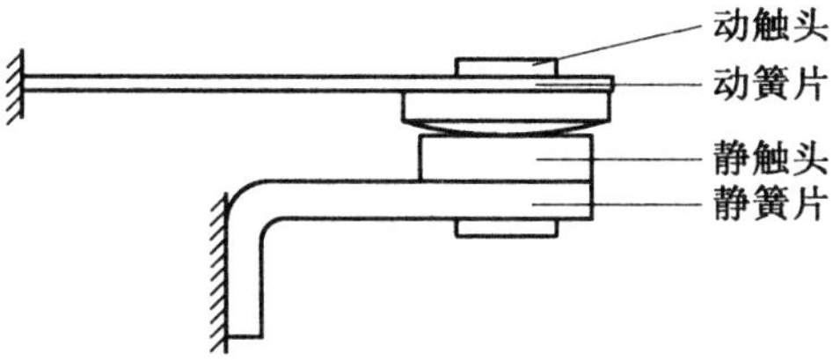

图 6.1　继电器接触系统结构简图

MSC. Patran/Nastran 等有限元软件所提供的接触单元均不支持正则模态分析，所以必须寻求一种合理的解决办法。采用经典的 Hertz 接触理论对闭合触点组的接触特性进行分析，按照 Hertz 接触理论，非协调性接触物体(其变形足够小，因而可应用线性小变形弹性理论)必然在尺寸比未变形表面的曲率半径小的面积上接触，接触应力在接触区附近高度集中，其强度随离接触点的距离而迅速减小，因而实际所关心的区域位于接触交界面附近。于是，只要物体本身的尺寸与接触面尺寸相比很大，则在此区域的应力就不依赖于物体远离接接触区的形状，也不依赖于支撑物体的确切方式。因而可以将动触点、静触点看作是以平面为界的半弹性固体，即弹性半空间[20]。

这里对闭合动触点与静触点的接触问题进行线性化处理，按照线性模型进行动力学计算。因此在进行几何结构建模时，在闭合触点对之间预留一定的空间距离，之间通过等效 Spring 单元连接(图 6.2)，其刚度的取值可参照前文式(3.8)中的 κ_j。考虑到在实际工程中零件本身加工公差以及装配过程中的参数容差的影响，接触点的位置并不是固定的，因此在工艺规定的接触范围内(一般规定接触范围为触点中心半径 0.5 mm 的圆内)选择一点即可。对于无触头的接触系统，为提高触点对的可靠接触，在静簧片上均带有冲包，因此处理方法上也是相同的。

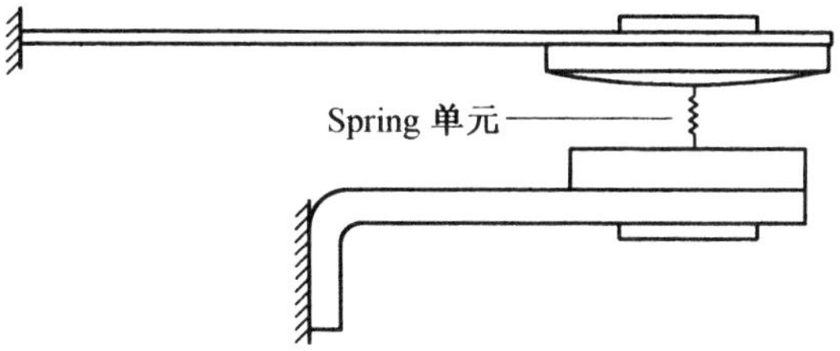

图 6.2　接触系统的线性化处理

对于平衡衔铁式继电器的电磁系统，释放状态下需要对衔铁与止推端间的接触进行模拟，吸合状态下需要对衔铁与极靴间的接触进行模拟。对于极化继电器的电磁系统需要对衔铁与轭铁间的接触进行模拟。借鉴动触头与静触头间的等效处理方法，采用弹簧(Spring)单元实现中间的连接，弹性系数的取值可参考第 3 章中相关部分。典型电磁系统接触面的结构如图 6.3 所示。

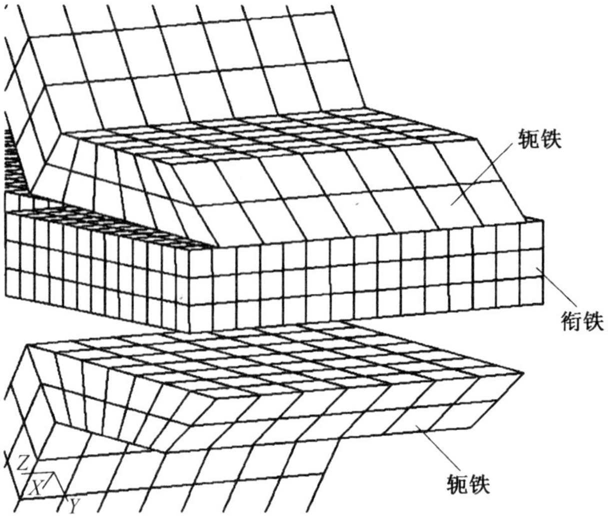

图 6.3 衔铁与轭铁间的接触部分

6.1.2 点焊和钎焊工艺的等效处理

接触系统中簧片与引出杆的连接多数采用点焊或钎焊工艺。连接部分有限元单元的选择是需要解决的问题。如果引出杆采用体单元则与簧片连接较困难，在网格划分上也容易出现节点不重合的现象，建模难度增加。接触系统的引出杆与簧片是紧密焊接在一起的，可以认为焊接刚度远远大于结构本身的刚度。为降低建模难度，模型中的引出杆采用一维梁单元模拟，而簧片采用二维板壳单元模拟，之间采用 MPC 单元来模拟连接最为简便、合理。

MSC. Patran 中提供了多种不同的 MPC 单元，具体采用何种 MPC 单元，应根据实际情况加以选择。大多数情况下，RBE2(刚性梁)和 RROD(刚性杆)单元用得较多。建议选择刚性杆(RROD)的多点约束单元形式，在形成 MPC 单元后，应先进行局部结构的模态验算，以判断该单元的约束是否符合实际情况。在创建 MPC 单元时，应保证部件受力的均匀性，因此，建立的 MPC 单元应关于衔铁与轭铁的中心线对称，且每个 MPC 单元的主节点和从属节点的 X 坐标和 Z 坐标应尽可能相同，仅保持 Y 坐标的距离。这里所采用 MPC 单元是刚性杆(RROD)单元，仅约束节点 Y 方向的位移关系，保证主节点和从属节点的 X 坐标和 Z 坐标相同，则可以避免部件产生额外的扭转等变形，同时也是为了保证 MPC 单元本身受力计算的正确性。而 MPC 单元受力计算，在振动响应分析中具有重要作用。采用 RBE2(刚性梁)的形式(图 6.4)，其主从节点的所有自由度应完全连接在一起。

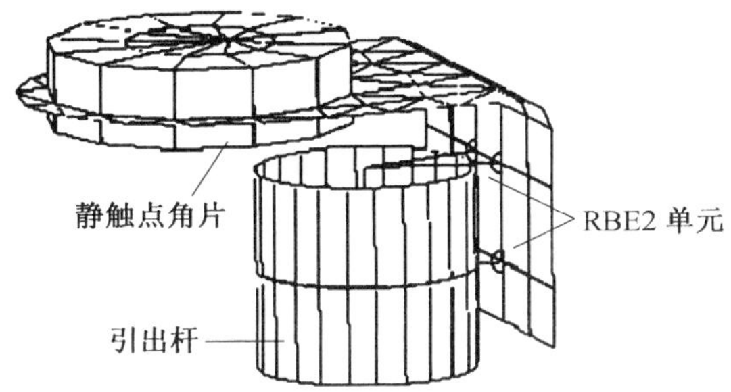

图 6.4　引出杆与静簧片的连接

6.2　模态分析技术

模态分析用于确定设计结构或机器部件的振动特性，即结构的固有频率和振型是承受动态载荷结构设计中的重要参数。同时，模态分析也是进行谱分析或模态叠加法谐响应分析或瞬态动力学分析所必需的前期分析过程。

某型号继电器的整机有限元模型如图 6.5 所示，触点形式为两组转换，外形尺寸为 26.5 mm×14.5 mm×33 mm，质量小于 50 g，安装方式为水平平板安装式(卧安装)。其中接触系统属于Ⅱ类转换形式，电磁系统具有单线圈卧式衔铁运动平行底板的特征，模型

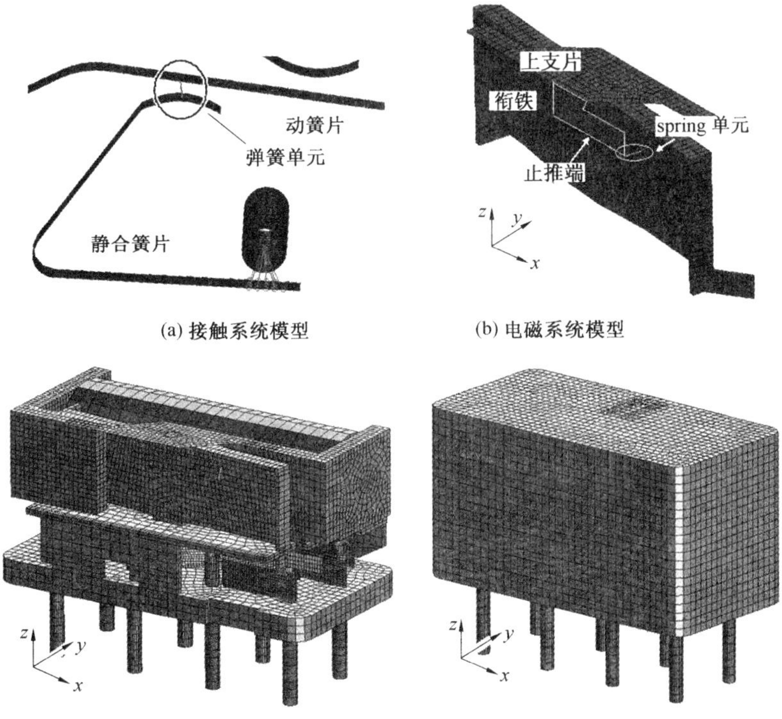

(a) 接触系统模型　(b) 电磁系统模型

(c) 装配图　(d) 外观图

图 6.5　某型号航天继电器有限元模型

中的单元情况参见表 6.1,单元的材料特性见表 6.2。底板作为刚性体使得烧结于其上的引出杆间及簧片组间的固有频率影响很小(已由仿真结果中得到验证),因此整机模型中只含有一组接触系统以提高计算效率。考虑到继电器在吸合状态下的抗振性优于释放状态下的抗振性,故所建模型为释放状态下的基本特征。

表 6.1 有限元模型情况

序号	零件名	几何模型	单元类型	单元数	材料
1	外壳	Shell	Quad4	3 996	锌白铜
2	引出杆	Curve	Bar2	102	膨胀合金
3	底板	Solid	Hex4	3 584	膨胀合金
4	动簧片	Shell	Quad4	750	弹性合金
5	静簧片	Shell	Quad4	615	弹性合金
6	支架	Solid	Hex4	1 960	不锈钢
7	轭铁	Solid	Hex4	4 002	电工纯铁
8	返簧	Shell	Hex4	64	弹性合金
9	衔铁	Solid	Hex4	490	电工纯铁
10	转轴	Curve	Bar2	16	不锈钢
11	推动杆	Solid	Hex4	52	电工纯铁
12	线圈	Solid	Hex4	5 916	铜
13	铁芯	Solid	Hex4	1 560	电工纯铁
14	止推端	Solid	Hex4	6	不锈钢
15	连接单元	/	MPC(RBE2)	12	/
16	弹簧单元	/	Spring	5	/

表 6.2 所含材料的力学特性

序号	材料	密度/($kg \cdot m^{-3}$)	弹性模量/GPa	泊松比
1	锌白铜	8 900	140	0.29
2	膨胀合金	8 250	138	0.3
3	铍青铜	8 250	135.3	0.3
4	电工纯铁	7 860	214.7	0.3
5	铜	8 890	108	0.27
6	铝镍钴	7 300	210	0.3
7	玻璃	2 500	60	0.25
8	不锈钢	7 900	198	0.285

通过对图 6.5 有限元模型的检查,删除重复节点、单元后,即可提交 MSC. Nastran 进行模态计算,通过选项设置可设定需要计算的模态阶数,对模型进行模态分析时按照实际安装情况将引出杆固定,采用 MSC. Patran 中 Normal Mode Analysis 进行分析,并设置 Nastran 只输出模态的特征向量,也就是整机模型的振型,模态分析结果如表 6.3 与图 6.6~6.9 所示。一阶模态为衔铁绕轴旋转,该振型会导致衔铁脱离平衡位置并误触动接

触系统，但在试验数据中继电器在该频段并不发生误动作，说明了平动方向的激励并不引起衔铁系统的共振；二阶模态为动合簧片发生共振，该振型会导致动合簧片发生抖闭。由于该型号触点开距较大，因此在试验过程中 2 004.2 Hz 附近没有发生常开触点“抖闭”现象；三阶模态为动簧片与静合簧片共同抖动，该模态将导致动簧片与静合簧片接触失效。试验数据与分析吻合，在高频振动试验过程中继电器常闭触点在 2 380～2 410 Hz 的频段发生持续的“抖断”现象；四阶模态为支架振动，该振型同样会导致衔铁误触动接触系统，由于该模态频率超出 GJB65B 要求高频振动频带 10～3 000 Hz，随机振动试验频带 50～2 000 Hz，无试验数据参考；其余 5～10 阶振动模态远远高于现实应用中振动激励频率，不会对航天继电器振动特性产生影响。通过以上模态分析与试验数据的比较结果，不但验证了有限元模型的正确性，而且可知继电器在 2 380～2 410 Hz 频带振动下发生持续“抖断”的原因。

表 6.3 整机模态分析结果

模态	振型	共振频率/Hz	高频振动试验参考数据（试验条件：10～3 000 Hz，300 m/s²）
一阶	衔铁系统旋转	681.2	无误动作现象
二阶	动合簧片	2 004.2	无误动作现象
三阶	动簧片静合簧片摆动	2 401.7	在 2 380～2 410 Hz 频带，触点被连续抖断
四阶	支架（Y 方向）	3 415.4	超出试验条件，无参考数据
五阶	静合簧片弯曲	4 517.4	超出试验条件，无参考数据
六阶	引出杆弯曲	8 147.5	超出试验条件，无参考数据
七阶	动合簧片扭曲	1 1205.2	超出试验条件，无参考数据
八阶	衔铁弯曲	15 444.9	超出试验条件，无参考数据
九阶	支架（X 方向）	17 452.2	超出试验条件，无参考数据
十阶	外壳共振	18 123.1	超出试验条件，无参考数据

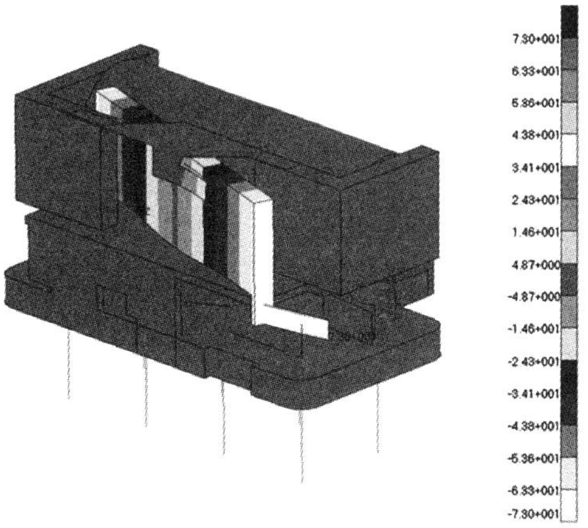

图 6.6 一阶模态振型图

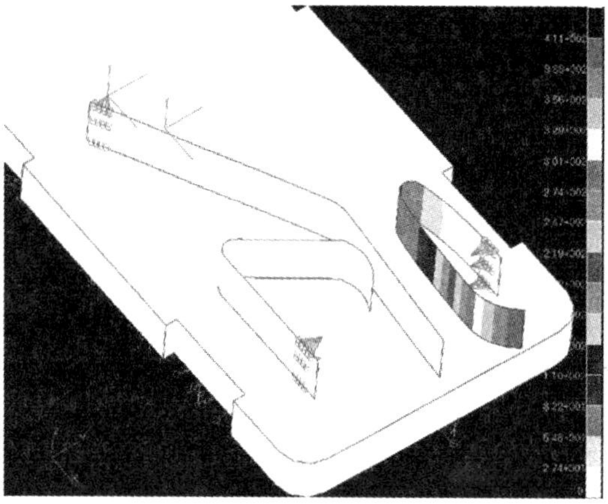

图 6.7 二阶模态振型图

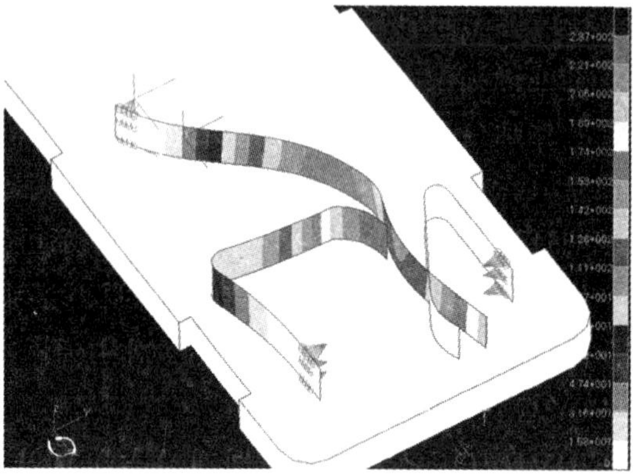

图 6.8 三阶模态振型图

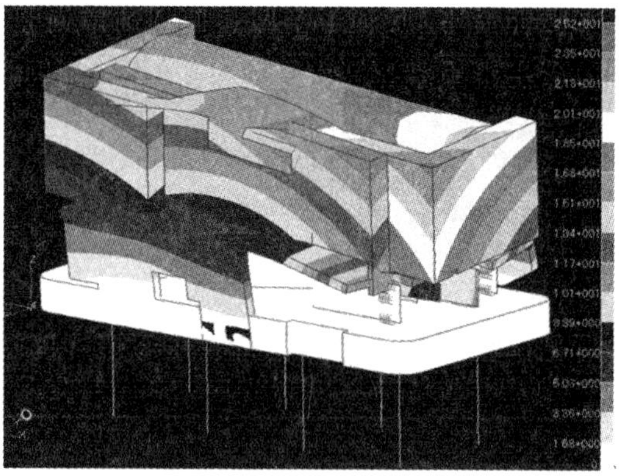

图 6.9 四阶模态振型图

6.3　扫频振动特性分析技术

频率响应分析是计算在稳态振动激振作用下结构动力响应的一种方法，可完全适用于继电器环境试验中采用的正弦扫频振动试验的仿真分析。通过前文的模态分析得到了较为合理的有限元模型，将外界振动激振源模拟载荷施加在继电器上，进行频率响应分析计算，可得到继电器在振动载荷下模型单元中的节点位移、加速度、单元应力、应变和能量等。对于闭合触点对的静触点与动触点之间的连接，模型中采用 Spring 单元的等效处理方式，通过定义输出可得到弹簧力。因此，通过频率响应分析得出 Spring 单元内部的响应力是非常有意义的，将其与触点压力设计值进行比较，若接触面法线方向力之和大于触点压力，可判定继电器触点接触失效。

在频率响应计算分析中，激励源在频域中是明确定义的，所有的外载荷在每一个指定的频率上都是已知的，而载荷的形式可以是外力(集中力或者压强)，也可是强迫运动(位移、速度、加速度等)，在振动台试验时，多采用加速度激振控制的形式。根据 GJB360A 对正弦振动载荷共分为八个试验条件，见表 6.4。

表 6.4　试验条件

试验条件	频率范围/Hz	位移幅值/加速度幅值/(mm·m·s^{-2})	交越频率/Hz	试验持续时间		
				一次扫频时间($f_1\sim f_2\sim f_1$)/min	扫频次数(每方向次数×方向次数)	总试验时间/h
A	10～500	0.75/100	57.7	15	12×3=36	3×3=9
B	10～2 000	0.75/150	70.7	20	12×3=36	4×3=12
C	10～2 000	0.75/100	57.7	(1)在 10～55 Hz 范围内，每方向振动 2 h，三个方向共 6 h。(2)55～2 000 Hz(无返回扫频)35±5 min。在接近和确定共振频率时，可降慢扫频速度，在三个方向的每一个共振频率上停 5 min		
D	10～2 000	0.75/200	81.6	20	12×3=36	4×3=12
E	10～2 000	0.75/500	129.1	20	12×3=36	4×3=12
F	10～3 000	0.75/200	81.6	20	12×3=36	4×3=12
G	10～2 000	0.75/300	100	20	12×3=36	4×3=12
H	10～2 000	0.75/800	163	20	12×3=36	4×3=12

有限元软件中提供了两种不同的数值方法，即直接积分法和模态叠加法。直接积分法对大模型的运算速度较慢，而模态叠加法则由于只进行了若干个模态的求解，高阶模态对振动响应的贡献将被忽略，可能导致响应的误差。通常模态叠加法选择的频率范围是激振响应频率范围的 2～3 倍。为保证足够的计算精度与计算速度，本课题选用模态叠加

法进行频率响应分析，另外继电器实际工作时可受三个方向激励，根据试验和分析可知，沿与衔铁、簧片运动方向的抗振性能最弱，最易发生抖动，因此只研究此方向的激振位移。作为激振试验条件 F 的加速度谱函数场，扫频振动分析中的离散频点根据模态固有频率设置，在固有频率附近的频带 Δf(频率分辨率)设定为 2 Hz，远离固有频率的频带 Δf 设定为 30 Hz，以大质量法计算模型的频率响应，保证计算精度及计算效率。由后处理得到簧片间的弹簧单元的动态接触力的频率响应，如图 6.10 所示。谐振点出现在 2 413 Hz，最大接触力响应为 0.304 N。

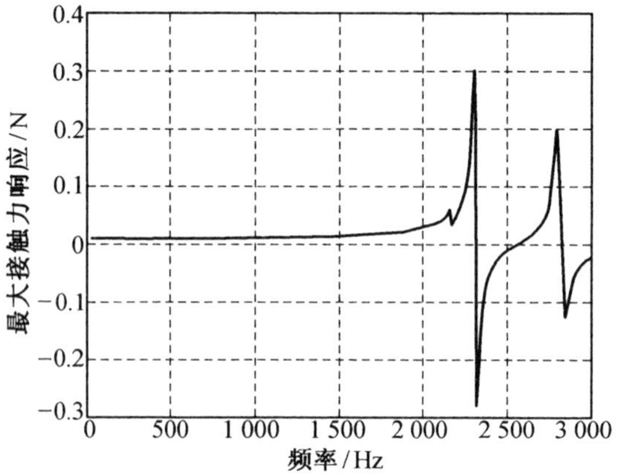

图 6.10 触点频率响应力曲线

6.4 随机振动特性分析技术

MSC. Patran 中的 Random Analysis 模块是在 V8.0 版本中加入的随机振动分析模块，其主要功能为在频率响应分析基础上进行随机振动分析，实现的功能有：

(1)响应频率分析设定，设定分析工况、载荷与输出物理量，根据大质量法生成单位激励下模型频率响应的 Nastran 分析文件。

(2)响应 RMS(均方根)分析，根据单位频率响应分析结果与输入功率谱密度函数计算模型均方根响应的形变与云图，在 Patran 中生成可视结果。

(3)响应 PSD(功率谱密度)计算，根据单位频率响应分析结果与输入功率谱密度函数计算响应的功率谱密度函数、自相关函数和累积均方根函数等结果；MSC. Patran/Nastran 随机振动具体分析过程如图 6.11 所示。

仿真过程通过接触系统触点间的 Spring 单元的力响应均方根值考察触点间的接触状态。当随机激励方向为 Y 方向时，触点间 Spring 单元随机振动响应有最大值。该方向单位激励下接触力频率响应分析结果如图 6.12 所示。在随机激励作用下，触点力响应 PSD 结果示于图 6.13，由于激励的 PSD 频率范围小于触点力频率响应的峰值频率，其力响应总均方根仅为 8.69×10^{-3} N，远小于装配时簧片间的预压力 0.2 N，因此可判断触点发生“抖断”概率为零。将激励的功率谱密度变为图 6.14 所示的功率谱密度，其力响应的

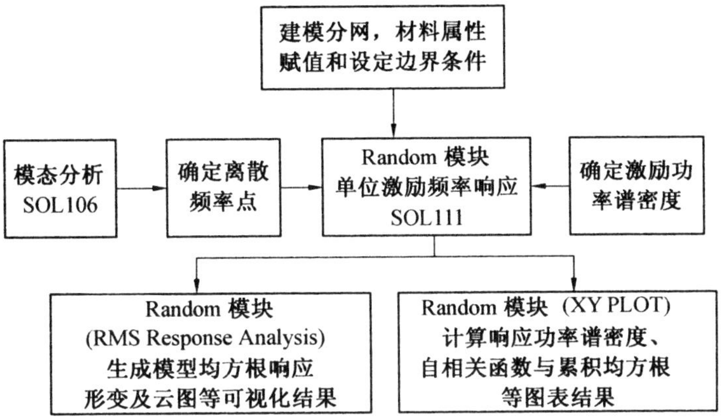

图 6.11　MSC. Patran/Nastran 随机振动具体分析过程

PSD 结果如图 6.15 所示，其力响应均方根值为 0.183 2 N，接近初始压力 0.2 N，触点将会有较大的概率发生“抖断”。比较图 6.13 与图 6.15 可知，随机振动激励的频带与接触系统共振频率重合时，触点间将会有较大的力响应；而当随机激励频带远离接触系统共振频率时，力响应也将大幅减小。

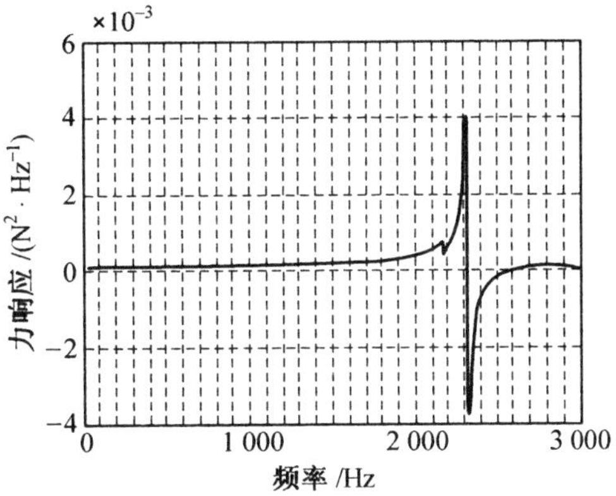

图 6.12　单位激励频率响应

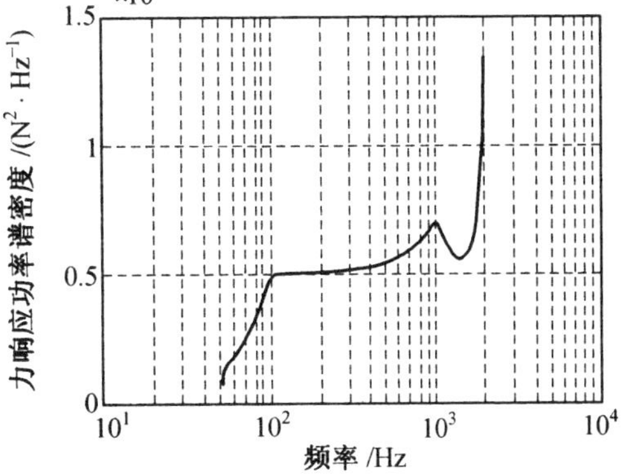

图 6.13　力响应 PSD

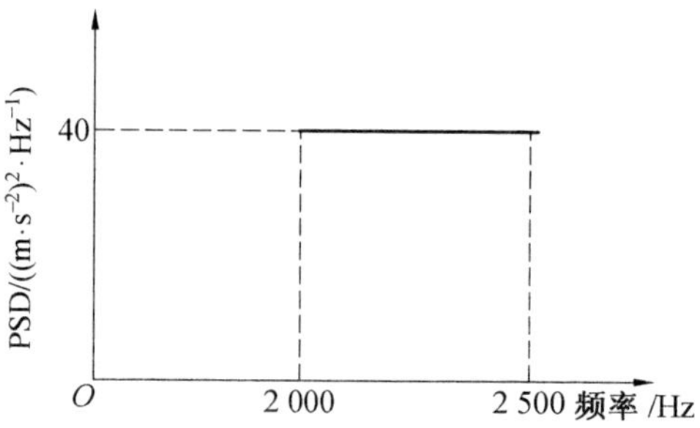

图 6.14 激励功率谱密度

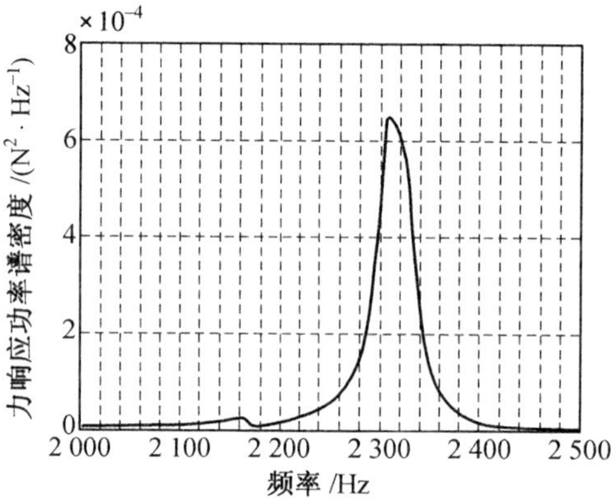

图 6.15 力响应 PSD

对于衔铁系统在随机振动下的振动特性而言，主要考核衔铁与轭铁、衔铁与止推端间相对位移响应的 PSD 和均方根值大小。如图 6.16、6.17 所示，当随机激励方向为 Y 向时响应有最大值，力响应总均方根为 $2.097\ 2\times10^{-4}$ N，该值远小于实际产品中返簧提供的预压力，可判断在随机振动下衔铁脱离止推端的概率为零。

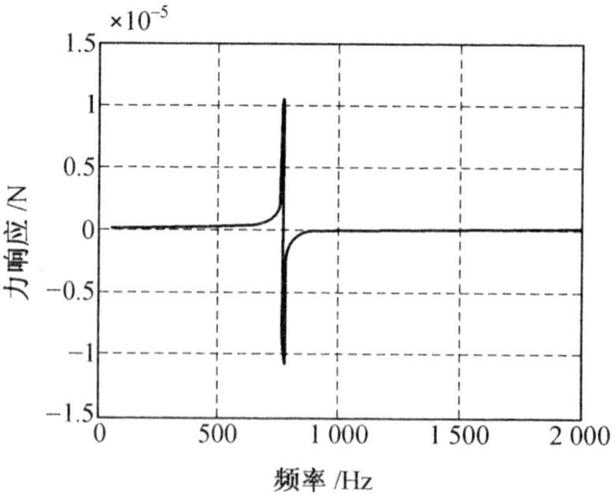

图 6.16 单位激励频率响应

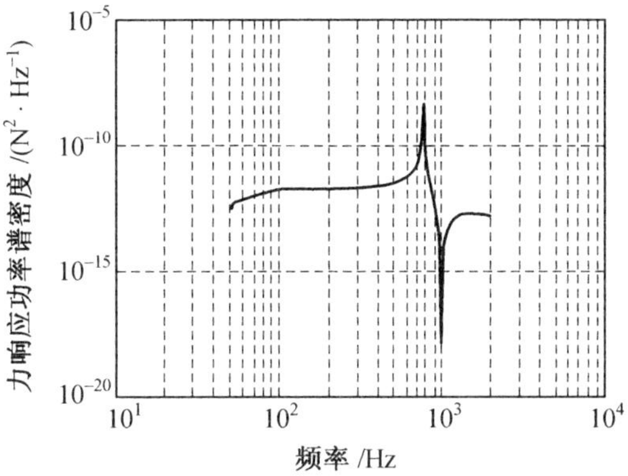

图 6.17　力响应功率谱密度

6.5　冲击特性分析技术

当继电器受到外部冲击激励时，激励通过底板、引出杆和支架等组件传递到接触系统和衔铁系统，前述继电器有限元模型与 MSC. Patran/Nastran 软件同样可对冲击载荷下衔铁系统和接触系统的时域响应进行仿真分析。冲击响应分析属于时域分析，在 MSC. Patran/Nastran 中以大质量法进行瞬态响应(Transient Response)分析，迭代求解过程采用直接积分法。对模型的激励参考图 6.18 的半正弦载荷，图中加速度峰值 $A_{cc}=1\ 000\ \mathrm{m/s^2}$，标称脉冲持续时间 $D=6\ \mathrm{ms}$。由于有限元仿真不需要考虑现实冲击试验中电磁振动台或冲击机冲程与机构的惯性问题，仿真可针对后 $3D$(即 12～30 ms)时间段的运动过程进行分析，仿真冲击激励波形如图 6.18 所示。根据表 6.3 的模态分析结果，瞬态分析中所关心的最高模态为第四阶支架振动模态，其模态频率为 3 415.4 Hz，因此冲击仿真中分析步长设为 12.5 μs。

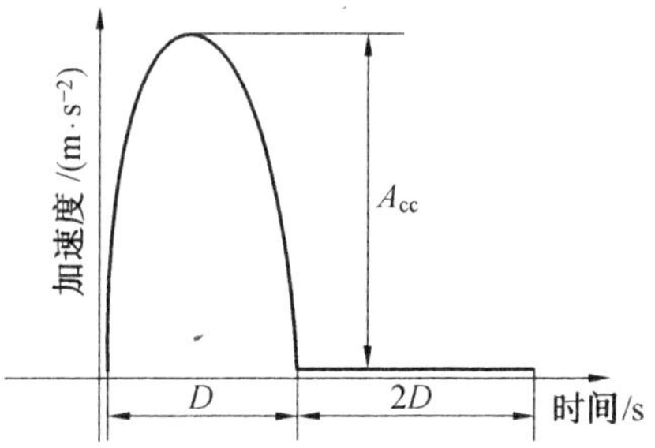

图 6.18　冲击激励波形

以继电器敏感方向 Y 方向对整机模型进行冲击仿真。图 6.19 为正向和负向冲击时衔铁系统接触部分的力响应时间历程，两个方向冲击响应时间历程基本一致，接触力在 3.8 ms 达到响应峰值，正方向冲击响应峰值为 5.414×10^{-3} N，负方向冲击响应峰值为 -5.415×10^{-3} N，此时衔铁与止推端间沿 Y 向存在最大相对位移。如果衔铁返簧提供的初始压力小于该数值时则容易发生衔铁脱离止推端，并触动接触系统。

通过仿真可进一步研究衔铁系统尺寸参数对衔铁系统接触位置力响应峰值的影响，更改相应尺寸参数，以图 6.19(b)波形 Y 方向对模型加载仿真，分析结果如图 6.20～6.23所示。从仿真结果可以看出，平衡式衔铁结构在冲击激励下仍有着良好的耐振动性能，衔铁的高度、长度和厚度在变化的情况下依然能保持较小的接触力和相对位移响应。

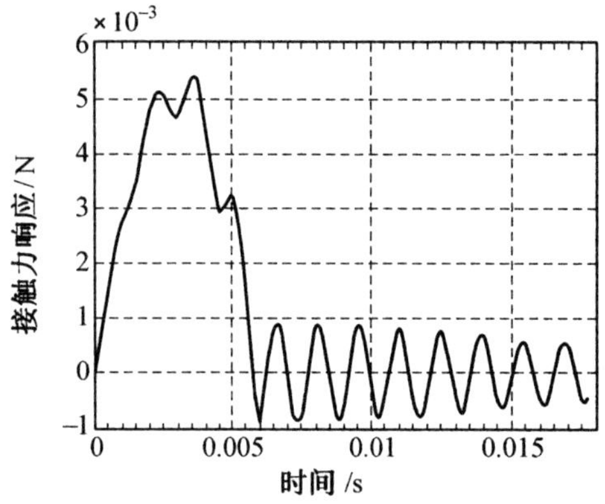

(a) 正方向冲击响应

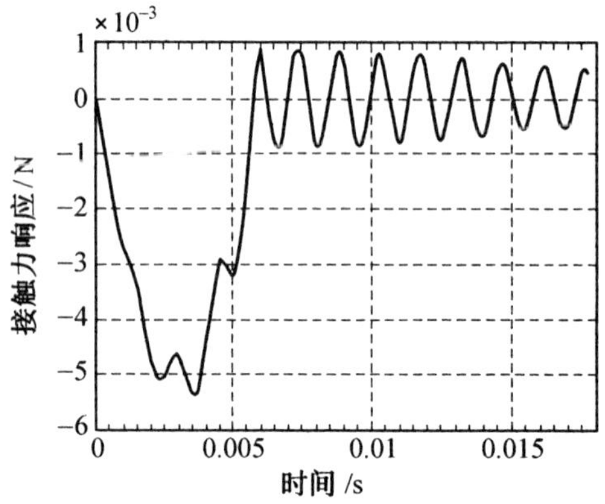

(b) 负方向冲击响应

图 6.19 衔铁接触力响应

衔铁系统的平衡度是影响衔铁冲击特性的关键，当中心位置偏移衔铁转轴将会恶化衔铁系统耐冲击性能。

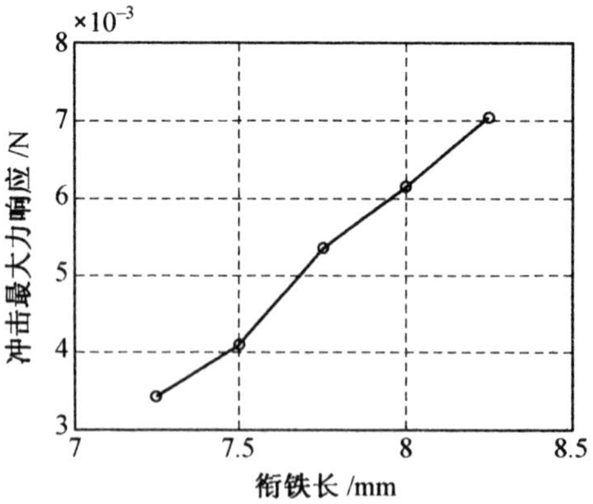

图 6.20 衔铁长度对力响应的影响

接触系统在受 Y 方向冲击时有最大值，图 6.24 为继电器受到正向和负向冲击时接触系统触点部分的力响应时间历程。接触系统接触力响应在 2.8 ms 达到峰值，正向冲击

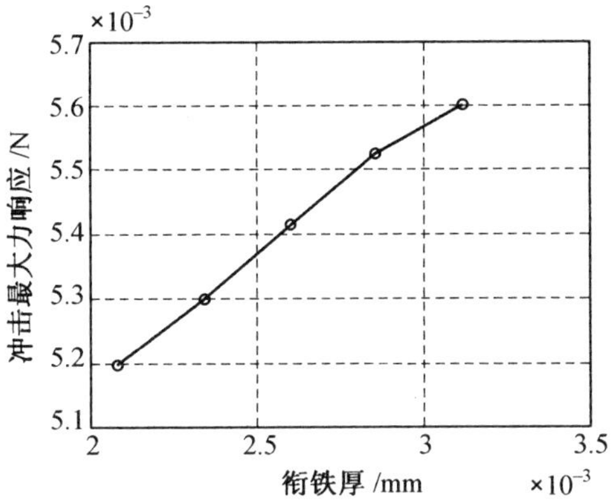

图 6.21　衔铁厚度对力响应的影响

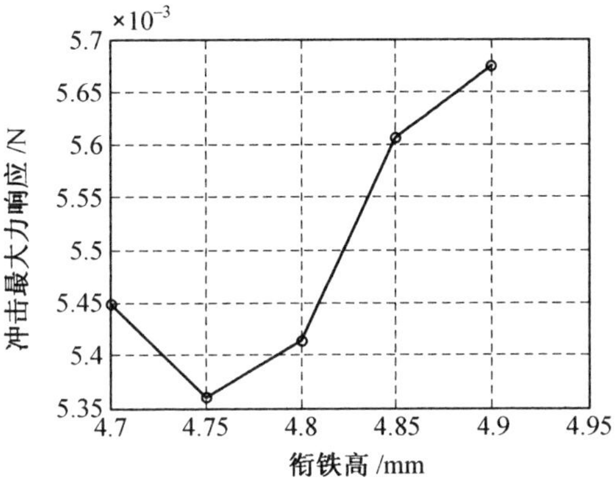

图 6.22　衔铁高度对力响应的影响

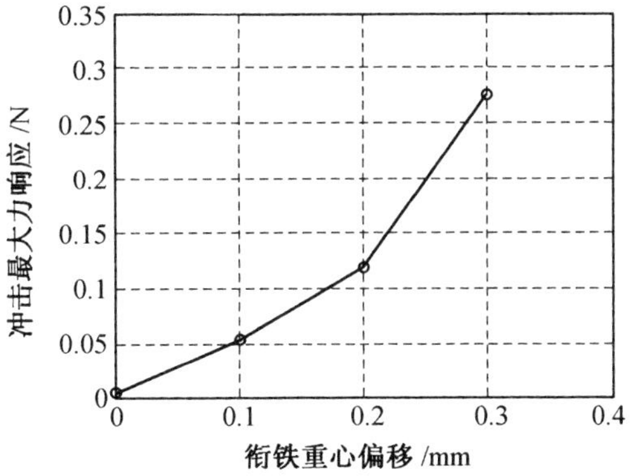

图 6.23　衔铁重心偏移对力响应的影响

响应峰值为 0.089 4 N,负向冲击响应峰值为－0.089 3 N,此时触点间沿 Y 方向有最大相对位移。如果实际产品触点间初始压力小于该数值时则容易发生触点“抖断”现象。图 6.25 为不同冲击幅值激励下模型的仿真结果。可见对于线性模型,冲击激励的幅值与响应的幅值同样存在线性关系,在同一模型、同一形状的激励下,除响应幅值外,响应波形形状和峰值出现的时间均相同。

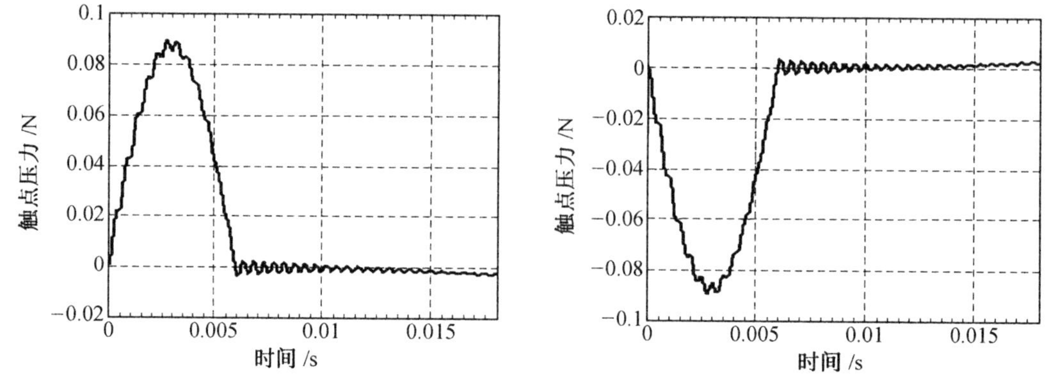

(a) 正方向冲击响应　　(b) 负方向冲击响应

图 6.24　簧片接触力响应

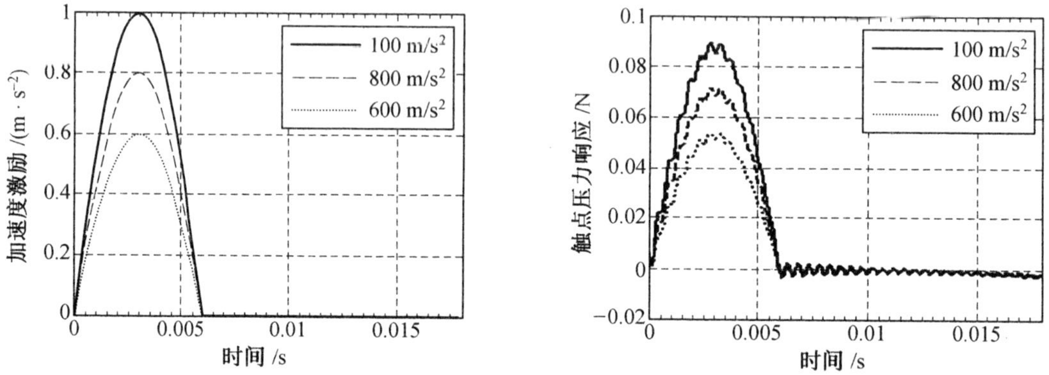

(a) 激励波形　　(b) 响应波形

图 6.25　激励幅值对响应波形的影响

6.6　优化分析技术

航天继电器力学环境特性的寻优，是指为获得继电器最佳正弦振动特性、冲击特性和随机振动特性而确定各相关结构参数与尺寸参数的过程。为保证目标函数的计算精度，通过 PCL 语言编程对 MSC. Patran/Nastran 进行二次开发，实现了继电器的参数化建模，动力学仿真分析与后处理，计算结果封装的自动化过程，进而应用序列二次规划算法(SQP)实现了继电器力学环境特性的优化设计。

6.6.1　MSC. Patran/Nastran 软件的二次开发

参数化建模是二次开发中的重要环节，体现了模型各尺寸参数间的关系并直接影响计算结果的精度。参数化建模采用“点—线—面—体”的自底向上建模方式，先分析模型工程图纸并确定尺寸参数关键点，然后根据尺寸参数间的关系列写关键点空间坐标表达式，并将计算公式通过 PCL 语言编写成函数。MSC. Patran 以此建立相应关键点、线、面、体,最终形成继电器实体几何模型。MSC. Patran 参数化建模过程如图 6.26 所示。

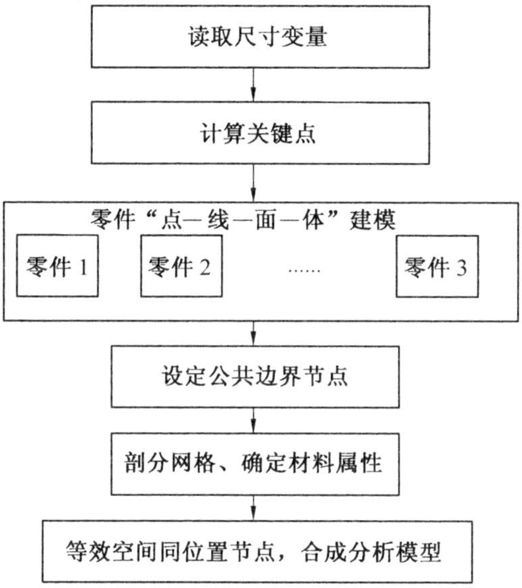

图 6.26 建模流程图

根据前述仿真方法,通过 PCL 语言编程完成继电器的模态分析、瞬态响应分析与频率响应分析过程,程序流程示于图 6.27。其中模态分析是动力学特性分析中的关键环节,所得的结果是瞬态响应分析和频率响应分析中时间步长与频率分辨率设置的依据。MSC. Nastran 根据固有频率的大小依次输出模态计算结果,通过 MSC. Patran 界面可对模态信息选择显示,获得目标零件的详细信息。二次开发过程中模态分析通过程序自动执行,在分析结果中若包含与优化无关的零件模态信息,程序难以选取所需的分析结果,易造成优化零件模态信息的丢失与误判。因此在模态分析前要对目标零件的有限元单元

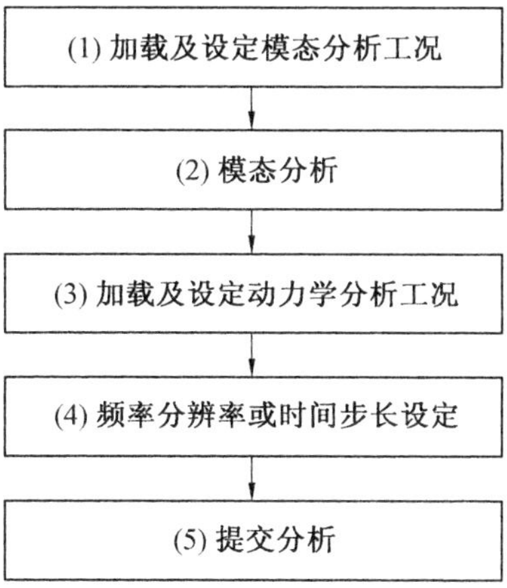

图 6.27 仿真加载及边界条件

及节点单独建组，并在模态分析的子工况中设置单独输出目标零件的模态信息。后处理过程中通过 PCL 编程设置结果输出选项，并针对关键单元的力响应，关键节点的加速度响应进行输出。有限元软件二次开发完成后，外部程序可通过批处理指令形式(Batch Mode)调用以上 MSC. Patran\Nastran 的二次开发过程。

6.6.2 序列二次规划算法

序列二次规划算法(SQP)是把工程优化问题转化为一系列的二次规划问题，通过逐次计算二次规划问题得到原问题解的寻优方法。其具有无需确定目标函数的解析表达式、调用目标函数次数少、收敛速度快等优点。在 SQP 寻优过程中需要对二次规划子问题、步长估计和海森矩阵进行定义，不同的定义方式将会对算法的速度、精度和收敛条件带来不同的影响。本文定义描述如下：

(1) 二次规划子问题

$$\left.\begin{aligned}&\min\left(\nabla f(\boldsymbol{X}_k)^{\mathrm{T}}\boldsymbol{d}_k+\frac{1}{2}\boldsymbol{d}_k^{\mathrm{T}}(\boldsymbol{B}_k+\varepsilon_k\boldsymbol{I})\boldsymbol{d}_k\right)\\&\text{s. t.}\qquad \boldsymbol{A}(\boldsymbol{x}_k+\boldsymbol{d}_k)\leqslant b\end{aligned}\right\}\tag{6.1}$$

(2) 步长判据

$$f(\boldsymbol{X}_k+\alpha_k\boldsymbol{d}_k)-f(\boldsymbol{X}_k)\leqslant\mu\alpha_k\nabla f(\boldsymbol{X}_k)\boldsymbol{d}_k\tag{6.2}$$

(3) 海森(Hessian) 矩阵

$$\boldsymbol{B}_{k+1}=\boldsymbol{B}_k-\frac{\boldsymbol{B}_k\boldsymbol{s}_k\boldsymbol{s}_k^{\mathrm{T}}\boldsymbol{B}_k}{\boldsymbol{s}_k^{\mathrm{T}}\boldsymbol{B}_k\boldsymbol{s}_k}+\frac{\boldsymbol{y}_k\boldsymbol{y}_k^{\mathrm{T}}}{\boldsymbol{y}_k^{\mathrm{T}}\boldsymbol{s}_k}\tag{6.3}$$

式中 $\boldsymbol{y}_k$—— 二阶导数信息；

$\boldsymbol{s}_k$—— 步长信息，$\boldsymbol{s}_k=\boldsymbol{X}_{k+1}-\boldsymbol{X}_k$。

具体程序流程如图 6.28 所示。其中 $\tau,\rho,\eta,\mu,\sigma$ 为过程变量，初始值为 0，ε 为一阶导数收敛精度，$\boldsymbol{d}_k$ 为优化的方向，α_k 为迭代步长，$\boldsymbol{u}_k$ 为 $\boldsymbol{d}_{k+1}$ 对应的拉格朗日乘子，$\nabla f(\boldsymbol{X}_k)$ 为目标函数的方向导数数值，$\boldsymbol{B}_k$ 为目标函数的海森(Hessian) 矩阵，$[lb,ub]^{\mathrm{T}}$ 为 $\boldsymbol{X}$ 的取值区间。优化过程中 SQP 涉及大量的矩阵计算，本文在 Matlab 环境下对算法进行编制，与有限元二次开发程序间的尺寸数据与仿真结果数据通过 ASCⅡ 编码文件进行交换。

6.6.3 实例分析

为了验证以上优化方案的可行性，以继电器接触系统(图 6.29) 为例，对其随机振动特性进行优化，接触系统中簧片的形状、尺寸及安装角度($L_{a1},L_{a2},L_{b1},L_{b2},R_a,R_{b1},R_{b2},\alpha,\beta,\gamma,\varphi$) 可通过关键点 $P_{a1}\sim P_{a4}$ 和 $P_{b1}\sim P_{b5}$ 的空间坐标进行确定。另外，簧片的厚度和材料属性通过有限元单元的属性进行设置。模型的初始参数见表 6.5。

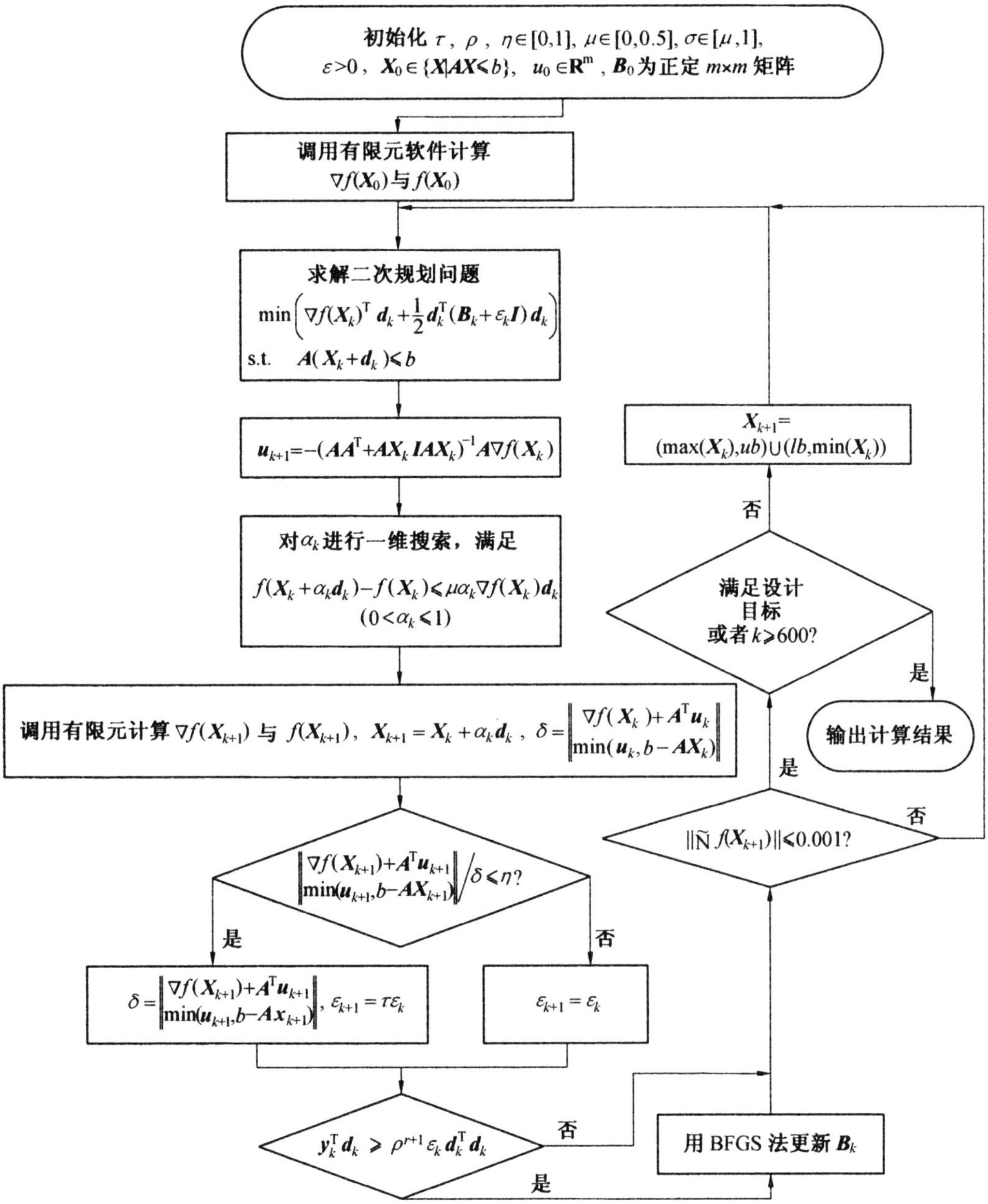

图 6.28　SQP 程序流程图

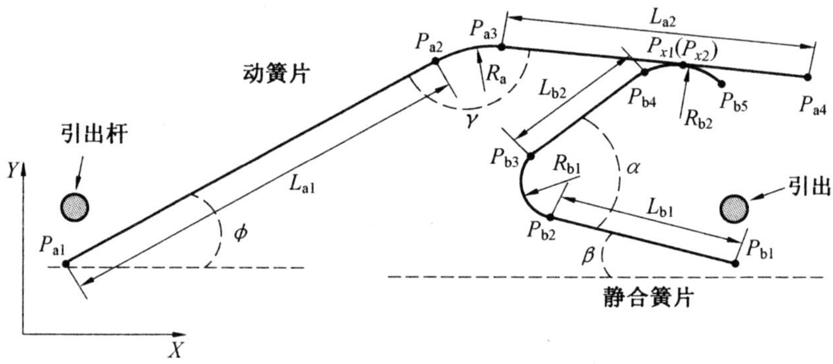

图 6.29 模型几何尺寸参数化示意图

表 6.5 接触系统初始参数

名称	数值	单位	名称	数值	单位
L_{a1}	5.5	mm	L_{a2}	6.5	mm
f_{Φ}	34.8	度	γ	144.5	度
R_a	1.0	mm	β	4.3	度
L_{b1}	4.5	mm	L_{b2}	2.9	mm
α	55.4	度	R_{b1}	0.6	mm
R_{b2}	1.0	mm	动簧片厚度	0.18	mm
静合簧片厚度	0.28	mm	材料弹性模量	7.84	GPa
材料密度	10.4×10^3	kg/m^3	阻尼系数	0.003 98	
泊松比	0.3		接触刚度	2×10^6	N/m

在采用 SQP 对模型进行优化前，需要对模型尺寸参数进行分析，从而确定优化变量及取值范围。由于受到支架结构及其他特性参数的限制，因此不将簧片宽度、接触点位置和动簧片尺寸参数作为优化变量。静簧片 α，β，L_{b1} 和 L_{b2} 四个参数相互制约，β 和 L_{b1} 作为设计变量，可变动范围为 $\beta\in[0°,16°]$，$L_{b1}\in[3.5\ mm,5\ mm]$，触点间力响应的 RMS 值最小作为设计目标；优化程序的 ε 设为 0.001。通过 SQP 程序对接触系统模型进行优化。整个优化过程历时 11 h 7 min，在第 6 步迭代时过程收敛，共调用有限元仿真计算目标函数 46 次，最后优化过程满足一阶导数收敛准则而停止，优化过程信息见表 6.6。

表 6.6　迭代过程信息

迭代步	仿真次数	α /(°)	β /(°)	L_{b1} /mm	L_{b2} /mm	接触力响应 RMS/N	方向导数值
0	3	55.000	4.300 00	4.500 00	2.900 00	0.203	
1	7	56.149	3.130 30	4.161 60	2.865 53	0.190	0.458
2	10	58.968	5.229 60	4.183 20	2.780 96	0.191	0.230
3	13	62.211	7.499 70	4.183 20	2.683 67	0.148	−0.042 5
4	19	61.743	7.172 10	4.183 20	2.697 71	0.119	−0.002 45
5	31	61.740	7.169 30	4.183 08	2.697 80	0.119	−0.001 15
6	46	61.737	7.167 20	4.183 08	2.697 89	0.119	−0.000 62

簧片优化前与优化后的形状比较如图 6.30 所示，静合簧片最终优化尺寸为 $\alpha=61.737°$，$\beta=7.167\ 2°$，$L_{b1}=4.18$ mm，$L_{b2}=2.70$ mm。图 6.31 为最终迭代步所产生的仿真数据，可见优化后模型在单位加速度激励下，触点间接触力频率响应最大值出现频率被提高到3 000 Hz，响应幅值下降为 0.872×10^{-3} N，比优化前降低 78.30%。根据图 6.31(b) 计算的力响应均方根值为 0.119 0 N，比优化前降低了 41.38%。

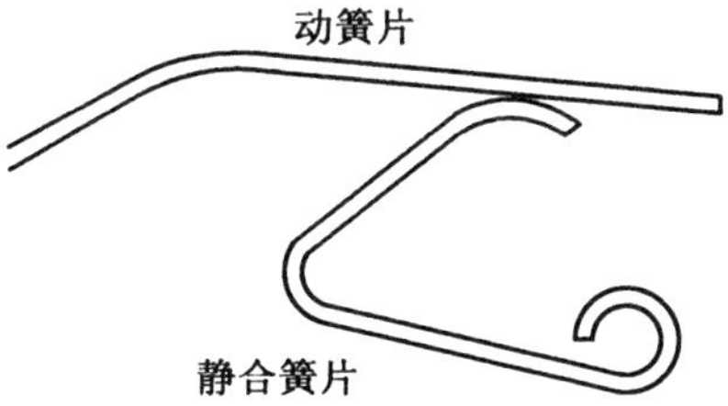

(a) 优化前形状

(b) 优化后形状

图 6.30　优化前后模型尺寸变化

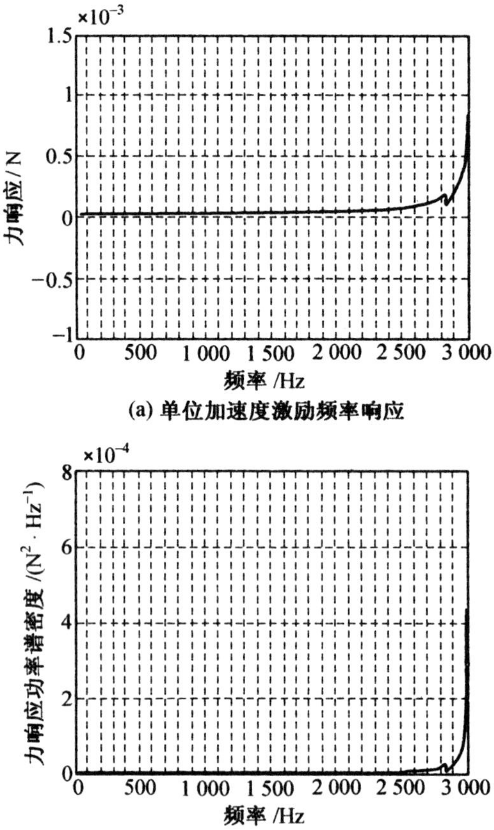

(a) 单位加速度激励频率响应

(b) 力响应 PSD

图 6.31　优化后触点接触力频率响应分析结果

第7章　航天继电器力学环境试验技术

力学环境试验的目的是确定航天继电器在现场使用中可能受到的主要振动、冲击的适应性和结构完好性，因此是检验航天继电器质量、鉴定航天继电器可靠性等级的重要手段。传统的力学环境振动试验主要包括正弦扫描振动试验、随机振动试验和噪声试验等。目前，航天继电器的力学环境试验是通过电磁振动台施加国军标规定的试验条件进行，试验过程中同时检测触点通断状态，从而确定其是否满足力学环境要求。当前电磁振动台控制系统的研究已趋成熟，但以现有的试验设备和试验方法对航天继电器进行振动试验时，仅能得到其是否达到相应振动等级，无法结合当前激励条件和触点接触状态对有缺陷的产品进行深入分析。

本章通过设计并实现了包括电磁振动台驱动控制模块、加速度信号采集模块、PCI数据传输模块和触点检测模块的航天继电器力学环境试验系统，并阐述了正弦扫频振动、冲击、随机振动的试验条件的生成算法，以及基于虚拟仪器技术的系统软件界面。通过改进的力学环境试验方法，可实现航天继电器力学环境特性的综合测试，为其力学环境可靠性的研究提供了试验条件。

7.1　力学环境试验系统设计

该系统主要由振动台驱动控制模块、加速度信号采集模块、PCI数据传输模块和触点检测模块构成，系统结构如图7.1所示。振动台台面振动加速度由加速度传感器采集，经电荷放大器转换为电压信号，经放大和低通滤波处理后，经ADC转换为数字信号，将数字信号同时传至下位机进行闭环控制和上位机进行显示，处理后的信号经功率放大后传入振动台。考虑到外界干扰及控制系统的接收信号误差，因此控制过程将反复进行，设定闭环时间可使振动激励输出平稳。

DSP闭环控制系统的软件设计流程如图7.2所示，针对不同振动试验类型发出相应的振动台驱动信号，同时根据反馈的信号实现整个系统的闭环控制。

驱动电路框图如图7.3所示，采用两级放大结构，以集成功率放大器PA78DK实现电压放大，以达林顿功率对管MJ11032、MJ11033实现驱动电流放大。电路中配置了过流保护电路和过热保护电路，防止由于驱动器异常导致振动台及传感器损坏或功放电路元件烧毁。该电路输出功率通过实测可稳定在200 W。

考虑到加速度传感器的输出阻抗很高，因此需设计与其配接的放大器。电荷放大模块主要由电荷放大级、高低通滤波级、归一化电压放大级及过载指示组成。图7.4为电荷放大模块原理图。其中电荷放大级是由带电容负反馈的运算放大器等组成，具有较高的

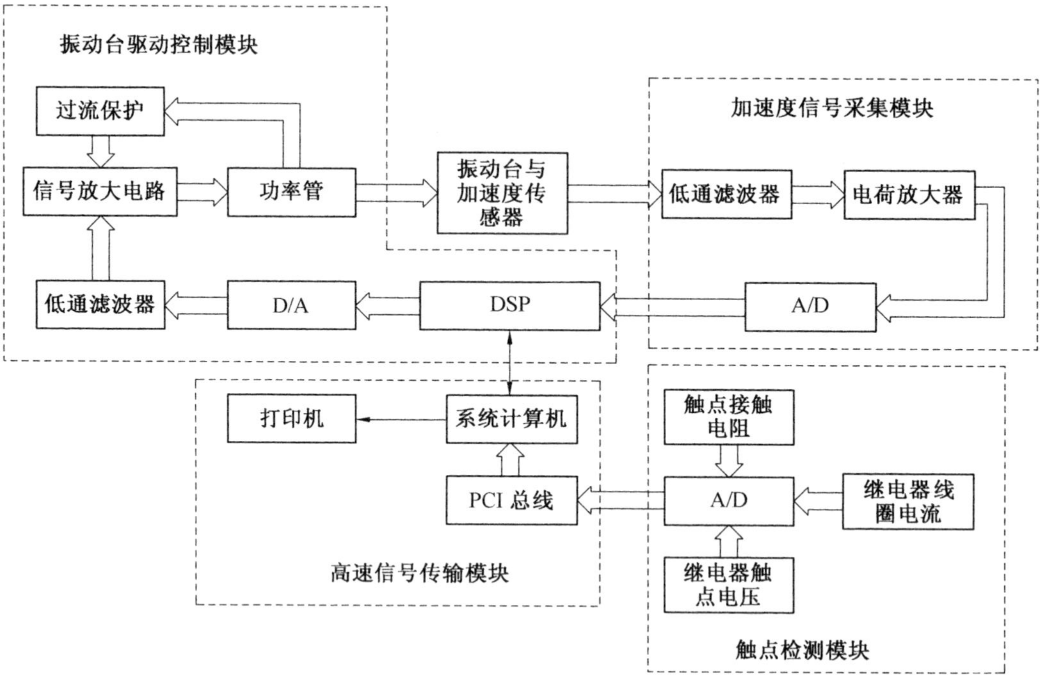

图 7.1　航天继电器力学环境试验系统结构框图

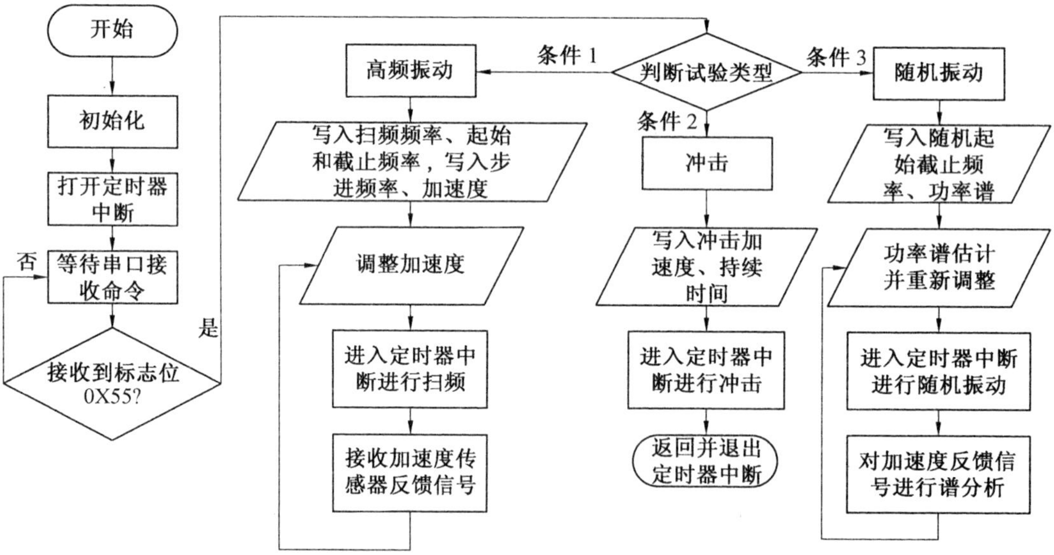

图 7.2　DSP 嵌入式软件程序流程图

输入阻抗及放大倍数，低通滤波器和高通滤波器是用于设置电荷放大器的上、下限频率，归一化电压放大级是电荷放大器的输出级，除具有电压放大作用外，还兼有归一化处理的功能。该模块是增益可调的运算放大器，对于不同灵敏度的传感器具有不同的增益，从而实现归一化处理。

系统中采用双通道同步高速数据采集卡实现对继电器力学环境试验过程中加速度信

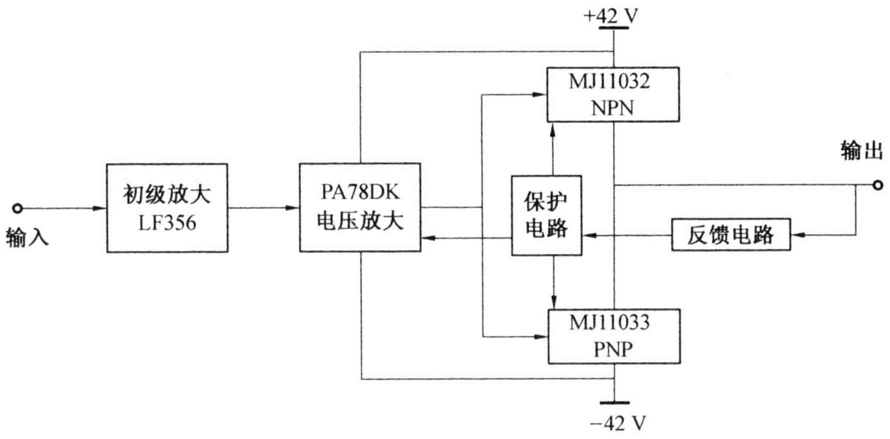

图 7.3　功率放大电路框图

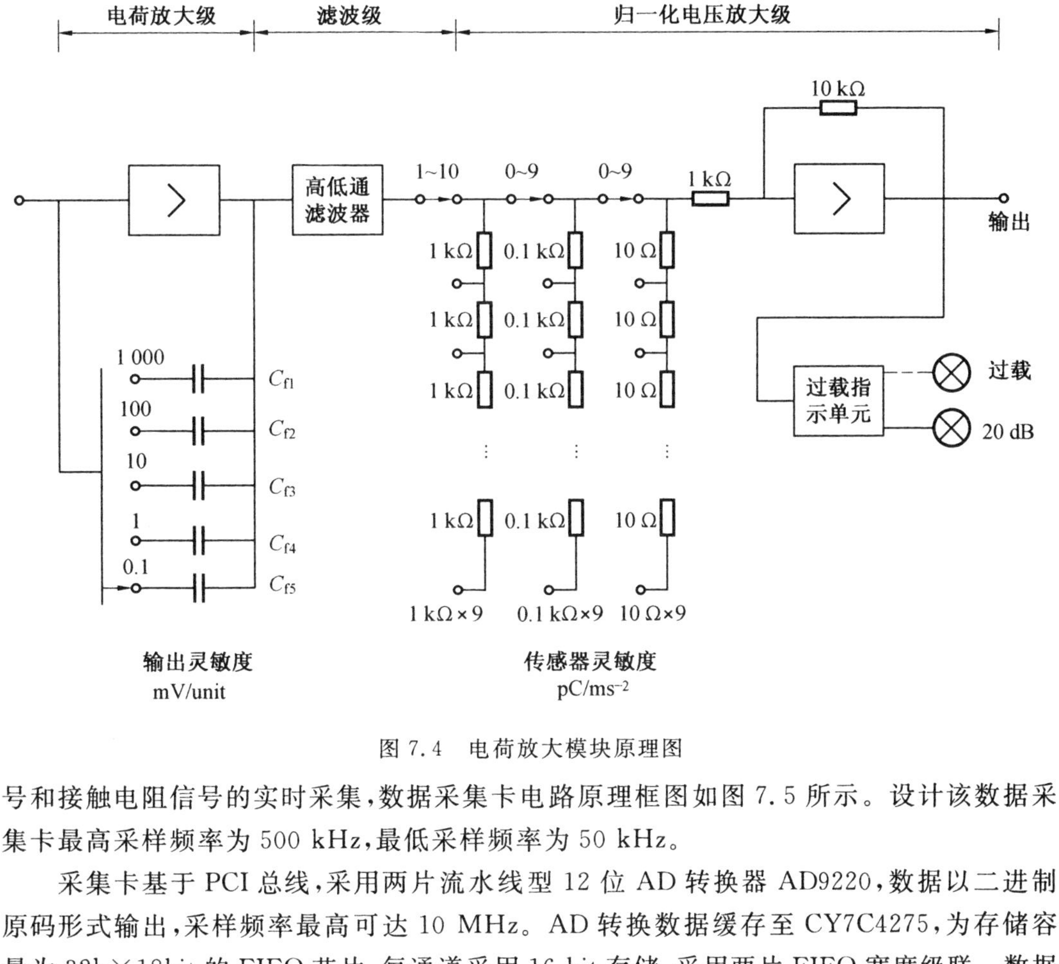

图 7.4　电荷放大模块原理图

号和接触电阻信号的实时采集，数据采集卡电路原理框图如图 7.5 所示。设计该数据采集卡最高采样频率为 500 kHz，最低采样频率为 50 kHz。

采集卡基于 PCI 总线，采用两片流水线型 12 位 AD 转换器 AD9220，数据以二进制原码形式输出，采样频率最高可达 10 MHz。AD 转换数据缓存至 CY7C4275，为存储容量为 32k×18bit 的 FIFO 芯片，每通道采用 16 bit 存储，采用两片 FIFO 宽度级联。数据采集的逻辑控制采用可编程逻辑器件 EPM7064 实现。PCI 接口芯片采用 PLX 公司的 PCI9054，该芯片完全符合 PCI2.2 规范，支持 PCI 总线的 DMA 传输，峰值传输速率可达

132 Mbit/s。应用 DMA 引擎实现批量数据传输,系统传输速率可达 100 Mbit/s,满足在 10 MHz 采样频率下数据即时传输,数据采集卡的采集时间由系统内存容量决定。

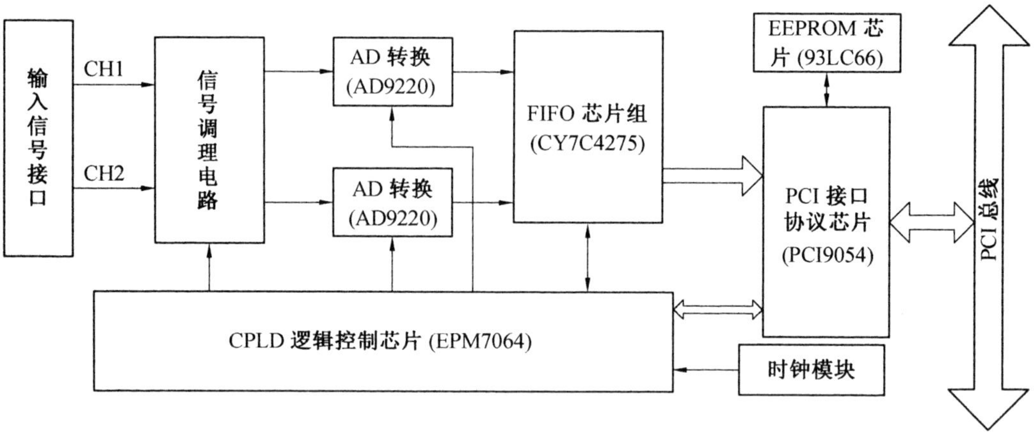

图 7.5 双通道同步高速数据采集卡原理框图

7.2 力学环境试验条件算法

7.2.1 高频振动试验条件算法

高频振动试验的目的是确定元件对在现场使用中可能经受到的高频振动的适应性和结构完好性。根据 GJB360A 方法 204 条件 D 要求:频率范围为 10～3 000 Hz;位移幅值为 4.95 mm;加速度幅值为 294 m/s^2;交越频率为 38.7 Hz。标准振动曲线如图 7.6 所示。激振频率在 10～38.7 Hz 时振动位移幅值恒定,在 38.7～3 000 Hz 时振动加速度幅值恒定。由此可得激振加速度与激振频率的关系如图 7.7 所示。

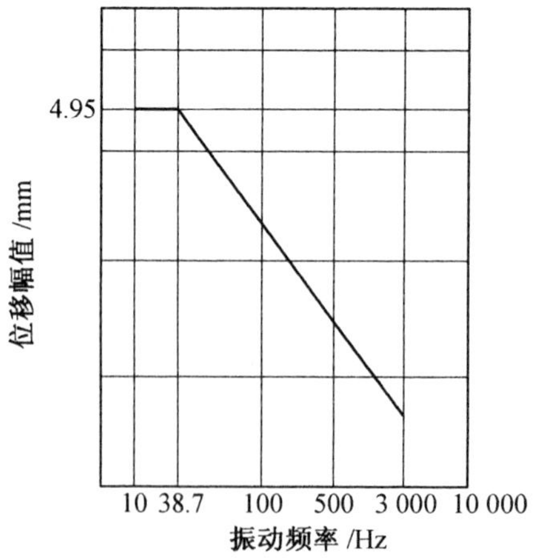

图 7.6 高频振动试验曲线

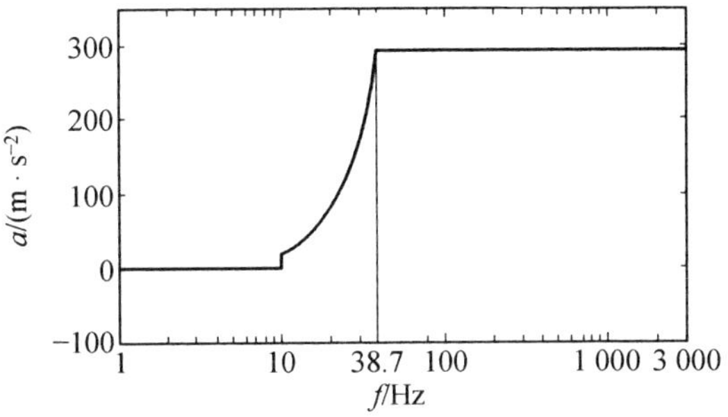

图 7.7　激振加速度与激振频率的关系

7.2.2　冲击试验条件算法

冲击控制是依据振动系统特性，针对设定的冲击波形参数，通过适当的算法产生控制信号，激励振动台再现设定的冲击波形。GJB360A 方法 213 中的冲击试验条件如图 7.8 所示，加速度波动范围要求不超过冲击幅值的 20%。针对时域波形控制，传统方法是采用波形幅值均衡法和传递函数均衡法，此类方法对模拟的典型冲击脉冲时域波形进行修正及控制，利用数字式控制方法实现对振动台控制点处冲击响应信号的精确控制。在控制过程中不断修正时域波形的幅值、延迟时间等相关参数或不断确定出试验系统的传递函数，再利用规定波形的傅里叶变换得到新的驱动波形信号，从而完成多次重复闭环修正过程。该方法涉及傅里叶变换和闭环控制等环节，不仅过程烦琐，而且对控制系统硬件要求偏高。另外，在冲击试验修正过程中易受噪声和设备等因素影响。

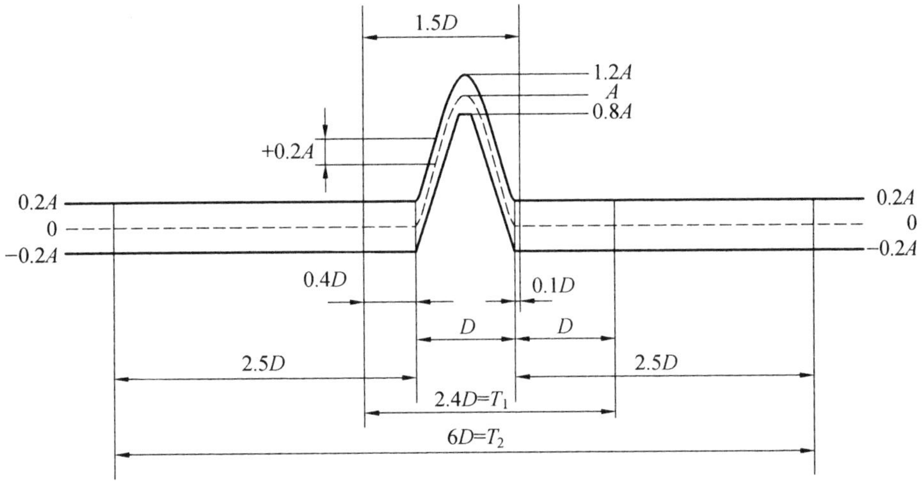

图 7.8　冲击试验曲线

通过对振动台理论模型分析，进而应用 Matlab 系统辨识工具箱得到了其模型传递函数。在 Matlab 环境下对振动台模型进行 PID 仿真开环控制，将仿真输出波形加载到振动台完成冲击试验。为避免振动台损坏，需添加信号补偿环节以保证冲击结束时振动台处于加速度、速度和位移都为零的静止状态。同时，为使振动台具有更大加速度的冲击，增大其控制能力，可采用台面在冲击前向下准备初速度的方法。拟采用的冲击加速度曲线如图 7.9 所示，图中所示 A 为冲击加速度，kA 为向下准备的加速度值，国军标要求 $k<0.2$。在调节控制输出过程中，在要求时间内(约 0.04 s)，为使控制输出最大值正负对称，k 取 0.13，这有利于减小振动台受到的直流激励，以免烧毁线圈。

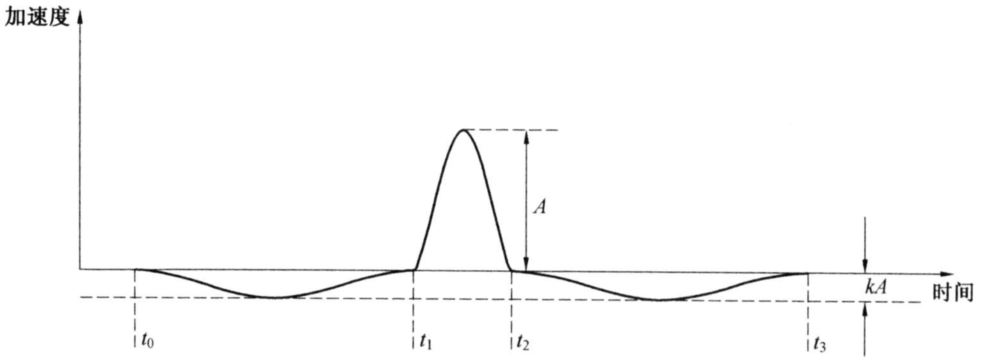

图 7.9　冲击加速度曲线

在 Matlab. Simulink 中建立 PID 控制系统仿真模型，如图 7.10 所示。信号源 Signal3 使用振动台目标输出激励，传递函数代表振动台，返回信号 Scope2 是振动台加速度，通过 PID 反馈控制使输出加速度信号与输入一致，而 PID 环节后得到的信号是直接加载到振动台的输入激励，由 Scope1 得到。

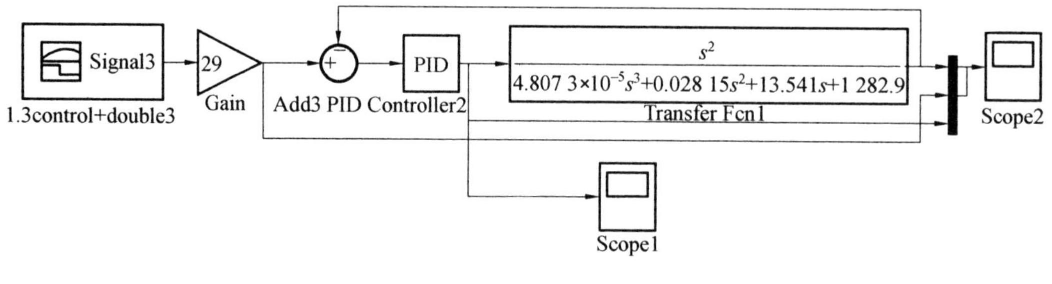

图 7.10　PID 控制系统仿真模型

图 7.11 所示为开环控制系统试验结果，分别为振动台的输出信号 Scope2、振动台的输入信号 Scope1 和振动台 PID 输出信号 Signal3。此时，$P=2.9$，$I=10$，$D=0$。在实际系统中进行 PID 实时调节和采样周期不低于 2 μs，因此对控制系统的硬件和软件算法要求较高。如果振动台模型足够准确，依据仿真的振动激励输出，采用开环控制同样可达到要求。

图 7.12 所示为振动台输入电压信号与输出加速度信号的波形。脉宽 6 ms 的半正弦冲击波形已满足要求，冲击后产生向下的冲击，是为使振动台台面在冲击后保持静止，加速度的积分值即振动台台面的运动速度应为零，PID 闭环控制仿真使补偿冲击延迟 15 ms，从而满足了国军标对此类冲击试验的要求。

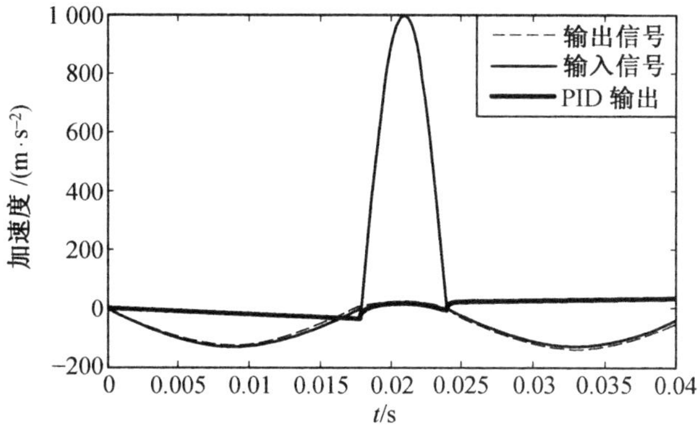

图 7.11　开环控制系统试验结果

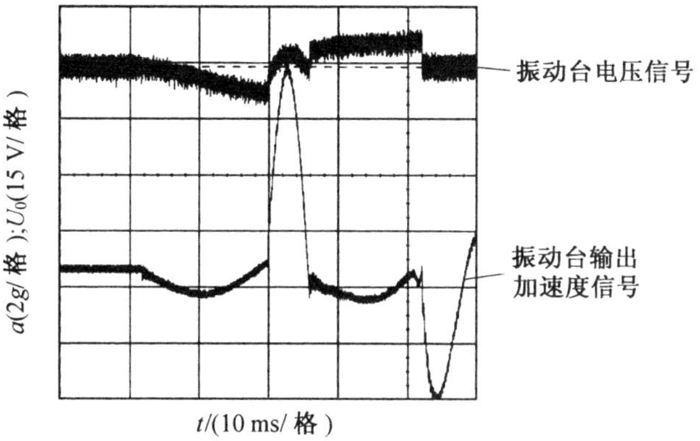

图 7.12　振动台输入电压与输出加速度

7.2.3　随机振动试验条件算法

宽带随机振动试验是模拟真实振动环境的一种常用手段，主要在于：第一，实际振动环境中许多激励都具有宽带随机振动特征；第二，宽带随机试验时，试件的所有部件能同时处于共振状态，可判断部件之间相互影响的程度；第三，宽带随机振动试验的振动强度大，可缩短振动时间。

随机振动试验需借助统计特性描述。Parseval 定理指出，信号在时域的总能量等于其在频域的总能量。因此，基于频域分析随机控制系统的工作流程如下：振动台控制点振动加速度由加速度传感器拾取记录，经电荷放大转化为电压信号。并对其模 / 数量化处理后，进行时频域转化(FFT)，求其功率密度函数(PSD)。将计算出的 PSD 与试验前参考的 PSD 进行比较修正，得出新的驱动幅值谱。将其与一组随机相位合并进行逆傅里叶变换，得到具有周期的伪随机信号。经数 / 模转换得模拟信号输出至振动台系统的功率放大器，由均衡驱动信号作用于振动台，使振动点的振动功率谱密度函数近似于参考 PSD。此时信号反馈和均衡信号不断激发输出并反复转换，使控制点保持试验控制精度要求。

GJB360A 和 GJB65B 对随机振动功率谱的要求如图 7.13 所示，转换为随机信号有两类最常用的高斯随机过程或随机场的数值模拟方法，即谐波叠加法（三角级数合成法）和线性滤波器法（ARMA 方法）。谐波叠加法中各阶谐波的振幅是目标谱的显式，物理意义直观明了，并可将 FFT 引入合成模型，从而大大提高了模拟速度。由于有限个余弦函数之和总是有限的，所以该方法无条件稳定；不足之处是模拟曲线的频谱是离散的，模拟曲线呈周期性。ARMA 系统相当于一组线性滤波器，它将随机过程看成线性系统在白噪声激励下的响应，模拟计算量较少，随机过程的谱密度函数由模型结构唯一确定。目前 ARMA 模型的建模还没有很理想的方法，对于给定的随机过程，要建立合适的 ARMA 模型还比较困难。

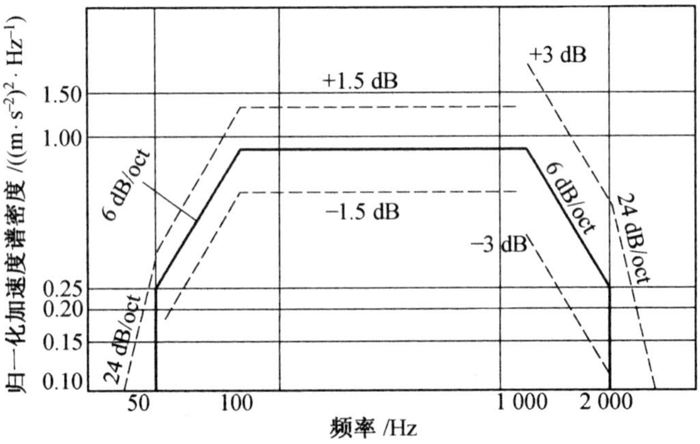

图 7.13　随机振动试验曲线

求取标准随机曲线需要经过逆傅里叶变换（IFFT）、相位随机化、均衡等步骤。但由于在实际系统中计算量过大，对下位机要求较高，因此本文提出一种离线闭环均衡方法，即利用系统辨识出的振动台传递函数，在仿真条件下用谐波叠加法得到国军标对功率谱要求的随机信号。具体流程如图 7.14 所示。

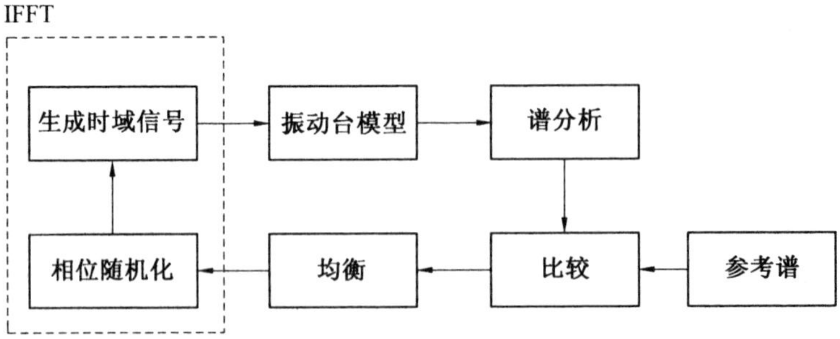

图 7.14　随机信号生成流程

宽带随机振动试验是基于载荷为平稳的随机过程以及相同功率谱密度的激励下所引起的疲劳损伤和破坏相同的理论。激励条件参考 GJB65B 与 GJB360A 中的随机振动试验条件 IG，其谱形如图 7.13 所示。其中 50，100，1 000，2 000 为谱形中的关键频点，$W_1 = 40(\mathrm{m/s^2})^2/\mathrm{Hz}$，$m_1 = 6$ dB/oct，$m_2 = -6$ dB/oct，横纵坐标轴为对数坐标。PSD 的幅值需要通过下式计算：

$$ASD_{i+1} = ASD_i \cdot 10^{0.1 \cdot m \log_2 \left(\frac{f_{i+1}}{f_i}\right)} \quad (7.1)$$

式中　f_i—— 离散频率；

ASD_i——f_i 处的 PSD 计算幅值；

m—— 对数坐标下谱线的斜率。

为了方便频谱均衡，将对数坐标通过上式转换成线性坐标，如图 7.15 所示。

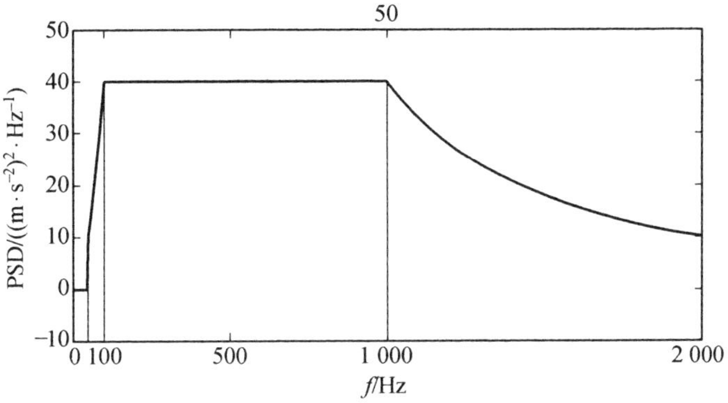

图 7.15　线性坐标下的随机振动曲线

此种均衡方法完全在上位机运行，具有精度高、均衡效果好、运算速度快的特点。最终将随机振动激励信号保存至下位机，通过周期发送的方式激励振动台产生符合功率谱要求的一种伪随机振动响应。其时域激励信号、时域响应信号、激励信号功率谱及响应信号功率谱如图 7.16 ～ 7.19 所示，其中响应信号功率谱曲线与线性坐标下的随机标准曲线一致，满足国军标的试验要求。

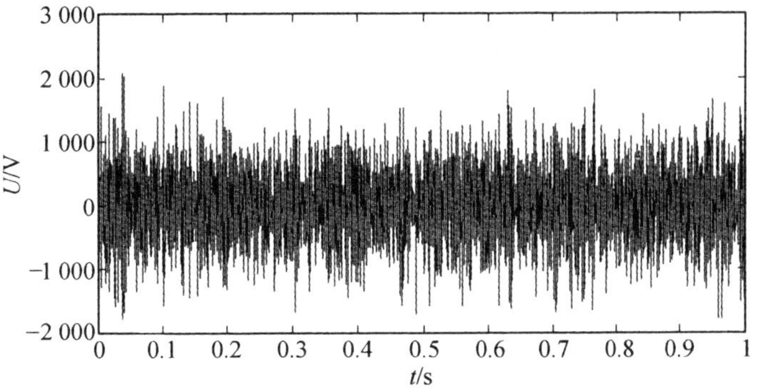

图 7.16　随机振动激励信号

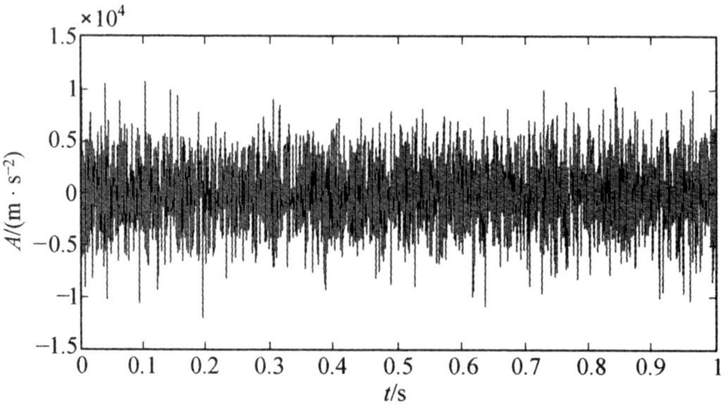

图 7.17　随机振动响应信号

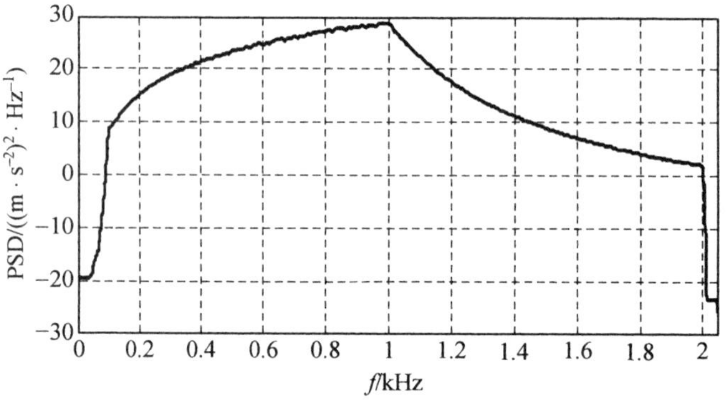

图 7.18　随机振动激励信号功率谱密度

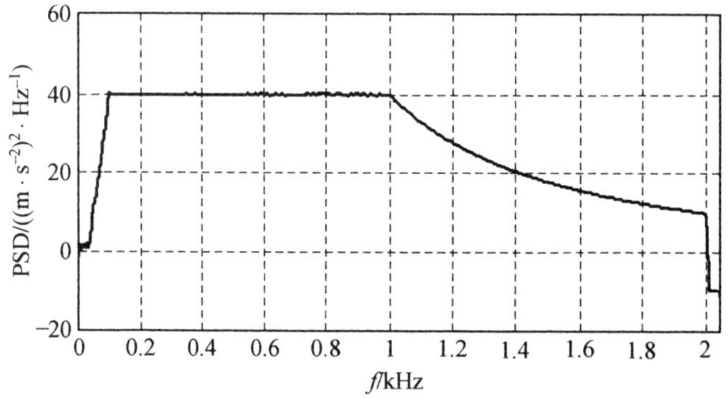

图 7.19　随机振动响应信号功率谱密度

7.3　力学环境试验方法

7.3.1　高频振动试验方法

高频振动试验是定加速度、振动频率渐变的力学试验。当激励频率接近接触系统共振频率且幅值足够大时，外部激励会导致触点接触脱离，发生持续抖断现象。根据接触力响应与初始压力的关系，发生抖断时外部激励引起的接触力响应大于触点间初始压力。根据这一特点，当继电器在高频振动下触点发生抖断时，可通过抖断现象、初始压力与接触力响应三者的关系对接触力响应进行估算，具体步骤如下：

（1）振动过程中试验装置对常闭触点抖断信号进行检测，当发生抖断时记录当前振动台面加速度幅值 A_1 与振动频率 f_{x1}，并继续增加频率试验直至抖闭现象结束，记录当前频率为 f_{x2} 并结束当前高频振动试验。

（2）降低加速度幅值在$[f_{x1}, f_{x2}]$范围内进行扫频，重复步骤（1），记录抖断起止频率与加速度幅值。

（3）当幅值降低至不发生抖断时，将上一次抖断的起止频率中点设为 f_{peak}，加速度设为 A_{peak}。

根据以上步骤可得触点抖断时激励的幅值与频率信息。图7.20(a)为继电器接触系统在加速度幅值为 A_1 的高频振动激励下发生抖闭的试验数据，其中 f_{1L} 和 f_{1H} 分别为抖断频段的起止频率；图7.20(b)为多次试验后触点发生抖断时激励的频率与幅值之间的关系。

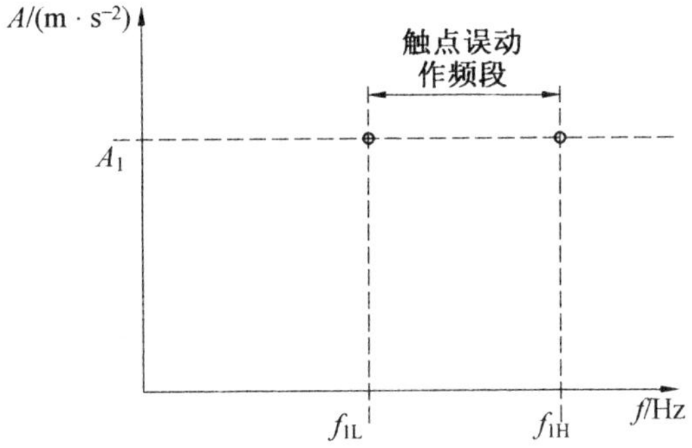

(a) 单次高频振动试验结果

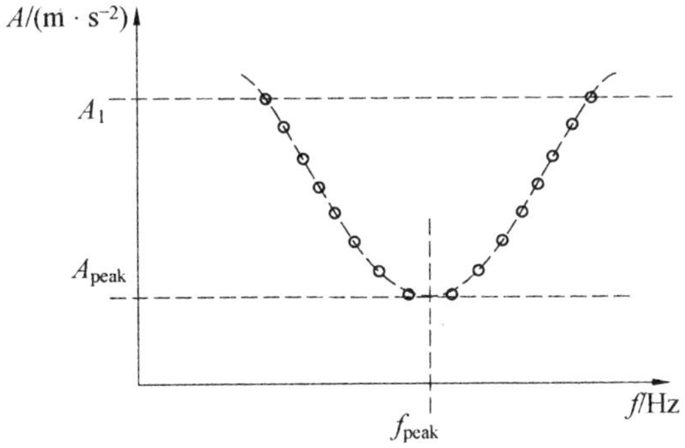

(b) 多次试验结果

图7.20　继电器触点发生误动作频段

假设继电器内部的非线性条件可被忽略，将接触系统等效为线性系统。根据图7.20(b)的数据可估算触点在任意加速度激励下的接触力频率响应曲线，计算过程如下：

（1）列写图7.20中的各点加速度幅值及对应的频率，可得加速度数组 $\boldsymbol{A}_h$ 与频率数组

$\boldsymbol{F}_h$

$$\boldsymbol{A}_h = [A_1 \quad \cdots \quad A_n] \tag{7.2}$$

$$\boldsymbol{F}_h = [f_1 \quad \cdots \quad f_n] \tag{7.3}$$

(2) 对于每个$(f_i, A_i)(i=1,\cdots,n)$处接触力响应等于初始压力F_0。根据线性系统的齐次性,对于每个f_i有

$$F_0 = c_{hi} \times A_i \tag{7.4}$$

式中　c_{hi}—— 常数。

代入加速度数组$\boldsymbol{A}_h$,可求得各点数值对应常数c_{hi}

$$c_{hi} = [c_1 \quad \cdots \quad c_n] \tag{7.5}$$

(3) 假定加速度幅值$\boldsymbol{A}_h = [A_x,\cdots,A_x]$,通过与数组$c_h$的乘积可估算触点接触力的频率响应示于图7.21。图中实线为式(7.6)计算插值得出,虚线通过拟合得出。图中曲线仅为接触力响应的幅值信息,并不包含相位的信息。考虑到结构响应在固有频率处会发生相变,与激励有180°的相位差,可对图7.21的数据进一步处理,将共振频率后的幅值取反可得任意激励下的接触力响应估算结果,如图7.22所示。另外图7.21和图7.22中只有f_{peak}与A_{peak}的数值为实测数值,其余的数值都是在线性模型假设下求解或拟合得出,与实际存在误差。

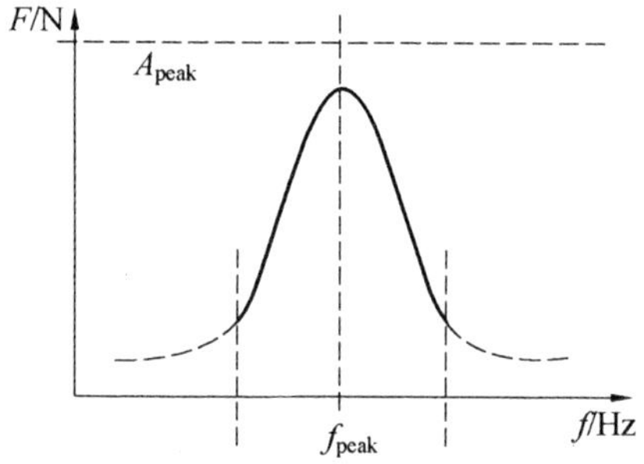

图7.21　接触力响应幅值估算结果

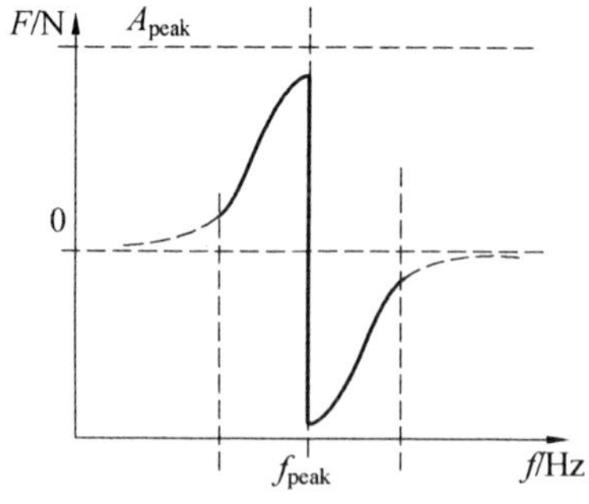

图7.22　接触力响应估算结果

7.3.2　冲击试验方法

冲击激励下接触力响应峰值同样可在线性系统假设下,通过激励幅值、触点间初始压

力和抖断发生时间之间的关系进行估算。对于线性模型，冲击响应的波形幅值随冲击激励的幅值线性变化，利用这一规律可估算出任意激励下力响应的最大值。

如图 7.23 所示，假设某继电器在加速度峰值为 A_1 的半正弦冲击试验条件下，常闭触点从时刻 t_1 开始被连续抖断。对该继电器重复进行冲击试验，冲击幅值由 A_1 开始逐步降低至不发生抖断为止，记录每次试验中的冲击幅值与抖断时间，可获得一组抖断时间 $[t_1,\cdots,t_n]$ 与对应加速度峰值 $[A_1,\cdots,A_n]$，其中 (t_n,A_n) 为触点抖断所需的最小加速度峰值与峰值出现的时刻。

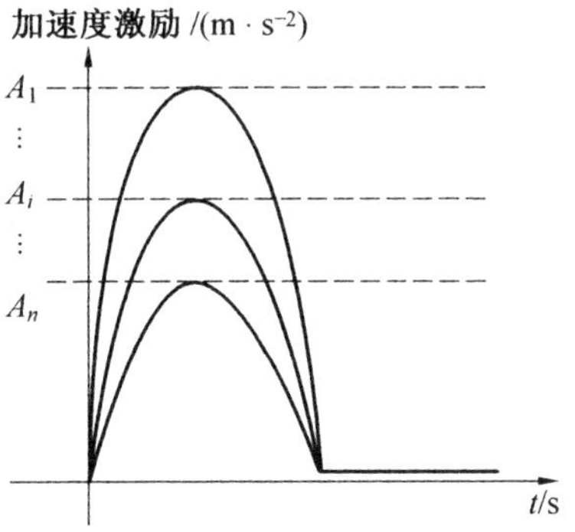

(a) 单次冲击试验

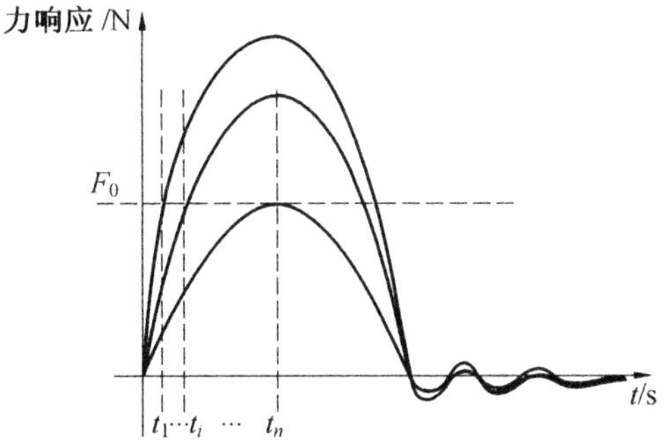

(b) 多次冲击试验

图 7.23　继电器触点误动作时间

假设被测对象的非线性特征可忽略，则在 t_n 处加速度峰值与接触力响应峰值呈线性关系，且当激励峰值为零时，响应峰值也为零。对应任意冲击峰值 A 有

$$F=c_s\times A \tag{7.6}$$

式中　F—— 接触力响应峰值；

c_s—— 系数，将 F_0 和 A_n 代入式(7.4)计算得出。

7.3.3　随机振动试验方法

随机振动下接触力响应 PSD 和接触失效率是衡量振动特性的重要指标，其中接触力响应 PSD 可通过下式计算：

$$S_{yy}(\omega)=|H(\omega)|^2\times S_{xx}(\omega) \tag{7.7}$$

式中 $H(\omega)$ —— 单位激励频率响应函数，可参照高频振动响应试验方法获得；

$S_{xx}(\omega)$ —— 激励功率谱密度函数；

$S_{yy}(\omega)$ —— 响应功率谱密度函数。

接触失效率是航天继电器在随机振动下振动特性的重要统计量，其测试方法及试验结果都存在随机性。当前随机振动试验通过电磁振动台施加 PSD 谱形进行试验，但由于试验次数少，所获得的接触失效样本无法对被测继电器的接触失效率进行统计分析。

图 7.14 为随机振动信号控制原理框图，控制系统对台面振动信号功率谱与参考谱进行均衡达到闭环随机振动控制目的，均衡后的幅值谱与随机相位进行 IFFT 运算合成时域信号。为了简化计算，使台面加速度连续均匀，参与 IFFT 运算的随机相位需在振动开始前预先计算，在振动过程中不进行改变。不同的随机相位所生成时域信号的时域特性有所不同，使用同一组随机相位信息不足以对继电器的接触失效率进行统计。因此可采用多组不同随机相位进行振动试验，对航天继电器接触失效率进行统计，具体步骤如下：

(1) 对参考谱 PSD 进行离散化，确定频率分辨率、振动控制的谱线数和每个离散频点谱线的幅值信息。

(2) 根据振动台的额定最大推力与夹具、被测件的重量估计振动台在振动过程中可产生的最大加速度。

(3) 根据频率分辨率与控制谱线数生成数组 $A[k]$ 与 $B[k]$，并合成随机相位。

(4) 进行 IFFT 运算，将每个离散频点的谱线幅值信息和随机相位合成为时域信号并检验信号的均值与方差，结合振动台传递函数与运放估算时域信号对应的最大加速度幅值，检验在试验过程中会否出现振动台饱和导致的信号失真或损坏振动台。如果随机相位不满足任意一个检验条件则返回(3)，符合则按照国军标要求的方向与时间进行随机振动试验。

(5) 试验过程中对触点的接触状态电压信号进行连续采样，统计触点接触失效数据在接触状态电压信号中的比例，作为单次试验的接触失效率样本。

(6) 单次试验结束后返回(3)重新生成随机相位并检验，根据估算精度合理选择循环试验次数，并在多次试验后将每次振动试验的接触失效数据进行平均，作为接触失效率的试验估计结果。

7.4 力学环境试验系统的虚拟仪器技术

虚拟仪器(Virtual Instrument，VI)是将现有的计算机主流技术与革新的灵活易用的软件和高性能模块化硬件结合在一起，建立起功能强大又灵活易变的基于计算机的测试测量与控制系统。虚拟仪器是现代计算机技术和仪器技术深层次结合的产物，是当今计算机辅助测试(CAT)领域的一项重要技术，是计算机硬件资源、仪器与测控系统硬件资源和虚拟仪器软件资源三者有效的结合。

LabVIEW 是图形化虚拟仪器集成开发环境(Laboratory Instrument Engineering Workbench)的缩写，计算机通过数据采集卡在屏幕上生成仪器面板，可对信号进行处理和分析，完成虚拟仪器的功能。虚拟仪器不仅具有用户定制的个性化操作面板，而且开发周期短、成本低、维护方便，易于应用新理论、新算法和新技术。

LabVIEW 作为图形编程语言，在编制和实施程序方面具有众多优势：

（1）操作简单、界面直观。LabVIEW 的开发环境分为前面板（Front Panel）和后面板（Block Diagram）。前面板对应人机界面，可放置各种输入和显示控件，直观且数据表达准确；后面板则是和前面板上各种控件对应的数据间的运算关系和运算流程，条理清楚、分工明确。

（2）数据流程序执行。程序的执行依照图形的数据流运行，编程过程中各节点的数据流向决定了程序的执行，这也符合人的思维习惯。

（3）数据类型可自动匹配。不同于其他编程语言，程序员在编程过程中不用考虑数据格式问题。LabVIEW 的数据类型会自动转化匹配，如果不能转换，则会以断线产生提示。

（4）提供开发函数库。有些功能可直接调用函数模块直接实现，如流程时间控制、逻辑控制、界面面板模块、文件操作、微分方程求解等，此外用户还可以添加函数到库中。

（5）调用其他软件。如可以直接调用 Matlab 的计算功能，还可调用 Windows 控件等。

应用 LabVIEW 的串行通信系统、PCI 总线、信号分析模块，完成了航天继电器力学环境试验系统的设计，人机交互界面如图 7.24 所示。

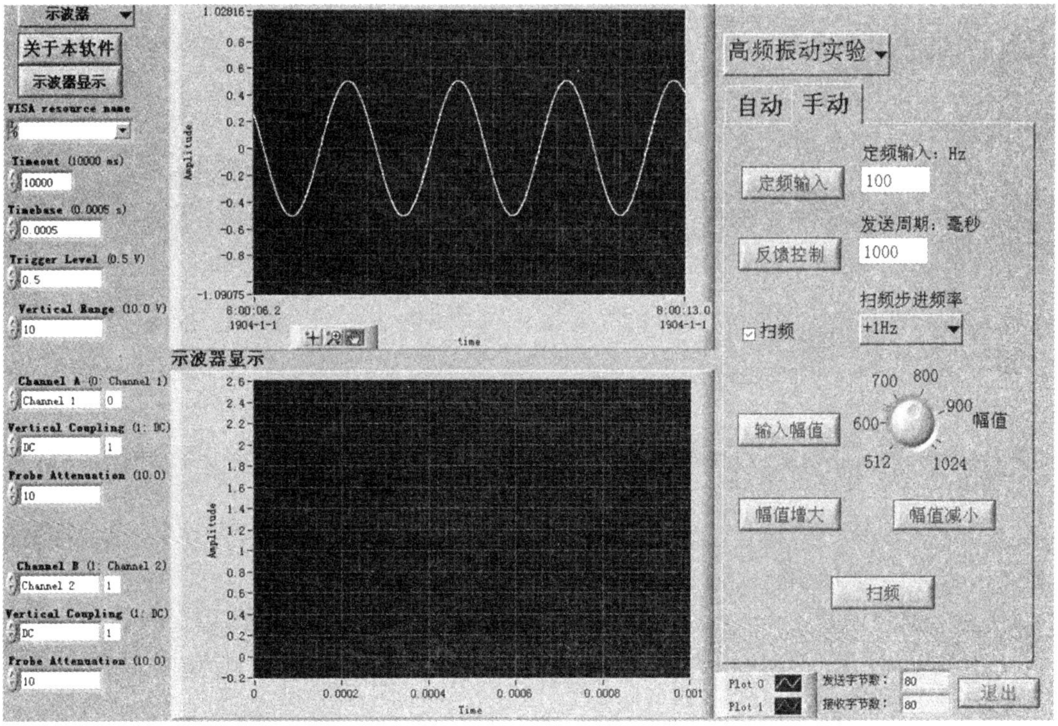

图 7.24　航天继电器力学环境试验系统人机交互界面

7.4.1 串口通信设计

RS－232 是美国电子工业协会正式公布的串行总线标准，也是目前最常用的串行接口标准，用来实现计算机与计算机、计算机与外设、计算机与单片机的数据通信。将带有 RS－232 总线接口的仪器作为 I/O 接口设备，通过 RS－232 串口总线与 PC 组成虚拟仪器系统目前仍然是虚拟仪器构成方式之一，主要适用于速度较低的测试系统。本系统通过使用 LabVIEW 提供的 VISA 串口写入模块及 VISA 串口读取模块完成的串口通信，主要用于上位机向下位机发送控制命令。

7.4.2 PCI 驱动设计

LabVIEW 不能直接支持数据采集卡，需自行编写驱动程序，通过使用 LabVIEW 中的调用库函数(Call Library Function，CLF) 以 DLL 的形式编写驱动程序，其功能是在 Windows 中调用动态链接库(DLL)的函数。该方法可使用其他语言的代码，只要实现将程序编译成符合 Windows 规范的动态链接库即可。

CLF 的第一个参数是函数的返回值，只能读出而不能写入；CLF 中的函数原型需要定义，不能由 LabVIEW 自动生成，所以 CLF 程序没有固定格式，要由用户来定义。动态链接库中含有很多函数，供不同的 CLF 控件调用，函数在动态链接库内部相互调用，大大增加了程序的灵活性。

由于 CLF 中可以通过 DLL 使用其他常规编程语言的代码，因此可利用常规程序完成对时间要求严格或对大量数据进行操作。同时由于使用了 DLL 的程序运行速度几乎与用 Visual C＋＋编译的可执行程序一样快，因此本系统在 LabVIEW 的仪器驱动程序中使用 CLF 完成对硬件的控制和采样数据的传输等功能。

本系统中使用的动态链接库程序是用 Visual C＋＋编写并完成编译链接的。实现方法如下：在 Visual C＋＋的集成编译环境中，运行应用程序向导，选择“生成 Win32 动态链接库”选项，即可生成工程的框架。然后在工程中的 C＋＋文件(. cpp)、相应的头文件(. h)和输出定义文件(. def)中加入相应的代码。最后在 Visual C＋＋中进行编译、链接，这样就完成了动态链接库的制作。

在编写 DLL 程序时需要注意：

(1)头文件中要加入“＃include "extcode. h"”语句，这样在 DLL 程序中就可以使用 LabVIEW 中的数据类型，而不会在传递参数和返回值时造成冲突。

(2)头文件中对输出函数进行声明时要加上 extern "C"标志，以保证在 C＋＋中进行编译时函数名不被改变。

(3)在头文件和 C＋＋文件中对输出函数进行定义和说明时应在函数类型和函数名之间加上“WINAPI”。例如函数定义“int32 WINAPI Set9850(int32 * inFreq)”。这样在函数被调用时，参数调用采用 Windows 方式(Pascal)而不是 C 语言方式进行，这样才能与 CLF 中的设置保持一致。

在解决 LabVIEW 对端口的访问方法和 LabVIEW 与 DLL 间数据共享的问题后开

发 LabVIEW 的驱动程序。本系统采用 Visual C++编写的 DLL 完成 PCI 通信驱动的设计。其在 LabVIEW 中的工作流程如图 7.25 所示。

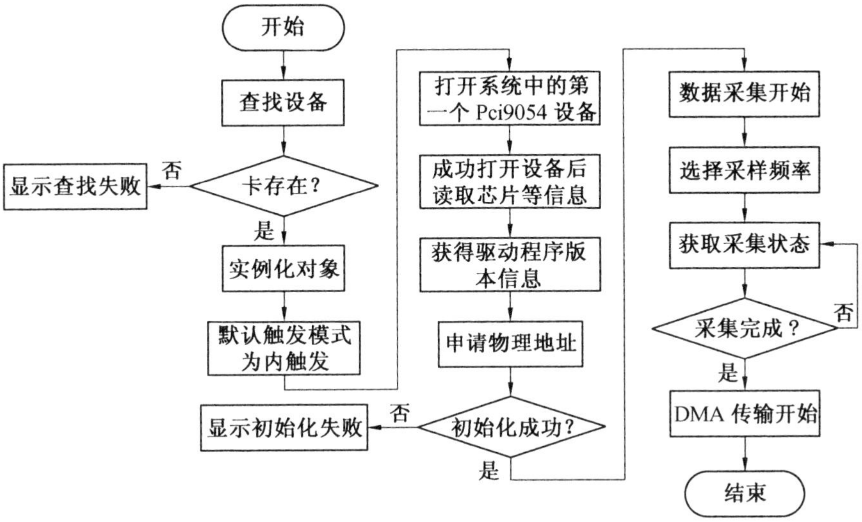

图 7.25　PCI 通信流程图

7.4.3　信号分析模块的应用

振动信号分析模块集成在虚拟振动测试分析系统中,能够满足整个分析系统的要求,模块之间的数据传递采用全局变量进行控制。该模块时域分析和频域分析的主要功能如图 7.26 所示。

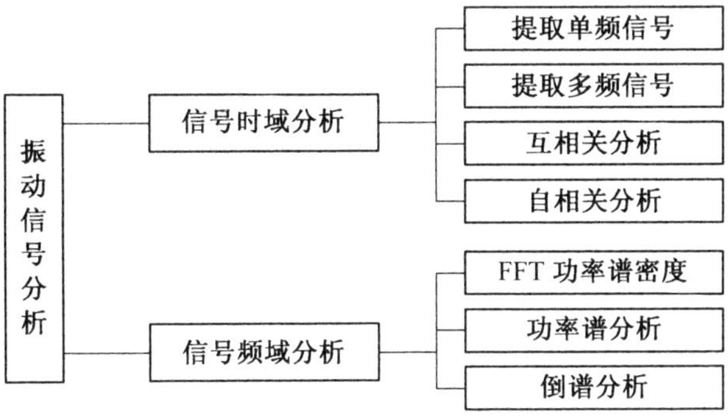

图 7.26　信号分析模块的功能

从采样电路中测得的是时域信号,从前面板的图形上显示的是被采样信号的幅值随时间变化的规律。通过提取单频信号模块(Extract Single Tone Information. vi)可提取信号的时域信息,如频率、幅值等。该模块通过加汉宁窗插值的 FFT 算法得到误差小于 0.5%的信号频域信息,该算法计算的准确性和快速性是传统方法无法比拟的,因此该算法被 NI 公司加密,只能在 LabVIEW 中调用。该模块的调用过程如图 7.27 所示。

随机振动的衡量标准是功率谱密度,因此使用有效的功率谱密度分析模块会大大减

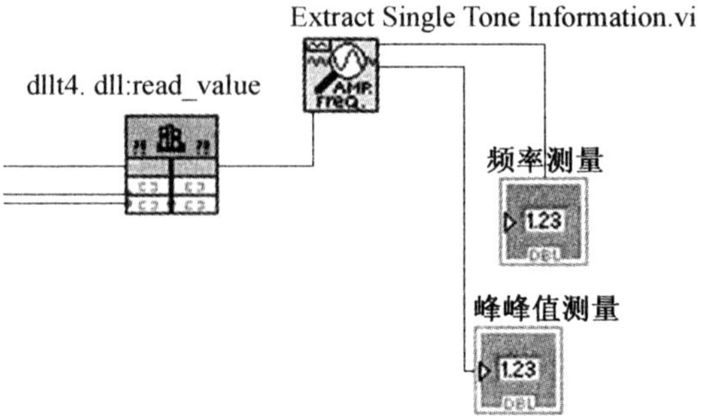

图 7.27 单频信号提取模块

小工作量。其运算速度快,与 Matlab 运算结果一致。该模块的调用过程如图 7.28 所示。

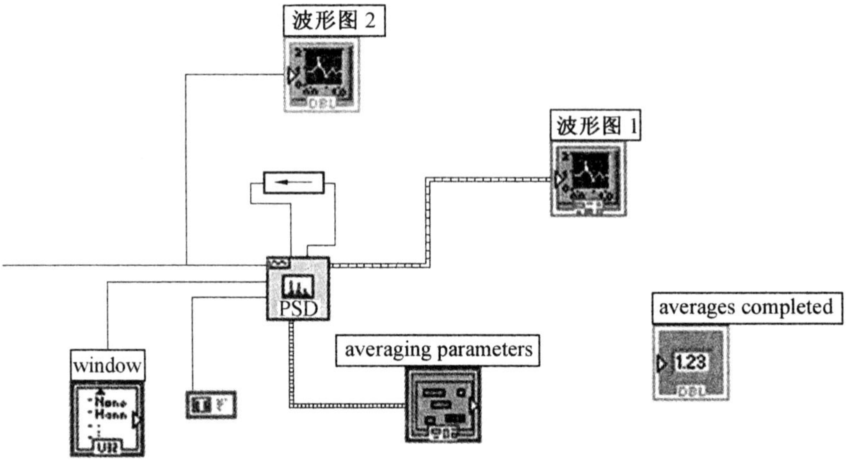

图 7.28 信号频域分析框图

参 考 文 献

[1] FUJISATO H. Electromagnetic relays work best in control applications[J]. Journal of Electronic Engineering, 1984, 21(216):58－61.

[2] ANON. Electromagnetic relay technologies aim to increase insulation, reliability [J]. Journal of Electronic Engineering, 1995, 32(347):30－31.

[3] HIYANE M, TAMURA M, IHARA K. Hermetically sealed subminiature relay [J]. Fujitsu Scientific and Technical Journal, 1973, 9(1):115－143.

[4] 吴义彬. 继电器用户实用手册[M]. 北京:国防工业出版社, 1992.

[5] 胡昌寿. 航天可靠性设计手册[M]. 北京:机械工业出版社, 1999.

[6] 赵和义. 美国军用电子元器件要求和应用指南[M]. 北京:国防工业出版社, 2003.

[7] 王立忠. 提高大功率继电器抗振性有效方法[J]. 航天继电器, 1998(1):18－20.

[8] (苏)B 3 罗依金. 小型密封电磁继电器[M]. 王蓉芳, 译. 北京:人民邮电出版社, 1979.

[9] 金羊. 苏联小型密封继电器之发展[J]. 机电元件, 1984, 4(2):81－90.

[10] SANDLER B Z, SLONIM A A. Experimental investigation of relay contact dynamics[J]. IEEE Transaction on Components, Hybrids, and Manufacturing Technology, 1980, 3(1):150－158.

[11] 隋文英. 提高继电器耐振动性能的几种方法[J]. 机电元件, 1999, 19(1):21－25.

[12] 徐晖, 高耀南, 杨牧. 小型电磁继电器衔铁系统耐振动性研究[J]. 西安交通大学学报, 1995, 29(4):90－97.

[13] 周俊峰. 继电器触点接触失效物理浅析[J]. 电子产品可靠性与环境试验, 1997(1):25－30.

[14] 谢文骏, 王少军. 拍合式电磁系统固有频率的分析计算[J]. 机电元件, 2003, 23(1):9－14.

[15] REN Wanbin, ZHAI Guofu, WANG Qiya, et al. Finite element analysis of magnetic structures for Micro-Electro-Mechanical relays[C]. USA, Chicago: Proceedings of the 51st IEEE Holm conference on electrical contacts, 2005.

[16] CHAMBEGA J. A qualitative analysis on the effect of external vibrations on the performance of relays[C]. South Africa, Stellenbosch: IEEE African 4th, 1996.

[17] 屈维德, 唐恒龄. 机械振动手册[M]. 北京:机械工业出版社, 2000.

[18] 李人宪. 有限元法基础[M]. 北京:国防工业出版社, 2002.

[19] 孙国江. 采用 NASTRAN 软件对某卫星天线的动力学分析[C]. 北京:MSC 公司 1997 年中国用户年会论文集，1997.
[20] KANNAPPAN S, KUNUKKASSRIL V. Structural analyses of spacecraft electronic packages[J]. J. Electron. Packag. ,1992,114(1):96—99.
[21] BUCKLEY W R, PLAND J B. Modal analysis in the certification of a commercial aircraft[C]. USA, New York: Proceedings of the International Modal Analysis Conference, 1991.
[22] KAPANIA R K, LIU Youhua. Static and vibration analyses of general wing structures using equivalent—plate models[J]. AIAA Journal, 2000, 38(7):1269—1277.
[23] WIKSTROM A, ANDERSSON T. Simulation of engine vibrations and comparison with experiments[C]. Sweden, Stockholm: Proceedings of the Tenth international congress on sound and vibration, 2003.
[24] ALZAHABI B. Analytical and experimental modal characteristics of cylindrical shells[C]. Greece, Halkidiki: Proceedings of the International Conference on Offshore Mechanics and Arctic Engineering, 2005.
[25] WU Xianjun, SHU Lihong, ZHU Shijian. Calculating vibration power flow using component mode synthesis of nastran and isolation system optimization[C]. USA, Long Beach: Proceedings of the ASME International Design Engineering Technical Conferences and Computers and Information in Engineering Conference, 2005.
[26] 刘强，阮菊红. 耐高冲击继电器的研制[J]. 机电元件，2006，26(3):71—76.
[27] 康艳，陈德桂，张敬菽，等. 舰用框架断路器抗冲击动力学建模与仿真[J]. 电工电能新技术，2005，24(4):39—42.
[28] JIANG J, OLSON M D. Non-linear transient analysis of submerged circular plates subjected to underwater explosions[J]. Computer Methods in Applied Mechanics and Engineering, 1996, 134(4):163—179.
[29] CHISUM J E, SHIN Y S. Coupled Lagrangian Eulerian and multimaterial Eulerian analysis in underwater shock research[J]. ASME. Pressure Vessels Piping Div Publ PVP,1995,299:33—38.
[30] KWON Y W, CUNNINGHAM R E. Comparison of USA—DYNA finite element models for a stiffened shell subject to underwater shock[J]. Computerse & Structures, 1988,66(1):127—144.
[31] 姚熊亮，侯健，王玉红，等. 水下爆炸冲击载荷作用时船舶冲击环境仿真[J]. 中国造船，2003，44(3):71—74.
[32] SOSENKO S Y. Methods of evaluating the impact loads at metallurgical machines [J]. Tyazheloe Mashinostroenie, 2003, 5:39—41.
[33] NOVIKOV S A. Mechanical properties of solid high explosives under intense

shock loading[J]. Chemical Physics Reports, 2000, 18(10):1955－1968.

[34] 刘卫东，姚辉，吴文伶. 冲击载荷下圆柱螺旋弹簧强度可靠性研究[J]. 南昌大学学报：自然版，2001，23(3):49－52.

[35] 汪树玉，刘国华，包志仁. 结构优化设计的现状与进展[J]. 基建优化，1999，20(4):3－14.

[36] ZHOU M, ROZVANY G I N. The COC algorithm, part I: cross-section optimization or sizing[J]. Computer Methods in Applied Mechanics and Engineering, 1991, 89(1～3):281－308.

[37] ZHOU M, ROZVANY G I N. The COC algorithm, partII: topological, geometry and generalized shape optimization[J]. Computer Methods in Applied Mechanics and Engineering, 1992, 5(1):12－25.

[38] ROZVANY G I N. Stress ratio and compliance based Methods in topology optimization-A critical review[J]. Structural and Multidisciplinary Optimization, 2001, 21(2):109－119.

[39] KITA E, TANIE H. Topology and shape optimization of continuum structures using GA and BEM[J]. Structural Optimization, 1999, 17(2～3):130－139.

[40] NAKANISHI Y. Application of homology theory to topology optimization of three-dimensional structures using genetic algorithm[J]. Computer Methods in Applied Mechanics and Engineering, 2001, 190(29～30):3849－3863.

[41] LAARHOVEN P J M, AARTS E H L. Simulated annealing: theory and applications[M]. Dordrecht:Reidel Publishing, 1987.

[42] DORIGO M, BONABEAU E, THERAULAZ G. Ant algorithms and stigmergy [J]. Future Generation Computer Systems, 2000, 16(8):851－871.

[43] GERHARD V, JAROSLAW S. Particle Swarm Optimization [J]. AIAA Journal, 2003, 41(8): 1583－1589.

[44] SCHMIT L A. Structural design by systematic synthesis[C]. New York: ASCE 2nd Conference on Electronic, 1960.

[45] SCHITTKOWSKI K, ZILLOBER C, ZOTENMANTEL. Numerical comparison of nonlinear programming algorithms for structural optimization[J]. Structural Optimization, 1994, 7(1～2):1－19.

[46] 隋允康，刑誉峰，张桂明. 基于两点累积信息的原一倒变量展开的对偶优化方法[J]. 力学学报，1994，26(6):699－710.

[47] BOGGS P T, TOLLE J W. Sequential quadratic programming [M]. Cambridge: Cambridge University Press, 1995.

[48] 梁醒培. 结构优化设计的解析灵敏度算法[J]. 机械强度，1989，20(2):156－159.

[49] LIU Qiang, LIU Wenjuan, RUAN Feng, et al. Parameters' automated optimization in sheet metal forming process[J]. Journal of Materials Processing Technolo-

gy, 2007:187－188, 159－163.

[50] LAMBERTI L, PAPPALETTERE C. A numerical code for lay-out optimization of skeletal structures with sequential linear programming[J]. Engineering with Computers, 2003, 19(2～3):101－129.

[51] GU Y, CHENG Q. Structural modeling and sensitivity analysis of shape optimization[J]. Structure Optimization, 1993, 6(1):29－37.

[52] DEMS K, GUTKOSKI W. 2D Shape optimization with static and dynamic constraints[J]. Structural Optimization, 1998, 15(3～4):201－207.

[53] 张敬菽，陈德桂，刘洪武. 低压断路器操作机构的动态仿真与优化设计[J]. 中国电机工程学报，2004，24(3):102－107.

[54] 林娜，陈德桂. 基于“虚拟样机”技术交流接触器的磁系统参数优化[J]. 低压电器，2004(2):8－10,57.

[55] 杨武，荣命哲，陈德桂，等. 基于机构动力学特性仿真的高压断路器优化设计[J]. 西安交通大学学报，2002，36(12):1211－1214,1231.

[56] 张晓锋，郭旭红. 基于虚拟样机技术的断路器机构弹簧优化[J]. 机械工程师，2008(10):87－89.

[57] 刘陵顺，刘茂恺. 带永磁的差动式继电器的优化设计[J]. 继电器，1999，27(6):31－35.

[58] 毕成. 正交试验自动设计的实现及其在继电器优化设计上的应用[J]. 机电元件，2002，22(1):6－10.

[59] 金立军，袁征，庄火庚，等. 船用直流接触器电磁铁的优化设计[J]. 低压电器，2007(11):6－10.

[60] 陈堂功，汪友华，富坤，等. 循环移位遗传算法及其在继电器优化设计中的应用[J]. 华北电力大学学报，2005，32(z1):19－21.

[61] 许志红，张培铭. 基于蚁群算法的智能交流接触器优化设计[J]. 电工电能新技术，2005，24(3):9－12.

[62] 任万滨. 军用密封电磁继电器振动特性分析方法的研究[D]. 哈尔滨:哈尔滨工业大学,2006.

[63] 陈英华. 航天继电器随机振动与冲击特性的研究[D]. 哈尔滨:哈尔滨工业大学，2009.

名词索引

Y

Z

注:后面的数字为本书节的编号